名师名校新形态
大学数学精品系列

PROBABILITY
AND STATISTICS

概率论与数理统计

第2版 微课版

杨筱菡 王勇智 ◎ 编著

人民邮电出版社

北 京

图书在版编目（CIP）数据

概率论与数理统计：微课版 / 杨筱菡，王勇智编著
-- 2版. -- 北京：人民邮电出版社，2022.8
（名师名校新形态大学数学精品系列）
ISBN 978-7-115-59410-5

Ⅰ. ①概… Ⅱ. ①杨… ②王… Ⅲ. ①概率论－高等
学校－教材②数理统计－高等学校－教材 Ⅳ. ①O21

中国版本图书馆CIP数据核字(2022)第097812号

内 容 提 要

本书是在教育部制定的教学大纲基础上，吸收同济大学"概率论与数理统计"课程及教材建设的经验和成果，按照全国硕士研究生入学统一考试数学一的考试大纲要求，根据作者十多年的教学实践经验编写而成的．全书共分 8 章，内容包括随机事件与概率、随机变量及其分布、二维随机变量及其分布、随机变量的数字特征、大数定律及中心极限定理、统计量和抽样分布、参数估计、假设检验等．

本书着眼于"概率论与数理统计"中的基本原理和基本方法，强调直观性；语言通俗，注重用生动浅显的方式说明基本概念的直观意义；例题丰富，可读性强．本书可作为高等院校本科生（理工类和经管类）"概率论与数理统计"课程的教材或参考书，也可供概率统计初学者自学使用．

◆ 编　著　杨筱菡　王勇智
　　责任编辑　刘　定
　　责任印制　王　郁　陈　犇
◆ 人民邮电出版社出版发行　　北京市丰台区成寿寺路 11 号
　　邮编　100164　电子邮件　315@ptpress.com.cn
　　网址　https://www.ptpress.com.cn
　　保定市中画美凯印刷有限公司印刷
◆ 开本：787×1092　1/16
　　印张：16.75　　　　　　　　　　　2022 年 8 月第 2 版
　　字数：399 千字　　　　　　　　　2025 年 1 月河北第 7 次印刷

定价：49.80 元

读者服务热线：(010)81055256　印装质量热线：(010)81055316
反盗版热线：(010)81055315
广告经营许可证：京东市监广登字 20170147 号

第 2 版前言

本书第 1 版出版以来，已有近百所院校选用，累计销量近 30 万册，得到了很多同行的肯定，也收到了很多宝贵的意见和建议。随着教学内容更新和教学手段多元化，教学需求日新月异，我们在教学过程中也发现了第 1 版教材一些需要改进的地方。特别是信息技术和数字经济的高速发展，进一步凸显了统计学的重要意义。在上述背景下，我们着手对第 1 版教材进行修订，目的是使学生更易学，教师更易教。

第 2 版教材保留了第 1 版教材的体系结构，在内容和例题上做了一些调整和改进。结合考研大纲的要求，优化了例题，丰富了习题，并在每小节后补充了"随堂测"小栏目；进一步完善了配套教学资源，以二维码形式提供更多微课视频和扩展阅读资料。

本书的第一、第二、第六、第七、第八章由杨筱菡修订，第三、第四、第五章由王勇智修订，全书由杨筱菡统稿。本书的修订得到了同济大学概率论与数理统计教研组老师们的鼎力支持，北京物资学院的谭加博老师和宿迁学院的温书老师也为本书的再版提供了很多宝贵的意见，在此一并表示衷心的谢意。

通过本次修订，本书质量有所提高，但难免还有错漏和不当之处，敬请各位同行和广大师生批评指正。

编 者
2023 年 5 月

第1版前言

本书是同济大学数学系多年教学经验的总结,编者参考了近年来国内外出版的多本同类教材,借鉴它们在内容安排、例题配置、定理证明等方面的优点,并结合工科院校的实际需求来编写,形成了本书如下特点.

一、优化编排,重点突出

概率部分从随机事件到随机变量,着重强调一维随机变量和二维随机变量这两部分内容,把常用的数字特征归纳总结在同一章中,而将大数定律和中心极限定理单独成章.统计部分着重强调参数的点估计和区间估计,假设检验部分可作为课外选读内容.

二、难度降低,帮助理解

在满足教学基本要求的前提下,适当减少或降低了理论推导的要求,注重用生动浅显的方式对概念进行解释.对所有章节中的部分性质或定理进行了处理.例如,分布函数性质的证明没有列出,取而代之的是通过例题图形来进行说明,让初学者可以更直观地学习.另外,对选学内容用"*"号进行标识,如泊松定理的证明.

三、习题丰富,题型多样

每小节和每章结束时均设置练习题,每小节的习题与该小节内容匹配,用于帮助学生理解和巩固基础知识;每章的测试题在题型上更为多样,且难度高于每小节的习题,用于帮助学生提高.

四、归纳总结,提升素养

设置"章总结"栏目,并通过微课视频的形式呈现."章总结"栏目阐明了各章内容的重点和基本要求,对某些重点概念和方法做了进一步的阐述,并指出了学习各章内容时应注意的地方."章总结"栏目能帮助学生系统性地归纳各章所学重点,起到提纲挈领的作用.另外,每章章末设置了"拓展阅读"栏目,不仅能增强学生学习的趣味性,还能让学生了解学科背景.

本书由杨筱菡编写第一、第二、第六、第七、第八章,由王勇智编写第三、第四、第五章,并由杨筱菡完成统稿.在编写过程中,钱伟民教授耐心细致地审阅了本书的初稿,提出了很多宝贵建议,同济大学数学系殷俊峰教授和概率统计教研组多位老师也提供了很多帮助,在此表示衷心感谢.另外,南京理工大学侯传志和南京师范大学李启才对书稿进行了审阅,提出了很多可行的修改意见,也在此表示感谢.

编　者

2016 年 4 月

目　　录

第一章　随机事件与概率

[课前导读]
　　概率是一个事件发生、一种情况出现的可能性大小的数理指标，其值介于 0 和 1 之间. 这个概念萌芽于 14 世纪，从博弈活动中产生，形成于 16 世纪. 卡尔达诺(G. Cardano)在他的《机遇博弈》一书中对古典概率的定义和计算做了整理和总结. 巴斯卡(B. Pascal)和费马(P. de Fremat)在概率史上也占有一席之位，他们两位在 1654 年 7 月至 10 月间往来的 7 封信中讨论了若干具体的概率问题，在这些问题的讨论中提出了一些在现在仍然广为使用的计算工具，例如条件概率和全概率公式. 对这一问题的讨论，也使概率计算从初期简单计数步入了精细阶段. 惠更斯[Huyg(h) ens]在 1657 年出版了著作《机遇的规律》，详细描述了掷骰子等事件中各种情况出现概率的计算方法，首次提出了"期望"这一术语. 巴斯卡-费马的通信和惠更斯的著作，为著作《推测术》的出现奠定了基础. 1713 年，伯努利(Bernoulli)的《推测术》在前人成果的基础上对古典概率做了系统和深入的表述，并且提出了数理统计学的基石——大数定律. 棣莫弗(De Moivre)在二项概率逼近上取得本质性的突破，留给后世以他的名字命名的中心极限定理，他在 1718 年出版了《机遇论》一书. 拉普拉斯(Laplace)在 1812 年出版了《概率的分析理论》一书，明确给出了概率的古典定义. 《机遇的规律》《机遇论》《概率的分析理论》是概率史上 3 部具有里程碑性质的著作. 后经高斯(Gauss)和泊松(Poisson)等数学家的努力，概率论在数学中的地位基本确立. 1933 年，苏联数学家柯尔莫哥洛夫(A. H. Kolmogorov)提出了概率的公理体系，给出了关于概率运算所必须遵守的几条规则，这标志着近现代概率论的开端.

　　近几十年，随着研究的不断深入与社会的快速发展，大量以数据支撑的业务场景层出不穷，概率论与数理统计的理论和方法已经深入自然科学、社会科学、工程技术、军事科学及日常生活，产生了很多新的分支，如医学统计学、生物统计学、心理统计学、金融统计学、交通统计学等，应用案例不胜枚举，如癌症驱动基因的筛选、航空航天领域的系统可靠性分析、理财投资的风险预估、道路安全等级的评测、湖泊中鱼类数量的估计等. 概率论与数理统计已成为各个领域必不可少的分析工具.

第一节　随机事件及其运算

一、随机试验

　　在自然界和人类活动中，发生的现象多种多样，如偶数能被 2 整除、函数在间断点处不存在导数、必修课程不及格要重修等. 这一类现象在一定条件下必然发生，因此称这类现象为**确定性现象**. 一个新生婴儿可能是男孩也可能是女孩，期末考试可能及格也可能不及格，一条高速公路上一天之内经过的车辆数量等，在这些现象中，事先无法预知会出现哪个结果，因此称这类结果不确定的现象为**随机现象**. 概率论便是一门研究随机现象的统计规律性的数学学科. 随机现象在一次试验中呈现不确定的结果, 而在大量重复试验中结果将呈现某种规律性, 如相对比较稳定的性别比例, 这种规律性称为**统计规律性**. 为了研究随机现象的统计规律性, 就要对客观事物进行观察, 观察的过程叫**随机试验**(简称**试验**). 例如, 为了验证骰子是否均匀, 可以将这颗骰子反复地投掷并记录其结果. 本小节将讨论概率论中的随机试验, 随机试验有以下 3 个特点.

(1) 在相同的条件下试验可以重复进行.

(2) 每次试验的结果不止一种, 但是试验之前必须明确试验的所有可能结果.

(3) 每次试验将会出现什么样的结果是事先无法预知的.

例 1　随机试验的例子:

(1) 抛掷一枚均匀的硬币, 观察其正反面出现的情况;

(2) 抛掷一枚均匀的骰子, 观察其出现的点数;

(3) 某快餐店一天内接到的订单量;

(4) 某航班起飞延误的时间.

(5) 一支正常交易的 A 股股票每天的股价涨跌幅.

二、样本空间

随机试验的一切可能结果组成的集合称为**样本空间**, 记为 $\Omega = \{\omega\}$, 其中 ω 表示试验的每一个可能结果, 又称为**样本点**, 即样本空间为全体样本点的集合.

例 2　下面给出例 1 中随机试验的样本空间:

(1) 抛掷一枚均匀硬币的样本空间为 $\Omega_1 = \{H, T\}$, 其中 H 表示正面朝上, T 表示反面朝上;

(2) 抛掷一枚均匀骰子的样本空间为 $\Omega_2 = \{1, 2, \cdots, 6\}$;

(3) 某快餐店一天内接到的订单量的样本空间为 $\Omega_3 = \{0, 1, 2, \cdots, n, \cdots\}$;

(4) 某航班起飞延误时间的样本空间为 $\Omega_4 = \{t \mid t \geq 0\}$.

(5) 一支正常交易的 A 股股票每天股价涨跌幅的样本空间为 $\Omega_5 = \{x \mid -10\% \leq x \leq 10\%\}$.

从这个例子中可以看出, 样本空间中的元素可以是数, 也可以不是数. 从样本空间中含有样本点的个数来看, 可以是有限个也可以是无限个; 可以是可列个也可以是不可列个. 例如, Ω_1 和 Ω_2 中样本点的个数是有限个, Ω_3 和 Ω_4 中样本点的个数是无限个; Ω_1, Ω_2, Ω_3 中样本点的个数是可列个, 而 Ω_4 中样本点的个数是不可列个.

三、随机事件

随机事件

当我们通过随机试验来研究随机现象时, 每一次试验都只能出现 Ω 中的某一个结果 ω, 各个可能结果 ω 是否在一次试验中出现是随机的. 在随机试验中, 人们常常关心其中某些结果是否会出现. 例如, 抛掷一枚均匀的骰子, 关心掷出的点数是否是奇数; 航班起飞延误, 关心延误时间是否超过 3 小时等. 这些在一次试验中可能出现也可能不出现的一类结果, 称为**随机事件**, 简称为**事件**. 随机事件通常用大写字母 $A, B, C, \cdots$ 表示.

如上述, 抛掷一枚均匀的骰子, 关心掷出的点数是否是奇数, 定义 $A=$"掷出的点数是奇数", 即是一个可能发生也可能不发生的随机事件, 可描述为 $A=\{1,3,5\}$, 它是样本空间 $\Omega=\{1,2,\cdots,6\}$ 的一个子集. 所以, 从集合的角度来说, 样本空间的部分样本点组成的集合称为随机事件.

在事件的定义中, 注意以下几个概念.

(1) 任一随机事件 A 是样本空间 Ω 的一个子集.

(2) 当试验的结果 ω 属于该子集时, 就说事件 A 发生了. 相反地, 如果试验结果 ω 不属于该子集, 就说事件 A 没有发生. 例如, 如果掷骰子掷出了 1, 则事件 $A=\{1,3,5\}$ 发生, 如果掷出 2, 则事件 A 不发生.

(3) 仅含一个样本点的随机事件称为**基本事件**.

(4) 样本空间 Ω 也是自己的一个子集, 所以也称它为一个事件. 由于 Ω 包含所有可能的试验结果, 所以 Ω 在每一次试验中一定发生, 又称为**必然事件**.

(5) 空集 $\varnothing$ 也是样本空间 Ω 的一个子集, 所以也称它为一个事件. 由于 $\varnothing$ 中不包含任何元素, 所以 $\varnothing$ 在每一次试验中一定不发生, 又称为**不可能事件**.

例 3 抛掷一枚均匀的骰子的样本空间为 $\Omega=\{1,2,\cdots,6\}$;

随机事件 $A=$"出现 6 点"$=\{6\}$;

随机事件 $B=$"出现偶数点"$=\{2,4,6\}$;

随机事件 $C=$"出现的点数不超过 6"$=\{1,2,\cdots,6\}=\Omega$, 即一定会发生的必然事件;

随机事件 $D=$"出现的点数超过 6"$=\varnothing$, 即一定不会发生的不可能事件.

四、随机事件间的关系与运算

众所周知, 集合之间有各种关系, 是可以进行运算的. 因此, 在随机事件之间也可以讨论相互的关系, 进行相应的运算.

1. 给定一个随机试验, Ω 是它的样本空间, $A, B, C, \cdots$ 都为 Ω 的子集, 即都为随机事件, 则随机事件间的关系有以下几种.

(1) 如果 $A \subset B$(或 $B \supset A$), 则称事件 A 包含在事件 B 中(或称 B 包含 A), 如图 1.1 所示. 从概率论的角度来说, 事件 A 发生必然导致事件 B 发生.

图 1.1 $A \subset B$

在例 3 中, 事件 $A=$"出现 6 点"的发生必然导致事件 $B=$"出现偶数点"的发生, 故 $A \subset B$.

(2) 如果 $A \subset B, B \subset A$ 同时成立, 则称事件 A 与 B 相等, 记为 $A=B$. 从概率论的角度来说, 事件 A 发生必然导致事件 B 发生, 且 B 发生必然导致 A 发生, 即 A 与 B 是同一个事件.

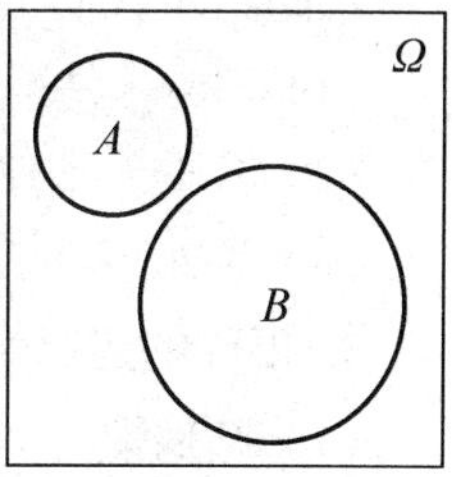

(3) 如果事件 A 与 B 没有相同的样本点, 则称事件 A 与 B 互不相容(或称为互斥), 如图 1.2 所示. 从概率论的角度来说, 事件 A 与 B 不可能同时发生.

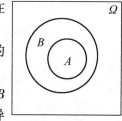

图 1.2 A 与 B 互不相容

例如, 在抛掷一枚均匀骰子的试验中, "出现 6 点"与"出现奇数点"是两个互不相容的事件,因为它们不可能同时发生.

2. 与集合的运算一样,随机事件的运算也有并、交、差和余 4 种运算.

(1) 事件 A 与 B 的并,记为 $A \cup B$,如图 1.3 所示,表示由事件 A 与 B 中所有样本点组成的新事件. 从概率论的角度来说,事件 A 与 B 中至少有一个发生.

(2) 事件 A 与 B 的交,记为 $A \cap B$(或 AB),如图 1.4 所示,表示由事件 A 与 B 中公共的样本点组成的新事件. 从概率论的角度来说,事件 A 与 B 同时发生.

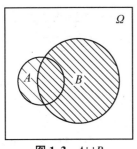

图 1.3 $A \cup B$

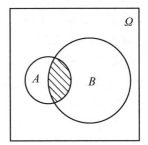

图 1.4 $A \cap B$

(3) 事件 A 与 B 的差,记为 $A-B$,如图 1.5 所示,表示由在事件 A 中且不在事件 B 中的样本点组成的新事件. 从概率论的角度来说,事件 A 发生且事件 B 不发生.

(4) 事件 A 的对立事件(或称为逆事件、余事件),记为 $\overline{A}$,如图 1.6 所示,表示由 Ω 中且不在事件 A 中的所有样本点组成的新事件,即 $\overline{A}=\Omega-A$. 从概率论的角度来说,事件 A 不发生.

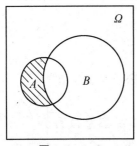

图 1.5 $A-B$

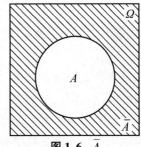

图 1.6 $\overline{A}$

例如,抛掷一枚均匀骰子,记事件 $A=$ "出现点数不超过 3" $=\{1,2,3\}$,事件 $B=$ "出现偶数点" $=\{2,4,6\}$,则并事件 $A \cup B=\{1,2,3,4,6\}$,交事件 $A \cap B=\{2\}$,差事件 $A-B=\{1,3\}$,对立事件 $\overline{A}=\{4,5,6\}$.

从随机事件间的关系和运算中可以看出:

(1) 对立事件一定是互不相容的事件,即 $A \cap \overline{A}=\varnothing$,但互不相容事件不一定是对立事件;

(2) 根据差事件和对立事件的定义,事件 A 与 B 的差还可以表示成 $A-B=A\overline{B}$;

(3) 必然事件 Ω 与不可能事件 $\varnothing$ 互为对立事件,即 $\overline{\Omega}=\varnothing,\overline{\varnothing}=\Omega$.

3. 事件的运算性质和集合的运算性质一样,满足下述运算规律.

(1) **交换律** $A \cup B=B \cup A, AB=BA$.

(2) **结合律** $(A \cup B) \cup C=A \cup (B \cup C),(AB)C=A(BC)$.

(3) **分配律** $(A \cup B)C=AC \cup BC,(AB) \cup C=(A \cup C)(B \cup C)$.

（4）对偶律　$\overline{A \cup B} = \overline{A}\,\overline{B}, \overline{AB} = \overline{A} \cup \overline{B}.$

事件运算的对偶律是非常有用的公式，且以上运算规律都可以推广到任意多个事件.

例 4　用事件 A, B, C 的运算关系式表示下列事件：

（1）A 发生，B 和 C 都不发生（记为 E_1）；

（2）所有 3 个事件都发生（记为 E_2）；

（3）3 个事件都不发生（记为 E_3）；

（4）3 个事件中至少有一个发生（记为 E_4）；

（5）3 个事件中至少有两个发生（记为 E_5）；

（6）至多一个事件发生（记为 E_6）；

（7）至多两个事件发生（记为 E_7）.

解　（1）$E_1 = A\overline{B}\,\overline{C}$；　　　（2）$E_2 = ABC$；

（3）$E_3 = \overline{A}\,\overline{B}\,\overline{C}$；　　　（4）$E_4 = A \cup B \cup C$；

（5）$E_5 = AB \cup AC \cup BC$；　（6）$E_6 = \overline{A}\,\overline{B}\,\overline{C} \cup A\overline{B}\,\overline{C} \cup \overline{A}B\overline{C} \cup \overline{A}\,\overline{B}C = \overline{E_5} = \overline{AB \cup AC \cup BC}$；

（7）$E_7 = \overline{ABC} = \overline{A} \cup \overline{B} \cup \overline{C}$.

[随堂测]

1. 写出下列随机试验的样本空间 Ω 与随机事件 A.

（1）根据《国家学生体质健康标准》的相关规定，大一大二组别的男生，引体向上的及格标准为一分钟 10 个，某大一男生进行该项测试，事件 A ="该男生该项测试不及格".

（2）在一单位圆圆周上有一固定的点 O，在圆周上随机取一点 P，事件 A ="弦 OP 的长度超过 $\sqrt{3}$".

扫码看答案

2. A 和 B 为事件，指出下列等式成立的条件.

（1）$A \cup B = A$；

（2）$A \cap B = A$；

（3）$A - B = A$.

习题 1-1

1. 写出下列随机试验的样本空间 Ω 与随机事件 A：

（1）抛掷 3 枚均匀的硬币，事件 A ="至少两枚硬币是正面朝上"；

（2）对一密码进行破译，记录破译成功时总的破译次数，事件 A ="总次数不超过 8"；

（3）从一批手机中随机选取一个，测试它的电池使用时间，事件 A ="使用时间在 72 ~ 108h 之间".

2. 抛掷两枚均匀的骰子，观察它们出现的点数.

（1）试写出该试验的样本空间 Ω.

（2）试写出下列事件所包含的样本点：A＝"两枚骰子上的点数相等"，B＝"两枚骰子上的点数之和为 8"．

3. 在以原点为圆心的一单位圆内部随机取一点．

（1）试描述该试验的样本空间 Ω．

（2）试描述下列事件所包含的样本点：A＝"所取的点与圆心的距离小于 0.5"，B＝"所取的点与圆心的距离小于 0.5 且大于 0.3"．

4. 袋中有 10 个球，分别编有号码 1～10，从中任取 1 球，设 A＝"取得的球的号码是偶数"，B＝"取得的球的号码是奇数"，C＝"取得的球的号码小于 5"，指出下列运算分别表示什么事件：（1）$A \cup B$；（2）AB；（3）AC；（4）$\overline{AC}$；（5）$\overline{A} \cap \overline{C}$；（6）$\overline{B \cup C}$；（7）$A-C$．

5. 在区间 $[0,10]$ 上任取一数，记 $A=\{x \mid 1<x \leqslant 5\}$，$B=\{x \mid 2 \leqslant x \leqslant 6\}$，求下列事件的表达式：（1）$A \cup B$；（2）$\overline{AB}$；（3）$A\overline{B}$；（4）$A \cup \overline{B}$．

6. 一批产品中有合格品和次品，从中有放回地抽取 3 个产品，设事件 A_i＝"第 i 次抽到次品"（$i=1,2,3$），试用 A_i 的运算表示下列各个事件：

（1）第一次、第二次中至少有一次抽到次品；

（2）只有第一次抽到次品；

（3）3 次都抽到次品；

（4）至少有一次抽到合格品；

（5）只有两次抽到次品．

7. 试给出下列事件的对立事件：

（1）事件 A＝"3 门课程的考核成绩都为优秀"；

（2）事件 B＝"3 门课程的考核成绩至少一门为优秀"．

8. 证明下列等式：

（1）$B=AB \cup \overline{A}B$；

（2）$A \cup B=A \cup \overline{A}B$．

第二节 概率的定义及其性质

在 n 次试验中如果事件 A 出现了 n_A 次，则称比值 $\dfrac{n_A}{n}$ 为这 n 次试验中事件 A 出现的频率，记为 $f_n(A)=\dfrac{n_A}{n}$，n_A 称为事件 A 发生的频数．概率的统计定义为：随着试验次数 n 的增大，频率值逐步"稳定"到一个实数，这个实数称为事件 A 发生的概率．

1933 年柯尔莫哥洛夫（苏联）首次提出了概率的公理化定义，这是概率论发展史上的第一个里程碑，有了这个公理化定义后，概率论得到了迅速发展．概率的公理化定义如下．

定义 设任一随机试验 E，Ω 为相应的样本空间，若对任意事件 A，有唯一实数 $P(A)$ 与之对应，且满足下面条件，则数 $P(A)$ 称为事件 A 的概率：

（1）**非负性公理** 对于任意事件 A，总有 $P(A) \geqslant 0$；

（2）**规范性公理** $P(\Omega)=1$；

（3）**可列可加性公理**　若 $A_1, A_2, \cdots, A_n, \cdots$ 为两两互不相容的事件，则有 $P(\bigcup\limits_{i=1}^{\infty} A_i) = \sum\limits_{i=1}^{\infty} P(A_i)$.

由概率的 3 条公理，可以得到概率的一些重要的基本性质.

性质 1　$P(\varnothing) = 0$.

证明　由可列可加性公理，不妨取 $A_i = \varnothing, i = 1, 2, \cdots$，则

$$P(\varnothing) = P(\bigcup\limits_{i=1}^{\infty} A_i) = \sum\limits_{i=1}^{\infty} P(A_i) = \sum\limits_{i=1}^{\infty} P(\varnothing).$$

由非负性公理，$P(\varnothing) \geqslant 0$. 因此，由上述可得 $P(\varnothing) = 0$.

性质 2（有限可加性）　设 $A_1, A_2, \cdots, A_n$ 为两两互不相容的事件，

概率的基本性质
（随机事件的性质）

则有 $P(\bigcup\limits_{i=1}^{n} A_i) = \sum\limits_{i=1}^{n} P(A_i)$.

证明　在可列可加性公理中，不妨取 $A_i = \varnothing, i = n+1, n+2, \cdots$，则

$$P(\bigcup\limits_{i=1}^{n} A_i) = P(\bigcup\limits_{i=1}^{\infty} A_i) - \sum\limits_{i=n+1}^{\infty} P(A_i) = \sum\limits_{i=1}^{\infty} P(A_i) + \sum\limits_{i=n+1}^{\infty} P(\varnothing) = \sum\limits_{i=1}^{n} P(A_i).$$

性质 3　对任意事件 A，有 $P(\bar{A}) = 1 - P(A)$.

证明　事件 A 与 $\bar{A}$ 互不相容，且 $\Omega = A \cup \bar{A}$，由规范性公理和性质 2 可知，$P(\Omega) = P(A) + P(\bar{A}) = 1$，由此得证.

这个性质告诉我们，有时某些事件的概率直接求解较为复杂，而考虑其对立事件则相对比较简单，对这一类问题可以利用该性质求解.

例 1（生日问题）　$n(n \leqslant 365)$ 个人中至少有两个人生日相同的概率是多少？

解　设一年以 365 天计，记事件 A = "n 个人中至少有两个人生日相同"，对该事件的讨论非常复杂，故我们考虑其对立事件 $\bar{A}$，即 $\bar{A}$ = "n 个人的生日全不相同". 事件 $\bar{A}$ 的发生过程比较单一，故其概率的求解很简单，为

$$P(\bar{A}) = \frac{365 \cdot 364 \cdot 363 \cdot \cdots \cdot [365-(n-1)]}{365^n},$$

$$P(A) = 1 - P(\bar{A}) = 1 - \frac{365 \cdot 364 \cdot 363 \cdot \cdots \cdot [365-(n-1)]}{365^n}.$$

通过计算，我们发现一个有趣的现象，当 $n = 23$ 时，$P(A) > 0.5$；当 $n = 60$ 时，n 个人中至少有两个人生日相同的概率约为 0.992 2. 也就是说，当随机的 60 个人聚在一起时，他们中至少有两个人生日在同一天的可能性非常大；随着 n 的增大，这个概率将更大. 在这个例子中，当 n 很大时，n 个人的生日全不相同可以视为小概率事件，人们在长期的实践中总结得到"概率很小的事件在一次试验中实际上几乎是不发生的"（称之为实际推断原理），因此可以说，在实际情况中，虽然 n 个人中至少有两个人的生日相同的概率不为 1，但几乎一定会发生.

性质 4　若事件 $A \subset B$，则 $P(B - A) = P(B) - P(A)$.

证明　因为事件 $A \subset B$，所以 $B = A \cup (B - A)$，且 A 与 $B - A$ 互不相容，由性质 2 得

$$P(B) = P(B-A) + P(A),$$

即得

$$P(B-A)=P(B)-P(A).$$

推论　若事件 $A \subset B$，则 $P(A) \leqslant P(B)$.

证明　由非负性公理得 $P(B-A)=P(B)-P(A) \geqslant 0$，因此 $P(A) \leqslant P(B)$.

值得注意的是，这个推论的逆命题不一定成立，即使 $P(A) \leqslant P(B)$，也无法判断事件 A 与 B 的关系.

性质 5（减法公式）　设 A,B 为任意事件，则 $P(A-B)=P(A)-P(AB)$.

证明　$A-B=A-AB$，且 $AB \subset A$，由性质 4 得

$$P(A-B)=P(A-AB)=P(A)-P(AB).$$

性质 6（加法公式）　设 A,B 为任意事件，则 $P(A \cup B)=P(A)+P(B)-P(AB)$.

证明　因为 $A \cup B=A \cup(B-AB)$，且 A 与 $B-AB$ 互不相容，由性质 2 得

$$P(A \cup B)=P(A)+P(B-AB)=P(A)+P(B)-P(AB).$$

我们还可以将性质 6 的加法公式推广到多个事件的情况. 例如，设 A,B,C 为任意的 3 个事件，则

$$P(A \cup B \cup C)=P(A)+P(B)+P(C)-P(AB)-P(AC)-P(BC)+P(ABC).$$

更一般地，设 $A_1,A_2,\cdots,A_n$ 为任意的 n 个事件，则

$$P\left(\bigcup_{i=1}^{n} A_i\right)=\sum_{i=1}^{n} P(A_i)-\sum_{1 \leqslant i < j \leqslant n} P(A_i A_j)+\sum_{1 \leqslant i < j < k \leqslant n} P(A_i A_j A_k)+\cdots+(-1)^{n+1} P(A_1 A_2 \cdots A_n).$$

例 2　已知事件 $A,B,A \cup B$ 的概率依次为 $0.2,0.4,0.5$，求概率 $P(A\bar{B})$.

解　由性质 6 的加法公式 $P(A \cup B)=P(A)+P(B)-P(AB)$ 及已知条件可得 $0.5=0.2+0.4-P(AB)$，由此解得 $P(AB)=0.1$.

再由性质 5 的减法公式得

$$P(A\bar{B})=P(A-B)=P(A)-P(AB)=0.2-0.1=0.1.$$

例 3　设事件 A,B,C 为 3 个随机事件，已知 $P(A)=0.2$，$P(B)=0.3$，$P(C)=0.4$，$P(AB)=0$，$P(BC)=P(AC)=0.1$，则 A,B,C 至少发生一个的概率是多少？A,B,C 都不发生的概率是多少？

解　因为 $ABC \subset AB$，由性质 4 的推论得 $P(ABC) \leqslant P(AB)=0$，由非负性公理得 $P(ABC) \geqslant 0$，从而 $P(ABC)=0$. 再由加法公式，A,B,C 至少发生一个的概率为

$$P(A \cup B \cup C)=P(A)+P(B)+P(C)-P(AB)-P(AC)-P(BC)+P(ABC)$$
$$=0.2+0.3+0.4-0-0.1-0.1+0=0.7.$$

又因为"A,B,C 都不发生"的对立事件是"A,B,C 至少发生一个"，所以

$$P(\overline{ABC})=P(\overline{A \cup B \cup C})=1-P(A \cup B \cup C)=0.3.$$

[随堂测]

设 A,B 是两个随机事件，已知 $P(A)=0.5$，$P(B)=0.4$，分别在以下 3 种情况下，求 $P(A \cup B)$ 和 $P(A-B)$：（1）A,B 互不相容；（2）A,B 有包含关系；（3）$P(AB)=0.1$.

扫码看答案

习题 1-2

1. 已知事件 A,B 有包含关系，$P(A)=0.4,P(B)=0.6$，求：（1）$P(\bar{A})$，$P(\bar{B})$；（2）$P(A\cup B)$；（3）$P(AB)$；（4）$P(\bar{B}A)$，$P(\bar{A}B)$；（5）$P(\bar{A}\cap\bar{B})$.

2. 设 A,B 是两个事件，已知 $P(A)=0.5,P(B)=0.7,P(A\cup B)=0.8$，试求：（1）$P(AB)$；（2）$P(A-B)$；（3）$P(B-A)$.

3. 已知 $P(A)=0.5,P(B)=0.4,P(A-B)=0.4$，求：（1）$P(A\cup B)$；（2）$P(\overline{AB})$.

4. 已知 $P(A)=P(B)=P(C)=0.25,P(AB)=0,P(AC)=P(BC)=0.0625$. 求：（1）$P(A\cup B)$；（2）$P(A\cup B\cup C)$；（3）$P(\bar{B}\cap\bar{C})$.

5. 设随机事件 A,B,C 的概率都是 $\dfrac{1}{2}$，且 $P(ABC)=P(\bar{A}\cap\bar{B}\cap\bar{C})$，$P(AB)=P(AC)=P(BC)=\dfrac{1}{3}$，求 $P(ABC)$.

6. 设 A,B 是两个事件，且 $P(A)=0.6,P(B)=0.7$.
（1）在什么条件下，$P(AB)$ 取最大值？最大值是多少？
（2）在什么条件下，$P(AB)$ 取最小值？最小值是多少？

7. 对任意的随机事件 A,B,C，证明：
（1）$P(AB)\geqslant P(A)+P(B)-1$；
（2）$P(AB)+P(AC)+P(BC)\geqslant P(A)+P(B)+P(C)-1$.

第三节 等可能概型

在概率论的发展历史上，人们最先研究的是一类最直观、最简单的随机现象. 在这类随机现象中，样本空间中的每个基本事件发生的可能性都相等，这样的数学模型，我们称之为等可能概型. 其中，当样本空间只包含有限个不同的可能结果（即样本点）时，如抛掷一枚均匀的硬币、抛掷一枚均匀的骰子等，这一类随机现象的数学模型，我们称之为古典概型. 而当样本空间是某个区域（可以是一维区间、二维平面或三维空间）时，如搭乘地铁等待时间、蒲丰投针问题等，这一类随机现象的数学模型，我们称之为几何概型.

这一节将介绍怎样求解随机事件发生的概率. 正确计数对概率求解十分重要，我们需要回顾和计数相关的排列组合的基础知识.

加法原理 完成一件事，可以有 n 类办法，在第一类办法中有 m_1 种不同的方法，在第二类办法中有 m_2 种不同的方法，$\cdots$，在第 n 类办法中有 m_n 种不同的方法，那么完成这件事共有 $N=m_1+m_2+\cdots+m_n$ 种不同方法.

乘法原理 完成一件事，需要分成 n 个步骤，做第一步时有 m_1 种不同的方法，做第二步时有 m_2 种不同的方法，$\cdots$，做第 n 步有 m_n 种不同的方法，那么完成这件事共有 $N=m_1m_2\cdots m_n$ 种不同的方法.

组合 从 n 个不同的元素中任取 $r(1 \leqslant r \leqslant n)$ 个不同元素，不考虑次序将它们并成一组，称之为组合. 所有不同的组合种数记为 $\binom{n}{r}$ 或 C_n^r.

排列 从 n 个不同的元素中任取 $r(1 \leqslant r \leqslant n)$ 个不同元素，按一定的顺序排成一列，称之为排列. 所有不同的排列种数记为 A_n^r.

组合数的计算公式 $\binom{n}{r} = C_n^r = \dfrac{n!}{r!(n-r)!}$.

排列数的计算公式 $A_n^r = \dfrac{n!}{(n-r)!}$.

一、古典概型

一般地，古典概型的基本思路如下：

(1) 随机试验的样本空间只有有限个样本点，不妨记 $\Omega = \{\omega_1, \omega_2, \cdots, \omega_n\}$；

(2) 每个基本事件发生的可能性相等，即

$$P(\{\omega_1\}) = \cdots = P(\{\omega_n\}) = \frac{1}{n},$$

若随机事件 A 中含有 n_A 个样本点，则事件 A 的概率为

$$P(A) = \frac{A \text{ 中所含样本点的个数}}{\Omega \text{ 中所有样本点的个数}} = \frac{n_A}{n}.$$

古典概型是概率论发展初期确定概率的常用方法，所得的概率又称为古典概率. 在古典概型中，关键在于计算样本空间及事件 A 中样本点的个数，所以在计算中经常用到排列组合的计算工具.

例1 抛掷两枚均匀的骰子，观察出现的点数，设事件 A 表示"两个骰子的点数一样"，求 $P(A)$.

解 按照定义，样本空间 Ω 是由两枚骰子可能出现的所有不同结果组成的，因此，$\Omega = \{(1,1),(1,2),\cdots,(1,6),(2,1),\cdots,(6,6)\}$，共包含 36 个样本点. $A = \{(1,1),(2,2),\cdots,(6,6)\}$，共 6 个样本点，因此，$P(A) = \dfrac{6}{36} = \dfrac{1}{6}$.

例2(抽样模型) 已知 N 件产品中有 M 件是不合格品，其余 $N-M$ 件是合格品. 现从中随机地抽取 n 件，试求：

(1) 不放回抽样，n 件中恰有 k 件不合格品的概率；

(2) 有放回抽样，n 件中恰有 k 件不合格品的概率.

解 抽样方式有两种：有放回抽样和不放回抽样. 有放回抽样是抽取一件后放回，再抽取下一件，如此重复至抽取 n 件完成；不放回抽样是抽取一件后不放回，再抽取下一件，如此重复.

(1) 先计算样本空间 Ω 中样本点的总数. 因为是不放回抽样，从 N 件中抽取 n 件，所以样本点的总数为 $\binom{N}{n}$. 因为是随机抽样的，所以这 $\binom{N}{n}$ 个样本点是等可能发生的.

　　再计算事件 A 中样本点的个数. 事件 A 要求 n 件中恰有 k 件不合格品, 即必须从 M 件不合格品中选取 k 件不合格品, 从 $N-M$ 件合格品中选取 $n-k$ 件合格品, 根据乘法原理, 事件 A 中含有 $\binom{M}{k}\binom{N-M}{n-k}$ 个样本点, 从而可得事件 A 的概率为

$$P(A)=\frac{\binom{M}{k}\binom{N-M}{n-k}}{\binom{N}{n}}.$$

　　(2) 如果是有放回抽样, 每一次都是从 N 件中抽取 1 件, 共抽 n 次, 所以样本空间 Ω 中样本点的总数为 N^n. 因为是随机抽样的, 所以这 N^n 个样本点还是等可能发生的.

　　n 件中恰有 k 件不合格品, 可以看成在 n 次抽取过程中有 k 次抽到不合格品, 考虑到这 k 次可以在总的 n 次中的任何 k 次抽取中得到, 故有 $\binom{n}{k}$ 种不同的出现顺序. 每次抽到不合格品都是从 M 件不合格品中抽取 1 件不合格品, 从 M 件不合格品中抽取 k 件不合格品共有 M^k 种抽取方法; 还要从 $N-M$ 件合格品中抽取 $n-k$ 件合格品, 有 $(N-M)^{n-k}$ 种抽取方法. 根据乘法原理和加法原理, 事件 A 中含有 $\binom{n}{k}M^k(N-M)^{n-k}$ 个样本点, 从而事件 A 的概率为

$$P(A)=\frac{\binom{n}{k}M^k(N-M)^{n-k}}{N^n}.$$

　　例 3[抽奖(抓阄)模型]　某公司年会有抽奖活动, 共有 n 张券, 其中只有一张有奖, 每人只能抽一张, 设事件 A 表示"第 k 个人抽到有奖的券", 试在有放回、不放回两种抽样方式下, 求 $P(A)$.

抽奖(抓阄)模型

　　解　在有放回情形中, 第 k 个人抽与第 1 个人抽情况相同, 因而所求概率为 $\dfrac{1}{n}$.

　　在不放回情形中, 样本空间的样本点总数为 $n(n-1)\cdots(n-k+1)$, 而事件 A 的样本点个数为 $(n-1)(n-2)\cdots[n-1-(k-1)+1]\cdot 1$, 故所求概率为

$$P(A)=\frac{(n-1)(n-2)\cdots(n-k+1)}{n(n-1)\cdots(n-k+1)}=\frac{1}{n}.$$

　　值得注意的是, 此概率值与抽样次数 k 无关. 尽管每个人抽奖先后次序不同, 但是每个人中奖的概率是一样的, 大家机会相同. 更一般可证, 若有奖的奖券有 m 张 $(m<n)$, 则 $P(A)=\dfrac{m}{n}$. 另外还值得注意的是, 有放回抽样和不放回抽样情况下概率是一样的.

二、几何概型

　　几何概型是古典概型的推广, 保留等可能性特性, 但去掉了 Ω 中包含有限个样本点的限制, 即允许试验的可能结果有无穷不可列个.

　　一般地, 几何概型的基本思路如下:

　　(1) 随机试验的样本空间 Ω 是某个区域(可以是一维区间、二维平面区域或三维空间区域);

（2）每个样本点等可能地出现，则事件 A 的概率为

$$P(A) = \frac{m(A)}{m(\Omega)}.$$

其中，$m(\cdot)$ 表示一种度量，在一维情形下表示长度，在二维情形下表示面积，在三维情形下表示体积. 求几何概型的关键在于用图形正确地描述样本空间 Ω 和所求事件 A，然后计算出相关图形的度量（一般为长度、面积或体积）.

例4 在 $[0,1]$ 区间内任取一个数，求：

（1）这个数落在区间 $(0,0.25)$ 内的概率；

（2）这个数落在区间中点的概率；

（3）这个数落在区间 $(0,1)$ 内的概率.

解 以 x 表示取到的这个数，因为这个数是在 $[0,1]$ 区间内等可能取到的，所以由等可能性可知这是一个几何概型的问题.

样本空间 $\Omega = \{x \mid 0 \leqslant x \leqslant 1\}$，$m(\Omega) = 1$.

（1）设事件 A 表示"这个数落在区间 $(0,0.25)$ 内"，即 $A = \{x \mid 0 < x < 0.25\}$，$m(A) = 0.25$. 由几何概率的计算公式，有

$$P(A) = \frac{m(A)}{m(\Omega)} = \frac{0.25}{1} = 0.25.$$

（2）设事件 A 表示"这个数落在区间中点"，即 $A = \{x \mid x = 0.5\}$，$m(A) = 0$，于是

$$P(A) = \frac{m(A)}{m(\Omega)} = \frac{0}{1} = 0.$$

（3）设事件 A 表示"这个数落在区间 $(0,1)$ 内"，即 $A = \{x \mid 0 < x < 1\}$，$m(A) = 1$，于是

$$P(A) = \frac{m(A)}{m(\Omega)} = \frac{1}{1} = 1.$$

这个例子中，我们对样本空间 Ω 和事件 A 的度量采用区间线段的长度来表示，这是一维的情形. 此外，这个例子的（2）和（3）告诉我们，概率为零的事件未必就是不可能事件，同理，概率为1的事件未必就是必然事件.

例5（碰面问题） 甲、乙两人约定在中午的 12 时到 13 时之间在学校咖啡屋碰面，并约定先到者等候另一人 10min，过时即可离去. 求两人能碰面的概率.

解 以 x 和 y 表示甲、乙两人到达咖啡屋的时间（以 min 为单位），在平面 xOy 上建立直角坐标系（见图1.7）.

因为甲、乙两人都是在 12 时到 13 时等可能到达，所以由等可能性知这是一个几何概型的问题.

样本空间

$\Omega = \{(x,y) \mid 0 \leqslant x \leqslant 60, \ 0 \leqslant y \leqslant 60\}$，$m(\Omega) = 60^2$.

设事件 A 表示"两人能碰面"，即

$A = \{(x,y) \mid |x-y| < 10\}$，$m(A) = 60^2 - 50^2$.

由几何概率的计算公式，有

$$P(A) = \frac{m(A)}{m(\Omega)} = \frac{60^2 - 50^2}{60^2} = \frac{11}{36}.$$

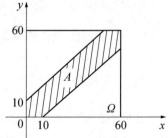

图 1.7　例 5 中样本空间 Ω 与 A 的示意图

例 6(蒲丰投针问题) 蒲丰投针试验是第一个用几何形式表达概率问题的例子. 假设平面上画满间距为 a 的平行直线, 向该平面随机投掷一枚长度为 $l(l<a)$ 的针, 求针与任一平行线相交的概率.

解 设 M 为针的中点, x 为 M 与最近平行线的距离, φ 为针与平行线的交角, 可得样本空间为 $\Omega=\left\{(x,\varphi)\,\middle|\,0\leqslant x\leqslant\dfrac{a}{2},0\leqslant\varphi\leqslant\pi\right\}$, $m(\Omega)=\dfrac{\pi a}{2}$.

设事件 A 表示"针与平行线相交", 其发生的充要条件是 $x\leqslant\dfrac{l}{2}\sin\varphi$(见图 1.8), 故 $A=\left\{(x,\varphi)\,\middle|\,x\leqslant\dfrac{l}{2}\sin\varphi\right\}$, $m(A)=\displaystyle\int_0^\pi\dfrac{l}{2}\sin\varphi\mathrm{d}\varphi=l$(见图 1.9).

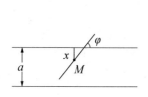

图 1.8 蒲丰投针问题

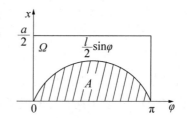

图 1.9 蒲丰投针问题中的 Ω 和 A

由几何概率的计算公式, 有

$$P(A)=\frac{m(A)}{m(\Omega)}=\frac{2l}{\pi a},$$

我们用 n 表示投针总次数, 用 n_A 表示针与平行线相交的次数, 用 $\dfrac{n_A}{n}$ 作为 $P(A)$ 的估计值, 即

$$\frac{n_A}{n}\approx P(A)=\frac{2l}{\pi a},$$

于是有

$$\pi\approx\frac{2nl}{an_A}.$$

这就是用随机试验方法求 π 值的基本公式. 一般来说, 试验次数越多, 求得的近似解越精确. 19~20 世纪, 历史上有一些学者曾亲自做过这个试验, 用概率的方法得到圆周率 π 的近似值. 下面是一些资料.

试验者	时间	投掷次数	相交次数	圆周率 π 的估计值
沃尔夫(Wolf)	1850 年	5 000	2 532	3.159 6
史密斯(Smith)	1855 年	3 204	1 218.5	3.155 4
拉兹瑞尼(Lazzerini)	1901 年	3 408	1 808	3.141 592 9
雷纳(Reina)	1925 年	2 520	859	3.179 5

随着计算机的发展, 可以实现对大量随机试验的计算机模拟, 此方法即为在自然科学、社会科学各领域具有广泛应用的蒙特卡罗方法(Monte-Carlo Method).

[随堂测]

1. 中国福利彩票"七乐彩"的游戏规则为从 01~30 共 30 个号码中选择 7 个号码组合为一注投注号码. 投注号码与当期开奖的 7 个基本号码完全相同(顺序不限), 则获一等奖, 求获一等奖的概率.

2. 将 n 个完全相同的小球随机地放入 N 个盒子($n<N$), 设每个盒子都足够大, 可以容纳任意多个球. 求:

(1) 指定的 n 个盒子中各有 1 球的概率;

(2) 恰好有 n 个盒子中各有 1 球的概率.

扫码看答案

习题 1-3

1. 掷两枚骰子, 求下列事件的概率:

(1) 点数之和为 7; (2) 点数之和不超过 5; (3) 点数之和为偶数.

2. 一袋中有 5 个红球及 2 个白球. 从袋中任取一球, 看过它的颜色后放回袋中, 然后, 再从袋中任取一球. 设每次取球时袋中各个球被取到的可能性相同, 求:

(1) 第一次、第二次都取到红球的概率;

(2) 第一次取到红球、第二次取到白球的概率;

(3) 两次取得的球为红、白各一的概率;

(4) 第二次取到红球的概率.

3. 一个盒子中装有 6 只杯子, 其中有 2 只是不合格品, 现在做不放回抽样; 接连取 2 次, 每次随机地取 1 只, 试求下列事件的概率:

(1) 2 只都是合格品;

(2) 1 只是合格品, 1 只是不合格品;

(3) 至少有 1 只是合格品.

4. 一个年级 3 个班级分别派出 6 位、4 位和 3 位同学代表学校参加区速算比赛. 抽签决定首发 3 位同学的名单, 求:

(1) 首发的 3 位同学来自同一个班级的概率;

(2) 首发的 3 位同学来自不同班级的概率;

(3) 首发的 3 位同学来自两个班级的概率.

5. 一个盒子中放有编号为 1~10 的 10 个小球, 随机地从这个口袋中取 3 个球, 试分别在"不放回抽样"和"有放回抽样"两种方式下, 求:

(1) 3 个球的号码都不超过 6 的概率;

(2) 最大号码是 6 的概率.

6. 一副扑克牌将大王和小王去掉, 从剩余的 52 张扑克牌中任取 5 张, 求下列事件的概率:

(1) 事件 A = "同花"(即 5 张牌都是同一花色);

(2) 事件 B = "顺子"(即 5 张牌号码连一起, 如"A2345", …, "10JQKA");

（3）事件 C = "仅有一对".

7. 将 n 个完全相同的小球随机地放入 N 个不同的盒子中（$n<N$），设每个盒子都足够大，可以容纳任意多个球. 求：

（1）n 个球都在同一个盒子里的概率；

（2）n 个球都在不同的盒子里的概率；

（3）某指定的盒子中恰好有 $k(k \leqslant n)$ 个球的概率.

8. 10 个女生 5 个男生排成一列，求任意两个男生都不相邻的概率.

9. 10 张签中分别有 4 张画圈、6 张画叉. 10 个人依次抽签，抽到带圈的签为中签，求每个人的中签概率.

10. （1）在单位圆内某一特定直径上取一点，求以该点为中心的弦，其长度大于 $\sqrt{3}$ 的概率；

（2）在单位圆内任作一点，求以该点为中心的弦，其长度大于 $\sqrt{3}$ 的概率.

11. 在圆内有一内接等边三角形，随机向圆内抛掷一个点，求该点落在等边三角形内的概率.

12. 在区间 $[0,1]$ 上任取两个数，求：

（1）两数之和不小于 1 的概率；

（2）两数之差的绝对值不超过 0.1 的概率；

（3）两数之差的绝对值小于 0.1 的概率.

13. 在长度为 T 的时间段内，有两个长短不等的信号随机地进入接收机，长信号持续时间为 $t_1(t_1 \ll T)$，短信号持续时间为 $t_2(t_2 \ll T)$. 试求这两个信号互不干扰的概率.

14. 在长度为 1 的线段上任取两个点将其分成 3 段，求：

（1）它们可以构成一个三角形的概率；

（2）它们可以构成一个等边三角形的概率.

第四节　条件概率与事件的相互独立性

一、条件概率

条件概率是概率论中一个既重要又应用广泛的概念. 例如，在购买人寿保险时，不同年龄的投保人的保费是不同的，那是因为不同年龄的投保人在未来一年内死亡的概率是有差异的. 一般地，条件概率是指在某随机事件 A 发生的条件下，另一随机事件 B 发生的概率，记为 $P(B|A)$，它与 $P(B)$ 是不同的两类概率.

例 1　假设抛掷一枚均匀的骰子，已知掷出的点数是偶数，求点数超过 3 的概率.

解　该试验的样本空间是 $\Omega=\{1,2,\cdots,6\}$，随机事件 A = "出现偶数点" = $\{2,4,6\}$，随机事件 B = "出现的点数超过 3" = $\{4,5,6\}$.

现在的情形是已知事件 A 发生了，有了这一信息后，即知试验所有可能结果所构成的集合就是 A，只有 3 个样本点，即 2 点、4 点和 6 点，在这基础上观察满足事件 B 的样本点，只有 2 个，即 4 点和 6 点，故事件 B 发生的概率为 $P(B|A)=\dfrac{2}{3}$.

如果回到原来的样本空间，易知

$$P(A)=\frac{3}{6},P(AB)=\frac{2}{6},P(B\mid A)=\frac{2}{3}=\frac{2/6}{3/6}=\frac{P(AB)}{P(A)}.$$

这个例子启发我们：可以以 $P(AB)$ 与 $P(A)$ 之比作为条件概率 $P(B\mid A)$ 的一般性定义.

定义 1 设 E 是随机试验，Ω 是样本空间，A,B 是随机试验 E 上的两个随机事件且 $P(A)>0$，称 $P(B\mid A)=\dfrac{P(AB)}{P(A)}$ 为在事件 A 发生的条件下事件 B 发生的概率，称为**条件概率**，记为 $P(B\mid A)$.

可以验证，条件概率也满足概率的公理化定义的 3 条基本性质，即非负性、规范性和可列可加性. 设 $P(B)>0$，则有

（1）**非负性公理** 对于任意事件 A，总有 $P(A\mid B)\geqslant 0$；

（2）**规范性公理** $P(\Omega\mid B)=1$；

（3）**可列可加性公理** 若 $A_1,A_2,\cdots$ 为两两互不相容的一组事件，则有 $P(\overset{\infty}{\underset{i=1}{\cup}}A_i\mid B)=\overset{\infty}{\underset{i=1}{\sum}}P(A_i\mid B)$.

于是，第二节中关于概率的性质 1~6 对条件概率依然适用，需要注意的是，使用公式计算时必须在同一条件下进行.

例 2 假设一批产品中一、二、三等品分别有 60 个、30 个和 10 个，从中任取一件，发现不是三等品，则取到的是一等品的概率是多少？

解 记事件 $A=$ "取出的产品不是三等品"，随机事件 $B=$ "取出的产品是一等品"，则

$$P(B\mid A)=\frac{P(AB)}{P(A)}=\frac{60/100}{90/100}=\frac{2}{3}.$$

例 3 设 A,B 为两个随机事件，且已知 $P(A)=0.7,P(B)=0.4,P(A-B)=0.5$，求 $P(B\mid\bar{A})$.

解 $P(A-B)=P(A)-P(AB)=0.5$，则 $P(AB)=P(A)-P(A-B)=0.7-0.5=0.2$，从而

$$P(B\mid\bar{A})=\frac{P(B\bar{A})}{P(\bar{A})}=\frac{P(B)-P(BA)}{1-P(A)}=\frac{0.4-0.2}{0.3}=\frac{2}{3}.$$

如果将条件概率定义式两端同乘 $P(A)$，则可得如下定理.

定理 1(概率的乘法公式) 设 A,B 为随机试验 E 上的两个事件，且 $P(A)>0$，则有

$$P(AB)=P(A)P(B\mid A).$$

同理，若 $P(B)>0$，有

$$P(AB)=P(B)P(A\mid B).$$

我们还可以将乘法公式推广到多个事件的情况. 例如，设 A,B,C 为任意的 3 个事件，且 $P(AB)>0$，则

$$P(ABC)=P(A)P(B\mid A)P(C\mid AB).$$

更一般地，有下面的公式：

设 $A_1,A_2,\cdots,A_n$ 为一事件组，且 $P(A_1A_2\cdots A_{n-1})>0$，则

$$P(A_1A_2\cdots A_n)=P(A_1)P(A_2\mid A_1)P(A_3\mid A_1A_2)\cdots P(A_n\mid A_1A_2\cdots A_{n-1}).$$

例4 一批零件共有 100 个，其中 90 个正品、10 个次品，从中不放回取 3 次（每次取一个），求第三次才取得正品的概率．

解 以 $A_i(i=1,2,3)$ 表示事件"第 i 次取到次品"，则事件 $B=$ "第三次才取到正品"可以表示成 $A_1 A_2 \bar{A}_3$．

$$P(B)=P(A_1 A_2 \bar{A}_3)=P(A_1)P(A_2 \mid A_1)P(\bar{A}_3 \mid A_1 A_2)=\frac{10}{100}\times\frac{9}{99}\times\frac{90}{98}=\frac{9}{1\,078}.$$

二、事件的相互独立性

一般来说，设 A,B 为试验 E 的两个事件，且 $P(A)>0$，则事件 A 的发生对事件 B 发生的概率是有影响的，这时条件概率 $P(B \mid A)\neq P(B)$．例如某学生接连参加"线性代数"和"概率论与数理统计"课程的考试，由于"线性代数"考试发挥失常，他情绪低落，影响了"概率论与数理统计"考试的正常发挥，导致他"概率论与数理统计"考试及格的概率大大降低．但例外的情况也不在少数，这时就会有 $P(B \mid A)=P(B)$，可以推出

$$P(AB)=P(A)P(B \mid A)=P(A)P(B).$$

例5 抛掷两枚均匀的硬币，记事件 $A=$ "第一枚硬币出现正面"，事件 $B=$ "第二枚硬币出现正面"，则有

$$P(A)=\frac{1}{2},P(B)=\frac{1}{2},P(B \mid A)=\frac{1}{2},P(AB)=\frac{1}{4}.$$

可以看出 $P(B)=P(B \mid A)$，事实上还可以算出 $P(B \mid \bar{A})=\dfrac{1}{2}$，因此有

$$P(B)=P(B \mid A)=P(B \mid \bar{A}).$$

这说明不管事件 A 发生还是不发生，都对事件 B 发生的概率没有影响．我们可以从直观上认为事件 A 与事件 B 没有"关系"，或者称事件 A 与事件 B 相互独立．事实上，从该例的实际意义也容易看出，两枚硬币的抛掷结果是互不影响的．

从以上讨论可知，对于试验 E 的两个事件 A,B，当 $P(A)>0$，如果有

$$P(B)=P(B \mid A),$$

则可认为 A,B 相互独立．上式两边同乘以 $P(A)$，即得 $P(AB)=P(A)P(B)$．显然当 $P(A)=0$ 时，$P(AB)=0=P(A)P(B)$，所以这个等式也成立，故我们得到如下事件相互独立的定义．

互斥、对立与独立

定义2 设 A,B 为试验 E 的两个事件，如果等式

$$P(AB)=P(A)P(B)$$

成立，则称事件 A,B **相互独立**，简称 A,B **独立**．

定理2 若事件 A 与事件 B 相互独立，则下列各对事件也相互独立：

$$A \text{ 与 } \bar{B}、\bar{A} \text{ 与 } B、\bar{A} \text{ 与 } \bar{B}.$$

即

$$P(AB)=P(A)P(B)$$
$$\Leftrightarrow P(\bar{A}B)=P(\bar{A})P(B)$$
$$\Leftrightarrow P(A\bar{B})=P(A)P(\bar{B})$$
$$\Leftrightarrow P(\bar{A}\bar{B})=P(\bar{A})P(\bar{B}).$$

证明　事件 A 与事件 B 相互独立,即 $P(AB)=P(A)P(B)$,所以 $P(A\bar{B})=P(A)-P(AB)=P(A)-P(A)P(B)=P(A)[1-P(B)]=P(A)P(\bar{B})$,从而,$A$ 与 $\bar{B}$ 相互独立.由此即可推出 $\bar{A}$ 与 $\bar{B}$ 相互独立.再由 $\bar{\bar{B}}=B$,又可推出 $\bar{A}$ 与 B 相互独立.

这个定理告诉我们,以上 4 对事件中,只要有一对是相互独立的,则其余 3 对也相互独立.即直观理解为:事件 A 与 B 相互独立,则 A 的发生不会影响 B 发生的概率,A 的发生也不会影响 B 不发生的概率,A 的不发生也不会影响 B 发生的概率,A 的不发生也不会影响 B 不发生的概率.

下面我们将相互独立性推广到 3 个事件的情形.

定义 3　设 A,B,C 是试验 E 的 3 个事件,如果等式
$$P(AB)=P(A)P(B),$$
$$P(AC)=P(A)P(C),$$
$$P(BC)=P(B)P(C)$$
均成立,则称事件 A,B,C **两两相互独立**.

定义 4　设 A,B,C 是试验 E 的 3 个事件,如果等式
$$P(AB)=P(A)P(B),$$
$$P(AC)=P(A)P(C),$$
$$P(BC)=P(B)P(C),$$
$$P(ABC)=P(A)P(B)P(C)$$
均成立,则称事件 A,B,C **相互独立**.

一般地,设 $A_1,A_2,\cdots,A_n$ 是试验 E 的 $n(n\geqslant 2)$ 个事件,如果其中任意两个事件的积事件的概率等于各事件概率的积,则称事件 $A_1,A_2,\cdots,A_n$ 两两相互独立;如果其中任意两个事件、任意 3 个事件、$\cdots$、任意 n 个事件的积事件的概率等于各事件概率的积,则称事件 $A_1,A_2,\cdots,A_n$ 相互独立.

例 6　把一枚硬币相互独立地掷两次,事件 A_i 表示"掷第 i 次时出现正面",$i=1,2$;事件 A_3 表示"正、反面各出现一次".试证:A_1,A_2,A_3 两两相互独立,但不相互独立.

证明　容易算得 $P(A_1)=P(A_2)=P(A_3)=\dfrac{1}{2}$,而且 $P(A_1A_2)=P(A_1A_3)=P(A_2A_3)=\dfrac{1}{4}$,但是 $P(A_1A_2A_3)=0$,因此,3 个事件 A_1,A_2,A_3 两两相互独立,但不相互独立.

例 7　设某车间有 3 条相互独立工作的生产流水线,在一天内每条流水线需要工人维护的概率分别为 0.9,0.8,0.7. 求一天中 3 条流水线中至少有一条需要工人维护的概率.

解　记 A 表示"至少有一条流水线需要工人维护",$A_i=$"第 i 条流水线需要工人维护",$i=1,2,3$. 易知 A_1,A_2,A_3 相互独立.事件 A 可以写成
$$A=A_1\cup A_2\cup A_3.$$

由于事件的相互独立性只能用于积事件的概率等于各事件概率的积,因此我们使用对偶律,得到
$$P(A)=1-P(\overline{A_1\cup A_2\cup A_3})=1-P(\overline{A_1}\cap\overline{A_2}\cap\overline{A_3})$$
$$=1-P(\overline{A_1})P(\overline{A_2})P(\overline{A_3})=1-0.1\times 0.2\times 0.3=0.994.$$

我们也可以直接考虑事件 A 的对立事件是 3 条流水线都不需要工人维护(即 $\overline{A_1}\,\overline{A_2}\,\overline{A_3}$),于是利用事件的相互独立性可得

$$P(A)=1-P(\overline{A})=1-P(\overline{A_1}\,\overline{A_2}\,\overline{A_3})=0.994.$$

这两种解法实际上是等价的.

例 8(系统可靠性问题)　设有 n 个元件相互独立工作,分别按照串联、并联的方式组成两个系统 A 和 B,如图 1.10 所示.已知每个元件正常工作的概率都为 p,分别求系统 A 和 B 的可靠性(即系统正常工作的概率).

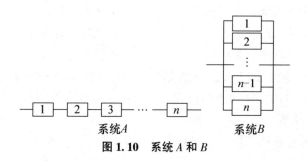

图 1.10　系统 A 和 B

解　记 $A_i=$ "第 i 个元件正常工作",$i=1,2,\cdots,n$,可知事件 $A_1,A_2,\cdots,A_n$ 相互独立.又记 A 表示"串联系统 A 正常工作",B 表示"并联系统 B 正常工作",则

$$A=A_1\cap A_2\cap\cdots\cap A_n,$$
$$B=A_1\cup A_2\cup\cdots\cup A_n.$$

所以,由事件相互独立的性质可知

$$P(A)=P(A_1)P(A_2)\cdots P(A_n)=p^n,$$
$$P(B)=P(A_1\cup A_2\cup\cdots\cup A_n)=1-P(\overline{A_1}\cap\overline{A_2}\cap\cdots\cap\overline{A_n})$$
$$=1-P(\overline{A_1})P(\overline{A_2})\cdots P(\overline{A_n})=1-(1-p)^n.$$

取不同的 n 值,若每个元件正常工作的概率 $p_k=p=0.999(k=1,2,\cdots,n)$,观测串联系统的 $P(A)$ 值,如下表所示.

n	50	100	200	500	1 000	2 000	5 000	8 000
$P(A)$	0.951 2	0.904 8	0.818 6	0.606 4	0.367 7	0.135 2	0.006 721	0.000 334

可以发现随着 n 变大,$P(A)$ 非常快地变小.小到手机芯片,大到卫星飞机,这些系统是由少则上百,多则成千上万乃至百万个零件组成的,结构也远比简单的串并联复杂,可想而知,要保证飞机正常完成每一次的飞行任务,无数的航空工作者要为此付出多少努力!

另一方面,对于 $n=1,2,\cdots$,取不同的 p_k 值 $(k=1,2,\cdots,n)$,观测并联系统的 $P(B)$ 值,如下表所示.

n	1	2	3	4	7	44
$p_k=0.1$	0.1	0.19	0.271	0.343 9	0.521 7	0.990 3
$p_k=0.5$	0.5	0.75	0.875	0.937 5	0.992 2	
$p_k=0.7$	0.7	0.91	0.973	0.991 9		

续表

n	1	2	3	4	7	44
$p_k = 0.8$	0.8	0.96	0.992			
$p_k = 0.9$	0.9	0.99	0.999			

上表列出了单个元件正常工作的概率取不同值时，需要并联多少个相同元件，才能保证系统的可靠性达到99%以上，例如，当单个元件正常工作的概率为0.9时，只需并联3个相同的元件，就能使系统正常工作的概率提升到0.999.

如果将元件的正常工作定义为"成功"，则上表反映出，针对不同的单次成功概率，需要多少次反复尝试，可以将至少成功一次的概率提升至超过99%. 从上表可以看出，若单次成功概率仅为0.5，则尝试7次，至少成功一次的概率就已达99%以上；即使单次成功概率很低，仅为0.1，经过44次不断尝试，也能将成功概率提高到99%以上，所以"失败乃成功之母"是可以从概率角度来解释的.

事实上，系统的可靠性问题一般很复杂，很难直接分析. 但通过适当的分解，将一个大系统层层分割成若干子系统，就可以简化其分析过程. 串联和并联是常见的两种系统构成方式.

例9　设 $P(A) = 0.2, P(B) = 0.3$，事件 A, B 相互独立. 试求 $P(A-B), P(A|A \cup B)$.

解
$$P(A-B) = P(A\bar{B}) = P(A)P(\bar{B}) = 0.2 \times 0.7 = 0.14,$$
$$P(A|A \cup B) = \frac{P[A \cap (A \cup B)]}{P(A \cup B)}.$$

利用分配律，可继续化简为
$$P(A|A \cup B) = \frac{P(AA \cup AB)}{P(A \cup B)} = \frac{P(A)}{P(A \cup B)}$$
$$= \frac{P(A)}{P(A)+P(B)-P(AB)} = \frac{0.2}{0.2+0.3-0.06} = \frac{5}{11}.$$

[随堂测]

1. 设 A, B 为两个随机事件，$P(A) = 0.5, P(B) = 0.6, P(B|A) = 0.8$，求 $P(AB)$ 和 $P(A \cup B)$.

2. 设事件 A 与 B 相互独立，且 $P(A) = 0.5, P(B) = 0.6$. 求：
(1) $P(AB)$；(2) $P(A \cup B)$.

扫码看答案

习题 1-4

1. 设 A, B 为两个随机事件，$P(A) = 0.4, P(B) = 0.5, P(B|A) = 0.6$，求 $P(A-B)$ 及 $P(\bar{A}\bar{B})$.

2. 设 A,B 为两个随机事件，$P(AB)=0.25$，$P(B)=0.3$，$P(A\cup B)=0.6$，求 $P(A-B)$ 及 $P(A|\bar{B})$.

3. 设 A,B 为两个随机事件，且 $P(A)=0.3$，$P(B)=0.6$. 试在下列两种情况下，分别求 $P(A|B)$ 及 $P(\bar{A}|\bar{B})$.

（1）事件 A,B 互不相容.

（2）事件 A,B 有包含关系.

4. 一考试题库中共有 100 道考题，其中有 60 道基本题和 40 道难题，考试机器每次从 100 道题中随机选一道题，求第三次才选到难题的概率.

5. 某地一名研究人员在"夫妇看电视习惯"的研究中发现：有 25% 的丈夫和 30% 的妻子定期收看周六晚播出的某个电视栏目. 研究还表明，在一对夫妇中如果丈夫定期收看这一栏目，则有 80% 的妻子也会定期收看这一栏目. 现从该地随机抽选一对夫妇，求：

（1）这对夫妇中丈夫和妻子都收看该栏目的概率；

（2）这对夫妇中至少有一人定期收看该栏目的概率.

6. 一袋中有 4 个白球和 6 个黑球，依次不放回一个个取出，直到 4 个白球都取出为止，求恰好取了 6 次的概率.

7. 设甲、乙、丙 3 人同时相互独立地向同一目标各射击一次，击中率都为 $\frac{2}{3}$，现已知目标被击中，求它由乙击中且甲、丙都没击中的概率.

8. 罐中有 m 个白球和 n 个黑球，从中随机抽取两个，发现它们是同色的，求同为黑色的概率.

9. 假定生男孩或生女孩是等可能的，在一个有 3 个孩子的家庭里，已知有一个是男孩，求至少有一个是女孩的概率.

10. 抛掷 3 枚均匀的骰子，已知掷出点数各不相同，求至少有一个是 1 点的概率.

11. 设 A,B,C 是任意 3 个事件，且 $P(C)>0$，证明：

（1）$P(A\cup B|C)=P(A|C)+P(B|C)-P(AB|C)$；

（2）$P(A-B|C)=P(A|C)-P(AB|C)$；

（3）$P(\bar{A}|C)=1-P(A|C)$.

12. 设每位密室逃脱游戏的玩家能成功走出的概率为 0.6，假定每位玩家能否走出密室是相互独立的.

（1）若共有 3 位玩家一起玩，求这 3 位玩家能一起走出密室的概率；

（2）至少要多少位玩家一起玩，才能使走出密室的概率大于 95%？

13. 某人向同一目标重复独立射击，每次击中目标的概率为 $p(0<p<1)$，则此人第三次射击时恰好是第二次击中目标的概率为多少？

14. （1）设事件 A,B 相互独立. 证明：$\bar{A},B$ 相互独立，$\bar{A},\bar{B}$ 相互独立.

（2）设事件 $P(A)=0$，证明事件 A 与任意事件相互独立.

（3）设 A,B,C 是 3 个相互独立的随机事件，证明 $A\cup B$ 与 C 也相互独立.

15. 设事件 A 与 B 相互独立，且 $P(A)=p$，$P(B)=q$. 求 $P(A\cup B)$，$P(A\cup\bar{B})$，$P(\bar{A}\cup\bar{B})$.

16. 设事件 A,B,C 两两相互独立，且 $P(A)=P(B)=P(C)=0.4$，$P(ABC)=0.1$，求 $P(A\cup B\cup C)$，$P(A|\bar{C})$，$P(C|AB)$.

17. 设事件 A,B,C 相互独立，且 $P(A)=0.2,P(B)=P(C)=0.3$，求 $P(A\cup B\cup C)$，$P[(A-C)\cap B]$.

18. 有 $2n$ 个元件，每个元件的可靠度都是 p. 试求下列两个系统的可靠度，假定每个元件是否正常工作是相互独立的.

（1）每 n 个元件串联成一个子系统，再把这两个子系统并联.

（2）每两个元件并联成一个子系统，再把这 n 个子系统串联.

19. 设 A,B 是两个随机事件，且 $0<P(A)<1,0<P(B)<1,P(B\mid A)+P(\overline{B}\mid \overline{A})=1$，证明事件 A 与 B 相互独立.

20. 设 A,B 是两个随机事件，且 $P(A)>0,P(B)>0$，事件 A 与 B 相互独立，证明事件 A 与 B 相容.

21. 设事件 A,B,C 相互独立，且 $P(A)=P(B)=P(C)=0.5$，求 $P(AC\mid A\cup B)$.

第五节 全概率公式与贝叶斯公式

全概率公式是概率论中一个非常重要的公式. 通常我们会遇到一些较为复杂的随机事件的概率计算问题，这时，如果将它分解成一些较容易计算的情况分别进行考虑，就可以化繁为简.

定义 设 E 是随机试验，Ω 是相应的样本空间，$A_1,A_2,\cdots,A_n$ 为 Ω 的一个事件组，若满足条件

（1）$A_i\cap A_j=\varnothing(i\neq j)$；

（2）$A_1\cup A_2\cup\cdots\cup A_n=\Omega$，

则称事件组 $A_1,A_2,\cdots,A_n$ 为样本空间的一个**完备事件组**，完备事件组完成了对样本空间的一个分割.

例如，当 $n=2$ 时，A 与 $\overline{A}$ 便构成样本空间 Ω 的一个分割.

定理1（全概率公式） 设 $A_1,A_2,\cdots,A_n$ 为样本空间 Ω 的一个完备事件组，且 $P(A_i)>0(i=1,2,\cdots,n)$，B 为任一事件，则

全概率公式

$$P(B)=\sum_{i=1}^{n}P(A_i)P(B\mid A_i).$$

证明 因为 $B=\Omega\cap B=(A_1\cup A_2\cup\cdots\cup A_n)\cap B=A_1B\cup A_2B\cup\cdots\cup A_nB$，且 $A_1B,A_2B,\cdots,A_nB$ 互不相容，所以由有限可加性及概率的乘法公式得

$$P(B)=P(A_1B)+P(A_2B)+\cdots P(A_nB)$$

$$=P(A_1)P(B\mid A_1)+P(A_2)P(B\mid A_2)+\cdots+P(A_n)P(B\mid A_n)$$

$$=\sum_{i=1}^{n}P(A_i)P(B\mid A_i).$$

定理2（贝叶斯公式） 设 $A_1,A_2,\cdots,A_n$ 为样本空间 Ω 的一个完备事件组，$P(A_i)>0$ $(i=1,2,\cdots,n)$，B 为满足条件 $P(B)>0$ 的任一事件，则

$$P(A_i\mid B)=\frac{P(A_i)P(B\mid A_i)}{\sum_{i=1}^{n}P(A_i)P(B\mid A_i)}.$$

证明 由条件概率的定义可知

$$P(A_i \mid B) = \frac{P(A_i B)}{P(B)}.$$

对上式的分子用乘法公式、对分母用全概率公式，得

$$P(A_i B) = P(A_i) P(B \mid A_i),$$

$$P(B) = \sum_{i=1}^{n} P(A_i) P(B \mid A_i),$$

从而

$$P(A_i \mid B) = \frac{P(A_i) P(B \mid A_i)}{\sum_{i=1}^{n} P(A_i) P(B \mid A_i)}.$$

例 1　某手机制造企业有两个生产基地，一个在 S 市，另一个在 T 市，但都生产同型号手机. S 市生产的手机占总数的 60%，T 市的占 40%. 两个基地生产的手机都送到两地之间的一个中心仓库，且产品混合放在一起. 从质量检查可知 S 市生产的手机有 5% 不合格；T 市生产的手机有 10% 不合格.

（1）从中心仓库随机抽出一个手机，求它是不合格品的概率；

（2）从中心仓库随机抽出一个手机发现它是不合格的，则它是 S 市生产的概率是多少？

解　以 A 表示"抽到的是 S 市生产基地生产的手机"，A 和 $\bar{A}$ 构成了样本空间的一个完备事件组. B 表示"不合格的手机". 由已知条件知

$$P(A) = 0.6, P(\bar{A}) = 0.4, P(B \mid A) = 0.05, P(B \mid \bar{A}) = 0.1.$$

（1）由全概率公式得

$$P(B) = P(A) P(B \mid A) + P(\bar{A}) P(B \mid \bar{A}) = 0.6 \times 0.05 + 0.4 \times 0.1 = 0.07.$$

（2）由贝叶斯公式得

$$P(A \mid B) = \frac{P(A) P(B \mid A)}{P(B)} = \frac{0.6 \times 0.05}{0.07} = \frac{3}{7}.$$

例 2　有 3 只箱子，第一个箱子中有 4 个黑球和 1 个白球，第二个箱子中有 3 个黑球和 3 个白球，第三个箱子中有 3 个黑球和 5 个白球. 现随机取一个箱子，再从这个箱子中取一球，已知取到的是白球，则这个白球属于第二个箱子的概率是多少？

解　以 A_i 表示"取到第 i 个箱子"，则 $P(A_i) = \frac{1}{3}(i=1,2,3)$. 这里，$A_1, A_2, A_3$ 构成了样本空间的一个完备事件组. 再以 B 表示"取到的是白球"，则

$$P(B \mid A_1) = \frac{1}{5}, P(B \mid A_2) = \frac{1}{2}, P(B \mid A_3) = \frac{5}{8}.$$

由全概率公式得

$$P(B) = \sum_{i=1}^{3} P(A_i) P(B \mid A_i) = \frac{1}{3} \times \left(\frac{1}{5} + \frac{1}{2} + \frac{5}{8} \right) = \frac{53}{120},$$

再由贝叶斯公式得

$$P(A_2 \mid B) = \frac{P(A_2) P(B \mid A_2)}{P(B)} = \frac{20}{53},$$

即这个白球属于第二个箱子的概率为 $\frac{20}{53}$.

例 3　某种疾病的患病率为 0.1%，某项血液医学检查的误诊率为 1%，即非患者中有 1% 的人验血结果为阳性，患者中有 1% 的人验血结果为阴性。现知某人验血结果是阳性，求他确实患有该种疾病的概率。

解　以 A 表示此人患此疾病，B 表示验血结果为阳性，则由已知条件知

$$P(A) = 0.001, P(\bar{A}) = 0.999, P(B \mid A) = 0.99, P(B \mid \bar{A}) = 0.01.$$

先由全概率公式得

$$P(B) = P(A)P(B \mid A) + P(\bar{A})P(B \mid \bar{A}) = 0.001 \times 0.99 + 0.999 \times 0.01 = 0.010\ 98,$$

再由贝叶斯公式得

$$P(A \mid B) = \frac{P(A)P(B \mid A)}{P(B)} = \frac{0.001 \times 0.99}{0.010\ 98} \approx 0.09.$$

注意到这个概率出乎意料的小，因为"直观"上，当我们拿到阳性的化验报告时，通常直接认为就是患病了，但事实上并非如此，可能没有患病，而且没有患病的概率还不小。这归根结底在于该病的患病率很低，仅为 0.1%，误诊率虽然不高，为 1%，但总阳性人群中被误诊为阳性的几乎是真阳性患者的 10 倍多。这个事实告诉我们，当验血结果是阳性时，切莫慌张，真正患有该疾病的概率一定不等于 1，而且还不一定很大。

通过一次血液医学检测，此人患此疾病的概率已经从原来的 0.1% 提高到 9%，提高的幅度是明显的。比较合理的方案是，再选择其他的一些医学手段进行进一步的诊断和判别。在下一次诊断时，此人患此疾病的先验概率为 9%。再次利用贝叶斯公式进行计算，得到更为可靠的结果。如果有一项新的检查方法（如核磁共振），其诊断准确率为 $P(B \mid A_1) = 0.99, P(B \mid A_2) = 0.001$，现在 $P(A_1) = 9\%, P(A_2) = 91\%$。如果通过新的检查此人仍被诊断患此疾病，则

$$
\begin{aligned}
P(B) &= P(A_1)P(B \mid A_1) + P(A_2)P(B \mid A_2) \\
&= 9\% \times 0.99 + 91\% \times 0.001 = 9.001\%.
\end{aligned}
$$

再由贝叶斯公式得到

$$P(A_1 \mid B) = \frac{P(A_1)P(B \mid A_1)}{P(B)} = \frac{9\% \times 0.99}{9.001\%} = 0.989\ 89 = 98.989\%.$$

经过两项检查，结果表明此人患此疾病的概率已经非常大了。医生可以判断此人患此疾病。这里需要说明的是，例 3 中所取的患病率及误诊率皆仅为假设值。

事实上，如果我们把血液检查为阳性看成"**结果**"，则导致该结果发生的"**原因**"有两个：(1) 患者且检查正确；(2) 不是患者但检查错误。所以，可以这么说，全概率公式，就是通过已知每种"原因"发生的概率，即 $P(A)$ 和 $P(\bar{A})$ 已知，求"结果" B 发生的概率 $P(B)$。这里的 $P(A)$ 和 $P(\bar{A})$ 又称为"**先验概率**"。而贝叶斯公式，则是从已知"结果" B 发生的条件下，分析由各个可能"原因"引起的条件概率 $P(A \mid B)$ 和 $P(\bar{A} \mid B)$，所以也有人把贝叶斯公式看成用来解决"已知结果，分析原因"的问题。这里的 $P(A \mid B)$ 和 $P(\bar{A} \mid B)$ 又称为"**后验概率**"。

在使用全概率公式时，关键是写出诱导事件 B 发生的各个原因 A_i 及相应的先验概率 $P(A_i)$ 和条件概率 $P(B \mid A_i)$。

例 4（敏感性问题调查）　对于考试作弊、酒后驾车等一些涉及个人隐私或利害关系，不受被调查对象欢迎或令其感到尴尬的敏感问题，即使做无记名的直接调查，也很难消除

被调查者的顾虑，他们极有可能拒绝应答或故意做出错误的回答，从而很难保证数据的真实性，使调查的结果存在很大的误差. 如何设计合理的调查方案，来提高应答率并降低不真实回答率呢？基于贝叶斯思想的调查方案设计就能解决这个问题.

调查方案设计的基本思想是，让被调查者从以下两个问题中，随机地选答其中一个，同时调查者并不知道被调查者回答的是哪一个问题，从而保护被调查者的隐私，消除被调查者的顾虑，使被调查者能够对自己所选的问题真实地回答.

问题 1：你在考试中作过弊吗？

问题 2：你生日的月份是奇数吗？（假设一年有 365 天.）

调查者准备 13 张标有数字 1~13 的纸牌，在选答上述问题前，要求被调查者随机抽取一张，看后还原，并使调查者不能知道抽取的情况. 约定如下：如果被调查者抽取的是不超过 10 的数则回答问题 1；反之，则回答问题 2. 假定调查结果是收回 400 条有效答案，其中有 80 个被调查者回答"是"，320 个被调查者回答"否"，求被调查者考试作弊的概率 p.

解　以 A 表示选答问题 1，B 表示回答"是"，设 $P(B \mid A) = p$，则由已知条件知

$$P(A) = \frac{10}{13}, P(\bar{A}) = \frac{3}{13}, P(B \mid \bar{A}) = \frac{184}{365}.$$

由全概率公式得

$$P(B) = P(A)P(B \mid A) + P(\bar{A})P(B \mid \bar{A}) = \frac{10}{13} \cdot p + \frac{3}{13} \cdot \frac{184}{365} = \frac{80}{400} = \frac{1}{5},$$

由此可算得

$$p = \frac{397}{3\,650} \approx 0.109.$$

例 5（辛普森悖论）　学校为了丰富学生的课余生活，分别在南苑和北苑饮食广场开设下午茶专窗，并在试运行时，请学生分别对餐品进行评估，数据汇总如下表所示. 试基于下表数据比较两个饮食广场餐品的受欢迎程度.

	南苑饮食广场		北苑饮食广场	
	投票比例	评价点赞率(B)	投票比例	评价点赞率(B)
饮品(A_1)	90%	48%	60%	50%
蛋糕(A_2)	10%	35%	40%	40%

解　按照全概率公式 $P(B) = \sum_{i=1}^{2} P(A_i)P(B \mid A_i)$，得到南苑饮食广场的评价点赞率为 $P(B) = 90\% \times 48\% + 10\% \times 35\% = 46.7\%$，北苑饮食广场的评价点赞率为 $P(B) = 60\% \times 50\% + 40\% \times 40\% = 46\%$.

计算结果表明：综合来说，南苑的评价点赞率比北苑高 0.7%；但北苑不管是饮品还是蛋糕的评价点赞率都比南苑高，这就是辛普森悖论. 究其原因，南苑的饮品在投票中占比为 90%，这远高于北苑的饮品在投票中的占比 60%，并且南苑的饮品评价点赞率 48% 远高于北苑的蛋糕评价点赞率 40%. 从这个例子可以看出，在做数据的统计分析时，不能一味地迷信结果，要仔细关注数据内部结构和细节.

[随堂测]

1. 对以往数据的分析结果表明：当机器运转正常时，产品的合格率为 90%；而当机器发生故障时，合格率为 30%. 机器开动时，运转正常的概率为 75%.

（1）求某日首件产品是合格品的概率.

（2）已知某日首件产品是合格品，求机器运转正常的概率.

扫码看答案

2. 已知甲袋中装有 4 个排球和 6 个篮球，乙袋中装有 6 个排球和 4 个篮球.

（1）随机地取一袋，再从该袋中随机地取一个球，求该球是篮球的概率.

（2）已知取出的是篮球，求该球取自甲袋的概率.

习题 1-5

1. 设一个袋中装有 5 枚合格的硬币和 2 枚次品硬币，次品硬币的两面均是花卉图案. 从袋中随机取出一枚硬币，将它抛掷两次，分别查看硬币朝上那面的图案.

（1）求两次抛掷的结果都是花卉的概率.

（2）如果已知两次抛掷的结果都是花卉，求这枚硬币是合格硬币的概率.

2. 某班教师发现在考试及格的学生中有 80% 的学生按时交作业，而在考试不及格的学生中只有 30% 的学生按时交作业，现在知道有 85% 的学生考试及格，从这个班的学生中随机地抽取一位学生.

（1）求抽到的这位学生是按时交作业的概率.

（2）若已知抽到的这位学生是按时交作业的，求他考试及格的概率.

3. 设有 3 种不同品牌的疫苗，分别记为甲、乙和丙疫苗，这 3 种品牌疫苗的接种率分别为 $\frac{1}{6}, \frac{1}{3}, \frac{1}{2}$，预防病毒感染的有效率分别为 $0.6, 0.78, 0.9$.

（1）求某位接种疫苗的人没有感染病毒的概率.

（2）如果已知某位已接种疫苗的人没有感染病毒，求此人接种的是甲疫苗的概率.

4. 甲袋中有 4 个白球、6 个黑球，抛掷一枚均匀的骰子，掷出几点就从袋中取出几个球，求从甲袋中取到的都是黑球的概率.

5. 某厂生产的钢琴中有 70% 可以直接出厂，剩下的钢琴经调试后，其中 80% 可以出厂，20% 被定为不合格品不能出厂. 现该厂生产 $n(n \geq 2)$ 架钢琴，假定各架钢琴的质量是相互独立的. 试求：

（1）任意一架钢琴能出厂的概率；

（2）全部钢琴都能出厂的概率.

6. 甲、乙、丙 3 门高炮同时相互独立地各向敌机发射一枚炮弹，它们命中敌机的概率依次为 $0.7, 0.8, 0.9$，飞机被击中 1 弹而坠毁的概率为 0.1，被击中 2 弹而坠毁的概率为 0.5，被击中 3 弹必定坠毁.

（1）试求飞机坠毁的概率.

（2）已知飞机坠毁，求它在坠毁前只被击中 1 弹的概率.

7. 已知甲袋中装有 a 个红球、b 个白球；乙袋中装有 c 个红球、d 个白球. 试求下列事件的概率：

（1）合并两个袋子，从中随机地取 1 个球，该球是红球；

（2）随机地取一个袋子，再从该袋中随机地取 1 个球，该球是红球；

（3）从甲袋中随机地取出 1 个球放入乙袋，再从乙袋中随机地取出 1 个球，该球是红球.

8. 金融机构面向各类群体开发不同的投资产品，通过设计统计模型来对客户进行风险类型的判别. 假设在一个统计模型测试过程中，有 50% 的客户是风险回避者，另外 50% 是风险追求者，由于个体投资行为会受到市场等一些因素的影响，统计模型以概率 0.1 将风险回避者识别为风险追求者，以概率 0.2 将风险追求者识别为风险回避者. 求：

（1）一位客户被识别为风险追求者的概率；

（2）一位被识别为风险追求者的客户，他实际是风险回避者的概率.

9. 在常规体检中有一项血肿瘤标记物癌胚抗原（CEA）检测. CEA 在正常成年人细胞中几乎不表达，所以是检测不到的，但在某些病理情况下会增多，如感染、免疫性疾病、肿瘤等，一般肿瘤最常见，所以 CEA 检测常被用来进行肿瘤筛查，如果 CEA 指标值偏高，就需要再进行其他更深入检查. CEA 指标值的参考范围是小于 5.0ng/mL. 假设某肿瘤的发病率为 0.016%，患者 CEA 指标值超过参考范围的概率为 0.8，而非肿瘤患者 CEA 指标值超过参考范围的概率为 0.001. 假设现有一职工，其 CEA 指标值超过参考范围，求他是肿瘤患者的概率.

10. 玻璃杯成箱出售，每箱 20 个，假设各箱含有 0,1,2 个次品的概率分别为 0.8,0.1,0.1，一个顾客预购一箱玻璃杯，在购买时售货员随意取一箱，而顾客随机地查看 4 个，如果没有次品则买下该箱产品，否则就退回. 求：

（1）顾客买下该箱产品的概率？

（2）在顾客买下的该箱产品中确实没有次品的概率.

11. 已知甲、乙两箱中装有同种产品，其中甲箱中装有 3 件合格品和 3 件次品，乙箱中仅装有 3 件合格品. 先从甲箱中任取 3 件产品放入乙箱，再从乙箱中任取 2 件产品，求从乙箱中取到 1 件合格品、1 件次品的概率.

*12. 甲、乙两人对弈，甲获胜的概率为 0.6，乙获胜的概率为 0.4. 一方获胜得一分. 其中一人的分数超过另一人 2 分，则对弈结束，即为最终获胜. 求甲最终获胜的概率.

*13. 有 3 个班级，每个班级总人数分别是 10 人、20 人、25 人，其中每个班级的女生分别为 4 人、10 人、15 人. 先随机抽取一个班级，从该班级中依次抽取 2 人，求：

（1）第一次抽到女生的概率；

（2）在第一次抽到女生的条件下，第二次抽到的还是女生的概率.

14. 假设乒乓球在使用前称为新球，使用后称为旧球. 现在，袋中有 10 个乒乓球，其中有 8 个新球. 第一次比赛时从袋中任取 2 个球作为比赛用球，比赛后把球放回袋中，第二次比赛时再从袋中任取 2 个球作为比赛用球. 求：

（1）第二次比赛取出的球都是新球的概率；

（2）如果已知第二次比赛取出的球都是新球，求第一次比赛时取出的球也都是新球的概率.

15. 某位学生接连参加同一门课程的两次考试，第一次及格的概率为 p. 若第一次及格，则第二次也及格的概率为 p；若第一次不及格，则第二次及格的概率为 $\dfrac{p}{2}$.

（1）若至少有一次及格则他能取得某种资格，求他能取得该资格的概率.

（2）已知第二次已经及格，求他第一次也及格的概率.

***16.** 张亮上概率统计课，在某周结束时，他可能跟得上课程也可能跟不上课程. 如果某周他跟上课程，那么他下周跟上课程的概率为 0.9；如果某周他没跟上课程，那么他下周跟上课程的概率仅为 0.3. 现在假定，在第一周上课前，他是跟上课程的，求：

（1）经过 2 周的学习，他仍能跟上课程的概率；

（2）经过 n 周的学习（$n = 1, 2, \cdots$），他仍能跟上课程的概率.

本章小结

章总结

随机事件及其运算	了解 随机试验的概念
	了解 样本空间的概念
	理解 随机事件的概念
	掌握 随机事件的关系和运算
等可能概型	理解 古典概型和几何概型的定义
	掌握 古典概型和几何概型问题的求解
概率的定义及其性质	理解 概率的公理化定义
	掌握 概率的基本性质
	掌握 加法公式、减法公式的运用
条件概率及事件的相互独立性	理解 条件概率的概念
	理解 随机事件相互独立的概念
	掌握 用事件的相互独立性进行概率计算的方法
全概率公式和贝叶斯公式	理解 全概率公式和贝叶斯公式
	掌握 用全概率公式和贝叶斯公式进行概率计算

拓展阅读

贝叶斯公式

贝叶斯公式是概率论中重要的知识点之一，该公式的意义在于开创了统计学的一个学派——贝叶斯学派，它和经典统计学学派为现代统计学的两大分支. 贝叶斯公式是由英国学者托马斯·贝叶斯(Thomas Bayes，1701—1761 年)所提出的"逆概率"思想发展而来的. 求"逆概率"是指已知事件的概率为 p，计算某种结果出现的概率；反之，给定了观察结果，则可对概率 p 做出试验后的推断. 即"正概率"是由原因推结果，"逆概率"是由结果推原因. 贝叶斯的思想，以及其支持者对其思想的发展，最终形成了贝叶斯统计理论，从而开辟了统计学发展中的一个新领域，对统计决策函数、统计推断、统计的估算等做出了贡献. 贝叶斯学派与经典统计学的差别在于是否使用先验信息，先验信息是指人们对一个事物的历史认知或主观判断. 众所周知，任何事物都是发展变化的，都会通过样本数据信息不断挖掘和发现新变化. 经典统计学只使用样本数据信息，而贝叶斯分析则是把先验信息与样本数据结合起来进行推断.

我们来看下面的例子. 一袋中共装有 10 个球，分别为红球和白球，但是每种颜色的球有几个不是很明确，有下列 3 种可能情况

A_1：可能是装有 6 个红球、4 个白球.

A_2：可能是装有 7 个红球、3 个白球.

A_3：可能是装有 5 个红球、5 个白球.

刚开始我们认为这 3 种可能情况的概率分别为

$$P(A_1)=\frac{1}{6}, P(A_2)=\frac{1}{3}, P(A_3)=\frac{1}{2}.$$

我们从袋中任取一球，得到了红球，此时我们应该怎样修正自己的看法呢？

在这个问题中，$P(A_1)=\frac{1}{6}, P(A_2)=\frac{1}{3}, P(A_3)=\frac{1}{2}$ 就是先验信息，任取出一球是红色即是试验的样本数据信息，我们记为 B，则

$$P(B)=\sum_{i=1}^{3}P(A_i)P(B\mid A_i)=\frac{7}{12},$$

$$P(A_1\mid B)=\frac{P(A_1)P(B\mid A_1)}{P(B)}=\frac{6}{35}.$$

同理可得 $P(A_2\mid B)=\frac{2}{5}, P(A_3\mid B)=\frac{3}{7}$.

所以，经过一次样本抽取，结合先验信息，我们得到了关于 A_1,A_2,A_3 的后验概率(也称为后验信息)，依次为 $\frac{6}{35}, \frac{2}{5}, \frac{3}{7}$. 如果觉得这个结果不可靠，我们还可以再进行第二次抽样. 把刚刚得到的后验信息作为新一轮抽样前的先验信息，继续使用贝叶斯公式计算和调整，就可以得到第二次抽样后的后验概率，这个后验概率将会比第一次的后验概率更可靠. 如此迭代反复，基于先验信息，随后通过诸多实践和抽样，我们对事物的认识会不断加深和调整，最后将对事物的认识达到一个新高度.

测试题一

1. 假设 A 与 B 同时发生的时候 C 必发生，则( ).

A. $P(C) \leqslant P(A) + P(B) - 1$ B. $P(C) \geqslant P(A) + P(B) - 1$

C. $P(C) = P(AB)$ D. $P(C) = P(A \cup B)$

2. 已知两个随机事件 A, B 满足 $A \subset B$ 且 $1 > P(B) > 0$，则下列选项中必定成立的是( ).

A. $P(A) = P(A|B)$ B. $P(A) < P(A|B)$

C. $P(A) > P(A|B)$ D. 以上 3 个选项都不对

3. 设事件 A, B 满足 $0 < P(A) < 1, 0 < P(B) < 1, P(B|A) = P(B|\bar{A})$，则有( ).

A. $P(A|B) = P(\bar{A}|B)$ B. $P(A|B) \neq P(\bar{A}|B)$

C. $P(AB) = P(A)P(B)$ D. $P(AB) \neq P(A)P(B)$

4. 若 $P(B|A) = 1$，则有( ).

A. A 是必然事件   B. $P(B|\bar{A}) = 0$ C. $A \subset B$ D. $P(A - B) = 0$

5. 考前复习时，老师提供了 10 条提纲，某学生掌握了其中的 6 条. 老师任选 3 条提纲出 3 个问题，求：

(1) 考的 3 个问题恰好都对应该学生已掌握了的提纲的概率；

(2) 考的 3 个问题恰好有一个对应该学生没有掌握的提纲的概率.

6. 一英语老师准备了 10 道口语考题，分别写在 10 张纸条上，10 位考生从中任取一张用完放回，求考试结束后，10 张纸条都被用过的概率.

7. 袋中有红球、黄球、白球各一个，每次任取一个，有放回地取 3 次，求取到的 3 个球中没有红球或没有黄球的概率.

8. 某人抛掷硬币 $2n+1$ 次，求他掷出的正面次数多于反面次数的概率.

9. 抛掷一枚均匀的骰子，至少需要投掷多少次，才能保证出现 6 点的概率超过 95%.

10. 一位常饮牛奶加茶的女士称，她能辨别先放茶还是先放牛奶，并且她在 10 次试验中都能正确地辨别出来. 请结合实际推断原理判别该女士的说法是否可信.

11. 将一枚硬币相互独立投了两次，$A_1 =$ "第一次出现正面"，$A_2 =$ "第二次出现正面"，$A_3 =$ "正反面各出现一次"，$A_4 =$ "正面出现两次"，则下列选项正确的是( ).

A. A_1, A_2, A_3 相互独立   B. A_2, A_3, A_4 相互独立

C. A_1, A_2, A_3 两两相互独立   D. A_2, A_3, A_4 两两相互独立

12. 已知 $P(A) = 0.3, P(A \cup B) = 0.7$，在下列 3 种情形下分别求 $P(B)$：(1) A, B 互不相容；(2) A, B 相互独立；(3) A, B 有包含关系.

13. 设 $P(A)=0.4,P(B)=0.7$，事件 A,B 相互独立. 试求 $P(B-A)$ 和 $P(\overline{A\cup B})$.

14. 设双胞胎为两个男孩和两个女孩的概率分别为 a 和 b，现已知双胞胎中一个是男孩，求另一个也是男孩的概率.

15. 设两两相互独立的事件 A 和 B 都不发生的概率为 $\frac{1}{9}$，A 发生 B 不发生的概率与 B 发生 A 不发生的概率相等，求 A 的概率.

16. 现有甲、乙两个袋子，甲袋中有 1 个黑球和 2 个白球，乙袋中有 3 个白球. 每次从两个袋中各任取一球，并将取出的球交换放入甲、乙袋中.

（1）求 1 次交换后，黑球还在甲袋中的概率.

（2）求 2 次交换后，黑球还在甲袋中的概率.

第二章　随机变量及其分布

[课前导读]

在第一章中，我们基于随机试验的样本空间去研究随机事件及其概率，在此过程中，有时样本空间不是数集，不便于用数学方法来处理. 为了能进行定量的数学处理，必须把随机试验的结果数量化. 因此，我们引入随机变量，将样本空间转化为一个无量纲的数集，这样就能统一地处理随机现象，而且过程会更简单直接. 本章中我们主要讨论一维随机变量及其分布.

第一节　随机变量概述

一、随机变量的定义

在随机试验中有很多试验结果本身就是用数量表示的，示例如下.

（1）抛掷一枚均匀的骰子，出现的点数 X 的取值.

（2）每年每辆参保的车辆会发生理赔的次数 N，每次理赔的金额 Y，这里 N 和 Y 的取值.

（3）测量的随机误差 ε 的取值.

在随机试验中还有很多试验结果本身不是用数量表示的，这时可以根据需要设置变量，示例如下.

（1）抛掷一枚均匀的硬币，观察其朝上的面，则样本空间 $\Omega=\{$正面朝上，反面朝上$\}$. 这时，可按如下方式设置一个变量 X.

样本点		X 的取值
正面朝上	→	1
反面朝上	→	0

在这里，X 的取值对应如下随机事件：

$$\{X=1\}=\{正面朝上\}, \quad \{X=0\}=\{反面朝上\}.$$

（2）抛掷 3 枚均匀的硬币，观察其朝上的面，则样本空间 $\Omega=\{HHH,HHT,HTH,THH,HTT,THT,TTH,TTT\}$，其中 H 表示正面朝上，T 表示反面朝上. 这时，若一个变量 X 表示"3 次抛掷中反面朝上的次数"，则 X 的取值与样本点之间有如下对应关系.

样本点		X 的取值
HHH	→	0
HHT	→	1
HTH	→	1
THH	→	1
HTT	→	2
THT	→	2
TTH	→	2
TTT	→	3

在这里，X 的取值对应如下随机事件：

$\{X=0\}=\{$反面朝上 0 次$\}=\{HHH\}$，$\{X=1\}=\{$反面朝上 1 次$\}=\{HHT,HTH,THH\}$，

$\{X=2\}=\{$反面朝上 2 次$\}=\{HTT,THT,TTH\}$，$\{X=3\}=\{$反面朝上 3 次$\}=\{TTT\}$.

随机变量的一般定义如下.

定义 1 在随机试验 E 中，Ω 是相应的样本空间，如果对 Ω 中的每一个样本点 ω，有唯一一个实数 $X(\omega)$ 与它对应，那么就把这个定义域为 Ω 的单值实值函数 $X=X(\omega)$ 称为 **(一维) 随机变量**.

随机变量一般用大写字母 X,Y 等表示，随机变量的取值一般用小写字母 x,y 等表示.如果一个随机变量仅可能取有限个或可列个值，则称其为离散型随机变量. 如果一个随机变量的取值充满了数轴上的一个区间(或某几个区间的并)，则称其为非离散型随机变量.连续型随机变量就是非离散型随机变量中最常见的一类随机变量.

随机变量的定义可直观解释为：随机变量 X 是样本点的函数，这个函数的自变量是样本点，可以是数，也可以不是数，定义域是样本空间，而因变量必须是实数. 这个函数可以让不同的样本点对应不同的实数，也可以让多个样本点对应一个实数.

随机变量的引入是概率论发展走向成熟的一个标志，它弥补了随机试验下的随机事件种类繁多、不易一一总结它们发生的可能性大小的规律的缺陷，因为如果知道随机变量的分布，随机试验下任一随机事件的概率也随之可以得到. 另外，引入随机变量后，可以使用数学中的微积分工具讨论随机变量的分布.

二、随机变量的分布函数

随机变量 X 是样本点 ω 的一个实值函数，为了掌握 X 的统计规律性，我们需要知道 X 取值于某个区间的概率. 由于

$$\{a<X\leqslant b\}=\{X\leqslant b\}-\{X\leqslant a\}，$$
$$\{X>c\}=\Omega-\{X\leqslant c\}，$$

所以对于任意实数 x，只需知道 $\{X\leqslant x\}$ 的概率就足够了，我们用 $F(x)$ 表示这个概率值. 显然这个概率值与 x 有关，不同的 x，此概率值也不一样. 下面给出分布函数的定义.

定义 2 设 X 是一个随机变量，对于任意实数 x，称函数

$$F(x) = P(X \leq x), \ -\infty < x < +\infty$$

为随机变量 X 的**分布函数**.

对任意的两个实数 $-\infty < a < b < +\infty$，有

$$P(a < X \leq b) = F(b) - F(a).$$

因此，只要已知 X 的分布函数，就可以知道 X 落在任一区间 $(a, b]$ 内的概率，所以说，分布函数可以完整地描述一个随机变量的统计规律性.

从这个定义可以看出：

（1）分布函数是定义在 $(-\infty, +\infty)$ 上、取值在 $[0, 1]$ 上的一个函数；

（2）任一随机变量 X 都有且仅有一个分布函数，有了分布函数，就可计算与随机变量 X 相关的任意事件的概率.

例 1 设一盒子中装有 10 个球，其中 5 个球上标有数字 1，3 个球上标有数字 2，2 个球上标有数字 3. 从中任取一球，用随机变量 X 表示取得的球上标有的数字，求 X 的分布函数 $F(x)$.

解 根据题意可知，随机变量 X 可取 $1, 2, 3$，由古典概型的计算公式，可知对应的概率值分别为 $0.5, 0.3, 0.2$.

分布函数的定义为 $F(x) = P(X \leq x)$，因此，

当 $x < 1$ 时，概率 $P(X \leq x) = 0$；

当 $1 \leq x < 2$ 时，概率 $P(X \leq x) = P(X = 1) = 0.5$；

当 $2 \leq x < 3$ 时，概率 $P(X \leq x) = P(X = 1) + P(X = 2) = 0.5 + 0.3 = 0.8$；

当 $x \geq 3$ 时，随机事件 $\{X \leq x\}$ 为必然事件，$P(X \leq x) = 1$，即

$$P(X \leq x) = P(X = 1) + P(X = 2) + P(X = 3) = 0.5 + 0.3 + 0.2 = 1.$$

整理可得 X 的分布函数为

$$F(x) = \begin{cases} 0, & x < 1, \\ 0.5, & 1 \leq x < 2, \\ 0.8, & 2 \leq x < 3, \\ 1, & x \geq 3. \end{cases}$$

$F(x)$ 的图形如图 2.1 所示，它是一条阶梯形的曲线，在 X 的 3 个可能取值 $1, 2, 3$ 处有右连续的跳跃点，其每次跳跃的高度正好是 X 在该取值点的概率.

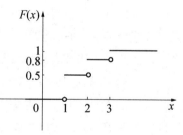

图 2.1 $F(x)$ 的图形

从例 1 中的分布函数及其图形中可以看到分布函数具有右连续、单调不减等性质，具体来说，任一分布函数 $F(x)$ 有如下性质：

（1）对于任意实数 x，有 $0 \leq F(x) \leq 1$，$\lim\limits_{x \to -\infty} F(x) = 0$，$\lim\limits_{x \to +\infty} F(x) = 1$；

（2）$F(x)$ 单调不减，即当 $x_1 < x_2$ 时，有 $F(x_1) \leq F(x_2)$；

（3）$F(x)$ 是 x 的右连续函数，即 $\lim\limits_{x \to x_0^+} F(x) = F(x_0)$；

（4）$P(X < x) = F(x^-)$.

证明略.

三、离散型随机变量及其分布律

设 E 是随机试验，Ω 是相应的样本空间，X 是 Ω 上的随机变量，若 X 的值域(记为 Ω_X)为有限集或可列集，此时称 X 为(一维)离散型随机变量.

定义3 若一维离散型随机变量 X 的取值为 $x_1, x_2, \cdots, x_n, \cdots$，称相应的概率
$$P(X = x_i) = p_i, i = 1, 2, \cdots$$
为离散型随机变量 X 的**分布律**(或分布列、概率函数).

一维离散型随机变量的分布律也可用下表来表示，且满足：(1) 非负性，$p_i \geq 0, i = 1$, $2, \cdots$；(2) 规范性，$\sum_{i=1}^{\infty} p_i = 1$. 这两条性质也是判别某一数列能否成为分布律的充要条件.

X	x_1	x_2	$\cdots$	x_n	$\cdots$
概率	p_1	p_2	$\cdots$	p_n	$\cdots$

例2 设随机变量 X 的分布律如下.

X	-1	0	2
概率	0.2	0.4	0.4

求：(1) $P(X \leq -0.7)$；(2) X 的分布函数 $F(x)$.

解 (1) $P(X \leq -0.7) = P(X = -1) = 0.2$.

(2) X 的分布函数 $F(x)$ 的求解过程同例1，可得
$$F(x) = \begin{cases} 0, & x < -1, \\ 0.2, & -1 \leq x < 0, \\ 0.6, & 0 \leq x < 2, \\ 1, & x \geq 2. \end{cases}$$

从这个例子可知，已知一个离散型随机变量的分布律，就可以求得其分布函数. 反之，若已知一个离散型随机变量的分布函数，也可以通过如下过程求得其分布律：
$$P(X = -1) = P(X \leq -1) - P(X < -1) = F(-1) - F(-1^-) = 0.2 - 0 = 0.2,$$
$$P(X = 0) = P(X \leq 0) - P(X < 0) = F(0) - F(0^-) = 0.6 - 0.2 = 0.4,$$
$$P(X = 2) = P(X \leq 2) - P(X < 2) = F(2) - F(2^-) = 1 - 0.6 = 0.4,$$
X 的分布律如下.

X	-1	0	2
概率	0.2	0.4	0.4

从上面的分析中可以发现，分布函数和分布律对离散型随机变量的取值规律描述是等价的，相较而言，分布律更直观、方便.

四、连续型随机变量及其概率密度函数

连续型随机变量的取值充满了数轴上的一个区间(或某几个区间的并),在这个区间里有无穷不可列个实数,因此,当我们描述连续型随机变量时,用来描述离散型随机变量的分布律就没法再使用了,而要改用概率密度函数(简称密度函数)来表示.

定义 4 设 E 是随机试验,Ω 是相应的样本空间,X 是 Ω 上的随机变量,$F(x)$ 是 X 的分布函数,若存在非负函数 $f(x)$ 使

密度函数

$$F(x) = \int_{-\infty}^{x} f(t)\,\mathrm{d}t,$$

则称 X 为(**一维**)**连续型随机变量**,称 $f(x)$ 为 X 的(**概率**)**密度函数**. $f(x)$ 满足:(1) 非负性,$f(x) \geqslant 0, -\infty < x < +\infty$;(2) 规范性,$\int_{-\infty}^{+\infty} f(x)\,\mathrm{d}x = 1$.

密度函数 $f(x)$ 与分布函数 $F(x)$ 之间的关系如图 2.2 所示,$F(x) = P(X \leqslant x)$ 恰好是 $f(x)$ 在区间 $(-\infty, x]$ 上的积分,也即图中阴影部分的面积.

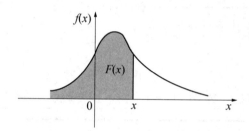

图 2.2 $f(x)$ 与 $F(x)$ 的几何关系

连续型随机变量具有下列性质:

(1) 分布函数 $F(x)$ 是连续函数,在 $f(x)$ 的连续点处,$F'(x) = f(x)$;

(2) 对任意一个常数 $c(-\infty < c < +\infty)$,$P(X = c) = 0$,所以,在事件 $\{a \leqslant X \leqslant b\}$ 中剔除 $X = a$ 或剔除 $X = b$,都不影响概率的大小,即

$$P(a \leqslant X \leqslant b) = P(a < X \leqslant b) = P(a \leqslant X < b) = P(a < X < b).$$

需要注意的是,这个性质对离散型随机变量是不成立的,恰恰相反,离散型随机变量计算的就是"点概率".

此外,这一性质还能帮助我们判断一个非离散型随机变量是否是连续型随机变量. 如果一个非离散型随机变量不存在离散的点,它的概率不为 0,则该随机变量为连续型随机变量.

(3) 对任意的两个常数 a, b,$P(a < X \leqslant b) = \int_{a}^{b} f(x)\,\mathrm{d}x$.

例 3 设连续型随机变量 X 的密度函数为

$$f(x) = \begin{cases} 3x^2, & 0 < x < 1, \\ 0, & \text{其他}. \end{cases}$$

求:(1) $P(|X| < 0.5)$;(2) X 的分布函数 $F(x)$.

解 (1) $P(|X| < 0.5) = P(-0.5 < X < 0.5) = \int_{0}^{0.5} 3x^2\,\mathrm{d}x = 0.125$.

$$(2) F(x) = \begin{cases} 0, & x<0, \\ \int_0^x 3t^2 \mathrm{d}t = x^3, & 0 \leqslant x<1, \\ \int_0^1 3x^2 \mathrm{d}x = 1, & x \geqslant 1. \end{cases}$$

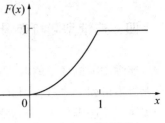

图 2.3 $F(x)$ 的图形

显然，不难求出 $F(x)$ 的导数即为 x 的密度函数. $F(x)$ 的图形如图 2.3 所示，它是一条连续的曲线，同时它也满足 $F(x)$ 的所有性质.

[随堂测]

1. 设离散型随机变量 X 的分布律如下，求：(1) $P(X=0)$；(2) $P(X<0)$；(3) $P(X \leqslant 0)$；(4) $P(X \geqslant 0)$.

X	0	1
概率	0.4	0.6

扫码看答案

2. 设连续型随机变量 X 的密度函数为
$$f(x) = \begin{cases} cx^3, & 0<x<1, \\ 0, & \text{其他}. \end{cases}$$

求：(1) 常数 c 的值；(2) $P(-1<X<0.5)$；(3) X 的分布函数 $F(x)$.

习题 2-1

1. 试确定常数 c，使下列函数成为某个随机变量 X 的分布律：

(1) $P(X=k)=ck, k=1, \cdots, n$；

(2) $P(X=k)=\dfrac{c\lambda^k}{k!}, k=1,2,\cdots$，其中 $\lambda>0$.

2. 试确定常数 c，使 $P(X=k)=\dfrac{c}{2^k}(k=0,1,2,3)$ 成为某个随机变量 X 的分布律，并求：

(1) $P(X \geqslant 2)$；(2) $P\left(\dfrac{1}{2}<X<\dfrac{5}{2}\right)$；(3) X 的分布函数 $F(x)$.

3. 一袋中有 5 个球，在这 5 个球上分别标有数字 1,2,3,4,5. 从这袋中不放回任取 3 个球，设各个球被取到的可能性相同，求取得的球上标明的最大数字 X 的分布律与分布函数.

4. 已知随机变量 X 的分布律如下. 试求一元二次方程 $3t^2+2Xt+(X+1)=0$ 有实数根的概率.

X	-2	-1	0	1	2	4
概率	0.2	0.1	0.3	0.1	0.2	0.1

5. 设随机变量 X 的分布函数为

$$F(x)=\begin{cases}0, & x<0,\\1-(1+x)\mathrm{e}^{-x}, & x\geqslant0.\end{cases}$$

求 X 的密度函数，并计算 $P(X\leqslant1)$ 和 $P(X>2)$.

6. 已知连续型随机变量 X 的分布函数为

$$F(x)=\begin{cases}0, & x<-1,\\a+b\arcsin x, & -1\leqslant x<1,\\1, & x\geqslant1.\end{cases}$$

（1）a,b 取何值时，$F(x)$ 为连续函数？

（2）求 $P\left(|X|<\dfrac{1}{2}\right)$.

（3）求 X 的密度函数.

7. 设 $f(x)$ 是某连续型随机变量的密度函数，已知 $f(x)=f(-x)$，$\displaystyle\int_{-2}^{2}f(x)\mathrm{d}x=0.6$，求 $P(X<-2)$.

8. 设随机变量 X 的密度函数为

$$f(x)=\begin{cases}2x, & 0<x<a,a>0,\\0, & \text{其他}.\end{cases}$$

求：（1）常数 a 的值；（2）$P(-1<X\leqslant2)$.

9. 已知随机变量 X 的密度函数为

$$f(x)=\frac{1}{2}\mathrm{e}^{-|x|}, -\infty<x<+\infty.$$

求：（1）$P(0<X<1)$；（2）X 的分布函数 $F(x)$.

10. 设某种晶体管的寿命 X（单位：h）是一个连续型随机变量，它的密度函数为

$$f(x)=\begin{cases}100x^{-2}, & x>100,\\0, & \text{其他}.\end{cases}$$

（1）试求该种晶体管不能工作 150h 的概率.

（2）一台仪器中装有 4 只此种晶体管，试求该仪器工作 150h 后至少有一只晶体管失效的概率（假定这 4 只晶体管是否失效是互不影响的）.

第二节　常用的离散型随机变量

一、二项分布

假设对一随机试验 E，只关心某一事件 A 发生还是不发生，即该随机试验只有两种可能的试验结果——A 和 $\bar{A}$，称这样的随机试验为伯努利（Bernoulli）试验. 设事件 A 在一次试验中发生的概率 $P(A)=p$（$0<p<1$），则 $P(\bar{A})=1-p$. 将该随机试验独立重复地进行 n 次，独立是指各次试验的结果互不影响，重复是指在每次试验中 $P(A)=p$ 保持

二项分布

不变，则称这 n 次独立重复试验为 n 重伯努利试验.

用随机变量 X 表示在 n 重伯努利试验中事件 A 发生的次数，可知 X 的所有可能取值为 $0,1,2,\cdots,n$，由于各试验是相互独立的，在 n 次中特定的 k 次事件 A 发生，在其他的 $n-k$ 次事件 A 不发生的概率为

$$p^k(1-p)^{n-k}.$$

同时，在序号 1 到 n 中挑选 k 个的不同挑选方法共有 $\binom{n}{k}$ 种. 因此，在 n 重伯努利试验中事件 A 发生 k 次(即 $X=k$)的概率为

$$P(X=k)=\binom{n}{k}p^k(1-p)^{n-k},0<p<1,k=0,1,\cdots,n.$$

称随机变量 X 服从参数为 n,p 的二项分布，记为 $X\sim B(n,p)$.

显然，

$$P(X=k)\geqslant 0,k=0,1,\cdots,n,$$

$$\sum_{k=0}^{n}P(X=k)=\sum_{k=0}^{n}\binom{n}{k}p^k(1-p)^{n-k}=(p+1-p)^n=1,$$

满足离散型随机变量分布律的非负性公理和规范性公理. 此外，$\binom{n}{k}p^k(1-p)^{n-k}$ 正好是二项式 $(p+1-p)^n$ 的展开式中出现 p^k 的那一项，二项分布由此得名.

特别地，当 $n=1$ 时，$X\sim B(1,p)$，即有

$$P(X=k)=\binom{1}{k}p^k(1-p)^{1-k}=p^k(1-p)^{1-k},0<p<1,k=0,1.$$

相应的分布律为

X	0	1
概率	$1-p$	p

随机变量 X 只取两个值，分别为 0 和 1，故又可称随机变量 X 服从参数为 $p(0<p<1)$ 的 0-1 分布(或伯努利分布、两点分布).

二项分布是一种常用的离散型分布，示例如下.

(1) 相互独立抛掷一枚均匀的骰子 10 次，出现 1 点的次数 $X\sim B\left(10,\dfrac{1}{6}\right)$.

(2) 两位段位水平相当的棋手甲和乙对弈，在 7 局对弈中，甲棋手获胜的局数 $X\sim B(7,0.5)$.

(3) 一座大厦有相互独立运作的同型号电梯 4 部，某一时刻能运行的电梯数 $X\sim B(4,p)$，其中 p 为每部电梯能正常运行的概率.

例 1 某人向同一目标重复独立射击 5 次，每次命中目标的概率为 0.8，求：(1) 此人能命中 3 次的概率；(2) 此人至少命中 2 次的概率.

解 设 X 表示在 5 次重复独立射击中命中的次数，则 $X\sim B(5,0.8)$.

(1) $P(X=3)=\binom{5}{3}\times 0.8^3\times 0.2^2=0.204\ 8.$

(2) $P(X\geqslant 2)=1-P(X<2)=1-P(X=0)-P(X=1)=1-0.2^5-\binom{5}{1}\times 0.8\times 0.2^4=0.993\ 28.$

例 2　某课程有两种不同的考核方式. 第一种,学生在一学期内要参加 4 次相互独立的小测验,每次测验的及格率为 0.8,4 次中至少要有 3 次及格,考核才能通过. 第二种,学生只需在学期末参加 1 次期末考试,考核通过率也为 0.8. 问:哪种考核方式对学生更有利?

解　设随机变量 X 为第一种考核方式中 4 次小测验及格的次数,则 $X \sim B(4,0.8)$.

$$P(X \geqslant 3) = P(X=3) + P(X=4) = \binom{4}{3} \times 0.8^3 \times 0.2 + 0.8^4 = 0.819\ 2.$$

显然,由于第一种考核方式的通过率超过了第二种考核方式,故第一种考核方式对学生更有利.

在这个例子中,4 次小测验,虽然每次小测验内容都不同,但由于每次的及格率都为 0.8,故可以看成"重复"试验.

例 3　设随机变量 $X \sim B(2,p),Y \sim B(4,p)$,若 $P(X \geqslant 1) = \dfrac{5}{9}$,求 $P(Y \geqslant 1)$.

解　$X \sim B(2,p),P(X \geqslant 1) = \dfrac{5}{9} \Rightarrow P(X=0) = (1-p)^2 = \dfrac{4}{9} \Rightarrow p = \dfrac{1}{3}$,

故

$$P(Y \geqslant 1) = 1 - P(Y=0) = 1 - \left(\dfrac{2}{3}\right)^4 = \dfrac{65}{81}.$$

二、泊松分布

泊松分布是 1837 年由法国数学家泊松(Poisson,1781—1840 年)首次提出的. 设随机变量 X 的取值为 $0,1,2,\cdots,n,\cdots$,相应的分布律为

泊松分布

$$P(X=k) = \dfrac{\lambda^k}{k!} \mathrm{e}^{-\lambda}, \lambda > 0, k = 0,1,2,\cdots,n,\cdots,$$

称随机变量 X 服从参数为 λ 的**泊松分布**,记为 $X \sim P(\lambda)$.

泊松分布也是一种常用的离散型分布,它常常与计数过程相联系,例如:

(1) 某一时段内某网站的访问量;

(2) 早高峰时间段内驶入高架道路的车辆数;

(3) 一本书上的印刷错误数.

例 4　设随机变量 X 有分布律 $P(X=k) = \dfrac{c \cdot 3^k}{k!}$($k=0,1,2,\cdots$),求 c 的值和 $P(X \leqslant 2)$.

解　根据分布律的定义有 $\displaystyle\sum_{k=0}^{\infty} \dfrac{c \cdot 3^k}{k!} = 1 \Rightarrow c = \mathrm{e}^{-3}$.

事实上,不难看出 $X \sim P(3)$,所以

$$P(X \leqslant 2) = P(X=0) + P(X=1) + P(X=2)$$

$$= \dfrac{\mathrm{e}^{-3} \cdot 3^0}{0!} + \dfrac{\mathrm{e}^{-3} \cdot 3^1}{1!} + \dfrac{\mathrm{e}^{-3} \cdot 3^2}{2!} = \dfrac{17}{2}\mathrm{e}^{-3}.$$

例5　已知一购物网站每周销售的某款手表的数量 X 服从参数为6的泊松分布. 问: 周初至少预备多少块手表才能保证该周不脱销的概率不小于 0.9? 假定上周没有库存, 且本周不再进货.

解　设该款手表每周的需求量为 X, 则有 $X \sim P(6)$; 设至少需要进 n 块该款手表, 才能满足不脱销的概率不小于 0.9, 即要满足

$$\begin{cases} P(X \leq n) \geq 0.9, \\ P(X \leq n-1) < 0.9. \end{cases}$$

解得

$$P(X \leq 8) = 0.847237, P(X \leq 9) = 0.916076.$$

所以周初预备 9 块手表, 才能保证该周不脱销的概率不小于 0.9.

泊松分布还有一个非常有用的性质, 即它可以作为二项分布的一种近似. 在二项分布计算中, 当 n 较大时, 计算结果非常不理想, 如果 p 较小而 $np = \lambda$ 适中, 我们就可用泊松分布的概率值近似取代二项分布的概率值, 因为我们有如下定理.

定理 (泊松定理)　在 n 重伯努利试验中, 记 A 事件在一次试验中发生的概率为 p_n, 如果当 $n \to +\infty$ 时, 有 $np_n \to \lambda (\lambda > 0)$, 则

$$\lim_{n \to +\infty} \binom{n}{k} p_n^k (1-p_n)^{n-k} = \frac{\lambda^k}{k!} e^{-\lambda}.$$

*证明　记 $np_n = \lambda_n$, 则 $p_n = \dfrac{\lambda_n}{n}$, 故

$$\binom{n}{k} p_n^k (1-p_n)^{n-k} = \frac{n(n-1)\cdots(n-k+1)}{k!} \left(\frac{\lambda_n}{n}\right)^k \left(1 - \frac{\lambda_n}{n}\right)^{n-k}$$

$$= \frac{\lambda_n^k}{k!} \left(1 - \frac{1}{n}\right) \left(1 - \frac{2}{n}\right) \cdots \left(1 - \frac{k-1}{n}\right) \left(1 - \frac{\lambda_n}{n}\right)^{n-k}.$$

对固定的 k 有

$$\lim_{n \to +\infty} \lambda_n = \lambda,$$

$$\lim_{n \to +\infty} \left(1 - \frac{\lambda_n}{n}\right)^{n-k} = e^{-\lambda},$$

$$\lim_{n \to +\infty} \left(1 - \frac{1}{n}\right) \left(1 - \frac{2}{n}\right) \cdots \left(1 - \frac{k-1}{n}\right) = 1,$$

所以结论成立, 即

$$\lim_{n \to +\infty} \binom{n}{k} p_n^k (1-p_n)^{n-k} = \frac{\lambda^k}{k!} e^{-\lambda}$$

对任意的 $k(k=0,1,2,\cdots)$ 都成立.

例6　设某保险公司的某人寿保险险种有 1 000 人投保, 每个投保人在一年内死亡的概率为 0.005, 且每个人在一年内是否死亡是相互独立的, 试求在未来一年这 1 000 个投保人中死亡人数不超过 10 人的概率.

解　设在未来一年这 1 000 个投保人中死亡人数为 X, 则有 $X \sim B(1\,000, 0.005)$, 要求

$$P(X \leq 10) = \sum_{k=0}^{10} \binom{1\,000}{k} 0.005^k 0.995^{1\,000-k}.$$

这个概率的计算量很大，由于 $n=1\,000$ 较大，$p=0.005$ 较小，且 $\lambda=np=5$，所以用泊松分布近似得 $P(X\leqslant10)\approx\sum\limits_{k=0}^{10}\mathrm{e}^{-5}\dfrac{5^k}{k!}=0.986\,3$. 借助计算机计算二项分布的概率，可以算得 $\{X\leqslant10\}$ 的精确概率值为 $0.986\,5$，与泊松分布近似结果很接近.

三、超几何分布

设有 N 件产品，其中有 $M(M\leqslant N)$ 件是不合格品. 若从中不放回地抽取 $n(n\leqslant N)$ 件，设其中含有的不合格品的件数为 X，则 X 的分布律为

$$P(X=k)=\frac{\binom{M}{k}\binom{N-M}{n-k}}{\binom{N}{n}},k=\max(0,n+M-N),\cdots,\min(n,M).$$

称 X 服从参数为 N,M,n 的**超几何分布**，记为 $X\sim H(N,M,n)$，其中 N,M,n 均为正整数.

若将不放回抽样改成有放回抽样，那么这个模型就是 n 重伯努利试验，即 n 件被抽查的产品中含有不合格品的件数 $X\sim B(n,p)$，其中 $p=\dfrac{M}{N}$. 可以证明：当 $M=Np$ 时，有

$$\lim_{N\to\infty}\frac{\binom{M}{k}\binom{N-M}{n-k}}{\binom{N}{n}}=\binom{n}{k}p^k(1-p)^{n-k}.$$

即在实际应用中，当 $n\ll N$，即抽取个数 n 远小于产品总数 N 时，每次抽取后，总体中的不合格品率 $p=\dfrac{M}{N}$ 改变很微小，所以不放回抽样可以近似地看成有放回抽样，这时超几何分布可用二项分布近似.

四、几何分布与负二项分布

1. 几何分布

在伯努利试验中，记每次试验中 A 事件发生的概率 $P(A)=p(0<p<1)$，设随机变量 X 表示 A 事件首次出现时已经试验的次数，则 X 的取值为 $1,2,\cdots,n,\cdots$，相应的分布律为

$$P(X=k)=p(1-p)^{k-1},0<p<1,k=1,2,\cdots,n,\cdots.$$

称随机变量 X 服从参数为 p 的**几何分布**，记为 $X\sim Ge(p)$.

几何分布也是一种常用的离散型分布，示例如下.

（1）抛掷一枚均匀的骰子，首次出现 6 点时的投掷次数 $X\sim Ge\left(\dfrac{1}{6}\right)$.

（2）投篮首次命中时投篮的次数 $X\sim Ge(p)$，p 为每次投篮时的命中率.

（3）任课教师每次上课随机抽取 10% 的学生签到，某位学生首次被老师要求签到时已经上课的次数 $X\sim Ge(0.1)$.

例 7　设 $X\sim Ge(p)$，则对任意正整数 m 和 n，证明

$$P(X>m+n \mid X>m) = P(X>n).$$

证明　可以解得 $P(X>n) = \sum_{i=n+1}^{\infty}(1-p)^{i-1}p = \dfrac{p(1-p)^n}{1-(1-p)} = (1-p)^n,$

故 $P(X>m+n \mid X>m) = \dfrac{P(X>m+n)}{P(X>m)} = \dfrac{(1-p)^{m+n}}{(1-p)^m} = (1-p)^n = P(X>n).$

这个例题说明，几何分布具有无记忆性，即这个条件概率值只与 n 有关，与 m 无关.

2. 负二项分布

负二项分布是几何分布的一个延伸. 在伯努利试验中，记每次试验中 A 事件发生的概率 $P(A) = p(0<p<1)$，设随机变量 X 表示 A 事件第 r 次出现时已经试验的次数，则 X 的取值为 $r, r+1, \cdots, r+n, \cdots$，相应的分布律为

$$P(X=k) = \binom{k-1}{r-1}p^r(1-p)^{k-r}, 0<p<1, k=r, r+1, \cdots, r+n, \cdots.$$

称随机变量 X 服从参数为 r, p 的**负二项分布**，记为 $X \sim NB(r, p)$. 当 $r=1$ 时，即为几何分布.

[随堂测]

1. 设随机变量 $X \sim B(3, p)$，已知 $P(X=0) = P(X=1)$. 试求 p 与 $P(X=2)$ 的值.

2. 查看微信信息已经成为人们日常生活中的一种习惯. 设乐乐同学每小时查看微信信息的次数服从参数为 2 的泊松分布，则每天查看微信信息的次数服从参数为 $2t$ 的泊松分布，t 表示每天使用手机的小时数，不妨假设乐乐同学每天有 8h 不使用手机，求乐乐同学每天查看微信信息次数超过 40 的概率.

扫码看答案

习题 2-2

1. 从一批含有 10 件正品及 3 件次品的产品中一件一件地抽取. 设每次抽取时，各件产品被抽到的可能性相等. 在下列 3 种情形下，分别求出直到取得正品为止所需次数 X 的分布律.

（1）每次取出的产品立即放回这批产品中再取下一件产品.

（2）每次取出的产品都不放回这批产品中.

（3）每次取出一件产品后总是放回一件正品.

2. 设随机变量 $X \sim B(n, p)$，已知 $P(X=1) = P(X=n-1)$. 求 p 与 $P(X=2)$ 的值.

3. 设在 3 次相互独立试验中，事件 A 出现的概率相等，若已知 A 至少出现 1 次的概率为 $\dfrac{19}{27}$，求事件 A 在一次试验中出现的概率值.

4. 从学校乘汽车到火车站的途中有 4 个十字路口，假设在各个十字路口遇到红灯的事件是相互独立的，并且概率都是 0.4，设 X 为途中遇到红灯的次数，求随机变量 X 的分布律和分布函数.

5. 一张试卷印有 10 道题目，每道题目都是有 4 个选项的选择题，4 个选项中只有 1 项是正确的. 假设某位学生在做每道题时都是随机选择的选项，求该位学生 1 题都不对的概率以及至少答对 6 题的概率.

6. 统计人员设计统计模型来预测结果是阴性还是阳性. 假定每个统计模型的精度都为 0.6(即样本是阳性且预测为阳性和样本是阴性且预测为阴性的概率)，若共有 5 名统计人员独立设计统计模型，采用少数服从多数原则决定最终的结果(即针对某一样本，预测为阳性的统计模型个数超过 3，则最终预测为阳性). 求预测准确的概率.

7. 某地在任何长为 t(周)的时间内发生地震的次数 $N(t) \sim P(\lambda t)$，且在任意两个不相交的时间段内发生的地震次数相互独立. 求：

(1) 相邻两周内至少发生 3 次地震的概率；

(2) 在连续 8 周无地震的情形下，在未来 8 周仍无地震的概率.

8. 某工厂有 600 台车床，已知每台车床发生故障的概率为 0.005，用泊松分布近似计算下列问题.

(1)如果该工厂安排 4 名维修工人，求车床发生故障后都能得到及时维修的概率(假定每台车床只需 1 名维修工人).

(2)该工厂至少应配备多少名维修工人，才能使车床发生故障后都能得到及时维修的概率不小于 0.96?

9. 据统计，某地区想报名参加一年一度的城市马拉松赛的长跑爱好者共有 10 000 名，其中女性 4 000 名，但只有 2 000 名的名额. 现从中随机抽取 2 000 名参加比赛，求参赛者中女性人数 X 的分布律.

10. 某人投篮命中率为 40%. 假定各次投篮是否命中相互独立. 设 X 表示他首次投中时累计已投篮的次数. 求 X 的分布律，并由此计算 X 取偶数的概率.

11. 设某射手射击的命中率为 0.6，他击中目标 12 次便停止射击. 以 X 表示射击次数，求 X 的分布律.

第三节　常用的连续型随机变量

一、均匀分布

设 X 为连续型随机变量，对任意的两个实数 $a, b(a<b)$，密度函数[见图 2.4(a)]为

$$f(x) = \begin{cases} \dfrac{1}{b-a}, & a \leqslant x \leqslant b, \\ 0, & \text{其他}, \end{cases}$$

则称随机变量 X 服从区间 $[a, b]$ 上的**均匀分布**，记为 $X \sim U(a, b)$.

若 $X \sim U(a, b)$，则相应的分布函数[见图 2.4(b)]为

$$F(x) = \begin{cases} 0, & x<a, \\ \dfrac{x-a}{b-a}, & a \leqslant x<b, \\ 1, & x \geqslant b. \end{cases}$$

由此得到, 若 $X \sim U(a,b)$, $a<c<c+d<b$, 则 $P(c<X \leqslant c+d)=\int_{c}^{c+d} \frac{1}{b-a}\mathrm{d}x=\frac{d}{b-a}$. 这个结论说明, 服从均匀分布的随机变量 X, 在其取值范围 $[a,b]$ 中的任何子区间取值的概率仅与该区间的长度 d 有关, 而与区间的位置 c 无关.

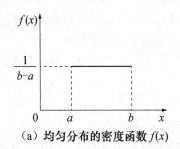
（a）均匀分布的密度函数 $f(x)$

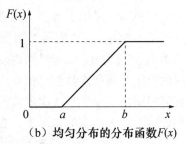
（b）均匀分布的分布函数 $F(x)$

图 2.4 均匀分布的密度函数和分布函数

例1 设随机变量 $X \sim U(-1,4)$. (1) 求事件 $\{|X|<2\}$ 的概率. (2) Y 表示对 X 做 3 次相互独立重复观测中事件 $\{|X|<2\}$ 出现的次数, 求 $P(Y=2)$.

解 (1)根据题意, X 的密度函数为

$$f(x)=\begin{cases} \dfrac{1}{5}, & -1 \leqslant x \leqslant 4, \\ 0, & \text{其他,} \end{cases}$$

所以 $P(|X|<2)=P(-1<X<2)=\int_{-1}^{2} \frac{1}{5}\mathrm{d}x=\frac{3}{5}$.

(2) Y 表示对 X 做 3 次相互独立重复观测中事件 $\{|X|<2\}$ 出现的次数, 则 $Y \sim B\left(3,\dfrac{3}{5}\right)$, 所以 $P(Y=2)=\dbinom{3}{2}\left(\dfrac{3}{5}\right)^{2} \dfrac{2}{5}=\dfrac{54}{125}$.

二、指数分布

设 X 为连续型随机变量, 密度函数 [见图 2.5(a)] 为

$$f(x)=\begin{cases} \lambda \mathrm{e}^{-\lambda x}, & x \geqslant 0, \\ 0, & \text{其他} \end{cases} \quad (\lambda>0),$$

则称随机变量 X 服从参数为 λ 的**指数分布**, 记为 $X \sim Exp(\lambda)$.

指数分布

若 $X \sim Exp(\lambda)$, 则相应的分布函数 [见图 2.5(b)] 为

$$F(x)=\begin{cases} 0, & x<0, \\ 1-\mathrm{e}^{-\lambda x}, & x \geqslant 0. \end{cases}$$

由此得到, 若 $X \sim Exp(\lambda)$, $0<a<b$, 则 $P(a<X \leqslant b)=F(b)-F(a)=\mathrm{e}^{-\lambda a}-\mathrm{e}^{-\lambda b}$.

服从指数分布的随机变量只能取非负实数, 它常被用作各种"寿命"分布, 如电子元件的寿命、随机服务系统中的服务时间等, 都可以假定服从指数分布. 指数分布在可靠性与排队论中有广泛的应用. 同样, 指数分布同几何分布相似, 也具有无记忆性, 见例2.

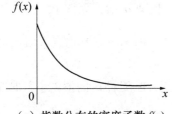
（a）指数分布的密度函数$f(x)$

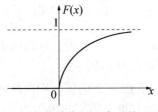
（b）指数分布的分布函数$F(x)$

图 2.5 指数分布的密度函数和分布函数

例 2 设随机变量 $X \sim Exp(\lambda)$，则对任意实数 $s,t>0$，证明

$$P(X>s+t \mid X>s) = P(X>t).$$

证明 可以解得 $P(X>t) = 1 - F(t) = \mathrm{e}^{-\lambda t}$，故

$$P(X>s+t \mid X>s) = \frac{P(X>s+t)}{P(X>s)} = \frac{\mathrm{e}^{-\lambda(s+t)}}{\mathrm{e}^{-\lambda s}} = \mathrm{e}^{-\lambda t} = P(X>t).$$

即该条件概率值只与长度 t 有关，与起点 s 无关.

三、正态分布

正态分布

设 X 为连续型随机变量，密度函数为

$$f(x) = \frac{1}{\sqrt{2\pi}\,\sigma} \mathrm{e}^{-\frac{(x-\mu)^2}{2\sigma^2}}, \quad -\infty < x < +\infty,$$

则称随机变量 X 服从参数为 $\mu(-\infty<\mu<+\infty)$ 和 $\sigma^2(\sigma>0)$ 的正态分布，记为 $X \sim N(\mu, \sigma^2)$.

若 $X \sim N(\mu, \sigma^2)$，则相应的分布函数为

$$F(x) = \int_{-\infty}^{x} \frac{1}{\sqrt{2\pi}\,\sigma} \mathrm{e}^{-\frac{(t-\mu)^2}{2\sigma^2}} \, \mathrm{d}t.$$

它是一条光滑上升的 S 形曲线.

正态分布的密度函数和分布函数如图 2.6 所示.

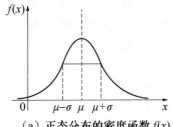
（a）正态分布的密度函数$f(x)$

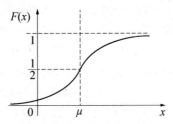
（b）正态分布的分布函数$F(x)$

图 2.6 正态分布的密度函数和分布函数

正态分布是概率统计中最重要的一种分布，高斯（Gauss，1777—1855 年）在研究误差理论时首先用正态分布来刻画误差的分布，所以正态分布又称为高斯分布. 正态分布的密度函数 $f(x)$ 有如下性质.

（1）正态分布的密度函数曲线是一条对称的倒钟形曲线，中间高，两边低，左右关于直线 $x=\mu$ 对称.

（2）当 $x=\mu$ 时，$f(x)$ 取最大值 $\dfrac{1}{\sqrt{2\pi}\,\sigma}$，而这个值随 σ 增大而减小.

（3）固定 σ，改变 μ 的值，则曲线沿 x 轴平移，但不改变其形状，所以参数 μ 又称为位置参数，如图 2.7（a）所示.

（4）固定 μ，改变 σ 的值，则曲线的位置不变，但随着 σ 的值越小，曲线越陡峭，所以参数 σ 又称为尺度参数，如图 2.7（b）所示.

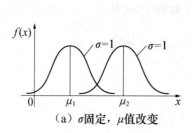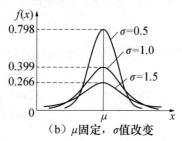

图 2.7　参数改变时正态分布的密度函数

特别地，当 $\mu=0,\sigma=1$ 时，相应的正态分布称为标准正态分布，记为 $X\sim N(0,1)$. 其密度函数和分布函数分别为

$$f(x)=\frac{1}{\sqrt{2\pi}}\mathrm{e}^{-\frac{x^2}{2}}\overset{\wedge}{=}\varphi(x),-\infty<x<+\infty,$$

$$F(x)=\int_{-\infty}^{x}\frac{1}{\sqrt{2\pi}}\mathrm{e}^{-\frac{t^2}{2}}\mathrm{d}t\overset{\wedge}{=}\Phi(x),-\infty<x<+\infty.$$

当 $x\geqslant0$ 时，附录 6 给出了标准正态分布的分布函数 $\Phi(x)$ 的值，利用标准正态分布的密度函数 $\varphi(x)$ 是偶函数的性质可知，当 $x<0$ 时，有 $\Phi(x)=1-\Phi(-x)$，因此，对任意的两个实数 $a,b(a<b)$，有

$$P(a<X\leqslant b)=\Phi(b)-\Phi(a).$$

例 3　设随机变量 $X\sim N(0,1)$，借助标准正态分布的分布函数值表（见附录 6），求下列事件的概率：

（1）$P(X\leqslant1.22)=\Phi(1.22)=0.888\,8$；

（2）$P(X>1.22)=1-P(X\leqslant1.22)=1-\Phi(1.22)=1-0.888\,8=0.111\,2$；

（3）$P(X\leqslant-1.22)=\Phi(-1.22)=1-\Phi(1.22)=1-0.888\,8=0.111\,2$；

（4）$P(-1<X\leqslant1.22)=\Phi(1.22)-\Phi(-1)=\Phi(1.22)-[1-\Phi(1)]$
$\qquad\qquad\qquad\qquad=0.888\,8-(1-0.841\,3)=0.730\,1$；

（5）$P(|X|\leqslant1.22)=P(-1.22<X\leqslant1.22)=\Phi(1.22)-\Phi(-1.22)$
$\qquad\qquad\qquad\qquad=\Phi(1.22)-[1-\Phi(1.22)]=0.888\,8-(1-0.888\,8)=0.777\,6$.

若随机变量 $X\sim N(\mu,\sigma^2)$，对任意的两个实数 $a,b(a<b)$，有

$$P(a<X\leqslant b)=P\left(\frac{a-\mu}{\sigma}<\frac{X-\mu}{\sigma}\leqslant\frac{b-\mu}{\sigma}\right)=\Phi\left(\frac{b-\mu}{\sigma}\right)-\Phi\left(\frac{a-\mu}{\sigma}\right).$$

事实上，我们有如下定理.

定理　设随机变量 $X\sim N(\mu,\sigma^2)$，则 $\dfrac{X-\mu}{\sigma}\sim N(0,1)$.

该定理的证明将在第二章第四节中给出.

例 4　设随机变量 $X \sim N(1,4)$，借助标准正态分布的分布函数值表(见附录6)，求下列事件的概率:

(1) $P(X \leqslant 3) = \Phi\left(\dfrac{3-1}{2}\right) = 0.841\ 3$;

(2) $P(X>3) = 1 - P(X \leqslant 3) = 1 - \Phi\left(\dfrac{3-1}{2}\right) = 1 - 0.841\ 3 = 0.158\ 7$;

(3) $P(X \leqslant -3) = \Phi\left(\dfrac{-3-1}{2}\right) = 1 - \Phi(2) = 1 - 0.977\ 2 = 0.022\ 8$;

(4) $P(-1 < X \leqslant 3) = \Phi\left(\dfrac{3-1}{2}\right) - \Phi\left(\dfrac{-1-1}{2}\right) = \Phi(1) - [1 - \Phi(1)]$

$\qquad = 0.841\ 3 - (1 - 0.841\ 3) = 0.682\ 6$;

(5) $P(|X| \leqslant 3) = P(-3 < X \leqslant 3) = \Phi\left(\dfrac{3-1}{2}\right) - \Phi\left(\dfrac{-3-1}{2}\right)$

$\qquad = \Phi(1) - [1 - \Phi(2)] = 0.841\ 3 - (1 - 0.977\ 2) = 0.818\ 5$.

例 5　设随机变量 $X \sim N(0,1)$，c 为何值时才能满足 $P(X \leqslant c) = 0.95$?

解　由题意知，$P(X \leqslant c) = \Phi(c) = 0.95$，从附录 5 可以查出 $\Phi(1.645) = 0.95$，所以 $c = 1.645$.

一般地，当 $X \sim N(0,1)$ 时，满足概率表达式 $P(X \leqslant u_\alpha) = \alpha$ 的 u_α 称为标准正态分布的 α 分位数，如图 2.8 所示，分位数在统计中被大量使用. 附录 5 中给出了常用的一些 α 取值对应的 u_α 的值.

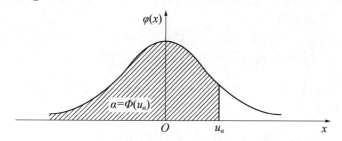

图 2.8　$N(0,1)$ 的 α 分位数 u_α 的几何解释

例 6　某学校规定划分考生成绩的等级方法如下: 考试成绩的实际考分在前 10% 的为 A 等，考分在前 10% 以后但在前 50% 的为 B 等，考分在前 50% 以后但在前 90% 的为 C 等，考分在后 10% 的为 D 等. 某次期末考试中，考生的成绩 X 服从正态分布 $N(\mu, \sigma^2)$，经计算可知 $\mu = 73$，$\sigma^2 = 144$，求这次期末考试等级划分的具体分数线(结果四舍五入，取整数).

解　由题意可知 $X \sim N(73,144)$，则

$$P(X > a) = 1 - P(X \leqslant a) = 1 - \Phi\left(\dfrac{a-73}{12}\right) = 0.1,$$

所以 $\dfrac{a-73}{12} = u_{0.9} = 1.282$，即 $a = 88.384 \approx 88$.

又

$$P(X > b) = 1 - \Phi\left(\dfrac{b-73}{12}\right) = 0.5,$$

所以 $\dfrac{b-73}{12} = u_{0.5} = 0$，即 $b = 73$.

又
$$P(X \leqslant c) = \Phi\left(\frac{c-73}{12}\right) = 0.1,$$

所以 $\frac{c-73}{12} = u_{0.1} = -u_{0.9} = -1.282$，即 $c = 57.616 \approx 58$.

综上所求可知，在此次考试中，分数在 88 以上（不含 88）的为等级 A；分数在 73~88（不含 73）的为等级 B；分数在 58~73（不含 58）的为等级 C；分数在 58 以下的，为等级 D.

[随堂测]

1. 设随机变量 Y 服从区间 $[0,1]$ 上的均匀分布，求：(1) $P(Y \leqslant 0.4)$；(2) $P(0.3 \leqslant Y \leqslant 0.7)$.

2. 设随机变量 Y 服从参数为 1 的指数分布，a 为常数且大于零，求 $P(Y \leqslant a+1 \mid Y > a)$.

扫码看答案

习题 2-3

1. 设随机变量 X 在区间 $[1,6]$ 上服从均匀分布，求方程 $t^2 + Xt + 1 = 0$ 有实根的概率.

2. 以随机变量 X 表示某游乐园内一主题商店从早晨开园起直到第一个游客到达的等待时间（单位：min），X 的分布函数为

$$F_X(x) = \begin{cases} 0, & x < 0, \\ 1 - e^{-0.4x}, & x \geqslant 0. \end{cases}$$

求：(1) P（等待时间至多 3min）；(2) P（等待时间至少 4min）；(3) P（等待时间 3~4min）；(4) P（等待时间恰好 2.5min）；(5) X 的密度函数 $f(x)$.

3. 设某类手机通用充电宝的充电时间 $X \sim Exp\left(\frac{1}{6}\right)$（单位：h）.

(1) 任取一块这类充电宝，求 7h 之内能完成充电的概率.

(2) 某一该类充电宝，已经充电 3h，求能在 7h 内完成充电的概率.

4. 设某餐厅周末晚餐每桌客人用餐时间 t 的分布函数为

$$F(t) = \begin{cases} 0, & \text{若 } t < 0, \\ 1 - e^{-\left(\frac{t}{\theta}\right)^m}, & \text{若 } t \geqslant 0, \end{cases} \quad m, \theta \text{ 均为大于 0 的参数.}$$

求：(1) $P(T > s)$；(2) $P(T > s+t \mid T > s)$.

5. 设随机变量 X 的密度函数为 $f(x) = Ae^{-x^2+x}$，$-\infty < x < +\infty$，试利用正态分布的密度函数性质求未知参数 A 的数值.

6. 设随机变量 X 服从 $N(0,1)$，借助标准正态分布的分布函数值表（见附录 6）计算：(1) $P(X < 3.17)$；(2) $P(X > 2.7)$；(3) $P(X < -0.78)$；(4) $P(|X| > 2.5)$.

7. 设随机变量 X 服从 $N(0,1)$，将常数 c 表示成分位数的形式，并借助标准正态分布分位数表（见附录 5）求出常数 c 的值：(1) $P(X < c) = 0.9$；(2) $P(X > c) = 0.9$；(3) $P(|X| \leqslant c) = 0.9$.

8. 设随机变量 X 服从 $N(-1,16)$，借助标准正态分布的分布函数表计算：（1）$P(X<3)$；（2）$P(X>-3)$；（3）$P(X<-5)$；（4）$P(-5<X<2)$；（5）$P(|X|<2)$；（6）确定 a，使 $P(X<a)=0.95$.

9. 设 X_1,X_2,X_3 是 3 个随机变量，且 $X_1\sim N(0,1)$，$X_2\sim N(0,2^2)$，$X_3\sim N(0,3^2)$，$p_j=P(-2\leqslant X_j\leqslant 2)$，$j=1,2,3$，证明：$p_1>p_2>p_3$.

10. 设某人上班所需时间 X 服从正态分布 $N(50,100)$（单位：min）且 8 点上班.

（1）求他能在 1h 内到达工作单位的概率.

（2）已知该人早上 7 点从家出发，现在是 7 点 30 分，求他 8 点能到达工作单位的概率.

（3）一周 5 个工作日，他每天早上 7 点从家出发，求一周内都不迟到的概率.

第四节 随机变量函数的分布

设 X 是一随机变量，$g(x)$ 是一个已知函数，那么 $Y=g(X)$ 是随机变量 X 的函数，它也是一个随机变量，下面分别在 X 为离散型、连续型两种情形下给出随机变量 Y 的分布.

一、离散型随机变量函数的分布

设离散型随机变量 X 的分布律为

X	x_1	x_2	$\cdots$	x_n	$\cdots$
概率	p_1	p_2	$\cdots$	p_n	$\cdots$

则 $Y=g(X)$ 的分布律为

$Y=g(X)$	$g(x_1)$	$g(x_2)$	$\cdots$	$g(x_n)$	$\cdots$
概率	p_1	p_2	$\cdots$	p_n	$\cdots$

需要注意的是，与 $g(x_i)$ 取相同值的对应的那些概率应合并相加.

例 1 设离散型随机变量 X 的分布律为

X	-2	-1	0	2
概率	0.1	0.2	0.3	0.4

求以下随机变量的分布律：（1）$Y=X+2$；（2）$W=X^2$.

解

X	-2	-1	0	2
$Y=X+2$	0	1	2	4
$W=X^2$	4	1	0	4
概率	0.1	0.2	0.3	0.4

整理可得 Y 的分布律为

$Y=X+2$	0	1	2	4
概率	0.1	0.2	0.3	0.4

求 W 的分布律时，对相等的 W 取值 4，概率要合并，即 $P(W=4)=P(x^2=4)=P(x=-2)+P(x=2)=0.1+0.4=0.5$，得

$W=X^2$	0	1	4
概率	0.3	0.2	0.5

二、连续型随机变量函数的分布

设连续型随机变量 X 的密度函数为 $f(x)$，如何求 $Y=g(X)$ 的分布？首先来看一个例子.

例 2　设连续型随机变量 X 服从区间 $[1,3]$ 上的均匀分布，求随机变量 $Y=X^2$ 的分布.

解　随机变量 X 的取值范围为 $[1,3]$，故随机变量 $Y=X^2$ 的取值范围为区间 $[1,9]$，Y 仍然是一个连续型随机变量. 因此，首先求 Y 的分布函数 $F_Y(y)$，再求导，得 Y 的密度函数 $f_Y(y)=F_Y'(y)$.

根据题意，X 的密度函数为

$$f(x)=\begin{cases}\dfrac{1}{2}, & 1\leqslant x\leqslant 3,\\[2mm] 0, & \text{其他.}\end{cases}$$

Y 的分布函数为

$$F_Y(y)=P(Y\leqslant y)=P(X^2\leqslant y).$$

当 $y<1$ 时，$P(X^2\leqslant y)=0$；

当 $1\leqslant y<9$ 时，$P(X^2\leqslant y)=P(-\sqrt{y}\leqslant X\leqslant\sqrt{y})=\displaystyle\int_1^{\sqrt{y}}\frac{1}{2}\mathrm{d}x=\frac{\sqrt{y}-1}{2}$；

当 $y\geqslant 9$ 时，$P(X^2\leqslant y)=P(-\sqrt{y}\leqslant X\leqslant\sqrt{y})=\displaystyle\int_1^3\frac{1}{2}\mathrm{d}x=1.$

综上所述，整理得

$$F_Y(y)=\begin{cases}0, & y<1,\\[2mm] \dfrac{\sqrt{y}-1}{2}, & 1\leqslant y<9,\\[2mm] 1, & y\geqslant 9.\end{cases}$$

对 $F_Y(y)$ 求导，可得 Y 的密度函数为

$$f_Y(y)=F_Y'(y)=\begin{cases}\dfrac{1}{4\sqrt{y}}, & 1\leqslant y\leqslant 9,\\[2mm] 0, & \text{其他.}\end{cases}$$

设连续型随机变量 X 的密度函数为 $f(x)$，当 $Y=g(X)$ 是连续型随机变量时，下面给出 $Y=g(X)$ 的分布函数与密度函数求解的一般步骤：

（1）由随机变量 X 的取值范围 Ω_X 确定随机变量 Y 的取值范围 Ω_Y；

（2）对任意一个 $y\in\Omega_Y$，求出

$$F_Y(y)=P(Y\leqslant y)=P[g(X)\leqslant y]=P(X\in G_y)=\int_{G_y}f(x)\mathrm{d}x,$$

其中$\{X \in G_y\}$是与$\{g(X) \le y\}$相同的随机事件，而$G_y = \{x \mid g(x) \le y\}$是实数轴上的某个集合(通常是一个区间或若干个区间的并)；

(3) 按分布函数的定义写出$F_Y(y), -\infty < y < +\infty$；

(4) 通过对分布函数求导，得到密度函数$f_Y(y) = F_Y'(y), -\infty < y < +\infty$.

这种通过先求分布函数再求导得密度函数的方法俗称"分布函数法".

例3　设随机变量X的密度函数为$f(x) = \dfrac{1}{2}e^{-|x|}, x \in \mathbf{R}$，求随机变量$Y = |X|$的密度函数.

解　易得随机变量$Y = |X|$的取值范围为区间$[0, +\infty)$，Y仍然是一个连续型随机变量.

Y的分布函数为

$$F_Y(y) = P(Y \le y) = P(|X| \le y).$$

当$y < 0$时，$P(|X| \le y) = 0$；

当$y \ge 0$时，$P(|X| \le y) = P(-y \le X \le y) = \displaystyle\int_{-y}^{y} \frac{1}{2}e^{-|x|}dx = 2\int_0^y \frac{1}{2}e^{-x}dx = 1 - e^{-y}.$

整理得

$$F_Y(y) = \begin{cases} 0, & y < 0, \\ 1 - e^{-y}, & y \ge 0. \end{cases}$$

对$F_Y(y)$求导，可得Y的密度函数为

$$f_Y(y) = F_Y'(y) = \begin{cases} e^{-y}, & y \ge 0, \\ 0, & \text{其他.} \end{cases}$$

即$Y \sim Exp(1)$.

例4　设$X \sim N(0,1)$，求随机变量$Y = |X|$的密度函数.

解　易得随机变量$Y = |X|$的取值范围为区间$[0, +\infty)$，Y仍然是一个连续型随机变量.

当$y \ge 0$时，Y的分布函数为

$$F_Y(y) = P(Y \le y) = P(|X| \le y) = P(-y \le X \le y) = \Phi(y) - \Phi(-y).$$

直接对上式求导有

$$f_Y(y) = F_y'(y) = \Phi'(y) - \Phi'(-y) = \frac{2}{\sqrt{2\pi}}e^{-\frac{y^2}{2}}.$$

所以，Y的密度函数为

$$f_Y(y) = \begin{cases} \dfrac{2}{\sqrt{2\pi}}e^{-\frac{y^2}{2}}, & y \ge 0, \\ 0, & \text{其他.} \end{cases}$$

定理1　设连续型随机变量X的密度函数为$f_X(x)$，$Y = g(X)$是连续型随机变量，若$y = g(x)$为严格单调函数，$x = g^{-1}(y)$为相应的反函数，且为可导函数，则$Y = g(X)$的密度函数为

$$f_Y(y) = f_X[g^{-1}(y)] \cdot |[g^{-1}(y)]'|.$$

证明　若$y = g(x)$为严格单增函数，则它的反函数$x = g^{-1}(y)$也是严格单增函数，且$[g^{-1}(y)]' > 0$.

$$F_Y(y)=P(Y\leqslant y)=P[g(X)\leqslant y]=P[X\leqslant g^{-1}(y)]=F_X[g^{-1}(y)],$$
$$f_Y(y)=F_Y'(y)=f_X[g^{-1}(y)]\cdot[g^{-1}(y)]'.$$

若 $y=g(x)$ 为严格单减函数，此时它的反函数 $x=g^{-1}(y)$ 也是严格单减函数，且 $[g^{-1}(y)]'<0$.

$$F_Y(y)=P(Y\leqslant y)=P[g(X)\leqslant y]=P[X\geqslant g^{-1}(y)]=1-F_X[g^{-1}(y)],$$
$$f_Y(y)=F_Y'(y)=-f_X[g^{-1}(y)]\cdot[g^{-1}(y)]'=f_X[g^{-1}(y)]\cdot\{-[g^{-1}(y)]'\}.$$

综合上述两个方面，$f_Y(y)=f_X[g^{-1}(y)]\cdot|[g^{-1}(y)]'|$.

例5　设 $X\sim N(\mu,\sigma^2)$，求随机变量 $Y=\mathrm{e}^X$ 的密度函数.

解　易见随机变量 $Y=\mathrm{e}^X$ 的值域为 $(0,+\infty)$. $y=\mathrm{e}^x$ 的反函数为 $x=\ln y$，当 $y>0$ 时，$x=\ln y$ 为严格单增函数，$(\ln y)'=\dfrac{1}{y}$，所以当 $y>0$ 时，

$$f_Y(y)=f_X(\ln y)\cdot|(\ln y)'|=\frac{1}{\sqrt{2\pi}\,\sigma y}\mathrm{e}^{-\frac{(\ln y-\mu)^2}{2\sigma^2}}.$$

因此，$Y=\mathrm{e}^X$ 的密度函数为

$$f_Y(y)=\begin{cases}\dfrac{1}{\sqrt{2\pi}\,\sigma y}\mathrm{e}^{-\frac{(\ln y-\mu)^2}{2\sigma^2}}, & y>0,\\[2mm] 0, & \text{其他.}\end{cases}$$

本例中，$Y=\mathrm{e}^X$ 又被称为服从对数正态分布，记为 $Y\sim LN(\mu,\sigma^2)$，也是一个常用的分布，常用于描述半导体器件的寿命.

定理2　设 $X\sim N(\mu,\sigma^2)$，则当 $k\neq0$ 时，$Y=kX+b\sim N(k\mu+b,k^2\sigma^2)$，特别地，$\dfrac{X-\mu}{\sigma}\sim N(0,1)$.

证明　当 $k>0$ 时，$y=kx+b$ 是严格单增函数，其反函数为 $x=\dfrac{y-b}{k}$，由定理1可得

$$f_Y(y)=f_X\left(\frac{y-b}{k}\right)\cdot\left(\frac{y-b}{k}\right)'=\frac{1}{\sqrt{2\pi}\,\sigma}\mathrm{e}^{-\frac{(\frac{y-b}{k}-\mu)^2}{2\sigma^2}}\cdot\frac{1}{k}=\frac{1}{\sqrt{2\pi}\,k\sigma}\mathrm{e}^{-\frac{[y-(k\mu+b)]^2}{2k^2\sigma^2}}.$$

当 $k<0$ 时，$f_Y(y)=-f_X\left(\dfrac{y-b}{k}\right)\cdot\left(\dfrac{y-b}{k}\right)'=-\dfrac{1}{\sqrt{2\pi}\,\sigma}\mathrm{e}^{-\frac{(\frac{y-b}{k}-\mu)^2}{2\sigma^2}}\cdot\dfrac{1}{k}=\dfrac{1}{\sqrt{2\pi}\,(-k)\sigma}\mathrm{e}^{-\frac{[y-(k\mu+b)]^2}{2k^2\sigma^2}}.$

综合上述两个方面，$f_Y(y)=\dfrac{1}{\sqrt{2\pi}\,|k|\sigma}\mathrm{e}^{-\frac{[y-(k\mu+b)]^2}{2k^2\sigma^2}}$，这正好是 $N(k\mu+b,k^2\sigma^2)$ 的密度函数.

这个定理说明服从正态分布的随机变量线性函数仍然服从正态分布.

[随堂测]

1. 设随机变量 X 服从参数为 $\lambda=1$ 的泊松分布，记随机变量
$$Y=\begin{cases}0, & X\leqslant1,\\1, & X>1,\end{cases}$$
求随机变量 Y 的分布律.

2. 设随机变量 X 服从参数为1的指数分布，求随机变量的函数 $Y=\mathrm{e}^X$ 的密度函数 $f_Y(y)$.

扫码看答案

习题 2-4

1. 设随机变量 X 服从集合 $\{-2,-1,0,1,2\}$ 上的离散型均匀分布，即 X 的分布律为

X	-2	1	0	1	2
概率	$\dfrac{1}{5}$	$\dfrac{1}{5}$	$\dfrac{1}{5}$	$\dfrac{1}{5}$	$\dfrac{1}{5}$

分别求 $Y=X-1,Z=X^2,W=|X|$ 的分布律.

2. 设随机变量 $X \sim N(3,4)$，记随机变量 $Y=\begin{cases} 0, & X\leqslant 1 \text{ 或 } X\geqslant 5, \\ 1, & 1<X<5. \end{cases}$ 求随机变量 Y 的分布律.

3. 设 $X \sim U(0,\pi)$，试求 $Y=\sin X$ 的分布函数与密度函数.

4. 设随机变量 X 服从区间 $\left[-\dfrac{\pi}{2},\dfrac{\pi}{2}\right]$ 上的均匀分布，求随机变量的函数 $Y=\sin X$ 的密度函数 $f_Y(y)$.

5. 设随机变量 X 的密度函数为

$$f(x)=\begin{cases} 1-|x|, & |x|\leqslant 1, \\ 0, & \text{其他.} \end{cases}$$

求随机变量 $Y=X^2+1$ 在区间 $[1,2]$ 上的密度函数 $f_Y(y)$.

6. 设随机变量 X 的密度函数为 $f(x)=\dfrac{1}{\pi(1+x^2)}$ $(-\infty<x<+\infty)$，求随机变量 $Y=1-\sqrt[3]{X}$ 的密度函数 $f_Y(y)$.

7. 设随机变量 X 的密度函数为

$$f(x)=\begin{cases} \dfrac{1}{2}, & -1<x<0, \\ \dfrac{1}{4}, & 0\leqslant x<2, \\ 0, & \text{其他.} \end{cases}$$

令 $Y=X^2$，求随机变量 Y 的密度函数 $f_Y(y)$.

*8. 设随机变量 X 的密度函数为

$$f(x)=\begin{cases} \dfrac{1}{9}x^2, & 0<x<3, \\ 0, & \text{其他.} \end{cases}$$

令随机变量

$$Y=\begin{cases} 1, & X<1, \\ X, & 1\leqslant X<2, \\ 3, & X\geqslant 2. \end{cases}$$

求 Y 的分布函数，并画出它的图形.

本章小结

章总结

随机变量	理解 随机变量的定义
	掌握 随机变量分布函数的定义、性质与计算
	掌握 离散型随机变量分布律的定义、性质与计算
	掌握 连续型随机变量密度函数的定义、性质与计算
	理解 分布律或密度函数与分布函数的关系
几种常用的分布	掌握 二项分布、泊松分布、均匀分布、指数分布和正态分布的概率模型
	掌握 上述分布相关概率问题的求解方法
随机变量的函数	掌握 离散型随机变量 $Y=g(X)$ 的分布律的求解方法
	掌握 连续型随机变量 $Y=g(X)$ 的密度函数的求解方法
	掌握 非离散型随机变量 $Y=g(X)$ 的分布函数的求解方法

拓展阅读

六西格玛(6σ)法则

在企业的质量管理体系中有个非常有名的"六西格玛(6σ)法则",其最初的统计背景就来自于正态分布的概率问题,看下面这个例子.

设随机变量 $X \sim N(\mu, \sigma^2)$,借助标准正态分布的分布函数值表(见附录6),求下列事件的概率:

(1) $P(|X-\mu| \leq \sigma) = P(\mu-\sigma \leq X \leq \mu+\sigma)$

$$= \Phi\left(\frac{\mu+\sigma-\mu}{\sigma}\right) - \Phi\left(\frac{\mu-\sigma-\mu}{\sigma}\right) = \Phi(1) - \Phi(-1)$$

$$= 2\Phi(1) - 1 = 2 \times 0.841\ 3 - 1 = 0.682\ 6;$$

(2) $P(|X-\mu| \leq 2\sigma) = 2\Phi(2) - 1 = 2 \times 0.977\ 2 - 1 = 0.954\ 4;$

(3) $P(|X-\mu| \leq 3\sigma) = 2\Phi(3) - 1 = 2 \times 0.998\ 7 - 1 = 0.997\ 4.$

从这个例子可以看出,虽然正态分布随机变量的取值范围是全体实数,但它落在 $(\mu-3\sigma, \mu+3\sigma)$ 中的概率已经足够大,达到 0.997 4,如图 2.9 所示.而落在 $(\mu-3\sigma, \mu+3\sigma)$ 外的概率很小,根据实际推断原理,概率很小的事件在一次试验中几乎是不发生的.为了控制企业生产质量,假定质量偏差服从正态分布,常以 $\mu+3\sigma$ 作为上控制线、以 $\mu-3\sigma$ 作为下控制线,要把质量偏差控制在这一范围内,一旦超出了这个范围,就有理由认为生产质量出现了问题.

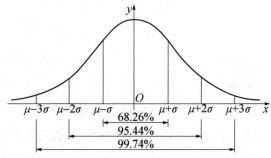

图 2.9　标准正态分布的 6σ 概率图

测试题二

1. 已知离散型随机变量 X 可取值 $-1,0,1,2$，且取这些值的概率依次为 $\dfrac{1}{3b}, \dfrac{3}{4b}, \dfrac{5}{6b}, \dfrac{1}{12b}$，则 $b =$ _____，$P(X \leq 1 \mid X > 0.5) =$ _____.

2. 将 3 个球随机放入 4 个盒子中（假定盒子充分大），求没有球的盒子数 X 的分布律.

3. 下列函数中，哪一个可以作为某一随机变量的分布函数？（　　　　）

A. $F(x) = \dfrac{1}{1+x^2}, x \in \mathbf{R}$

B. $F(x) = \dfrac{1}{\pi} \arctan x + \dfrac{1}{2}, x \in \mathbf{R}$

C. $F(x) = \begin{cases} 0, & x \leq 0, \\ \dfrac{1}{2}(1 - e^{-x}), & x > 0 \end{cases}$

D. $F(x) = \displaystyle\int_{-\infty}^{x} f(t)\,\mathrm{d}t,$ 其中 $f(x) \geq 0, x \in \mathbf{R}$

4. 设连续型随机变量 X 的分布函数 $F(x) = \begin{cases} 0, & x < 0, \\ A + Be^{-\lambda x}, & x \geq 0, \end{cases} \lambda > 0.$ 求：

（1）A, B 的值；

（2）$P(-1 \leq X < 1)$.

5. 设随机变量 X 服从二项分布 $B(2, 0.4)$，求 X 的分布函数，并画出它的图形.

6. 一次强地震发生后的 48h 内还会发生 3 级以上余震的次数 X 服从参数为 8 的泊松分布，设某地刚发生了一次强地震，求：

（1）在接下来的 48h 内还会发生 6 次 3 级以上余震的概率；

（2）在接下来的 48h 内，发生 3 级以上余震的次数不超过 5 次的概率.

7. 设随机变量 X 服从区间 $[a, b]$ 上的均匀分布，已知 $a < 0, b > 4$，且 $P(0 < X < 3) = \dfrac{1}{4}$，$P(X > 4) = \dfrac{1}{2}$，求：

（1）X 的密度函数；

（2）$P(1 < X < 5)$.

8. 设随机变量 X 的密度函数为 $f(x) = e^{-x^2 + bx + c}$ $(-\infty < x < +\infty)$（其中 b, c 是常数），且在 $x = 1$ 处取得最大值 $f(1) = \dfrac{1}{\sqrt{\pi}}$，试计算 $P(1 - \sqrt{2} < X < 1 + \sqrt{2})$.

9. 设 X 服从正态分布 $N(\mu,4)$，且 $3P(X \geqslant 1.5) = 2P(X < 1.5)$，求 $P(|X-1| \leqslant 2)$.

10. 设 $X \sim N(\mu,\sigma^2)$，则随着 σ 的增大，$P(|X-\mu| < 3\sigma)$ 会有什么表现？

11. 设随机变量 X 的密度函数为 $f(x) = \begin{cases} \dfrac{3}{2}x^2, & -1 < x < 1, \\ 0, & \text{其他.} \end{cases}$ 求：

（1）$Y = X^2$ 的密度函数；

（2）$Z = X^3$ 的密度函数；

（3）$P(X \leqslant 0, Y \leqslant 2)$.

第三章 二维随机变量及其分布

[课前导读]

本章主要讨论二维随机变量的(概率)分布,需要用到高等数学中二重积分的知识.二元函数及其二重积分在几何中分别表示曲面以及以该曲面为顶、以积分区域为底的曲顶柱体的体积.

二重积分化为二次积分

$$\iint_D f(x,y)\mathrm{d}x\mathrm{d}y = \int_a^b\left[\int_{\varphi_1(x)}^{\varphi_2(x)}f(x,y)\mathrm{d}y\right]\mathrm{d}x = \int_a^b\mathrm{d}x\int_{\varphi_1(x)}^{\varphi_2(x)}f(x,y)\mathrm{d}y,$$

或

$$\iint_D f(x,y)\mathrm{d}x\mathrm{d}y = \int_c^d\left[\int_{\psi_1(y)}^{\psi_2(y)}f(x,y)\mathrm{d}x\right]\mathrm{d}y = \int_c^d\mathrm{d}y\int_{\psi_1(y)}^{\psi_2(y)}f(x,y)\mathrm{d}x.$$

二重积分在几何、物理、概率中的含义(见图 3.1)

$\iint_D f(x,y)\mathrm{d}x\mathrm{d}y$ 在几何中表示以 D 为底、以曲面 $f(x,y)$ 为顶的曲顶柱体的体积 V_D;

$\iint_D f(x,y)\mathrm{d}x\mathrm{d}y$ 在物理中表示面密度为 $f(x,y)$、占有平面 D 区域的平面薄片的质量,即 M_D;

$\iint_D f(x,y)\mathrm{d}x\mathrm{d}y$ 在概率中表示密度函数为 $f(x,y)$ 的随机变量 (X,Y) 在 D 区域取值的概率,即 $P[(X,Y)\in D]$.

一个利用正态分布的密度函数的规范性得到的积分公式:

$$\int_{-\infty}^{+\infty}\exp\left\{-\frac{ax^2-2bx+c}{2}\right\}\mathrm{d}x = \sqrt{\frac{2\pi}{a}}\exp\left\{-\frac{ac-b^2}{2a}\right\}.$$

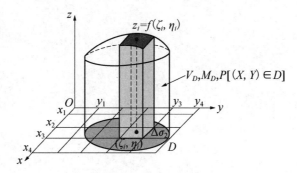

图 3.1 $\iint_D f(x,y)\mathrm{d}x\mathrm{d}y$ 在几何、物理、概率中的含义

第一节　二维随机变量及其联合分布

一、二维随机变量

第二章介绍了单个离散型和连续型随机变量的概率模型. 在许多实际问题中，需要使用多个随机变量来描述随机现象. 比如，一般天气预报会介绍空气质量、天气实况、温度、降水、风力、风向、气压等内容，对天气的描述需要使用多个随机变量. 再比如，出生的婴儿，我们最关心其身高、体重、头围，还有每分钟心跳、呼吸次数等，婴儿的发育情况需要同时使用多个随机变量来刻画. 研究多维随机变量是要揭示各变量之间的相互联系和相互影响，这是研究多个一维随机变量的分布时无法得到的. 多维随机变量的研究方法和二维随机变量的研究方法相同，为简便起见，我们着重介绍二维随机变量.

定义1　设有随机试验 E，其样本空间为 Ω. 若对 Ω 中的每一个样本点 ω 都有一对有序实数 $(X(\omega),Y(\omega))$ 与其对应. 则称 (X,Y) 为**二维随机变量**或**二维随机向量**. 称 (X,Y) 的取值范围为它的值域，记为 $\Omega_{(X,Y)}$.

可以说二维随机变量 (X,Y) 是一个特殊的二元函数，其定义域为样本空间 Ω，值域 $\Omega_{(X,Y)} \subset \mathbf{R}^2$. 讨论随机变量的取值规律，很重要的一点是首先确定其值域.

例1　现有将一枚骰子独立地上抛两次的随机试验 E，观察两次出现的点数. 讨论第一次出现的点数以及两次出现点数的最小值.

（1）请给出随机试验 E 的样本空间 Ω.

（2）引入二维随机变量 (X,Y)，并写出值域 $\Omega_{(X,Y)}$.

解　（1）由已知得随机试验 E 的样本空间为

$\Omega = \{(1,1),\cdots,(1,6),(2,1),\cdots,(2,6),\cdots,(6,1),\cdots,(6,6)\}$.

（2）设 X 表示"第一次出现的点数"，Y 表示"两次出现点数的最小值"，并设 ω_i 为 Ω 中的第 i 个样本点，那么

$\omega_1 = (1,1),(X(\omega_1),Y(\omega_1)) = (1,1);\cdots;\omega_6 = (1,6),(X(\omega_6),Y(\omega_6)) = (1,1);$

$\omega_7 = (2,1),\ (X(\omega_7),Y(\omega_7)) = (2,1);\cdots;\omega_{12} = (2,6),(X(\omega_{12}),Y(\omega_{12})) = (2,2);$

…………

$\omega_{31} = (6,1),(X(\omega_{31}),Y(\omega_{31})) = (6,1);\cdots;\omega_{36} = (6,6),(X(\omega_{36}),Y(\omega_{36})) = (6,6)$.

(X,Y) 的值域为

$$\Omega_{(X,Y)} = \{(1,1),$$
$$(2,1),(2,2),$$
$$(3,1),(3,2),(3,3),$$
$$(4,1),(4,2),(4,3),(4,4),$$
$$(5,1),(5,2),(5,3),(5,4),(5,5),$$
$$(6,1),(6,2),(6,3),(6,4),(6,5),(6,6)\}.$$

通过例子，我们发现存在不同的样本点对应着相同的有序实数对的情形，如 $(X(\omega_1),$

$Y(\omega_1)) = (1,1), (X(\omega_2), Y(\omega_2)) = (1,1).$ 而不同的有序实数对一定对应不同的样本点.

可将二维随机变量的定义推广至 n 维.

定义 2 设有随机试验 E, 其样本空间为 Ω. 若对 Ω 中的每一个样本点 ω 都有一组有序实数列 $(X_1(\omega), X_2(\omega), \cdots, X_n(\omega))$ 与其对应, 则称 $(X_1, X_2, \cdots, X_n)$ 为 n **维随机变量**或 n **维随机向量**, 称 $(X_1, X_2, \cdots, X_n)$ 的取值范围为它的**值域**, 记为 $\Omega_{(X_1, X_2, \cdots, X_n)}$.

二、联合分布函数

对二维随机变量同样要讨论其分布. 和一维随机变量有所不同的是, (X,Y) 的分布不仅要包含每个随机变量各自的分布信息, 还要包含二者之间相互关系的信息, 因此称 (X, Y) 的分布为联合分布. 下面给出联合分布函数的定义.

定义 3 设 (X,Y) 为二维随机变量, 对任意的 $(x,y) \in \mathbf{R}^2$, 称

$$F(x,y) = P(X \leqslant x, Y \leqslant y)$$

为随机变量 (X,Y) 的(**联合**)**分布函数**.

这里, $P(X \leqslant x, Y \leqslant y)$ 中的逗号表示对事件 $\{X \leqslant x\}$ 和事件 $\{Y \leqslant y\}$ 取积事件, $P(X \leqslant x, Y \leqslant y) = P(\{X \leqslant x\} \cap \{Y \leqslant y\}) = P[(X, Y) \in D_{xy}]$. 其中 D_{xy} 区域如图 3.2 所示.

$F(x,y)$ 在点 (x,y) 处的函数值, 即随机变量 (X,Y) 在区域 D_{xy} 中取值的概率. 注意区别 $F(x,y)$ 的定义域与 (X,Y) 的值域 $\Omega_{(X,Y)}$, 它们是两个不同的概念.

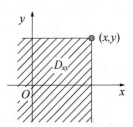

图 3.2 分布函数 $F(x,y)$ 对应的区域 D_{xy}

同样, 可以给出 n 维随机变量 $(X_1, X_2, \cdots, X_n)$ 的联合分布函数的定义.

定义 4 设 $(X_1, X_2, \cdots, X_n)$ 为 n 维随机变量, 对任意的 $(x_1, x_2, \cdots, x_n) \in \mathbf{R}^n$, 称

$$F(x_1, x_2, \cdots, x_n) = P(X_1 \leqslant x_1, \cdots, X_n \leqslant x_n)$$

为随机变量 $(X_1, X_2, \cdots, X_n)$ 的(**联合**)**分布函数**.

和一维情形类似, 二维随机变量的联合分布函数具有下列性质.

定理 1(联合分布函数的性质) 设 $F(x,y)$ 是二维随机变量 (X,Y) 的联合分布函数, 则

(1) $0 \leqslant F(x,y) \leqslant 1$;

(2) 当固定 y 值时, $F(x,y)$ 是变量 x 的单调非减函数,

当固定 x 值时, $F(x,y)$ 是变量 y 的单调非减函数;

(3) $\lim\limits_{x \to -\infty} F(x,y) = 0, \lim\limits_{y \to -\infty} F(x,y) = 0, \lim\limits_{\substack{x \to -\infty \\ y \to -\infty}} F(x,y) = 0, \lim\limits_{\substack{x \to +\infty \\ y \to +\infty}} F(x,y) = 1$;

(4) 当固定 y 值时, $F(x,y)$ 是变量 x 的右连续函数,

当固定 x 值时, $F(x,y)$ 是变量 y 的右连续函数;

(5) 对任意的 $x_1 < x_2, y_1 < y_2$, 有矩形公式 $P(x_1 < X \leqslant x_2, y_1 < Y \leqslant y_2) = F(x_2, y_2) - F(x_2, y_1) - F(x_1, y_2) + F(x_1, y_1).$

证明 (1) 函数 $F(x,y)$ 在点 (x,y) 处的函数值是事件 $\{X \leqslant x\} \cap \{Y \leqslant y\}$ 的概率, 因此有性质(1).

(2) 固定 y 值, 当 $x_1 < x_2$ 时, 有 $\{X \leqslant x_1, Y \leqslant y\} \subset \{X \leqslant x_2, Y \leqslant y\}$, 所以 $P(X \leqslant x_1, Y \leqslant y) \leqslant P(X \leqslant x_2, Y \leqslant y)$. 同理, 固定 x 值, 当 $y_1 < y_2$ 时, 有 $P(X \leqslant x, Y \leqslant y_1) \leqslant P(X \leqslant x, Y \leqslant y_2)$.

故性质(2)成立.

性质(3)和(4)的证明请参考文献[1](见本页下方备注).

(5) 因为

$$\{x_1 < X \le x_2\} \cap \{y_1 < Y \le y_2\} = (\{X \le x_2\} \cap \{Y \le y_2\}) - (\{X \le x_2\} \cap \{Y \le y_1\} -$$
$$\{X \le x_1\} \cap \{Y \le y_1\}) - (\{X \le x_1\} \cap \{Y \le y_2\}),$$

所以

$$P(x_1 < X \le x_2, y_1 < Y \le y_2) = F(x_2, y_2) - [F(x_2, y_1) - F(x_1, y_1)] - F(x_1, y_2)$$
$$= F(x_2, y_2) - F(x_2, y_1) - F(x_1, y_2) + F(x_1, y_1).$$

故性质(5)成立(见图3.3).

注:(1) 这5条性质是联合分布函数的本质特征,即若一个二元函数满足这5条性质,那么它一定是某个二维随机变量的联合分布函数;

(2) 除了性质(5),其他几条性质都可推广至高维随机变量的联合分布函数.

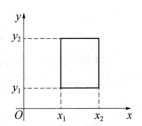

图3.3 联合分布函数的
矩形公式

二维随机变量也分为离散型和非离散型,如果它取值于平面上的一些离散的点,就称为二维离散型随机变量.非离散型中包含连续型,我们着重讨论二维离散型随机变量和二维连续型随机变量,怎样刻画它们的统计规律性是我们主要讨论的内容.和一维的情形相似,我们用联合分布律描述二维离散型随机变量的概率分布,用联合密度函数描述二维连续型随机变量的概率分布,图3.4和图3.5分别给出了二维离散型和连续型随机变量的概率分布.

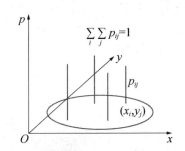

图3.4 二维离散型随机变量的概率分布

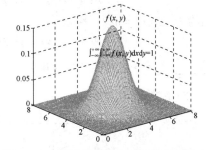

图3.5 二维连续型随机变量的概率分布

三、二维离散型随机变量及其联合分布律

这里先给出二维离散型随机变量及其联合分布律的定义.多维情形类似.

定义5 如果二维随机变量(X,Y)仅可能取有限个或可列无限个值,则称(X,Y)为二维离散型随机变量.

二维离散型随机变量(X,Y)的分布可用联合分布律表示.

定义6 称$P(X = x_i, Y = y_j) = p_{ij}, i, j = 1, 2, \cdots$为二维离散型随机变量$(X,Y)$的**联合分布**

---

[1] 李贤平. 概率论基础(第3版)[M]. 北京:高等教育出版社,2010.

律. 其中, $p_{ij} \geq 0$; $i,j = 1,2,\cdots$; $\sum_i \sum_j p_{ij} = 1$.

二维离散型随机变量(X,Y)的联合分布律可用表格法、公式法、图形法(见图3.4)等方法表示,其中表格法最简洁,如下表所示. 表格中$x_1, x_2, \cdots$和$y_1, y_2, \cdots$自上而下、自左而右,按照从小到大的顺序排列.

X \ Y	y_1	y_2	$\cdots$
x_1	p_{11}	p_{12}	$\cdots$
x_2	p_{21}	p_{22}	$\cdots$
$\vdots$	$\vdots$	$\vdots$	$\vdots$

二维离散型随机变量联合分布律的物理解释:考虑xOy平面上单位质量的平面薄片,在离散点(x_i, y_j)处分布着质点,其质量为$p_{ij}, i,j = 1,2,\cdots$. 这刻画了平面薄片的质量分布情况.

例2 为分析一个年级的成绩分布,定义随机变量

$$X = \begin{cases} 1, & 数学为优, \\ 0, & 数学不为优, \end{cases} \qquad Y = \begin{cases} 1, & 语文为优, \\ 0, & 语文不为优. \end{cases}$$

已知数学为优的占20%,语文为优的占10%,都为优的占8%. 求:(1)(X,Y)的联合分布律;(2)(X,Y)的联合分布函数;(3)概率$P(X \leq Y)$.

解 (1)由已知得$P(Y=1) = 0.1, P(X=1,Y=1) = 0.08$,所以

$$P(X=0,Y=1) = P(Y=1) - P(X=1,Y=1) = 0.02.$$

又因为$P(X=1) = 0.2$,所以

$$P(X=1,Y=0) = P(X=1) - P(X=1,Y=1) = 0.12.$$

由$\sum_i \sum_j P_{ij} = 1$,可得$P(X=0,Y=0) = 0.78$.

故(X,Y)的联合分布律为

X \ Y	0	1
0	0.78	0.02
1	0.12	0.08

(2)(X,Y)的值域$\Omega_{(X,Y)} = \{(0,0),(0,1),(1,0),(1,1)\}$中的4点所围成的区域将$xOy$平面分割为9个区域,如图3.6所示. 由$F(x,y) = P(X \leq x, Y \leq y)$得联合分布函数为

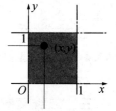

图3.6 xOy平面被分割为9个区域

$$F(x,y) = \begin{cases} 0, & x<0 \text{ 或 } y<0, \\ 0.78, & 0 \leq x<1, 0 \leq y<1, \\ 0.8, & 0 \leq x<1, y \geq 1, \\ 0.9, & x \geq 1, 0 \leq y<1, \\ 1, & x \geq 1, y \geq 1. \end{cases}$$

(3)$P(X \leq Y) = 1 - P(X>Y) = 1 - P(X=1,Y=0) = 1 - 0.12 = 0.88.$

显然，对于二维离散型随机变量，使用联合分布函数来刻画其取值规律是比较复杂的，我们通常使用联合分布律来描述二维离散型随机变量的取值规律. 若已知二维离散型随机变量的联合分布律，我们就可以计算任意事件的概率.

例 3　把一枚骰子相互独立地上抛两次，设 X 表示第一次出现的点数，Y 表示两次出现点数的最小值. 试求：$(1)(X,Y)$ 的联合分布律；$(2)P(X=Y)$ 与 $P(X^2+Y^2<8)$.

解　(1) 由古典概率计算公式得 (X,Y) 的联合分布律为

X ╲ Y	1	2	3	4	5	6
1	$\frac{6}{36}$	0	0	0	0	0
2	$\frac{1}{36}$	$\frac{5}{36}$	0	0	0	0
3	$\frac{1}{36}$	$\frac{1}{36}$	$\frac{4}{36}$	0	0	0
4	$\frac{1}{36}$	$\frac{1}{36}$	$\frac{1}{36}$	$\frac{3}{36}$	0	0
5	$\frac{1}{36}$	$\frac{1}{36}$	$\frac{1}{36}$	$\frac{1}{36}$	$\frac{2}{36}$	0
6	$\frac{1}{36}$	$\frac{1}{36}$	$\frac{1}{36}$	$\frac{1}{36}$	$\frac{1}{36}$	$\frac{1}{36}$

$$(2)P(X=Y)=\sum_{i=1}^{6}P(X=i,Y=i)=\frac{6}{36}+\frac{5}{36}+\frac{4}{36}+\frac{3}{36}+\frac{2}{36}+\frac{1}{36}=\frac{7}{12},$$

$$P(X^2+Y^2<8)=P(X=1,Y=1)+P(X=2,Y=1)=\frac{7}{36}.$$

四、二维连续型随机变量及其联合密度函数

定义 7　设二维随机变量 (X,Y) 的联合分布函数为 $F(x,y)$，如果存在一个二元非负实值函数 $f(x,y)$，使对于任意 $(x,y)\in\mathbf{R}^2$，有

$$F(x,y)=\int_{-\infty}^{x}\int_{-\infty}^{y}f(u,v)\,\mathrm{d}u\mathrm{d}v$$

成立，则称 (X,Y) 为**二维连续型随机变量**，$f(x,y)$ 为**二维连续型随机变量** (X,Y) 的**联合(概率)密度函数**.

$F(x,y)$ 的解释

注：定义 7 中 $\int_{-\infty}^{x}\int_{-\infty}^{y}f(u,v)\,\mathrm{d}u\mathrm{d}v$ 表示二重积分 $\iint\limits_{D_{xy}}f(u,v)\,\mathrm{d}u\mathrm{d}v$，其中积分区域 $D_{xy}=(-\infty,x]\times(-\infty,y]$.

图 3.7 给出了 $F(x,y)$ 的几何含义.

二维连续型随机变量联合密度函数的物理解释：考虑 xOy 平面上单位质量的平面薄片，其在点 (x,y) 处的面密度为 $f(x,y)$，$f(x,y)$ 刻画了平面薄片的质量分布情况.

定义 8 设 n 维随机变量 $(X_1,X_2,\cdots,X_n)$ 的联合分布函数为 $F(x_1,x_2,\cdots,x_n)$，如果存在一个 n 元非负函数 $f(x_1,x_2,\cdots,x_n)$，使对任意的 $(x_1,x_2,\cdots,x_n)\in\mathbf{R}^n$，有

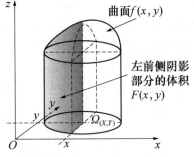

图 3.7　$F(x,y)$ 的几何含义

$$F(x_1,x_2,\cdots,x_n)=\int_{-\infty}^{x_1}\int_{-\infty}^{x_2}\cdots\int_{-\infty}^{x_n}f(u_1,u_2,\cdots,u_n)\mathrm{d}u_1\mathrm{d}u_2\cdots\mathrm{d}u_n$$

成立, 则称 $(X_1,X_2,\cdots,X_n)$ 为 n **维连续型随机变量**, $f(x_1,x_2,\cdots,x_n)$ 为 n **维连续型随机变量** $(X_1,X_2,\cdots,X_n)$ **的联合(概率)密度函数**.

类似于一维连续型随机变量的密度函数，二维连续型随机变量的联合密度函数有下列性质.

定理 2(联合密度函数的性质) 设 $f(x,y)$ 为二维连续型随机变量 (X,Y) 的联合密度函数, 则

(1) **非负性** $f(x,y)\geqslant 0,-\infty<x,y<+\infty$;

(2) **规范性** $\displaystyle\int_{-\infty}^{+\infty}\int_{-\infty}^{+\infty}f(x,y)\mathrm{d}x\mathrm{d}y=1$.

联合密度函数的规范性意味着以曲面 $f(x,y)$ 为顶、以整个 xOy 平面与 $\Omega_{(X,Y)}$ 的交集区域为底的曲顶柱体的体积为 1.

定理 3(二维连续型随机变量的性质) 设二维连续型随机变量 (X,Y) 的联合分布函数为 $F(x,y)$，联合密度函数为 $f(x,y)$，则

(1) 对任意一条平面曲线 L，有 $P[(X,Y)\in L]=0$;

(2) $F(x,y)$ 为连续函数, 在 $f(x,y)$ 的连续点处有

$$\frac{\partial^2 F(x,y)}{\partial x\partial y}=f(x,y);$$

(3) 对 xOy 平面上任一区域 D(见图 3.8)有

$$P[(X,Y)\in D]=\iint\limits_{D}f(x,y)\mathrm{d}x\mathrm{d}y.$$

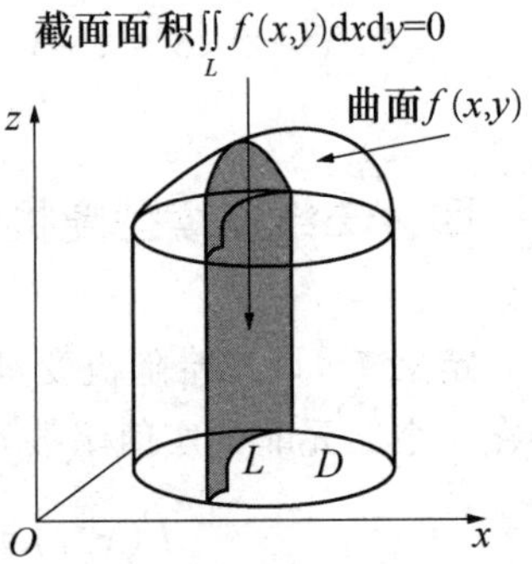

定理 3 中, (1)表示以曲面 $f(x,y)$ 为顶、以投影曲线 L 为底的曲顶柱体的体积, 也即图 3.8 所示阴影部分曲面的体积, 显然为零. (2)中, 在 $f(x,y)$ 的非连续点处 $F(x,y)$ 的偏导数不存在, 在这些点可以用任意一个常数定义 $f(x,y)$, 这不影响事件的概率值. 这是因为 (X,Y) 在这些点组成的集合中取值的概率都为零.

图 3.8　连续型随机变量的性质

例 4 设二维随机变量 (X,Y) 的联合密度函数为

$$f(x,y)=\begin{cases}cy^2, & 0<x<2y,0<y<1,\\ 0, & \text{其他}.\end{cases}$$

计算：(1)常数 c；(2)联合分布函数 $F(x,y)$；(3)概率 $P(|X|\leqslant Y)$.

解 (1) $\Omega_{(X,Y)}=\{(x,y)\mid 0<x<2y,0<y<1\}$，如图 3.9 所示. 由联合密度函数的规范性得

$$1 = \int_{-\infty}^{+\infty} \int_{-\infty}^{+\infty} f(x,y) \mathrm{d}x \mathrm{d}y = \int_0^1 \mathrm{d}y \int_0^{2y} cy^2 \mathrm{d}x = \frac{c}{2},$$

所以 $c = 2$.

（2）由已知得，

当 $x<0$ 或 $y<0$ 时，$F(x,y) = 0$；

当 $0 \leqslant x<2y$ 且 $0 \leqslant y<1$ 时，$F(x,y) = \int_0^x \mathrm{d}u \int_{\frac{u}{2}}^y 2v^2 \mathrm{d}v = \frac{2}{3}x\left(y^3 - \frac{x^3}{32}\right)$；

当 $0 \leqslant x<2$ 且 $y \geqslant 1$ 时，$F(x,y) = \int_0^x \mathrm{d}u \int_{\frac{u}{2}}^1 2v^2 \mathrm{d}v = \frac{2}{3}x\left(1 - \frac{x^3}{32}\right)$；

当 $x \geqslant 2y$ 且 $0 \leqslant y<1$ 时，$F(x,y) = \int_0^y \mathrm{d}v \int_0^{2v} 2v^2 \mathrm{d}u = y^4$；

当 $x \geqslant 2$ 且 $y \geqslant 1$ 时，$F(x,y) = 1$.

所以，联合分布函数为

$$F(x,y) = \begin{cases} 0, & x<0 \text{ 或 } y<0, \\ \dfrac{2}{3}x\left(y^3 - \dfrac{x^3}{32}\right), & 0 \leqslant x<2y, 0 \leqslant y<1, \\ \dfrac{2}{3}x\left(1 - \dfrac{x^3}{32}\right), & 0 \leqslant x<2, y \geqslant 1, \\ y^4, & x \geqslant 2y, 0 \leqslant y<1, \\ 1, & x \geqslant 2, y \geqslant 1. \end{cases}$$

（3）$P(|X| \leqslant Y) = \iint\limits_{|x| \leqslant y} f(x,y) \mathrm{d}x \mathrm{d}y = \int_0^1 \mathrm{d}y \int_0^y 2y^2 \mathrm{d}x = \int_0^1 2y^3 \mathrm{d}y = \dfrac{1}{2}$.

显然，对于二维连续型随机变量，使用联合分布函数来刻画其取值规律也是比较复杂的，我们通常使用联合密度函数来描述二维连续型随机变量的概率分布. 已知二维连续型随机变量的联合密度函数，就可以计算任意事件的概率.

[随堂测]
1. 设二维离散型随机变量 (X,Y) 的联合分布律如下.

扫码看答案

X \ Y	0	1
0	a	0.3
1	0.2	b

已知 $P(X=0 \mid X=Y) = 0.4$，求 a,b 的值.

2. 设二维连续型随机变量 (X,Y) 的联合密度函数为

$$f(x,y) = \begin{cases} cx, & (x,y) \in G, \\ 0, & \text{其他}. \end{cases}$$

其中，区域 $G = \{(x,y) \mid 0<x<y \text{ 且 } 0<y<1\}$. 求（1）常数 c；（2）概率 $P(X+Y>1)$.

习题 3-1

1. 一个箱子中装有 100 件同类产品, 其中一、二、三等品分别有 70, 20, 10 件. 现从中随机地抽取一件. 试求 (X_1, X_2) 的联合分布律, 其中 $X_i = \begin{cases} 1, & \text{如果抽到 } i \text{ 等品}, \\ 0, & \text{如果抽到非 } i \text{ 等品}, \end{cases} i = 1, 2.$

2. 两名水平相当的棋手奕棋 3 盘. 设 X 表示某名棋手获胜的盘数, Y 表示他输赢盘数之差的绝对值. 假定没有和棋, 且每盘结果是相互独立的. 试求 (X, Y) 的联合分布律.

3. 设二维离散型随机变量 (X, Y) 的联合分布律为

X \ Y	0	1
0	0.4	a
1	b	0.1

已知随机事件 $\{X = 0\}$ 与 $\{X + Y = 1\}$ 相互独立, 求 a, b 的值.

4. 袋中有 1 个红球、2 个黑球与 3 个白球, 现有放回地从袋中取两次, 每次取一个球, 以 X, Y, Z 分别表示两次取球所得的红球、黑球与白球的个数. 求: (1) 二维随机变量 (X, Y) 的联合分布律; (2) $P(X = 1 \mid Z = 0)$.

5. 假设随机变量 Y 服从参数为 $\lambda = 1$ 的指数分布, 随机变量

$$X_k = \begin{cases} 0, & Y \leqslant k, \\ 1, & Y > k, \end{cases} \quad k = 1, 2.$$

求 (X_1, X_2) 的联合分布律.

6. 设二维连续型随机变量 (X, Y) 的联合密度函数为

$$f(x, y) = \begin{cases} c(6 - x - y), & 0 < x < 2, \ 2 < y < 4, \\ 0, & \text{其他}. \end{cases}$$

(1) 试确定常数 c 的值.

(2) 求概率 $P(X + Y < 4)$.

(3) 求概率 $P(X < 1 \mid X + Y < 4)$.

7. 已知二维连续型随机变量 (X, Y) 的联合密度函数为

$$f(x, y) = \begin{cases} ce^{-(x+2y)}, & x \geqslant 0, y \geqslant 0, \\ 0, & \text{其他}. \end{cases}$$

(1) 试确定常数 c 的值.

(2) 求概率 $P(X < 1, Y > 2)$.

8. 设二维连续型随机变量 (X, Y) 的联合密度函数为

$$f(x, y) = \begin{cases} cxy, & (x, y) \in G, \\ 0, & \text{其他}. \end{cases}$$

其中, 区域 $G = \{(x, y) \mid 0 < y < 2x \text{ 且 } 0 < x < 2\}$. 试求: (1) 常数 c; (2) 概率 $P(X + Y < 1)$.

第二节　常用的二维随机变量

一、二维均匀分布

定义 1　设二维随机变量(X,Y)的联合密度函数为

$$f(x,y)=\begin{cases}\dfrac{1}{S_G}, & (x,y)\in G, \\ 0, & \text{其他},\end{cases}$$

其中G是xOy平面上的某个区域，S_G为G的面积，则称随机变量(X,Y)服从**区域G上的二维均匀分布**.

例　设二维随机变量(X,Y)服从区域G上的均匀分布，$G=\{(x,y)\mid 0<x<1$ 且 $0<y<2x\}$（见图 3.10）.

（1）写出(X,Y)的联合密度函数.

（2）计算概率$P(Y\leqslant X)$.

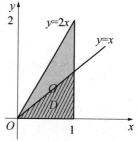

图 3.10　区域G和区域D

解　（1）因为$S_G=1$，由二维均匀分布的定义得(X,Y)的联合密度函数为

$$f(x,y)=\begin{cases}1, & 0<x<1,0<y<2x, \\ 0, & \text{其他}.\end{cases}$$

（2）$P(Y\leqslant X)=P[(X,Y)\in D]=\iint\limits_{D}f(x,y)\mathrm{d}x\mathrm{d}y=\iint\limits_{D}1\mathrm{d}x\mathrm{d}y=S_D=\dfrac{1}{2}$,

其中区域D如图 3.10 所示. 或$P(Y\leqslant X)=\dfrac{S_D}{S_G}=\dfrac{1}{2}$.

二、二维正态分布

定义 2　如果二维随机变量(X,Y)的联合密度函数为

$$f(x,y)=\frac{1}{2\pi\sigma_1\sigma_2\sqrt{1-\rho^2}}\exp\left\{-\frac{1}{2(1-\rho^2)}\left[\frac{(x-\mu_1)^2}{\sigma_1^2}-2\rho\frac{(x-\mu_1)(y-\mu_2)}{\sigma_1\sigma_2}+\frac{(y-\mu_2)^2}{\sigma_2^2}\right]\right\},$$

$-\infty<x,y<+\infty$，其中$-\infty<\mu_1,\mu_2<+\infty$，$\sigma_1,\sigma_2>0$，$|\rho|<1$，则称$(X,Y)$服从**二维正态分布**，并记为$(X,Y)\sim N(\mu_1,\mu_2,\sigma_1^2,\sigma_2^2,\rho)$. 二维正态分布的联合密度函数的图形如图 3.11 所示.

二维正态分布的 5 个参数都有具体的意义，在后面将逐一介绍.

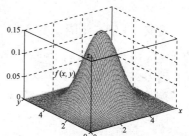

图 3.11　二维正态分布的联合密度函数的图形

[随堂测]

1. 设二维随机变量 $(X,Y) \sim N(1,-5,9,4,-0.8)$，试写出 (X,Y) 的联合密度函数.

2. 设二维随机变量 (X,Y) 服从区域 G 上的均匀分布，其中 G 由直线 $x=2, x=-2, y=2, y=-2$ 围成.

(1) 写出 (X,Y) 的联合密度函数.

(2) 求概率 $P(X+Y>2)$.

扫码看答案

习题 3-2

1. 设二维随机变量 (X,Y) 服从以原点为圆心的单位圆上的均匀分布，记

$$U = \begin{cases} 1, & X+Y \leqslant 0, \\ 0, & X+Y > 0, \end{cases} \qquad V = \begin{cases} 1, & X-Y \leqslant 0, \\ 0, & X-Y > 0. \end{cases}$$

试求 (U,V) 的联合分布律.

2. 设二维随机变量 (X,Y) 服从区域 G 上的均匀分布，其中 G 由直线 $y=-x, y=x, x=2$ 所围成.

(1) 写出 (X,Y) 的联合密度函数.

(2) 求概率 $P(X+Y<2)$.

3. 已知 $(X,Y) \sim N(1,-1,1,4,0.5)$，试写出 (X,Y) 的联合密度函数.

第三节　边缘分布

如果已知二维随机变量 (X,Y) 的联合分布，那么其中一个随机变量的分布肯定能够得到，其分布我们称为边缘分布.

一、边缘分布函数

定义 1 设二维随机变量 (X,Y) 的联合分布函数为 $F(x,y)$，称 $F_X(x)=P(X \leqslant x) = P(X \leqslant x, Y < +\infty) = F(x,+\infty)$，$-\infty < x < +\infty$ 为随机变量 X 的边缘分布函数；称 $F_Y(y) = P(Y \leqslant y) = P(X < +\infty, Y \leqslant y) = F(+\infty, y)$，$-\infty < y < +\infty$ 为随机变量 Y 的边缘分布函数.

例 1 已知二维随机变量 (X,Y) 的联合密度函数为

$$f(x,y) = \begin{cases} cy^2, & 0<x<2y, 0<y<1, \\ 0, & \text{其他.} \end{cases}$$

分别计算 X 与 Y 的边缘分布函数.

解 在本章第一节例 4 中已得到 (X,Y) 的联合分布函数，由此可得 X 与 Y 的边缘分布

函数分别为

$$F_X(x) = F(x, +\infty) = \begin{cases} 0, & x < 0, \\ \dfrac{2}{3}x\left(1 - \dfrac{x^3}{32}\right), & 0 \leqslant x < 2, \\ 1, & x \geqslant 2, \end{cases}$$

$$F_Y(y) = F(+\infty, y) = \begin{cases} 0, & y < 0, \\ y^4, & 0 \leqslant y < 1, \\ 1, & y \geqslant 1. \end{cases}$$

二、二维离散型随机变量的边缘分布律

定义 2　设二维离散型随机变量(X, Y)的联合分布律为$P(X = x_i, Y = y_j) = p_{ij}, i, j = 1, 2, \cdots$，称概率$P(X = x_i) = P(X = x_i, \bigcup\limits_j Y = y_j) = \sum\limits_j P(X = x_i,$ $Y = y_j) = \sum\limits_j p_{ij}, i = 1, 2, \cdots$为**随机变量 X 的边缘分布律**，记为$p_i.$，并有$p_i.$ $= P(X = x_i) = \sum\limits_j p_{ij}, i = 1, 2, \cdots$. 类似地，称概率$P(Y = y_j), j = 1, 2, \cdots$为**随机变量 Y 的边缘分布律**，记为$p._j$，并有$p._j = P(Y = y_j) = \sum\limits_i p_{ij}, j = 1, 2, \cdots$.

边缘分布律

　由定义知，求 X 的边缘分布律即求(X, Y)联合分布律表格中的行和，求 Y 的边缘分布律即求(X, Y)联合分布律表格中的列和. 因为边缘分布律位于联合分布律表格的边缘，所以称其为边缘分布律.

　例 2　根据本章第一节例 3 中(X, Y)的联合分布律，计算 X 与 Y 的边缘分布律.

　解　直接在(X, Y)联合分布律表格中计算行和、列和，得

X＼Y	1	2	3	4	5	6	$p_i.$
1	$\dfrac{6}{36}$	0	0	0	0	0	$\dfrac{1}{6}$
2	$\dfrac{1}{36}$	$\dfrac{5}{36}$	0	0	0	0	$\dfrac{1}{6}$
3	$\dfrac{1}{36}$	$\dfrac{1}{36}$	$\dfrac{4}{36}$	0	0	0	$\dfrac{1}{6}$
4	$\dfrac{1}{36}$	$\dfrac{1}{36}$	$\dfrac{1}{36}$	$\dfrac{3}{36}$	0	0	$\dfrac{1}{6}$
5	$\dfrac{1}{36}$	$\dfrac{1}{36}$	$\dfrac{1}{36}$	$\dfrac{1}{36}$	$\dfrac{2}{36}$	0	$\dfrac{1}{6}$
6	$\dfrac{1}{36}$	$\dfrac{1}{36}$	$\dfrac{1}{36}$	$\dfrac{1}{36}$	$\dfrac{1}{36}$	$\dfrac{1}{36}$	$\dfrac{1}{6}$
$p._j$	$\dfrac{11}{36}$	$\dfrac{9}{36}$	$\dfrac{7}{36}$	$\dfrac{5}{36}$	$\dfrac{3}{36}$	$\dfrac{1}{36}$	1

所以，X 的边缘分布律为

X	1	2	3	4	5	6
概率	$\dfrac{1}{6}$	$\dfrac{1}{6}$	$\dfrac{1}{6}$	$\dfrac{1}{6}$	$\dfrac{1}{6}$	$\dfrac{1}{6}$

Y 的边缘分布律为

Y	1	2	3	4	5	6
概率	$\dfrac{11}{36}$	$\dfrac{9}{36}$	$\dfrac{7}{36}$	$\dfrac{5}{36}$	$\dfrac{3}{36}$	$\dfrac{1}{36}$

三、二维连续型随机变量的边缘密度函数

设二维连续型随机变量 (X,Y) 的联合分布函数为 $F(x,y)$，联合密度函数为 $f(x,y)$，根据 $F_X(x)=F(x,+\infty),-\infty<x<+\infty$，得

$$\int_{-\infty}^{x}f_X(u)\,\mathrm{d}u=\int_{-\infty}^{x}\left[\int_{-\infty}^{+\infty}f(u,y)\,\mathrm{d}y\right]\mathrm{d}u,$$

由 x 的任意性知，$f_X(x)=\int_{-\infty}^{+\infty}f(x,y)\,\mathrm{d}y$，因此有如下定义.

定义 3　设二维连续型随机变量 (X,Y) 的联合密度函数为 $f(x,y)$，则 X **的边缘密度函数**为

$$f_X(x)=\int_{-\infty}^{+\infty}f(x,y)\,\mathrm{d}y,\ -\infty<x<+\infty.$$

类似地，Y **的边缘密度函数**为

$$f_Y(y)=\int_{-\infty}^{+\infty}f(x,y)\,\mathrm{d}x,\ -\infty<y<+\infty.$$

例 3　针对本章第一节例 4，计算 X 的边缘密度函数和 Y 的边缘密度函数.

解　**方法一**

首先确定 X 的值域 $\Omega_X=(0,2)$，当 $0<x<2$ 时，

$$f_X(x)=\int_{-\infty}^{+\infty}f(x,y)\,\mathrm{d}y=\int_{\frac{x}{2}}^{1}2y^2\,\mathrm{d}y=\frac{2}{3}\left(1-\frac{x^3}{8}\right),$$

所以 X 的边缘密度函数为 $f_X(x)=\begin{cases}\dfrac{2}{3}\left(1-\dfrac{x^3}{8}\right),&0<x<2,\\0,&\text{其他}.\end{cases}$

然后，确定 Y 的值域 $\Omega_Y=(0,1)$，当 $0<y<1$ 时，

$$f_Y(y)=\int_{-\infty}^{+\infty}f(x,y)\,\mathrm{d}x=\int_{0}^{2y}2y^2\,\mathrm{d}x=4y^3,$$

所以 Y 的边缘密度函数为 $f_Y(y)=\begin{cases}4y^3,&0<y<1,\\0,&\text{其他}.\end{cases}$

方法二

因为在 $f_X(x)$ 的连续点 x 处，$f_X(x)=F_X'(x)$，所以当 $0<x<2$ 时，$f_X(x)=F_X'(x)=\dfrac{2}{3}\left(1-\dfrac{x^3}{8}\right)$. 故 X 的边缘密度函数为

$$f_X(x) = \begin{cases} \dfrac{2}{3}\left(1 - \dfrac{x^3}{8}\right), & 0 < x < 2, \\ 0, & \text{其他}. \end{cases}$$

同理，当 $0 < y < 1$ 时，$f_Y(y) = F_Y'(y) = 4y^3$，故 Y 的边缘密度函数为

$$f_Y(y) = \begin{cases} 4y^3, & 0 < y < 1, \\ 0, & \text{其他}. \end{cases}$$

若已知联合密度函数，边缘密度函数可以直接由定义公式计算得到；若已知联合分布函数，首先计算边缘分布函数，再对边缘分布函数求导得到边缘密度函数。第一种方法更简洁。无论使用哪种方法，首先要确定随机变量的值域，在值域上求出密度函数的表达式，值域之外密度函数的值都为零。

定理 1　如果 $(X,Y) \sim N(\mu_1, \mu_2, \sigma_1^2, \sigma_2^2, \rho)$，则 $X \sim N(\mu_1, \sigma_1^2)$，$Y \sim N(\mu_2, \sigma_2^2)$。

证明　$\Omega_X = \Omega_Y = (-\infty, +\infty)$，由边缘密度函数的定义公式得，当 $-\infty < x < +\infty$ 时，

$$f_X(x) = \int_{-\infty}^{+\infty} f(x,y)\,\mathrm{d}y$$

$$= \int_{-\infty}^{+\infty} \frac{1}{2\pi\sigma_1\sigma_2\sqrt{1-\rho^2}} \exp\left\{ -\frac{1}{2(1-\rho^2)}\left[\frac{(x-\mu_1)^2}{\sigma_1^2} - 2\rho\frac{(x-\mu_1)(y-\mu_2)}{\sigma_1\sigma_2} + \frac{(y-\mu_2)^2}{\sigma_2^2} \right] \right\}\mathrm{d}y$$

$$\xlongequal{\text{令}\, u=\frac{x-\mu_1}{\sigma_1},\, v=\frac{y-\mu_2}{\sigma_2}} \int_{-\infty}^{+\infty} \frac{1}{2\pi\sigma_1\sqrt{1-\rho^2}} \exp\left\{ -\frac{u^2 - 2\rho uv + v^2}{2(1-\rho^2)} \right\}\mathrm{d}v$$

$$= \frac{1}{\sqrt{2\pi}\sigma_1} \mathrm{e}^{-\frac{u^2}{2}} \cdot \int_{-\infty}^{+\infty} \frac{1}{\sqrt{2\pi}\sqrt{1-\rho^2}} \exp\left\{ -\frac{(v-\rho u)^2}{2(1-\rho^2)} \right\}\mathrm{d}v = \frac{1}{\sqrt{2\pi}\sigma_1} \mathrm{e}^{-\frac{(x-\mu_1)^2}{2\sigma_1^2}}.$$

所以 $X \sim N(\mu_1, \sigma_1^2)$。同理可得 $Y \sim N(\mu_2, \sigma_2^2)$。

定理 1 的证明中最后一个等号用到了正态随机变量 $[N(\rho u, 1-\rho^2)]$ 密度函数的规范性。

例 4　已知 $(X,Y) \sim N(-1, 2, 4, 9, 0.3)$，求 $Z = -2X + 3$ 的密度函数 $f_Z(z)$。

解　由定理 1 知 $X \sim N(-1, 4)$，又由正态分布的线性变换仍是正态分布性质，可知 $Z = -2X + 3 \sim N(5, 16)$，所以 $f_Z(z) = \dfrac{1}{4\sqrt{2\pi}}\mathrm{e}^{-\frac{(z-5)^2}{32}}$，$-\infty < z < +\infty$。

四、随机变量的相互独立性

将几个随机变量放在随机向量中一起讨论而不是分开讨论，这能兼顾到随机变量之间的相互关系。第一章我们介绍了事件之间一种重要的关系——相互独立性，下面将相互独立性的概念推广至随机变量的情形。

定义 4　设 (X,Y) 为二维随机变量，若对任意 $x, y \in \mathbf{R}$，都有

$$F(x,y) = F_X(x)F_Y(y)$$

成立，则称**随机变量 X 与 Y 相互独立**。其中 $F(x,y)$ 为 (X,Y) 的联合分布函数，$F_X(x)$ 和

$F_Y(y)$ 分别为 X 和 Y 的边缘分布函数.

定理 2 设 (X,Y) 为二维离散型随机变量, 那么, X 与 Y 相互独立的充分必要条件是对任意的 $i,j=1,2,\cdots$, 都有

$$p_{ij}=p_{i\cdot}p_{\cdot j}$$

成立. 其中 $p_{ij}(i,j=1,2,\cdots)$ 为 (X,Y) 的联合分布律, $p_{i\cdot}(i=1,2,\cdots)$ 和 $p_{\cdot j}(j=1,2,\cdots)$ 分别为 X 和 Y 的边缘分布律.

注: 相互独立性的直观含义是当 X 取定 x_i 时, Y 的取值规律不受任何影响, 即

$$P(Y=y_j \mid X=x_i)=\frac{P(X=x_i,Y=y_j)}{P(X=x_i)}=\frac{p_{ij}}{p_{i\cdot}}=\frac{p_{i\cdot}p_{\cdot j}}{p_{i\cdot}}=p_{\cdot j}=P(Y=y_j).$$

例 5 设二维随机变量 (X,Y) 的联合分布律为

X \ Y	0	1
0	0.4	0.4
1	0.1	0.1

(1) 求 X 的边缘分布律与 Y 的边缘分布律.

(2) X 与 Y 是否相互独立? 为什么?

解 (1) 由二维离散型随机变量边缘分布律的定义得

$P(X=0)=P(X=0,Y=0)+P(X=0,Y=1)=0.8, P(X=1)=1-P(X=0)=0.2,$

$P(Y=0)=P(X=0,Y=0)+P(X=1,Y=0)=0.5, P(Y=1)=1-P(Y=0)=0.5,$

所以 X 和 Y 的边缘分布律分别为

X	0	1
概率	0.8	0.2

和

Y	0	1
概率	0.5	0.5

(2) 可以验证对任意的 $i,j=1,2$ 都有 $p_{ij}=p_{i\cdot}p_{\cdot j}$, 所以 X 与 Y 相互独立.

定理 3 若 (X,Y) 为二维连续型随机变量, 那么, X 与 Y 相互独立的充分必要条件是在 $f(x,y), f_X(x), f_Y(y)$ 的一切公共连续点上都有

$$f(x,y)=f_X(x)f_Y(y)$$

成立. 其中 $f(x,y)$ 为 (X,Y) 的联合密度函数, $f_X(x)$ 和 $f_Y(y)$ 分别为 X 和 Y 的边缘密度函数.

证明 因为对任意的 $x,y\in\mathbf{R}$ 都有 $F(x,y)=F_X(x)F_Y(y)$, 所以

$$\int_{-\infty}^{y}\int_{-\infty}^{x}f(u,v)\mathrm{d}u\mathrm{d}v=\int_{-\infty}^{x}f_X(u)\mathrm{d}u\int_{-\infty}^{y}f_Y(v)\mathrm{d}v=\int_{-\infty}^{y}\int_{-\infty}^{x}f_X(u)f_Y(v)\mathrm{d}u\mathrm{d}v.$$

由 x,y 的任意性知, 在它们的一切公共连续点上都有 $f(x,y)=f_X(x)f_Y(y)$; 反之也成立.

例 6 在本章第一节例 4 中, X 与 Y 是否相互独立? 为什么?

解 X 与 Y 不相互独立. 因为在它们的公共连续点 $\left(\dfrac{1}{2},\dfrac{1}{2}\right)$ 处, $f\left(\dfrac{1}{2},\dfrac{1}{2}\right)=\dfrac{1}{2}\neq f_X\left(\dfrac{1}{2}\right)$

$f_Y\left(\dfrac{1}{2}\right)=\dfrac{21}{64}$, 所以 X 与 Y 不相互独立.

定理 4　设 $(X,Y) \sim N(\mu_1,\mu_2,\sigma_1^2,\sigma_2^2,\rho)$，那么，$X$ 与 Y 相互独立的充分必要条件是 $\rho=0$.

证明　**充分条件**

当 $\rho=0$ 时，有

$$f(x,y) = \frac{1}{2\pi\sigma_1\sigma_2} e^{-\frac{\left(\frac{x-\mu_1}{\sigma_1}\right)^2 + \left(\frac{y-\mu_2}{\sigma_2}\right)^2}{2}}, \quad -\infty < x,y < +\infty,$$

$$f_X(x) \cdot f_Y(y) = \frac{1}{\sqrt{2\pi}\,\sigma_1} e^{-\frac{(x-\mu_1)^2}{2\sigma_1^2}} \cdot \frac{1}{\sqrt{2\pi}\,\sigma_2} e^{-\frac{(y-\mu_2)^2}{2\sigma_2^2}}, \quad -\infty < x < +\infty, -\infty < y < +\infty,$$

所以对任意 $x,y \in \mathbf{R}$，都有 $f(x,y) = f_X(x)f_Y(y)$. 因此，X 与 Y 相互独立.

必要条件

当 X 与 Y 相互独立时，对任意 $x,y \in \mathbf{R}$，有 $f(x,y) = f_X(x)f_Y(y)$. 特别地，当 $x=\mu_1,y=\mu_2$ 时，该等式也成立，所以

$$f(\mu_1,\mu_2) = \frac{1}{2\pi\sigma_1\sigma_2\sqrt{1-\rho^2}} = f_X(\mu_1)f_Y(\mu_2) = \frac{1}{\sqrt{2\pi}\,\sigma_1} \cdot \frac{1}{\sqrt{2\pi}\,\sigma_2} = \frac{1}{2\pi\sigma_1\sigma_2},$$

推得 $\rho=0$.

由定理 1 和定理 4 知，二维正态分布的参数 μ 和 σ_1^2 描述了 X 的分布，μ_2 和 σ_2^2 描述了 Y 的分布，ρ 则反映了 X 与 Y 之间的关系. 这说明联合密度函数可以唯一确定两个边缘密度函数，反之不一定成立.

多维随机变量的相互独立性可类似定义，多维随机变量的联合分布函数等于每个随机变量的边缘分布函数之积. 多维离散型随机变量及多维连续型随机变量相互独立的充要条件有与二维情形相对应的结论.

定义 5　设 $(X_1,X_2,\cdots,X_n)$ 为 n 维随机变量，若对任意 $(x_1,x_2,\cdots,x_n) \in \mathbf{R}^n$，都有

$$F(x_1,x_2,\cdots,x_n) = \prod_{i=1}^{n} F_{X_i}(x_i)$$

成立，则称随机变量 $X_1,X_2,\cdots,X_n$ **相互独立**. 其中 $F(x_1,x_2,\cdots,x_n)$ 为 $(X_1,X_2,\cdots,X_n)$ 的联合分布函数，$F_{X_i}(x_i)$ 为 X_i 的边缘分布函数，$i=1,2,\cdots,n$.

当 $(X_1,X_2,\cdots,X_n)$ 为离散型随机变量时，随机变量 $X_1,X_2,\cdots,X_n$ 相互独立的充要条件是对任意的 $x_i \in \Omega_{X_i}$，$i=1,2,\cdots,n$，都有

$$P(X_1=x_1,X_2=x_2,\cdots,X_n=x_n) = \prod_{i=1}^{n} P(X_i=x_i)$$

成立，其中 $P(X_1=x_1,X_2=x_2,\cdots,X_n=x_n)$ 为 $(X_1,X_2,\cdots,X_n)$ 的联合分布律，$P(X_i=x_i)$ 为 X_i 的边缘分布律，$i=1,2,\cdots,n$.

当 $(X_1,X_2,\cdots,X_n)$ 为连续型随机变量时，随机变量 $X_1,X_2,\cdots,X_n$ 相互独立的充要条件是在 $f(x_1,x_2,\cdots,x_n)$，$f_{X_1}(x_1),f_{X_2}(x_2),\cdots,f_{X_n}(x_n)$ 的一切公共连续点上都有

$$f(x_1,x_2,\cdots,x_n) = \prod_{i=1}^{n} f_{X_i}(x_i)$$

成立. 其中 $f(x_1,x_2,\cdots,x_n)$ 为 $(X_1,X_2,\cdots,X_n)$ 的联合密度函数，$f_{X_i}(x_i)$ 为 X_i 的边缘密度函数，$i=1,2,\cdots,n$.

[随堂测]

1. 设二维随机变量(X,Y)的联合分布律及关于X和Y的边缘分布律的部分值如下.

扫码看答案

X \ Y	y_1	y_2	y_3	$p_{i\cdot}$
x_1		0	$\frac{1}{6}$	$\frac{1}{3}$
x_2		$\frac{1}{3}$		
$p_{\cdot j}$		$\frac{1}{3}$		

(1) 试将其余值填入表中空白处,补全联合分布律和边缘分布律.

(2) X与Y是否相互独立? 为什么?

2. 设二维随机变量(X,Y)的联合密度函数为

$$f(x,y)=\begin{cases} cx, & (x,y)\in G, \\ 0, & \text{其他,} \end{cases}$$

其中区域$G=\{(x,y)\,|\,0<x<y \text{ 且 } 0<y<1\}$.

(1) 求常数c.

(2) 求X,Y的边缘密度函数.

(3) X与Y是否相互独立? 为什么?

习题 3-3

1. 在习题 3-1 的第 1 题中,(1)分别求X_1和X_2的边缘分布律;(2)X_1与X_2是否相互独立? 为什么?

2. 在习题 3-1 的第 2 题中,(1)求X与Y的边缘分布律;(2)X与Y是否相互独立? 为什么?

3. 已知随机变量(X,Y)的联合分布律如下. 当α,β取何值时,X与Y相互独立?

X \ Y	1	2	3
1	$\frac{1}{6}$	$\frac{1}{9}$	$\frac{1}{18}$
2	$\frac{1}{3}$	α	β

4. 设随机变量 X 与 Y 相互独立，下面列出了二维随机变量 (X,Y) 的联合分布律及关于 X 和 Y 的边缘分布律的部分数值，试将其余数值填入表中空白处.

X＼Y	y_1	y_2	y_3	$P(X=x_i)=p_{i.}$
x_1		$\dfrac{1}{8}$		
x_2	$\dfrac{1}{8}$			
$P(Y=y_i)=p_{.j}$	$\dfrac{1}{6}$			1

5. 已知随机变量 X,Y 的分布律如下，且 $P(XY=0)=1$.

（1）试求 (X,Y) 的联合分布律.

（2）X 与 Y 是否相互独立? 为什么?

X	-1	0	1
概率	$\dfrac{1}{4}$	$\dfrac{1}{2}$	$\dfrac{1}{4}$

Y	0	1
概率	$\dfrac{1}{2}$	$\dfrac{1}{2}$

6. 在习题 3-1 的第 6 题中，（1）计算 X,Y 的边缘密度函数;（2）X 与 Y 是否相互独立? 为什么?

7. 在习题 3-1 的第 7 题中，（1）计算 X,Y 的边缘密度函数;（2）X 与 Y 是否相互独立? 为什么?

8. 在习题 3-1 的第 8 题中，（1）计算 X,Y 的边缘密度函数;（2）X 与 Y 是否相互独立? 为什么?

9. 设平面区域 G 由曲线 $y=\dfrac{1}{x}$ 和直线 $y=0,x=1,x=\mathrm{e}^2$ 所围成，二维随机变量 (X,Y) 在区域 G 上服从均匀分布.

（1）写出 (X,Y) 的联合密度函数.

（2）计算 X,Y 的边缘密度函数.

（3）X 与 Y 是否相互独立? 为什么?

10. 设区域 G 为以 $(0,0),(1,1),\left(0,\dfrac{1}{2}\right),\left(\dfrac{1}{2},1\right)$ 为顶点的四边形与以 $\left(\dfrac{1}{2},0\right),(1,0),\left(1,\dfrac{1}{2}\right)$ 为顶点的三角形的公共部分，(X,Y) 服从区域 G 上的均匀分布.

（1）写出 (X,Y) 的联合密度函数.

（2）计算 X,Y 的边缘密度函数.

（3）X 与 Y 是否相互独立? 为什么?

11. 在习题 3-2 的第 2 题中，（1）求 X,Y 的边缘密度函数;（2）X 与 Y 是否相互独立? 为什么?

第四节　条件分布

在实际工作中，我们经常考虑这样的问题：当一个随机变量的取值确定时，另外一个随机变量的取值规律如何？比如，新生男婴的身高和体重分别用 X 与 Y 表示，已知 (X,Y) 的联合分布，且新生男婴平均身高为 50cm，讨论当男婴身高为 50cm 时，男婴体重的分布规律. 这需要引入条件分布才能计算. 下面给出二维离散型随机变量及二维连续型随机变量的条件分布函数.

一、二维离散型随机变量的条件分布律

定义 1　设二维离散型随机变量 (X,Y) 的联合分布律为 $P(X=x_i,Y=y_j)=p_{ij},i,j=1,2,$ $\cdots$. 当 $y_j\in\Omega_Y$ 时，**在给定条件 $\{Y=y_j\}$ 下随机变量 X 的条件分布律**为

$$P(X=x_i\mid Y=y_j)=\frac{p_{ij}}{p_{\cdot j}},i=1,2,\cdots.$$

对于固定的 $y_j\in\Omega_Y$，记**在给定条件 $\{Y=y_j\}$ 下的随机变量 X** 为 $X\mid Y=y_j$，其值域记为

$$\Omega_{X\mid Y=y_j}=\{x_i\mid P(X=x_i,Y=y_j)\neq0(y_j\,\text{固定}),i=1,2,\cdots\}.$$

条件分布律 $\dfrac{p_{ij}}{p_{\cdot j}}(i=1,2,\cdots)$ 满足分布律的两条性质：

（1）$P(X=x_i\mid Y=y_j)=\dfrac{p_{ij}}{p_{\cdot j}}>0,x_i\in\Omega_{X\mid Y=y_j}$；

（2）$\sum\limits_i P(X=x_i\mid Y=y_j)=\sum\limits_i\dfrac{p_{ij}}{p_{\cdot j}}=1.$

当 $x_i\in\Omega_X$ 时，**在给定条件 $\{X=x_i\}$ 下随机变量 Y 的条件分布律**为

$$P(Y=y_j\mid X=x_i)=\frac{p_{ij}}{p_{i\cdot}},j=1,2,\cdots.$$

对于固定的 $x_i\in\Omega_X$，记**在给定条件 $\{X=x_i\}$ 下的随机变量 Y** 为 $Y\mid X=x_i$，其值域记为 $\Omega_{Y\mid X=x_i}=\{y_j\mid P(X=x_i,Y=y_j)\neq0(x_i\,\text{固定}),j=1,2,\cdots\}$. 同理，条件分布律 $\dfrac{p_{ij}}{p_{i\cdot}}(j=1,2,\cdots)$ 也满足分布律的两条性质.

例 1　在本章第一节例 3 中，（1）求在给定条件 $\{Y=4\}$ 下 X 的条件分布律；（2）求在给定条件 $\{X=3\}$ 下 Y 的条件分布律.

解　（1）由条件分布律的定义得

$$P(X=x_i\mid Y=4)=\frac{P(X=x_i,Y=4)}{P(Y=4)}=\frac{p_{i4}}{p_{\cdot4}}=\frac{p_{i4}}{\dfrac{5}{36}},i=1,2,\cdots,6,$$

则

$$P(X=1 \mid Y=4)=0, P(X=2 \mid Y=4)=P(X=3 \mid Y=4)=0,$$

$$P(X=4 \mid Y=4)=\frac{3}{5}, P(X=5 \mid Y=4)=\frac{1}{5}, P(X=6 \mid Y=4)=\frac{1}{5}.$$

整理得

$X \mid Y=4$	4	5	6
概率	$\frac{3}{5}$	$\frac{1}{5}$	$\frac{1}{5}$

（2）同理得 $P(Y=y_j \mid X=3)=\dfrac{P(X=3, Y=y_j)}{P(X=3)}=\dfrac{p_{3j}}{\dfrac{1}{6}}, j=1,2,\cdots,6$，计算并整理得

$Y \mid X=3$	1	2	3
概率	$\frac{1}{6}$	$\frac{1}{6}$	$\frac{2}{3}$

由定义 1 知，计算 X（或 Y）的条件分布律可由联合分布律表格中列（行）上的元素除以列（行）和得到.

例 2　已知某高校一卡通存款途径有 3 种：窗口现金存款，通过校园智能机器充值，支付宝或微信在线充值. 分别用 $X=1,2,3$ 表示. 3 种途径所占比例分别为 $\dfrac{1}{3}, \dfrac{1}{3}, \dfrac{1}{3}$. 存款金额（单位：元）分为 3 种："小于等于 100""大于 100 且小于等于 500""大于 500". 分别用 $Y=1,2,3$ 表示. 窗口现金存款中，3 种金额所占比例分别为 $\dfrac{1}{6}, \dfrac{2}{3}, \dfrac{1}{6}$；通过校园智能机器充值中，3 种金额所占比例分别为 $\dfrac{2}{5}, \dfrac{2}{5}, \dfrac{1}{5}$；支付宝或微信在线充值中，3 种金额所占比例分别为 $\dfrac{1}{2}, \dfrac{1}{3}, \dfrac{1}{6}$. 求 (X,Y) 的联合分布律.

解　由已知得 X 的边缘分布律为

X	1	2	3
概率	$\frac{1}{3}$	$\frac{1}{3}$	$\frac{1}{3}$

并可得到如下条件分布律.

$Y \mid X=1$	1	2	3
概率	$\frac{1}{6}$	$\frac{2}{3}$	$\frac{1}{6}$

$Y \mid X=2$	1	2	3
概率	$\frac{2}{5}$	$\frac{2}{5}$	$\frac{1}{5}$

$Y \mid X=3$	1	2	3
概率	$\frac{1}{2}$	$\frac{1}{3}$	$\frac{1}{6}$

由 $P(X=i, Y=j)=P(X=i)P(Y=j \mid X=i), i,j=1,2,3$，得 (X,Y) 的联合分布律为

X \ Y	1	2	3
1	$\dfrac{1}{18}$	$\dfrac{2}{9}$	$\dfrac{1}{18}$
2	$\dfrac{2}{15}$	$\dfrac{2}{15}$	$\dfrac{1}{15}$
3	$\dfrac{1}{6}$	$\dfrac{1}{9}$	$\dfrac{1}{18}$

由例 2 知, 若已知随机变量 X 的边缘分布律, 并且知道 X 取任一个固定值时 Y 的条件分布律, 那么可以唯一确定联合分布律. 如果仅知道 X,Y 的边缘分布律, 一般(除 X 与 Y 相互独立情形)不能唯一确定 (X,Y) 的联合分布律.

二、二维连续型随机变量的条件密度函数

二维连续型随机变量的条件密度函数的定义类似于二维离散型随机变量的条件分布律.

条件密度函数的
定义

定义 2　设 $f(x,y)$ 为二维连续型随机变量 (X,Y) 的联合密度函数, 当 $y \in \Omega_Y$ 时, **在给定条件 $\{Y=y\}$ 下 X 的条件密度函数**为

$$f_{X \mid Y}(x \mid y) = \frac{f(x,y)}{f_Y(y)}, \quad -\infty < x < +\infty, \quad \text{其中 } f_Y(y) > 0.$$

对于固定的 $y \in \Omega_Y$, 记**在给定条件 $\{Y=y\}$ 下的随机变量 X** 为 $X \mid Y=y$, 其值域记为 $\Omega_{X \mid Y=y} = \{x \mid f(x,y) \neq 0 (y \text{ 固定})\}$.

条件密度函数 $f_{X \mid Y}(x \mid y)$ 满足密度函数的两条性质:

(1) $f_{X \mid Y}(x \mid y) = \dfrac{f(x,y)}{f_Y(y)} > 0, x \in \Omega_{X \mid Y=y}$;

(2) $\displaystyle\int_{-\infty}^{+\infty} f_{X \mid Y}(x \mid y) \, \mathrm{d}x = \int_{-\infty}^{+\infty} \frac{f(x,y)}{f_Y(y)} \mathrm{d}x = \frac{\displaystyle\int_{-\infty}^{+\infty} f(x,y) \, \mathrm{d}x}{f_Y(y)} = 1.$

当 $x \in \Omega_X$ 时, **在给定条件 $\{X=x\}$ 下 Y 的条件密度函数**为

$$f_{Y \mid X}(y \mid x) = \frac{f(x,y)}{f_X(x)}, \quad -\infty < y < +\infty, \quad \text{其中 } f_X(x) > 0.$$

对于固定的 $x \in \Omega_X$, 记**在给定条件 $\{X=x\}$ 下的随机变量 Y** 为 $Y \mid X=x$, 其值域记为 $\Omega_{Y \mid X=x} = \{y \mid f(x,y) \neq 0 (x \text{ 固定})\}$.

同理可以验证 $f_{Y \mid X}(y \mid x)$ 也满足密度函数的两条性质.

下面给出条件密度函数的直观解释, 由密度函数和概率之间的关系知

$$f_{X \mid Y}(x \mid y) \Delta x \approx P(x < X \leqslant x + \Delta x \mid Y=y),$$

因为 $P(Y=y)=0$, 所以取极限

$$f_{X \mid Y}(x \mid y) \Delta x \approx \lim_{\varepsilon \to 0^+} P(x < X \leqslant x + \Delta x \mid y < Y \leqslant y + \varepsilon) = \lim_{\varepsilon \to 0^+} \frac{P(x < X \leqslant x + \Delta x, y < Y \leqslant y + \varepsilon)}{P(y < Y \leqslant y + \varepsilon)}$$

$$\approx \lim_{\varepsilon \to 0^+} \frac{f(x,y) \Delta x \varepsilon}{f_Y(y) \varepsilon} = \frac{f(x,y)}{f_Y(y)} \Delta x.$$

比较左右两边, 即可得到条件密度函数的计算公式.

定义 3 设 $f(x,y)$ 为二维连续型随机变量 (X,Y) 的联合密度函数，当 $y \in \Omega_Y$ 时，**在给定条件 $\{Y=y\}$ 下 X 的条件分布函数为**

$$F_{X \mid Y}(x \mid y) = \int_{-\infty}^{x} f_{X \mid Y}(u \mid y)\,\mathrm{d}u = \int_{-\infty}^{x} \frac{f(u,y)}{f_Y(y)}\,\mathrm{d}u, \quad -\infty < x < +\infty, \text{ 其中 } f_Y(y) > 0.$$

当 $x \in \Omega_X$ 时，**在给定条件 $\{X=x\}$ 下 Y 的条件分布函数为**

$$F_{Y \mid X}(y \mid x) = \int_{-\infty}^{y} f_{Y \mid X}(v \mid x)\,\mathrm{d}v = \int_{-\infty}^{y} \frac{f(x,v)}{f_X(x)}\,\mathrm{d}v, \quad -\infty < y < +\infty, \text{ 其中 } f_X(x) > 0.$$

可以验证条件分布函数 $F_{X \mid Y}(x \mid y)$ 和 $F_{Y \mid X}(y \mid x)$ 满足分布函数的 4 条性质.

例 3 针对本章第一节例 4，（1）写出在给定条件 $\{X=1\}$ 下 Y 的条件值域 $\Omega_{Y \mid X=1}$；（2）求条件密度函数 $f_{Y \mid X}(y \mid 1)$；（3）写出在给定条件 $\{X=x\}$ 下 Y 的条件值域 $\Omega_{Y \mid X=x}$，并求条件密度函数 $f_{Y \mid X}(y \mid x)$，其中 $0 < x < 2$；（4）求条件分布函数 $F_{Y \mid X}(y \mid 1)$.

例 3

解 （1）由已知得，在给定条件 $\{X=1\}$ 下 Y 的条件值域为 $\Omega_{Y \mid X=1} = \left(\dfrac{1}{2}, 1\right)$，如图 3.12 所示.

（2）当 $\dfrac{1}{2} < y < 1$ 时，$f_{Y \mid X}(y \mid 1) = \dfrac{f(1,y)}{f_X(1)} = \dfrac{2y^2}{\dfrac{7}{12}} = \dfrac{24}{7}y^2$，故

$$f_{Y \mid X}(y \mid 1) = \begin{cases} \dfrac{24}{7}y^2, & \dfrac{1}{2} < y < 1, \\ 0, & \text{其他.} \end{cases}$$

（3）当 $0 < x < 2$ 时，在给定条件 $\{X=x\}$ 下 Y 的条件值域为 $\Omega_{Y \mid X=x} = \left(\dfrac{x}{2}, 1\right)$，如图 3.12 所示. 那么，当 $0 < x < 2$ 且 $\dfrac{x}{2} < y < 1$ 时，

$$f_{Y \mid X}(y \mid x) = \frac{f(x,y)}{f_X(x)} = \frac{2y^2}{\dfrac{2}{3}\left(1 - \dfrac{x^3}{8}\right)} = \frac{3y^2}{1 - \dfrac{x^3}{8}} = \frac{24y^2}{8 - x^3}.$$

故当 $0 < x < 2$ 时，

$$f_{Y \mid X}(y \mid x) = \frac{f(x,y)}{f_X(x)} = \begin{cases} \dfrac{24y^2}{8 - x^3}, & \dfrac{x}{2} < y < 1, \\ 0, & \text{其他.} \end{cases}$$

（4）因为 $\Omega_{Y \mid X=1} = \left(\dfrac{1}{2}, 1\right)$，所以当 $\dfrac{1}{2} < y < 1$ 时，

$$F_{Y \mid X}(y \mid 1) = \int_{-\infty}^{y} f_{Y \mid X}(v \mid x)\,\mathrm{d}v = \int_{\frac{1}{2}}^{y} \frac{24}{7}y^2\,\mathrm{d}y = \frac{8}{7}y^3 - \frac{1}{7}.$$

故

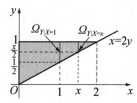

图 3.12 例 3(1) 的 $\Omega_{Y \mid X=1}$ 和 (3) 的 $\Omega_{Y \mid X=x}$

$$F_{Y \mid X}(y \mid 1) = \begin{cases} 0, & y < \dfrac{1}{2}, \\ \dfrac{8}{7}y^3 - \dfrac{1}{7}, & \dfrac{1}{2} \leqslant y < 1, \\ 1, & y \geqslant 1. \end{cases}$$

例 4　已知 $X \sim U(1,2)$，当 $1 < x < 2$ 时，$Y \mid X = x \sim N(x, \sigma^2)$，求 (X, Y) 的联合密度函数.

解　由已知得 $f_X(x) = \begin{cases} 1, & 1 < x < 2, \\ 0, & 其他. \end{cases}$ 当 $1 < x < 2$ 时，

$$f_{Y \mid X}(y \mid x) = \frac{1}{\sqrt{2\pi}\,\sigma} e^{-\frac{(y-x)^2}{2\sigma^2}}, \quad -\infty < y < +\infty .$$

由条件密度函数的定义知 $f(x, y) = f_X(x) \cdot f_{Y \mid X}(y \mid x)$，
所以

$$f(x, y) = \begin{cases} \dfrac{1}{\sqrt{2\pi}\,\sigma} e^{-\frac{(y-x)^2}{2\sigma^2}}, & 1 < x < 2,\ -\infty < y < +\infty, \\ 0, & 其他. \end{cases}$$

　　和离散型情形相类似，知道 X 的边缘密度函数及 X 取任一个固定值时 Y 的条件密度函数，则可唯一确定联合密度函数.

[随堂测]

1. 设二维随机变量 (X, Y) 的联合分布律如下.

扫码看答案

X \ Y	1	2	3	$p_{i\cdot}$
−1	0.1	0.1	0.2	
0	0.2	0	0.1	
1	0.1	0.2	0	
$p_{\cdot j}$				

(1) 在联合分布律表中填写 X, Y 的边缘分布律.

(2) 求在给定条件 $\{X = 0\}$ 下 Y 的条件分布律.

(3) 求在给定条件 $\{X = 0\}$ 下 Y 的条件分布函数 $F_{Y \mid X}(y \mid 0)$.

2. 设二维随机变量 (X, Y) 的联合密度函数为

$$f(x, y) = \begin{cases} cy, & (x, y) \in G, \\ 0, & 其他, \end{cases}$$

其中区域 $G = \{(x, y) \mid x^2 < y < 1\}$.

(1) 求常数 c.

(2) 求 X, Y 的边缘密度函数.

(3) 求给定条件 $\{X = 0.5\}$ 下 Y 的条件密度函数 $f_{Y \mid X}(y \mid 0.5)$.

(4) 求给定条件 $\{X = 0.5\}$ 下 Y 的条件分布函数 $F_{Y \mid X}(y \mid 0.5)$.

习题 3-4

1. 在习题 3-1 的第 1 题中，求：

（1）在给定条件 $\{X_1=1\}$ 下 X_2 的条件分布律；

（2）在给定条件 $\{X_2=0\}$ 下 X_1 的条件分布律；

（3）在给定条件 $\{X_2=0\}$ 下 X_1 的条件分布函数 $F_{X_1|X_2}(x_1|0)$.

2. 在习题 3-1 的第 2 题中，求：

（1）在给定条件 $\{Y=1\}$ 下 X 的条件分布律；

（2）在给定条件 $\{X=1\}$ 下 Y 的条件分布律.

3. 在习题 3-2 的第 2 题中，求：

（1）条件密度函数 $f_{X|Y}(x|1)$ 与 $f_{X|Y}(x|y)$，其中 $|y|<2$；

（2）条件概率 $P(X\leqslant\sqrt{2}\,|\,Y=1)$；

（3）在给定条件 $\{Y=1\}$ 下 X 的条件分布函数 $F_{X|Y}(x|1)$；

（4）在给定条件 $\{Y=y\}$ 下 X 的条件分布函数 $F_{X|Y}(x|y)$，其中 $|y|<2$.

4. 已知 (X,Y) 的联合密度函数为

$$f(x,y)=\begin{cases}2\mathrm{e}^{-(x+2y)}, & x>0,y>0,\\ 0, & \text{其他}.\end{cases}$$

求：（1）条件密度函数 $f_{X|Y}(x|1)$ 与 $f_{X|Y}(x|y)$，其中 $y>0$；

（2）(X,Y) 的联合分布函数；

（3）概率 $P(X<1,Y>2)$.

5. 设随机变量 (X,Y) 服从二维正态分布，且 X 与 Y 相互独立，$f_X(x),f_Y(Y)$ 分别表示 X,Y 的密度函数. 计算在给定条件 $\{Y=y\}$ 下，X 的条件密度函数 $f_{X|Y}(x|y)$.

6. 设随机变量 $X\sim Exp(1)$，当已知 $X=x$ 时，$Y\sim U(0,x)$，其中 $x>0$. 试求 (X,Y) 的联合密度函数.

7. 设某班车起点站上车人数 X 服从参数为 $\lambda(\lambda>0)$ 的泊松分布，每位乘客在中途下车的概率为 $p(0<p<1)$，且中途下车与否相互独立. 以 Y 表示中途下车的人数.

（1）求在发车时上车人数为 n 的条件下，中途有 m 人下车的概率 $P(Y=m\,|\,X=n)$；

（2）求二维随机变量 (X,Y) 的联合分布律；

（3）证明：Y 服从参数为 λp 的泊松分布. $\left[\text{提示：}P(Y=m)=\sum_{n=m}^{\infty}P(X=n)P(Y=m\,|\,X=n).\right]$

第五节　二维随机变量函数的分布

在实际工作中，有时要讨论随机变量函数的分布情况. 例如，某高速路收费站在早高峰时间段内到达的客车车流量和货车车流量 (X,Y) 的联合分布已知，要求该高速路收费站

在早高峰时间段内到达的总车流量的分布. 这里，就要计算(X,Y)的函数$Z=X+Y$的分布.

一、二维离散型随机变量函数的分布

例 1　在本章第一节例 2 中，讨论得优的科目数$Z=X+Y$的分布情况，求Z的分布律.

解　方法一

因为$\Omega_Z=\{0,1,2\}$，且

$$P(Z=0)=P(X=0,Y=0)=0.78,$$
$$P(Z=1)=P(X=1,Y=0)+P(X=0,Y=1)=0.12+0.02=0.14,$$
$$P(Z=2)=P(X=1,Y=1)=0.08.$$

所以Z的分布律为

Z	0	1	2
概率	0.78	0.14	0.08

方法二

直接在(X,Y)的联合分布律表格中每格左上角标出Z的取值，有

X＼Y	0	1
0	^{0}0.78	^{1}0.02
1	^{1}0.12	^{2}0.08

将Z的取值相同的格子中的概率相加，即得Z的分布律，为

Z	0	1	2
概率	0.78	0.14	0.08

通过本例，我们得到如下结论.

如果二维离散型随机变量(X,Y)的联合分布律为

$$P(X=x_i,Y=y_j)=p_{ij},i,j=1,2,\cdots,$$

则随机变量(X,Y)的函数$Z=g(X,Y)$的分布律为

$$P[Z=g(x_i,y_j)]=p_{ij},i,j=1,2,\cdots,$$

且取相同$g(x_i,y_j)$值对应的那些概率应合并相加.

特别地，有下面的结论.

定理 1　（1）设$X\sim B(m,p),Y\sim B(n,p)$，且$X$与$Y$相互独立，则

$$X+Y\sim B(m+n,p);$$

（2）设$X\sim P(\lambda_1),Y\sim P(\lambda_2)$，且$X$与$Y$相互独立，则

$$X+Y\sim P(\lambda_1+\lambda_2).$$

证明　（1）因为$X\sim B(m,p),Y\sim B(n,p)$，所以$X$与$Y$分别表示$m$与$n$重伯努利试验中"成功"的次数. 可设$U_i=\begin{cases}1,\text{第}i\text{次试验"成功"},\\0,\text{第}i\text{次实验未"成功"},\end{cases}U_i\sim B(1,p),i=1,2,\cdots,m,\cdots,m+n,$

则$X=\sum_{i=1}^m U_i,Y=\sum_{i=m+1}^{m+n}U_i.$ 由n重伯努利试验的相互独立性及重复性可知，这里$U_1,U_2,\cdots,$

U_m 相互独立并且同分布，$U_{m+1}, U_{m+2}, \cdots, U_{m+n}$ 也相互独立并且同分布. 又因为 X 与 Y 相互独立，所以 $U_1, U_2, \cdots, U_m, U_{m+1}, U_{m+2}, \cdots, U_{m+n}$ 相互独立. 那么，$X+Y = \sum_{i=1}^{m+n} U_i$ 表示 $m+n$ 重伯努利试验中"成功"的次数，由此得到 $X+Y \sim B(m+n, p)$.

（2）因为

$$P(X+Y=k) = \sum_{n=0}^{k} P(X=n)P(X+Y=k \mid X=n) = \sum_{n=0}^{k} P(X=n)P(Y=k-n \mid X=n)$$

$$= \sum_{n=0}^{k} P(X=n)P(Y=k-n) = \sum_{n=0}^{k} e^{-\lambda_1} \frac{\lambda_1^n}{n!} \cdot e^{-\lambda_2} \frac{\lambda_2^{k-n}}{(k-n)!}$$

$$= \frac{e^{-(\lambda_1+\lambda_2)}}{k!} \sum_{n=0}^{k} \binom{k}{n} \lambda_1^n \lambda_2^{k-n}$$

$$= \frac{e^{-(\lambda_1+\lambda_2)}}{k!} (\lambda_1+\lambda_2)^k, k=0,1,\cdots,$$

所以 $X+Y \sim P(\lambda_1+\lambda_2)$.

定理 1 的结论可推广至相互独立的 n 个随机变量之和的情形. 由定理 1 可知，相互独立的"成功"概率相同的二项分布之和仍服从二项分布；相互独立的泊松分布之和仍服从泊松分布. 概率论中将同类型且相互独立的随机变量之和仍服从该类型分布的性质称为该分布具有可加性. 并不是所有类型的分布都具有可加性. 这里要求随机变量相互独立，从证明过程中可知，若不满足这一条件，则结论不成立.

二、二维连续型随机变量函数的分布

同一维连续型随机变量函数的分布计算方法类似，亦可以采用分布函数法计算二维连续型随机变量函数的分布.

设二维连续型随机变量 (X,Y) 的联合密度函数为 $f(x,y)$，则随机变量 (X,Y) 的二元函数 $Z=g(X,Y)$ 的分布函数为

$$F_Z(z) = P(Z \leq z) = P[g(X,Y) \leq z] = P[(X,Y) \in D_z] = \iint_{D_z} f(x,y)\,dxdy,$$

其中 $\{(X,Y) \in D_z\}$ 是与 $\{g(X,Y) \leq z\}$ 等价的随机事件，而 $D_z = \{(x,y) \mid g(x,y) \leq z\}$ 是 xOy 平面上的点集（通常是一个区域或若干个区域的并集）. $Z=g(X,Y)$ 的密度函数为 $f_Z(z) = F_Z'(z)$.

例 2　设二维随机变量 (X,Y) 的联合密度函数为

$$f(x,y) = \begin{cases} 6x, & 0<x \leq y<1, \\ 0, & 其他. \end{cases}$$

求 $Z=X+Y$ 的密度函数 $f_Z(z)$.

解　$\Omega_Z = (0,2)$，如图 3.13 所示，当 $0 \leq z<1$ 时，

$$F_Z(z) = P(Z \leq z) = P(X+Y \leq z) = \int_0^{\frac{z}{2}} dx \int_x^{z-x} 6x\,dy = \int_0^{\frac{z}{2}} 6x(z-2x)\,dx = \frac{1}{4}z^3.$$

当 $1 \leq z<2$ 时，$F_Z(z) = P(Z \leq z) = P(X+Y \leq z)$

$$= 1 - \int_{\frac{z}{2}}^{1} \mathrm{d}y \int_{z-y}^{y} 6x\mathrm{d}x = 1 - \int_{\frac{z}{2}}^{1} \left[3y^2 - 3(z-y)^2 \right] \mathrm{d}y$$

$$= 1 - \int_{\frac{z}{2}}^{1} \left(6zy - 3z^2 \right) \mathrm{d}y = 1 - 3\left[zy^2 - z^2 y \right]_{\frac{z}{2}}^{1}$$

$$= -\frac{3}{4}z^3 + 3z^2 - 3z + 1,$$

整理得 $F_Z(z) = \begin{cases} 0, & z < 0, \\ \dfrac{1}{4}z^3, & 0 \leqslant z < 1, \\ -\dfrac{3}{4}z^3 + 3z^2 - 3z + 1, & 1 \leqslant z < 2, \\ 1, & z \geqslant 2, \end{cases}$

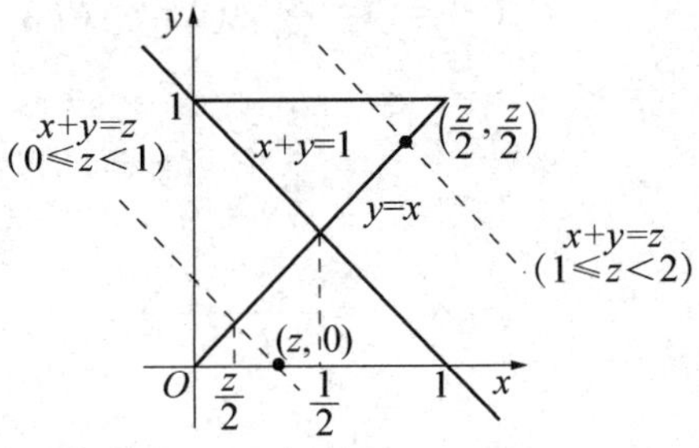

图 3.13　例 2 的图示

求导得 $f_Z(z) = \begin{cases} \dfrac{3}{4}z^2, & 0 < z < 1, \\ -\dfrac{9}{4}z^2 + 6z - 3, & 1 < z < 2, \\ 0, & 其他. \end{cases}$

定理 2　设随机变量 (X,Y) 的联合密度函数为 $f(x,y)$，且 X 的边缘密度函数为 $f_X(x)$，Y 的边缘密度函数为 $f_Y(y)$，则随机变量 (X,Y) 的函数 $Z = X + Y$ 的密度函数为

$$f_Z(z) = \int_{-\infty}^{+\infty} f(x, z-x) \mathrm{d}x \text{ 或 } f_Z(z) = \int_{-\infty}^{+\infty} f(z-y, y) \mathrm{d}y.$$

特别地，当随机变量 X 与 Y 相互独立时，

$$f_Z(z) = \int_{-\infty}^{+\infty} f_X(x) f_Y(z-x) \mathrm{d}x \text{ 或 } f_Z(z) = \int_{-\infty}^{+\infty} f_X(z-y) f_Y(y) \mathrm{d}y.$$

证明　对任意的 $z \in \mathbf{R}$，

$$F_Z(z) = P(Z \leqslant z) = P(X + Y \leqslant z) = \iint\limits_{x+y \leqslant z} f(x,y) \mathrm{d}x\mathrm{d}y = \int_{-\infty}^{+\infty} \left[\int_{-\infty}^{z-x} f(x,y) \mathrm{d}y \right] \mathrm{d}x$$

$$\xlongequal{\text{令 } u = x+y} \int_{-\infty}^{+\infty} \left[\int_{-\infty}^{z} f(x, u-x) \mathrm{d}u \right] \mathrm{d}x = \int_{-\infty}^{z} \left[\int_{-\infty}^{+\infty} f(x, u-x) \mathrm{d}x \right] \mathrm{d}u,$$

由 z 的任意性知

$$f_Z(z) = \int_{-\infty}^{+\infty} f(x, z-x) \mathrm{d}x.$$

同理有 $f_Z(z) = \int_{-\infty}^{+\infty} f(z-y, y) \mathrm{d}y.$

显然，当随机变量 X 与 Y 相互独立时，

$$f_Z(z) = \int_{-\infty}^{+\infty} f_X(x) f_Y(z-x) \mathrm{d}x, \text{ 或 } f_Z(z) = \int_{-\infty}^{+\infty} f_X(z-y) f_Y(y) \mathrm{d}y.$$

这两个公式称为**卷积公式**. 在概率论中，计算相互独立的随机变量之和的分布的运算，称为卷积运算.

定理3　设 $X \sim N(\mu_1, \sigma_1^2)$, $Y \sim N(\mu_2, \sigma_2^2)$, 且 X 与 Y 相互独立, 则 $X+Y \sim N(\mu_1+\mu_2, \sigma_1^2+\sigma_2^2)$.

证明　由卷积公式得

$$f_Z(z) = \int_{-\infty}^{+\infty} f_X(x) f_Y(z-x) \, dx$$

$$= \int_{-\infty}^{+\infty} \frac{1}{\sqrt{2\pi}\,\sigma_1} e^{-\frac{(x-\mu_1)^2}{2\sigma_1^2}} \cdot \frac{1}{\sqrt{2\pi}\,\sigma_2} e^{-\frac{(z-x-\mu_2)^2}{2\sigma_2^2}} \, dx$$

$$= \int_{-\infty}^{+\infty} \frac{1}{2\pi\sigma_1\sigma_2} \exp\left\{ -\frac{1}{2}\left[\frac{(x-\mu_1)^2}{\sigma_1^2} + \frac{(z-x-\mu_2)^2}{\sigma_2^2} \right] \right\} dx$$

$$= \frac{1}{2\pi\sigma_1\sigma_2} \int_{-\infty}^{+\infty} \exp\left\{ -\frac{1}{2}\left[\left(\frac{1}{\sigma_1^2}+\frac{1}{\sigma_2^2}\right)x^2 - 2\left(\frac{\mu_1}{\sigma_1^2}+\frac{z-\mu_2}{\sigma_2^2}\right)x + \left(\frac{\mu_1^2}{\sigma_1^2}+\frac{(z-\mu_2)^2}{\sigma_2^2}\right) \right] \right\} dx.$$

令 $a = \dfrac{1}{\sigma_1^2}+\dfrac{1}{\sigma_2^2}$, $b = \dfrac{\mu_1}{\sigma_1^2}+\dfrac{z-\mu_2}{\sigma_2^2}$, $c = \dfrac{\mu_1^2}{\sigma_1^2}+\dfrac{(z-\mu_2)^2}{\sigma_2^2}$, 并结合本章"课前导读"中的积分公式, 得

$$f_Z(z) = \frac{1}{\sqrt{2\pi(\sigma_1^2+\sigma_2^2)}} e^{-\frac{[z-(\mu_1+\mu_2)]^2}{2(\sigma_1^2+\sigma_2^2)}}.$$

所以, $X+Y \sim N(\mu_1+\mu_2, \sigma_1^2+\sigma_2^2)$.

定理3可推广至 n 个相互独立的正态分布随机变量的情形.

例3　已知 $(X,Y) \sim N(1,2,3,4,0)$, 求 $Z = -X+2Y+3$ 的密度函数.

解　由本章第三节的定理1得 $X \sim N(1,3)$, $Y \sim N(2,4)$. 因为 $\rho=0$, 由本章第三节的定理4可知, X 与 Y 相互独立. 又由本节的定理3得, $Z = -X+2Y+3 \sim N(6,19)$, 所以

$$f_Z(z) = \frac{1}{\sqrt{38\pi}} e^{-\frac{(z-6)^2}{38}}, \quad -\infty < z < +\infty.$$

例4　在例2中, 利用本节的定理2求 Z 的密度函数.

解　$\Omega_Z = (0,2)$, 由定理2知, $Z = X+Y$ 的密度函数为

$$f_Z(z) = \int_{-\infty}^{+\infty} f(x, z-x) \, dx,$$

当 $0 \leqslant x \leqslant z-x \leqslant 1$ 时, 即当 $\begin{cases} 0 \leqslant x \leqslant \dfrac{z}{2}, \\ x \geqslant z-1 \end{cases}$ 时, $f(x, z-x) = 6x$;

否则 $f(x, z-x) = 0$. 于是,

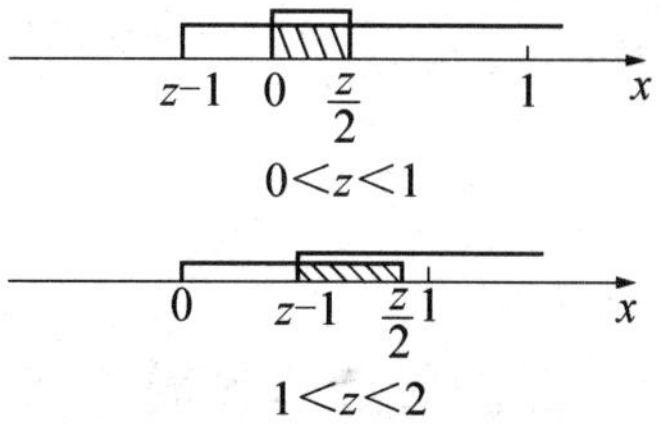

当 $0 < z < 1$ 时, $f_Z(z) = \displaystyle\int_0^{\frac{z}{2}} 6x \, dx = \frac{3}{4} z^2$, 如图3.14所示;

当 $1 < z < 2$ 时, $f_Z(z) = \displaystyle\int_{z-1}^{\frac{z}{2}} 6x \, dx = -\frac{9}{4} z^2 + 6z - 3$, 如图3.14所示.

所以

$$f_Z(z) = \begin{cases} \dfrac{3}{4} z^2, & 0 < z < 1, \\[2mm] -\dfrac{9}{4} z^2 + 6z - 3, & 1 < z < 2, \\[2mm] 0, & \text{其他.} \end{cases}$$

本题的解题关键在于对区间的讨论.

图3.14　例4的积分区间

例 5 已知随机变量 X 与 Y 相互独立，且都服从 $[0,1]$ 上的均匀分布. 求 $Z=\dfrac{X}{Y}$ 的密度函数 $f_Z(z)$.

解 因为 $\Omega_Z=[0,+\infty)$，所以当 $z\geqslant 0$ 时，$F_Z(z)=P\left(\dfrac{X}{Y}\leqslant z\right)=\iint\limits_{\frac{x}{y}\leqslant z}f(x,y)\mathrm{d}x\mathrm{d}y$. 分情况讨论，如图 3.15 所示.

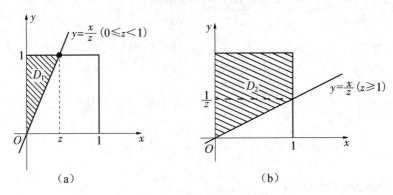

图 3.15 例 5 的积分区域

当 $0\leqslant z<1$ 时，$F_Z(z)=\iint\limits_{D_1}1\mathrm{d}x\mathrm{d}y=S_{D_1}=\dfrac{z}{2}$，

当 $z\geqslant 1$ 时，$F_Z(z)=\iint\limits_{D_2}1\mathrm{d}x\mathrm{d}y=S_{D_2}=1-\dfrac{1}{2z}$.

所以 $F_Z(z)=\begin{cases}0, & z<0,\\[2mm]\dfrac{z}{2}, & 0\leqslant z<1,\\[2mm]1-\dfrac{1}{2z}, & z\geqslant 1.\end{cases}$ 求导得 $f_Z(z)=\begin{cases}\dfrac{1}{2}, & 0<z<1,\\[2mm]\dfrac{1}{2z^2}, & z>1,\\[2mm]0, & \text{其他.}\end{cases}$

三、最大值和最小值的分布

定理 4 设连续型随机变量 X 与 Y 相互独立，且 X 的分布函数为 $F_X(x)$，Y 的分布函数为 $F_Y(y)$，则

(1) 随机变量 $U=\max(X,Y)$ 的分布函数为 $F_U(u)=F_X(u)F_Y(u)$；

(2) 随机变量 $V=\min(X,Y)$ 的分布函数为 $F_V(v)=1-[1-F_X(v)][1-F_Y(v)]$.

通过求导，可以求得 U,V 的密度函数.

证明 由分布函数的定义及 X 与 Y 相互独立得

$$F_U(u)=P[\max(X,Y)\leqslant u]=P(X\leqslant u,Y\leqslant u)$$
$$=P(X\leqslant u)P(Y\leqslant u)=F_X(u)F_Y(u)；$$
$$F_V(v)=P[\min(X,Y)\leqslant v]=1-P[\min(X,Y)>v]$$
$$=1-P(X>v,Y>v)=1-P(X>v)P(Y>v)$$
$$=1-[1-F_X(v)][1-F_Y(v)].$$

定理 4 可推广至 n 个相互独立的随机变量的情形.

设连续型随机变量 $X_1, X_2, \cdots, X_n$ 互相独立, 且 X_i 的分布函数为 $F_{X_i}(x), i=1,2,\cdots,n$, 则

(1) 随机变量 $U=\max(X_1, X_2, \cdots, X_n)$ 的分布函数为 $F_U(u)=\prod\limits_{i=1}^{n} F_{X_i}(u)$;

(2) 随机变量 $V=\min(X_1, X_2, \cdots, X_n)$ 的分布函数为 $F_V(v)=1-\prod\limits_{i=1}^{n}\left[1-F_{X_i}(v)\right]$.

例 6 设 X_1 与 X_2 是相互独立的随机变量, 且 $X_1 \sim Exp(\lambda_1), X_2 \sim Exp(\lambda_2)$. 记 $U=\max(X_1, X_2), V=\min(X_1, X_2)$. 分别求 U, V 的密度函数 $f_U(u)$ 和 $f_V(v)$.

解 $\Omega_U = [0, +\infty)$, 由定理 4 可得

$$F_U(u)=\begin{cases} 0, & u<0, \\ (1-e^{-\lambda_1 u})(1-e^{-\lambda_2 u}), & u \geq 0, \end{cases}$$

所以

$$f_U(u)=\begin{cases} \lambda_1 e^{-\lambda_1 u}(1-e^{-\lambda_2 u}) + \lambda_2 e^{-\lambda_2 u}(1-e^{-\lambda_1 u}), & u>0, \\ 0, & \text{其他}. \end{cases}$$

$\Omega_V = [0, +\infty)$, 由定理 4 可得

$$F_V(v)=\begin{cases} 0, & v<0, \\ 1-e^{-(\lambda_1+\lambda_2)v}, & v \geq 0, \end{cases}$$

可知 $V \sim Exp(\lambda_1+\lambda_2)$, 故

$$f_V(v)=\begin{cases} (\lambda_1+\lambda_2)e^{-(\lambda_1+\lambda_2)v}, & v>0, \\ 0, & \text{其他}. \end{cases}$$

由例 6 可知指数分布的最小值仍服从指数分布, 这称为指数分布最小值的不变性. 这个结论可推广至 n 个相互独立的指数分布随机变量的情形.

若 X 与 Y 是离散型随机变量, (X,Y) 的联合分布律为 $P(X=x_i, Y=y_j)=p_{ij}, i,j=1,2,\cdots$, 则

(1) 随机变量函数 $U=\max(X,Y)$ 的分布律为 $P[U=\max(x_i, y_j)]=p_{ij}, i,j=1,2,\cdots$, 但要注意, $\max(x_i, y_j)$ 取值相同时对应的概率应合并相加;

(2) 随机变量函数 $V=\min(X,Y)$ 的分布律为 $P[V=\min(x_i, y_j)]=p_{ij}, i,j=1,2,\cdots$, 但要注意, $\min(x_i, y_j)$ 取值相同时对应的概率应合并相加.

[随堂测]

1. 设 X 与 Y 相互独立, 且 $X \sim N(-2,4), Y \sim N(1,20)$, 试求 $Z=-2X+Y$ 的密度函数.

2. 设二维随机变量 (X,Y) 的联合分布律如下.

扫码看答案

X \ Y	−1	0	1
0	0.2	0.2	0.1
1	0.1	0.2	0.2

(1) 分别求 $Z_1=X+Y, Z_2=X-Y$ 的分布律.

(2) 求 (Z_1, Z_2) 的联合分布律.

3. 设(X,Y)的联合密度函数为

$$f(x,y)=\begin{cases}cx, & (x,y)\in G,\\ 0, & 其他,\end{cases}$$

其中区域$G=\{(x,y)\mid 0<y<x<1\}$.

（1）求常数c.

（2）求$Z=X-Y$的密度函数$f_Z(z)$.

习题 3-5

1. 已知二维随机变量(X,Y)的联合分布律如下.

X＼Y	-2	-1	0	1	4
0	0.2	0	0.1	0.2	0
1	0	0.2	0.1	0	0.2

（1）分别求$U=\max(X,Y)$, $V=\min(X,Y)$的分布律.

（2）求(U,V)的联合分布律.

2. 设随机变量X,Y相互独立同分布，它们都服从0-1分布$B(1,p)$. 记随机变量

$$Z=\begin{cases}1, & X+Y\text{ 为零或偶数},\\ 0, & X+Y\text{ 为奇数}.\end{cases}$$

（1）求Z的分布律.

（2）求(X,Z)的联合分布律.

（3）p取何值时，X与Z相互独立？

3. 设两个相互独立的随机变量X与Y分别服从正态分布$N(0,1)$和$N(1,1)$.

（1）分别计算$Z=X+Y$和$W=X-Y$的密度函数.

（2）计算概率$P(X+Y\leqslant 1)$.

4. 设X与Y相互独立，且$X\sim N(2,1)$，$Y\sim N(1,2)$，试求$Z=2X-Y+3$的密度函数.

5. 设X与Y是相互独立同分布的随机变量，且都服从均匀分布$U(0,1)$，求$Z=X+Y$的分布函数与密度函数. 求密度函数时要求用分布函数法和卷积公式法两种方法进行计算.

6. 设$X_1,X_2,\cdots,X_n$是相互独立同分布的随机变量，且它们都服从指数分布$Exp(\lambda)$，记$U=\max\limits_{1\leqslant i\leqslant n}X_i$，$V=\min\limits_{1\leqslant i\leqslant n}X_i$.

（1）求U的密度函数.

（2）证明$V\sim Exp(n\lambda)$.

7. 设随机变量X与Y相互独立，且$X\sim Exp(1)$，$Y\sim Exp(2)$，求$Z=\dfrac{X}{Y}$的密度函数$f_Z(z)$.

8. 设随机变量 (X,Y) 服从区域 $D=\{(x,y)\mid 1\leqslant x,y\leqslant 3\}$ 上的二维均匀分布, 求 $Z=|X-Y|$ 的密度函数 $f_Z(z)$.

9. 设随机变量 (X,Y) 的联合密度函数为

$$f(x,y)=\begin{cases} \mathrm{e}^{-(x+y)}, & x>0,\ y>0,\\ 0, & \text{其他.} \end{cases}$$

记 $Z=X-Y$, 求:

(1) 概率 $P(X-Y<2)$;

(2) Z 的密度函数.

10. 设 X 与 Y 相互独立, 且 $X\sim U(0,2)$, $Y\sim U(0,1)$, 试求 $Z=XY$ 的密度函数.

11. 设某在线购物平台上架的某商品一天的需求量是一个随机变量 X, 它的密度函数为

$$f(x)=\begin{cases} x\mathrm{e}^{-x}, & x>0,\\ 0, & \text{其他.} \end{cases}$$

试求该商品两天的需求量 Y 的密度函数, 假定各天的需求量相互独立. 要求用分布函数法和卷积公式法两种方法进行计算.

12. 设随机变量 X 与 Y 相互独立, 其中 X 的分布律为

X	1	2
概率	0.3	0.7

Y 的密度函数为 $f(y)$, 求随机变量 $Z=X+Y$ 的分布函数 $F_Z(z)$ 和密度函数 $f_Z(z)$.

本章小结

章总结

二维随机变量的 定义及分布	理解 二维随机变量的定义 掌握 二维随机变量的联合分布函数的定义、性质及计算方法 掌握 联合分布律和联合密度函数的定义、性质及计算方法 掌握 二维随机变量相关事件概率的计算方法
二维随机变量的 边缘分布	掌握 二维随机变量的边缘分布函数的定义及计算方法 掌握 二维离散型随机变量边缘分布律的定义及计算方法 掌握 二维连续型随机变量边缘密度函数的定义及计算方法 了解 两个随机变量相互独立的定义及判别方法 了解 n 个随机变量相互独立的定义及判别方法 理解 随机变量相互独立的概念 掌握 随机变量相互独立的判断方法
二维随机变量的 条件分布	掌握 二维随机变量的条件分布律、条件密度函数、条件分布函数的定义及计算方法
随机变量函数的 分布	掌握 二维随机变量函数分布的计算方法 掌握 相互独立的随机变量之和及最大值、最小值分布函数的计算方法
常用的二维随机 变量	掌握 二维均匀分布 了解 二维正态分布的密度函数 掌握 二维正态分布的性质
二维正态分布的 结论	理解 二维正态分布的边缘分布仍是正态分布 理解 二维正态分布的条件分布仍是正态分布 理解 两个相互独立正态分布的线性组合仍是正态分布 理解 服从二维正态分布的随机变量相互独立的充要条件是 $\rho=0$ 理解 一个正态分布的线性变换仍是正态分布 理解 两个随机变量服从正态分布，但联合分布不一定是二维正态分布

拓展阅读

麦克斯韦速度分布函数及麦克斯韦速率分布函数

研究热现象微观理论的关键方法是统计方法，通过统计方法可建立系统状态的宏观量与相应的微观量之间的联系. 而统计理论中最基础的理论是概率论.

任何宏观物理系统的温度都是组成该系统的分子和原子运动的结果. 对一个由气体构成的系统而言，气体分子的热运动是无序的，分子之间及分子与容器内壁的随机碰撞，使单个分子的运动速度的大小和方向不断发生随机变化，这完全是偶然的. 但就大量分子的整体而言，这种无序热运动却是有统计规律可循的. 在平衡状态下，分子在各个方向上运动的机会是均等的，分子按速度有确定的分布规律，处于一个特定的速度范围的粒子所占的比例几乎不变. 这个规律也叫麦克斯韦速度分布律.

1859 年，J. C. 麦克斯韦(James Clerk Maxwell, 1831—1879 年)用概率的方法获得气体分子速度的分布规律，之后由玻耳兹曼通过碰撞理论将其严格推导出.

设 $(V_x, V_y, V_z)^T$ 是气体分子在三维空间中的速度分量构成的随机向量，它服从三维正态分布 $N(\boldsymbol{\mu}, \boldsymbol{C})$，其中 $\boldsymbol{\mu} = (0,0,0)^T$，$\boldsymbol{C} = \dfrac{kT}{m}\boldsymbol{I}_3$（$\boldsymbol{I}_3$ 是 3 阶单位矩阵）. 联合密度函数为

$$f(v_x, v_y, v_z) = \left(\frac{m}{2\pi kT}\right)^{\frac{3}{2}} \exp\left\{-\frac{m(v_x^2+v_y^2+v_z^2)}{2kT}\right\},$$

在物理中称其为麦克斯韦速度分布函数. 其中，k 是玻尔兹曼常数，T 为气体温度，m 为气体质量. 那么，根据 n 维正态分布的性质知，速度分量 V_x, V_y, V_z 相互独立且都服从 $N\left(0, \dfrac{kT}{m}\right)$. 进而可知分子在各个方向上运动的机会均等且互不干扰，这在物理中被称为分子的运动无择优方向.

经过如下计算可得气体分子的速率 $Z = \sqrt{V_x^2+V_y^2+V_z^2}$ 的密度函数.

因为 $\Omega_Z = [0, +\infty)$，结合球面坐标变换 $x = \rho\cos\theta\sin\varphi, y = \rho\sin\theta\sin\varphi, z = \rho\cos\varphi$，当 $z \geq 0$ 时，有

$$F_Z(z) = \iiint\limits_{\sqrt{v_x^2+v_y^2+v_z^2} \leq z} \left(\frac{m}{2\pi kT}\right)^{\frac{3}{2}} \exp\left\{-\frac{m(v_x^2+v_y^2+v_z^2)}{2kT}\right\} \mathrm{d}v_x \mathrm{d}v_y \mathrm{d}v_z$$

$$= \int_0^{2\pi} \mathrm{d}\theta \int_0^{\pi} \sin\varphi \mathrm{d}\varphi \int_0^z \left(\frac{m}{2\pi kT}\right)^{\frac{3}{2}} \exp\left\{-\frac{m\rho^2}{2kT}\right\} \rho^2 \mathrm{d}\rho = 4\pi \int_0^z \left(\frac{m}{2\pi kT}\right)^{\frac{3}{2}} \exp\left\{-\frac{m\rho^2}{2kT}\right\} \rho^2 \mathrm{d}\rho,$$

求导得

$$f_Z(z) = \sqrt{\frac{2}{\pi}} \left(\frac{m}{kT}\right)^{\frac{3}{2}} z^2 \exp\left\{-\frac{mz^2}{2kT}\right\}.$$

$f_Z(z)$ 即为速率的密度函数，在物理中称其为麦克斯韦速率分布函数. Z 所服从的分布称为麦克斯韦分布. 这种分布对物理学中的热学发展起到了推动作用.

测试题三

1. 设随机变量 X 与 Y 相互独立，且都服从区间 $[0,3]$ 上的均匀分布. 计算概率 $P[\max(X,Y) \leqslant 1]$.

2. 设二维随机变量 (X,Y) 的联合密度函数为

$$f(x,y) = \begin{cases} k, & 0 \leqslant x^2 < y < x \leqslant 1, \\ 0, & \text{其他.} \end{cases}$$

(1) 求 k 的值.

(2) 求 X,Y 的边缘密度函数.

(3) 计算概率 $P(X \geqslant 0.5), P(Y < 0.5)$.

3. 设随机变量 X 与 Y 相互独立，且 $X \sim U(0,1)$，$Y \sim Exp(1)$，求随机变量 $Z = 2X+Y$ 的密度函数.

4. 设二维随机变量 (X,Y) 的联合分布函数为

$$F(x,y) = \begin{cases} 1-e^{-2x}-e^{-y}+e^{-(2x+y)}, & x \geqslant 0, y \geqslant 0, \\ 0, & \text{其他.} \end{cases}$$

(1) 求 X 与 Y 的边缘分布函数 $F_X(x), F_Y(y)$ 和边缘密度函数 $f_X(x), f_Y(y)$.

(2) 计算 $P(X+Y<1)$.

5. 设二维随机变量 (X,Y) 在 D 上服从均匀分布，D 是由直线 $y=x$ 与曲线 $y=x^3$ 所围成的区域.

(1) 分别求 X,Y 的边缘密度函数.

(2) 当 $x \in \Omega_X$ 时，求条件密度函数 $f_{Y|X}(y|x)$.

(3) X 与 Y 是否相互独立? 为什么?

6. 设二维随机变量 (X,Y) 的联合密度函数为

$$f(x,y) = \begin{cases} e^{-x}, & 0<y<x, \\ 0, & \text{其他.} \end{cases}$$

(1) 当 $x \in \Omega_X$ 时，求条件密度函数 $f_{Y|X}(y|x)$.

(2) 求条件概率 $P(X \leqslant 1 \mid Y \leqslant 1)$.

7. 设平面区域 D 是由坐标为 $(0,0),(0,1),(1,0),(1,1)$ 的 4 个顶点围成的正方形，现向 D 内随机投入 10 个点，求这 10 个点中至少有 2 个点落在由曲线 $y=x, y=x^2$ 所围成的区域 D_1 中的概率.

8. 随机变量 X,Y 相互独立同分布，且 X 的分布函数为 $F(x)$，求 $Z=\max(X,Y)$ 的分布函数.

9. 设随机变量 X 与 Y 相互独立，且 X 服从标准正态分布 $N(0,1)$，Y 的概率分布为 $P(Y=0) = P(Y=1) = \dfrac{1}{2}$. 记 $F_Z(z)$ 为随机变量 $Z=XY$ 的分布函数.

（1）求 $F_Z(z)$.

（2）$F_Z(z)$ 有几个间断点？

10. 设随机变量 X 与 Y 相互独立，X 服从正态分布 $N(\mu,\sigma^2)$，Y 服从 $[-\pi,\pi]$ 上的均匀分布，求 $Z=X+Y$ 的密度函数 [计算结果用标准正态分布函数 Φ 表示，其中 $\Phi(x)=\dfrac{1}{\sqrt{2\pi}}\displaystyle\int_{-\infty}^{x}\mathrm{e}^{-\frac{t^2}{2}}\mathrm{d}t$].

11. 设二维随机变量 (X,Y) 的联合密度函数为

$$f(x,y)=\begin{cases}1, & 0<x<1,0<y<2x,\\ 0, & \text{其他}.\end{cases}$$

（1）分别求 X 和 Y 的边缘密度函数 $f_X(x),f_Y(y)$.

（2）求 $Z=2X-Y$ 的密度函数 $f_Z(z)$.

12. 设随机变量 X 的密度函数为

$$f_X(x)=\begin{cases}\dfrac{1}{2}, & -1<x<0,\\[2mm] \dfrac{1}{4}, & 0<x<2,\\[2mm] 0, & \text{其他},\end{cases}$$

$Y=X^2$，$F(x,y)$ 为二维随机变量 (X,Y) 的联合分布函数. 求：

（1）Y 的密度函数 $f_Y(y)$；

（2）$F\left(-\dfrac{1}{2},4\right)$.

13. 设随机变量 X 与 Y 相互独立，X 的分布律为 $P(X=i)=\dfrac{1}{3}(i=-1,0,1)$，$Y$ 的密度函数为 $f_Y(y)=\begin{cases}1, & 0\leqslant y<1,\\ 0, & \text{其他},\end{cases}$ 记 $Z=X+Y$. 求：

（1）$P\left(Z\leqslant\dfrac{1}{2}\ \middle|\ X=0\right)$；

（2）Z 的密度函数 $f_Z(z)$.

14. 设二维随机变量 (X,Y) 的联合密度函数为 $f(x,y)=A\mathrm{e}^{-2x^2+2xy-y^2}$，$-\infty<x<+\infty$，$-\infty<y<+\infty$，求常数 A 及条件密度函数 $f_{Y|X}(y|x)$，其中 $x\in\Omega_X$.

第四章　随机变量的数字特征

[课前导读]

求随机变量的数字特征，需要用到高等数学中级数收敛和积分的知识．下面做简单介绍．

绝对收敛　如果 $\displaystyle\sum_{n=1}^{\infty}|a_n|$ 收敛，则称级数 $\displaystyle\sum_{n=1}^{\infty}a_n$ 绝对收敛，此时 $\displaystyle\sum_{n=1}^{\infty}a_n$ 一定收敛．

条件收敛　如果级数 $\displaystyle\sum_{n=1}^{\infty}a_n$ 收敛，但 $\displaystyle\sum_{n=1}^{\infty}|a_n|$ 发散，则称级数 $\displaystyle\sum_{n=1}^{\infty}a_n$ 条件收敛．

级数求和公式 1　$\displaystyle\sum_{n=0}^{\infty}\frac{x^n}{n!}=\mathrm{e}^x,\ -\infty<x<+\infty.$

级数求和公式 2　$\displaystyle\sum_{n=1}^{\infty}np^{n-1}=\left(\sum_{n=1}^{\infty}p^n\right)'=\frac{1}{(1-p)^2}\ ,\ |p|<1.$

级数求和公式 3　$\displaystyle\sum_{n=0}^{\infty}\frac{p^{n+1}}{n+1}=\int_0^p\left[\sum_{n=0}^{\infty}p^n\right]\mathrm{d}p=-\ln(1-p)\ ,\ |p|<1.$

积分公式 1　$\displaystyle I_n=\int_0^{+\infty}x^n\mathrm{e}^{-\alpha x}\mathrm{d}x=\frac{n!}{\alpha^{n+1}},\alpha>0,n\geqslant0.$

积分公式 2　$\displaystyle\int_{-\infty}^{+\infty}\mathrm{e}^{-\frac{x^2}{2}}\mathrm{d}x=\sqrt{2\pi}.$

积分公式 3　$\displaystyle\int_0^1x^2\sqrt{1-x^2}\,\mathrm{d}x=\frac{\pi}{16}.$

在实际问题中，随机变量的分布并不能确切地知道，而我们关心的常常是随机变量的取值在某些方面的特征，这类特征往往通过若干个实数来反映，在概率论中称它们为随机变量的数字特征．随机变量的数字特征在解决实际问题过程中常常发挥重要的作用．

这一章我们就来学习随机变量的数字特征．利用数字来描述随机变量的分布特征，更能突出随机变量的分布特性，如随机变量的平均取值、分布的波动程度、最大值、最小值等．前面我们学习的一些常见分布就含有参数，如正态分布的参数，就是正态随机变量的数字特征，它们分别反映了正态随机变量的平均取值及分布的波动程度．如果已知数字特征，那么正态分布也就完全确定了．在某些情况下，随机变量的分布类型很难确定，此时我们更关注的是随机变量的分布特征．比如，顾客在购买某些商品时关注的是商品的平均寿命，并不需要了解商品寿命具体服从的分布；股民在炒股票时，在意的是大盘的平均走势及波动情况，具体的大盘指数服从何种分布并不关心．因此，学习随机变量的数字特征，无论是对理论研究还是对实际生活，都有非常重要的意义．

随机变量的数字特征主要包括数学期望、方差和标准差，两个随机变量的相互关系可以由协方差和相关系数来表示．这些数字特征又统称为矩，它来源于物理中的惯性矩的概念．

第一节　数学期望

先看一个例子.

例1　设甲、乙两班各有40名学生，概率统计科目的成绩及得分人数如下表所示，其中成绩以10的倍数表示. 问：甲、乙两班概率统计科目的平均成绩各是多少？

甲班成绩/分	60	70	80	90	100	乙班成绩/分	40	60	70	80	90	100
人数	2	9	18	9	2	人数	3	1	8	13	8	7
频率	$\dfrac{2}{40}$	$\dfrac{9}{40}$	$\dfrac{18}{40}$	$\dfrac{9}{40}$	$\dfrac{2}{40}$	频率	$\dfrac{3}{40}$	$\dfrac{1}{40}$	$\dfrac{8}{40}$	$\dfrac{13}{40}$	$\dfrac{8}{40}$	$\dfrac{7}{40}$

解　因为班级的平均成绩=总分÷总人数，所以

$$甲班的平均成绩=\frac{60\times2+70\times9+80\times18+90\times9+100\times2}{2+9+18+9+2}$$

$$=60\times\frac{2}{40}+70\times\frac{9}{40}+80\times\frac{18}{40}+90\times\frac{9}{40}+100\times\frac{2}{40}=80(分).$$

同理，乙班的平均成绩$=40\times\dfrac{3}{40}+60\times\dfrac{1}{40}+70\times\dfrac{8}{40}+80\times\dfrac{13}{40}+90\times\dfrac{8}{40}+100\times\dfrac{7}{40}=80(分).$

上式表明计算平均成绩也可以用各个成绩乘以相应频率再求和，就是求成绩的加权平均，权重为相应的频率. 若将成绩看作随机变量，记为X，其取值为$x_1,x_2,\cdots$，将相应的频率看作概率，为$p_1,p_2,\cdots$，同样得到反映随机变量平均取值的数字特征$E(X)=\sum\limits_{i=1}^{\infty}x_ip_i$，我们称之为随机变量的均值或数学期望. 下面给出离散型和连续型随机变量数学期望的定义.

一、数学期望的定义

定义1　设X是离散型随机变量，其分布律为$P(X=x_i)=p_i,i=1,$2,$\cdots$. 如果级数$\sum\limits_{i=1}^{\infty}x_ip_i$绝对收敛，则称

$$E(X)=\sum_{i=1}^{\infty}x_ip_i$$

为离散型随机变量X**的数学期望**，也称作**期望**或**均值**.

数学期望

定义中要求级数$\sum\limits_{i=1}^{\infty}x_ip_i$绝对收敛，是为了保证数学期望的唯一性. 若级数$\sum\limits_{i=1}^{\infty}x_ip_i$条件收敛，级数$\sum\limits_{i=1}^{\infty}x_ip_i$改变项的次序后，其和不唯一. 只有当级数$\sum\limits_{i=1}^{\infty}x_ip_i$绝对收敛时，改变项的次序才不影响和的唯一性，即绝对收敛级数具有可交换性.

例 2　设随机变量 X 的分布律为

（1）$P\left(X=\dfrac{2^i}{i}\right)=\dfrac{1}{2^i}, i=1,2,\cdots$；

（2）$P\left[X=(-1)^i\dfrac{2^i}{i}\right]=\dfrac{1}{2^i}, i=1,2,\cdots$；

（3）$P\left[X=(-1)^i\dfrac{2^i}{i^2}\right]=\dfrac{1}{2^i}, i=1,2,\cdots$.

在 3 种情形下，$E(X)$ 是否存在？为什么？

解　（1）因为级数 $\displaystyle\sum_{i=1}^{\infty}|x_i|p_i=\sum_{i=1}^{\infty}\frac{2^i}{i}\cdot\frac{1}{2^i}=\sum_{i=1}^{\infty}\frac{1}{i}$ 发散，所以由随机变量数学期望的定义知 $E(X)$ 不存在.

（2）尽管级数 $\displaystyle\sum_{i=1}^{\infty}x_ip_i=\sum_{i=1}^{\infty}\frac{(-1)^i2^i}{i}\cdot\frac{1}{2^i}=\sum_{i=1}^{\infty}\frac{(-1)^i}{i}$ 本身收敛，但 $\displaystyle\sum_{i=1}^{\infty}|x_i|p_i=\sum_{i=1}^{\infty}\frac{2^i}{i}\cdot\frac{1}{2^i}=$

$\displaystyle\sum_{i=1}^{\infty}\frac{1}{i}$ 发散，所以由数学期望的定义知 $E(X)$ 不存在.

（3）因为级数 $\displaystyle\sum_{i=1}^{\infty}|x_i|p_i=\sum_{i=1}^{\infty}\frac{2^i}{i^2}\cdot\frac{1}{2^i}=\sum_{i=1}^{\infty}\frac{1}{i^2}$ 收敛，所以由数学期望的定义知 $E(X)$ 存在.

离散型随机变量数学期望的定义可推广至连续型随机变量的情形. 首先将连续型随机变量 X 的取值"离散化"，即将 X 的值域 Ω_X 分割成 n 份，记第 i 份为 $[x_i, x_i+\Delta x_i), i=1,2,\cdots,n$，在每一个小区间，$X$ 的取值近似为 x_i，相应的概率为 $P(x_i\leq X<x_i+\Delta x_i)$ $=\displaystyle\int_{x_i}^{x_i+\Delta x_i}f(x)\mathrm{d}x\approx f(x_i)\Delta x_i$，如图 4.1 所示. X"离散化"后视为离散型随机变量，其分布律近似为

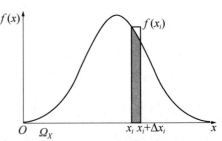

图 4.1　连续型随机变量"离散化"

X	x_1	x_2	$\cdots$	x_n	$\cdots$
概率	$f(x_1)\Delta x_1$	$f(x_2)\Delta x_2$	$\cdots$	$f(x_n)\Delta x_n$	$\cdots$

则 X 的平均值近似为 $\displaystyle\sum_{i=1}^{n}x_ip_i\approx\sum_{i=1}^{n}x_if(x_i)\Delta x_i$. 令这 n 个小区间长度的最大值 $\lambda=\max_{1\leq i\leq n}(\Delta x_i)$ $\to0$，得到 X 的平均值为 $\displaystyle\lim_{\lambda\to0}\sum_{i=1}^{n}x_ip_i=\lim_{\lambda\to0}\sum_{i=1}^{n}x_if(x_i)\Delta x_i=\int_{-\infty}^{+\infty}xf(x)\mathrm{d}x$. 这就是连续型随机变量的数学期望. 和离散型随机变量类似，要求 $\displaystyle\int_{-\infty}^{+\infty}xf(x)\mathrm{d}x$ 绝对收敛.

定义 2　设 X 是连续型随机变量，其密度函数为 $f(x)$. 如果广义积分 $\displaystyle\int_{-\infty}^{+\infty}xf(x)\mathrm{d}x$ 绝对收敛，则称

$$E(X)=\int_{-\infty}^{+\infty}xf(x)\mathrm{d}x$$

为**连续型随机变量 X 的数学期望**，也称作**期望或均值**.

数学期望刻画随机变量取值的平均数，有直观含义，同时它也有物理含义. 若在数轴上放置一单位质量的细棒，在离散点 x_i 处分布着质点，其质量为 $m_i(i=1,2,\cdots)$，则 $\sum\limits_{i=1}^{\infty}x_i m_i$ 表示该细棒的重心坐标，如图 4.2 所示；若在数轴上放置一单位质量的细棒，它有质量密度函数 $f(x)$，则 $\int_{-\infty}^{+\infty}xf(x)\mathrm{d}x$ 表示该细棒的重心坐标，如图 4.3 所示.

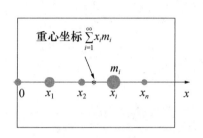

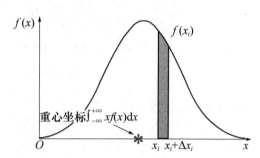

图 4.2 质量离散分布的单位质量细棒的重心坐标 　　图 4.3 质量连续分布的单位质量细棒的重心坐标

例 3 设随机变量 X 的密度函数为 $f(x)=\dfrac{1}{\pi(1+x^2)}$，$-\infty<x<+\infty$. $E(X)$ 是否存在？为什么？

解 因为

$$\int_{-\infty}^{+\infty}|x|f(x)\mathrm{d}x=\int_{-\infty}^{+\infty}|x|\frac{1}{\pi(1+x^2)}\mathrm{d}x,$$

而

$$\int_{0}^{+\infty}\frac{|x|}{\pi(1+x^2)}\mathrm{d}x=\frac{1}{2\pi}\int_{0}^{+\infty}\frac{1}{1+x^2}\mathrm{d}x^2=\frac{1}{2\pi}\big[\ln(1+x^2)\big]_{0}^{+\infty}=+\infty,$$

同理

$$\int_{-\infty}^{0}\frac{|x|}{\pi(1+x^2)}\mathrm{d}x=+\infty,$$

所以 $\int_{-\infty}^{+\infty}|x|f(x)\mathrm{d}x$ 发散. 由连续型随机变量数学期望的定义知 $E(X)$ 不存在.

由定义知，随机变量的数学期望只与其分布有关，一旦分布确定，期望也就唯一确定了，所以我们称数学期望为该分布的数学期望. 下面给出常用的离散型随机变量和连续型随机变量的数学期望. 可以验证下列常用随机变量的数学期望都存在.

例 4 设有离散型随机变量 X，在下列 3 种情形下分别计算随机变量 X 的数学期望 $E(X)$.

（1）$X\sim B(1,p)$. 　（2）$X\sim B(n,p)$. 　（3）$X\sim P(\lambda)$.

解 （1）因为 $X\sim B(1,p)$，所以 X 的分布律为

X	0	1
概率	q	p

这里 $q=1-p$. 由数学期望的定义得

$$E(X)=0\cdot q+1\cdot p=p.$$

（2）因为 $X\sim B(n,p)$，所以 X 的分布律为

$$P(X=k)=\binom{n}{k}p^k q^{n-k}, k=0,1,\cdots,n.$$

由数学期望的定义得

$$E(X)=\sum_{k=0}^{n}k\frac{n!}{k!(n-k)!}p^k q^{n-k}=\sum_{k=1}^{n}\frac{n!}{(k-1)!(n-k)!}p^k q^{n-k}$$

$$=np\sum_{k=1}^{n}\frac{(n-1)!}{(k-1)!(n-k)!}p^{k-1}q^{n-1-(k-1)}\xlongequal{\;令\;l=k-1\;}np\sum_{l=0}^{n-1}\binom{n-1}{l}p^l q^{n-1-l}=np.$$

（3）因为 $X\sim P(\lambda)$，所以 X 的分布律为

$$P(X=k)=\frac{\lambda^k}{k!}e^{-\lambda}, k=0,1,2,\cdots.$$

由数学期望的定义得

$$E(X)=\sum_{k=0}^{\infty}k\frac{\lambda^k}{k!}e^{-\lambda}=\lambda e^{-\lambda}\sum_{k=1}^{\infty}\frac{\lambda^{k-1}}{(k-1)!}\xlongequal{\;令\;l=k-1\;}\lambda e^{-\lambda}\sum_{l=0}^{\infty}\frac{\lambda^l}{l!}=\lambda e^{-\lambda}e^{\lambda}=\lambda.$$

下面给出常用离散型随机变量数学期望的直观解释. 0–1 分布 $B(1,p)$ 对应概率模型——一次试验的"成功"次数，其数学期望表示一次试验的平均"成功"次数，它恰好是参数 p. 二项分布 $B(n,p)$ 对应概率模型——n 重伯努利试验的"成功"次数，由于二项分布是参数 p 相同的 n 个相互独立同分布的 0–1 分布之和，一次试验的平均"成功"次数为参数 p，那么 n 次试验的平均"成功"次数就为 np. 泊松分布对应概率模型——单位时间内"稀有"事件发生的次数，其数学期望表示单位时间内"稀有"事件发生的平均次数，它恰好是参数 λ.

例 5 设有连续型随机变量 X，在下列 3 种情形下分别计算随机变量 X 的数学期望 $E(X)$.
（1）$X\sim U(a,b)$. （2）$X\sim Exp(\lambda)$. （3）$X\sim N(\mu,\sigma^2)$.

解 （1）因为 $X\sim U(a,b)$，所以 X 的密度函数为

$$f(x)=\begin{cases}\dfrac{1}{b-a}, & a\leqslant x\leqslant b,\\ 0, & 其他.\end{cases}$$

由数学期望的定义得

$$E(X)=\int_{-\infty}^{+\infty}xf(x)\mathrm{d}x=\int_a^b\frac{x}{b-a}\mathrm{d}x=\frac{a+b}{2}.$$

（2）因为 $X\sim Exp(\lambda)$，所以 X 的密度函数为

$$f(x)=\begin{cases}\lambda e^{-\lambda x}, & x\geqslant 0,\\ 0, & 其他.\end{cases}$$

由数学期望的定义及本章"课前导读"中的积分公式 1 得

$$E(X)=\int_{-\infty}^{+\infty}xf(x)\mathrm{d}x=\int_0^{+\infty}x\lambda e^{-\lambda x}\mathrm{d}x=\lambda\cdot\frac{1!}{\lambda^2}=\frac{1}{\lambda}.$$

（3）因为 $X\sim N(\mu,\sigma^2)$，所以 X 的密度函数为

$$f(x)=\frac{1}{\sqrt{2\pi}\sigma}e^{-\frac{(x-\mu)^2}{2\sigma^2}}.$$

由数学期望的定义得

$$E(X) = \int_{-\infty}^{+\infty} x \frac{1}{\sqrt{2\pi}\sigma} e^{-\frac{(x-\mu)^2}{2\sigma^2}} dx \xupuparrows{\diamondsuit\, t=\frac{x-\mu}{\sigma}} \int_{-\infty}^{+\infty} (\sigma t+\mu) \frac{1}{\sqrt{2\pi}\sigma} e^{-\frac{t^2}{2}} \cdot \sigma dt = \mu.$$

上式使用了密度函数的规范性 $\int_{-\infty}^{+\infty} f(x)dx = 1$.

注：事实上，$\int_{-\infty}^{+\infty} t^n \cdot \frac{1}{\sqrt{2\pi}} e^{-\frac{t^2}{2}} dt$ 绝对收敛（n 为正整数）. 当 n 为奇数时，被积函数为奇函数，该积分为 0；当 n 为偶数时，被积函数为偶函数，该积分为 $2\int_{0}^{+\infty} t^n \cdot \frac{1}{\sqrt{2\pi}} e^{-\frac{t^2}{2}} dt$.

下面给出常用连续型随机变量数学期望的直观解释. $U(a,b)$ 分布对应的物理模型即为质量在 $[a,b]$ 上均匀分布的单位质量细棒. 它重心所在的位置也即它的数学期望，应为区间 $[a,b]$ 的中点. 指数分布与泊松分布是有联系的，泊松分布对应单位时间内"稀有"事件发生的次数，指数分布对应相邻的"稀有"事件发生的时间间隔. 由泊松分布的数学期望知单位时间内"稀有"事件发生的平均次数是 λ，那么平均起来每隔 $\frac{1}{\lambda}$ 时间会有一个"稀有"事件发生，所以相邻"稀有"事件发生的平均时间间隔应为 $\frac{1}{\lambda}$. 这样我们从直观上得到指数分布的数学期望就是 $\frac{1}{\lambda}$. 对正态分布而言，它的密度函数的图形关于直线 $x=\mu$ 对称，其期望存在，所以它的平均取值就为 μ.

我们还得到这样一个结论，若随机变量的分布律或密度函数的图形是轴对称图形，即随机变量是对称分布的，且数学期望存在，那么，数学期望的大小就是对称轴所在位置的坐标值. 例如，均匀分布 $U(a,b)$ 的密度函数的图形关于 $x=\frac{a+b}{2}$ 对称，它的数学期望就为 $\frac{a+b}{2}$. 正态分布的情形类似. 例 3 中，虽然随机变量的分布关于 y 轴对称，但数学期望不存在，因此 $E(X)=0$ 是错误的结论.

二、随机变量函数的数学期望

实际问题中经常会碰到这样一类问题：若已知 X 的分布，$Y=g(X)$ 的数学期望能否得到？例如，已知圆管直径 X 的分布，我们关注圆管横截面面积 $Y=\frac{1}{4}\pi X^2$ 的数学期望. Y 作为 X 的函数，也是随机变量，它的数学期望可以这样得到：由 X 的分布，先求出 Y 的分布，再由数学期望的定义得到 Y 的数学期望. 还有一种更为简单的方法，我们首先看下面这样一个例子.

例 6 已知 X 的分布律为

X	-1	1	2
概率	$\frac{1}{4}$	$\frac{1}{2}$	$\frac{1}{4}$

计算 $E(X), E(X^2), E(X^3)$.

解 由 X 的分布律可得到 X^2 及 X^3 的分布律为

X^2	1	4
概率	$\frac{3}{4}$	$\frac{1}{4}$

X^3	-1	1	8
概率	$\frac{1}{4}$	$\frac{1}{2}$	$\frac{1}{4}$

所以

$$E(X) = -1 \times \frac{1}{4} + 1 \times \frac{1}{2} + 2 \times \frac{1}{4} = \frac{3}{4},$$

$$E(X^2) = 1 \times \frac{3}{4} + 4 \times \frac{1}{4} = 1\frac{3}{4},$$

$$E(X^3) = -1 \times \frac{1}{4} + 1 \times \frac{1}{2} + 8 \times \frac{1}{4} = 2\frac{1}{4}.$$

我们也可以这样计算：

$$E(X^2) = 1 \times \frac{3}{4} + 4 \times \frac{1}{4} = \left[(-1)^2 \times \frac{1}{4} + 1^2 \times \frac{1}{2} \right] + 2^2 \times \frac{1}{4} = \sum_{i=1}^{3} x_i^2 p_i,$$

$$E(X^3) = -1 \times \frac{1}{4} + 1 \times \frac{1}{2} + 8 \times \frac{1}{4} = (-1)^3 \times \frac{1}{4} + 1^3 \times \frac{1}{2} + 2^3 \times \frac{1}{4} = \sum_{i=1}^{3} x_i^3 p_i.$$

因此，不必得到 $Y=g(X)$ 的分布律，只要知道 X 的分布，就能计算 $Y=g(X)$ 的数学期望.

这种方法被总结为**佚名统计学家公式**，即**随机变量函数的数学期望计算公式**. 称之为佚名统计学家公式，是因为它首先是由统计学家提出的，但究竟是谁最早提出的已经查无考证. 我们不加证明地给出该公式.

定理1(随机变量一元函数的数学期望公式) (1)设 X 是离散型随机变量，其分布律为 $P(X=x_i)=p_i, i=1,2,\cdots$. 如果级数 $\sum_{i=1}^{\infty} g(x_i)p_i$ 绝对收敛，则 X 的一元函数 $Y=g(X)$ 的数学期望为

$$E[g(X)] = \sum_{i=1}^{\infty} g(x_i)p_i.$$

(2) 设 X 为连续型随机变量，其密度函数为 $f(x)$. 如果广义积分 $\int_{-\infty}^{+\infty} g(x)f(x)\mathrm{d}x$ 绝对收敛，则 X 的一元函数 $Y=g(X)$ 的数学期望为

$$E[g(X)] = \int_{-\infty}^{+\infty} g(x)f(x)\mathrm{d}x.$$

例7 设随机变量 X 的分布律为 $P(X=k)=\dfrac{c}{k!}, k=0,1,2,\cdots$. 计算：(1) $E(X)$；(2) $E(X^2)$.

解 (1)由分布律的性质得

$$1 = \sum_{k=0}^{\infty} P(X=k) = \sum_{k=0}^{\infty} \frac{c}{k!} = c\sum_{k=0}^{\infty} \frac{1}{k!} = c \cdot \mathrm{e},$$

$c = \mathrm{e}^{-1}$，于是 $P(X=k) = \mathrm{e}^{-1}\dfrac{1}{k!}, k=0,1,2,\cdots$. 由此可知，随机变量 X 服从参数为 $\lambda=1$ 的泊松分布，进而有 $E(X)=\lambda=1$.

(2) 因为 $X \sim P(\lambda)$，其中 $\lambda=1$，则

$$E(X^2) = \sum_{k=0}^{\infty} k^2 P(X=k) = \sum_{k=0}^{\infty} k^2 \cdot e^{-\lambda} \frac{\lambda^k}{k!} = \lambda e^{-\lambda} \sum_{k=1}^{\infty} \frac{k\lambda^{k-1}}{(k-1)!}$$

$$= \lambda e^{-\lambda} \left[\sum_{k=1}^{\infty} \frac{(k-1)\lambda^{k-1}}{(k-1)!} + \sum_{k=1}^{\infty} \frac{\lambda^{k-1}}{(k-1)!} \right] = \lambda e^{-\lambda} \left[\sum_{k=2}^{\infty} \frac{\lambda^{k-1}}{(k-2)!} + \sum_{k=1}^{\infty} \frac{\lambda^{k-1}}{(k-1)!} \right]$$

$$= \lambda e^{-\lambda} \left[\lambda \cdot \sum_{k=2}^{\infty} \frac{\lambda^{k-2}}{(k-2)!} + \sum_{k=1}^{\infty} \frac{\lambda^{k-1}}{(k-1)!} \right] = \lambda e^{-\lambda}(\lambda e^{\lambda} + e^{\lambda}) = \lambda^2 + \lambda,$$

将 $\lambda = 1$ 代入，得 $E(X^2) = 2$.

例 8 设随机变量 X 的密度函数为 $f(x) = \begin{cases} 2e^{-2x}, & x>0, \\ 0, & \text{其他}. \end{cases}$ 试求：（1）$E(X^2)$；

（2）$E\left(e^{-\frac{X^2}{4}+2X}\right)$.

解 （1）由已知得 $X \sim Exp(\lambda)$，其中 $\lambda = 2$.

$$E(X^2) = \int_0^{+\infty} x^2 \cdot \lambda e^{-\lambda x} dx = \lambda \cdot I_2 = \lambda \cdot \frac{2!}{\lambda^{2+1}} = \frac{2}{\lambda^2},$$

将 $\lambda = 2$ 代入，得 $E(X^2) = \frac{1}{2}$. （这里用到了本章"课前导读"中的积分公式 1.）

（2）由随机变量函数的数学期望公式得

$$E\left(e^{-\frac{X^2}{4}+2X}\right) = \int_0^{+\infty} e^{-\frac{x^2}{4}+2x} \cdot 2e^{-2x} dx = \int_0^{+\infty} 2e^{-\frac{x^2}{4}} dx$$

$$\xlongequal{t=\frac{x}{\sqrt{2}}} \int_0^{+\infty} 2\sqrt{2} e^{-\frac{t^2}{2}} dt = \sqrt{2} \int_{-\infty}^{+\infty} e^{-\frac{t^2}{2}} dt = 2\sqrt{\pi}.$$

定理 1 可以推广至二维或多维情形.

定理 2（随机变量二元函数的期望公式） （1）设 (X,Y) 是二维离散型随机变量，其联合分布律为 $P(X=x_i, Y=y_j)=p_{ij}, i,j=1,2,\cdots$. 如果级数 $\sum_{i=1}^{\infty} \sum_{j=1}^{\infty} g(x_i, y_j) p_{ij}$ 绝对收敛，则 (X,Y) 的二元函数 $g(X,Y)$ 的数学期望为

$$E[g(X,Y)] = \sum_{i=1}^{\infty} \sum_{j=1}^{\infty} g(x_i, y_j) p_{ij}.$$

特别地，

$$E(X) = \sum_{i=1}^{\infty} \sum_{j=1}^{\infty} x_i p_{ij}, E(Y) = \sum_{i=1}^{\infty} \sum_{j=1}^{\infty} y_j p_{ij}.$$

（2）设 (X,Y) 是二维连续型随机变量，其联合密度函数为 $f(x,y)$. 如果广义积分 $\int_{-\infty}^{+\infty} \int_{-\infty}^{+\infty} g(x,y) f(x,y) dx dy$ 绝对收敛，则 (X,Y) 的二元函数 $g(X,Y)$ 的数学期望为

$$E[g(X,Y)] = \int_{-\infty}^{+\infty} \int_{-\infty}^{+\infty} g(x,y) f(x,y) dx dy.$$

特别地，

$$E(X) = \int_{-\infty}^{+\infty} \int_{-\infty}^{+\infty} x f(x,y) dx dy,$$

$$E(Y) = \int_{-\infty}^{+\infty} \int_{-\infty}^{+\infty} y f(x,y) dx dy.$$

例 9 已知二维随机变量 (X,Y) 的联合分布律为

X \ Y	0	1	2
0	$\dfrac{1}{3}$	$\dfrac{1}{12}$	$\dfrac{1}{3}$
1	$\dfrac{1}{12}$	$\dfrac{1}{12}$	$\dfrac{1}{12}$

计算：（1） X,Y 的数学期望 $E(X),E(Y)$；（2） $Z=XY$ 的数学期望 $E(Z)$.

解 （1）**方法一**

由 (X,Y) 的联合分布律得 X 和 Y 的边缘分布律分别为

X	0	1
概率	$\dfrac{3}{4}$	$\dfrac{1}{4}$

Y	0	1	2
概率	$\dfrac{5}{12}$	$\dfrac{1}{6}$	$\dfrac{5}{12}$

由数学期望的定义得

$$E(X)=0\times\frac{3}{4}+1\times\frac{1}{4}=\frac{1}{4},E(Y)=0\times\frac{5}{12}+1\times\frac{1}{6}+2\times\frac{5}{12}=1.$$

方法二

不必计算 X 和 Y 的边缘分布律，直接计算 $E(X),E(Y)$.

$$E(X)=\sum_{i=1}^{\infty}\sum_{j=1}^{\infty}x_ip_{ij}=\sum_{i=1}^{\infty}x_i\sum_{j=1}^{\infty}p_{ij}=0\times\left(\frac{1}{3}+\frac{1}{12}+\frac{1}{3}\right)+1\times\left(\frac{1}{12}+\frac{1}{12}+\frac{1}{12}\right)=\frac{1}{4},$$

$$E(Y)=\sum_{i=1}^{\infty}\sum_{j=1}^{\infty}y_jp_{ij}=\sum_{j=1}^{\infty}y_j\sum_{i=1}^{\infty}p_{ij}=0\times\left(\frac{1}{3}+\frac{1}{12}\right)+1\times\left(\frac{1}{12}+\frac{1}{12}\right)+2\times\left(\frac{1}{3}+\frac{1}{12}\right)=1.$$

（2） $E(Z)=1\times1\times\dfrac{1}{12}+1\times2\times\dfrac{1}{12}=\dfrac{1}{4}$.

随机变量函数的数学期望公式非常重要. 事实上，后面将要介绍的方差、协方差和相关系数等，都与随机变量函数的数学期望有关，所以大家要熟练掌握使用以上这些公式进行数学期望的计算.

三、数学期望的性质

对于复杂的随机变量函数，计算其数学期望时，需要使用数学期望的性质. 这些性质对于讨论随机变量的数字特征非常有用.

定理 3（数学期望的性质） （1）设 c 为常数，则 $E(c)=c$.

（2）设 X 为随机变量，且 $E(X)$ 存在，k,c 为常数，则 $E(kX+c)=kE(X)+c$.

（3）设 X,Y 为任意两个随机变量，且 $E(X)$ 和 $E(Y)$ 存在，则 $E(X+Y)=E(X)+E(Y)$.

（4）设 X 与 Y 为相互独立的随机变量，且 $E(X)$ 和 $E(Y)$ 存在，则 $E(XY)=E(X)E(Y)$.

证明 （1）由下面的补充说明知，$E(X)=c\cdot1=c$.

对于性质（2）、（3）、（4），只给出连续型随机变量情形的证明，离散型随机变量情形类似.

（2）由随机变量一元函数的数学期望公式及积分的性质得

$$E(kX+c)=\int_{-\infty}^{+\infty}(kx+c)f(x)\,\mathrm{d}x=k\int_{-\infty}^{+\infty}xf(x)\,\mathrm{d}x+c\int_{-\infty}^{+\infty}f(x)\,\mathrm{d}x=kE(X)+c.$$

（3）由随机变量二元函数的数学期望公式及数学期望定义得

$$E(X+Y) = \int_{-\infty}^{+\infty}\int_{-\infty}^{+\infty}(x+y)f(x,y)\,dxdy$$

$$= \int_{-\infty}^{+\infty}\int_{-\infty}^{+\infty}xf(x,y)\,dxdy + \int_{-\infty}^{+\infty}\int_{-\infty}^{+\infty}yf(x,y)\,dxdy$$

$$= \int_{-\infty}^{+\infty}x\left[\int_{-\infty}^{+\infty}f(x,y)\,dy\right]dx + \int_{-\infty}^{+\infty}y\left[\int_{-\infty}^{+\infty}f(x,y)\,dx\right]dy$$

$$= \int_{-\infty}^{+\infty}xf_X(x)\,dx + \int_{-\infty}^{+\infty}yf_Y(y)\,dy$$

$$= E(X)+E(Y).$$

（4）因为 X 与 Y 相互独立，由随机变量二元函数的数学期望公式及密度函数的规范性得

$$E(XY) = \int_{-\infty}^{+\infty}\int_{-\infty}^{+\infty}xyf(x,y)\,dxdy = \int_{-\infty}^{+\infty}xf_X(x)\left[\int_{-\infty}^{+\infty}yf_Y(y)\,dy\right]dx$$

$$= E(Y)\int_{-\infty}^{+\infty}xf_X(x)\,dx = E(X)E(Y).$$

性质（1）中需要补充说明的是，严格意义上的常数 c 不具有随机性，从而不是随机变量. 但在概率论中，为了讨论方便，将常数 c 视为随机变量的一种极端情形，是一个特殊的随机变量，其分布律为 $P(X=c)=1$，称它是服从**参数为 c 的退化分布**. 同时退化分布也包含这样一种情形，我们举例说明：向单位圆内掷小石子，设 $X=\begin{cases}0, & \text{小石子落在圆心,}\\ 2, & \text{小石子未落在圆心,}\end{cases}$ 那么 X 是通常意义上的随机变量，且 $P(X=2)=1$，这时 X 也被称作服从参数为 2 的退化分布.

性质（4）中，条件 X 与 Y 为相互独立的随机变量可以放宽为 X 与 Y 是不相关的随机变量（见本章第三节定义 3），这时就有 $E(XY)=E(X)E(Y)$. 特别要注意的是，当 $E(XY)=E(X)E(Y)$ 时，X 与 Y 不一定相互独立.

性质（2）、（3）、（4）可推广至多维随机变量的情形.

对任意的随机变量 $X_1,X_2,\cdots,X_n$，当 $E(X_i)$ 存在时，$i=1,2,\cdots,n$，有

$$E\left[\sum_{i=1}^{n}(k_iX_i+c_i)\right] = \sum_{i=1}^{n}\left[k_iE(X_i)+c_i\right],$$

其中 $k_1,k_2,\cdots,k_n,c_1,c_2,\cdots,c_n$ 是常数.

当随机变量 $X_1,X_2,\cdots,X_n$ 相互独立且 $E(X_i)$ 存在时（$i=1,2,\cdots,n$），有

$$E\left[\prod_{i=1}^{n}(k_iX_i+c_i)\right] = \prod_{i=1}^{n}\left[k_iE(X_i)+c_i\right],$$

其中 $k_1,k_2,\cdots,k_n,c_1,c_2,\cdots,c_n$ 是常数.

例 10 某公司生产的机器无故障工作时间 X（单位：万小时）的密度函数为

$$f(x)=\begin{cases}\dfrac{2}{x^2}, & x\geqslant 2,\\ 0, & \text{其他.}\end{cases}$$

公司每售出一台机器可获利 1 600 元，若机器售出后使用 2.2 万小时之内出故障，则予以更换，这时每台亏损 1 200 元；若在 2.2 万小时到 3 万小时之间出故障，则予以维修，由公司负担维修费 400 元；在使用 3 万小时后出故障，则用户自己负责. 求该公司售出每台

机器的平均获利.

解　设 Y 表示每台机器的获利(单位:百元),则

$$Y=\begin{cases}16-12, & 2\leq X<2.2,\\ 16-4, & 2.2\leq X<3,\\ 16, & X\geq 3.\end{cases}$$

显然 Y 是 X 的函数,令 $Y=g(X)$,由随机变量函数的数学期望公式得平均获利为

$$E(Y)=E[g(X)]=\int_{-\infty}^{+\infty}g(x)f(x)\mathrm{d}x=\int_{2}^{2.2}4\cdot\frac{2}{x^2}\mathrm{d}x+\int_{2.2}^{3}12\cdot\frac{2}{x^2}\mathrm{d}x+\int_{3}^{+\infty}16\cdot\frac{2}{x^2}\mathrm{d}x$$

$$=13\frac{31}{33}(百元)\approx 1\,394(元).$$

故该公司售出每台机器的平均获利为 1 394 元.

[随堂测]

1. 设随机变量 X 的分布律如下.

X	-1	0	1
概率	0.2	0.3	0.5

扫码看答案

求 $E(X),E(X^2),E(2X+3)$.

2. 设随机变量 X 的密度函数为

$$f(x)=\begin{cases}2x, & 0<x<1,\\ 0, & 其他.\end{cases}$$

求 $E(X),E(X^2),E\left(\dfrac{1}{X}\right)$.

3. 设 (X,Y) 的联合密度函数为

$$f(x,y)=\begin{cases}cx, & (x,y)\in G,\\ 0, & 其他.\end{cases}$$

其中区域 $G=\{(x,y)\mid 0<y<x<1\}$. 试求 $E(X),E(X^2),E(XY)$.

习题 4-1

1. 设随机变量 X 的分布律为

X	-2	0	1
概率	0.3	0.2	0.5

试求 $E(X),E(X^2),E(3X^2+5)$.

2. 设随机变量 X 服从参数为 2 的指数分布,随机变量 Y 服从二项分布 $B(2,0.5)$,计算 $E(X-3Y-1)$.

3. 设 X 表示 10 次相互独立重复射击中命中目标的次数，每次命中目标的概率为 0.6. 试求 $E(2X^2+3)$.

4. 设随机变量 X 的密度函数为

$$f(x)=\begin{cases} \dfrac{3}{8}x^2, & 0<x<2, \\ 0, & 其他. \end{cases}$$

试求 $E(X),E(X^2),E\left(\dfrac{1}{X^2}\right)$.

5. 设随机变量 X 的密度函数为

$$f(x)=\begin{cases} \dfrac{1}{2}\cos\dfrac{x}{2}, & 0\leqslant x\leqslant \pi, \\ 0, & 其他. \end{cases}$$

对 X 相互独立重复地观察 4 次，用 Y 表示观测值大于 $\dfrac{\pi}{3}$ 的次数. 求:

（1）X 的数学期望 $E(X)$;

（2）Y 的数学期望 $E(Y)$.

6. 已知某百货公司每年顾客对某种型号的电视机的需求量是一个随机变量 X, X 服从集合 $\{1\,001,1\,002,\cdots,2\,000\}$ 上的离散型均匀分布. 假定每出售一台电视机可获利 300 元; 如果年终库存积压，那么每台电视机带来的亏损为 100 元. 问: 年初公司应进多少货，才能使年终带来的平均利润最大？假定公司年内不再进货.

7. 设某种商品每周的需求量是连续型随机变量 X, $X\sim U(10,30)$, 经销商店进货数量是区间 $[10,30]$ 中的某一个整数. 商店每销售一单位商品可获利 500 元; 若供大于求，则剩余的每单位商品带来亏损 100 元; 若供不应求，则可从外部调剂供应，此时经调剂的每单位商品仅获利 300 元. 为使商店所获利润期望值不少于 9 280 元，试确定最少进货量.

8. 已知二维随机变量 (X,Y) 的联合分布律为

X \ Y	0	1	2
0	0.25	0.10	0.30
1	0.15	0.15	0.05

定义 $Z=\max(X,Y)$. 计算:

（1）X,Y 的期望 $E(X),E(Y)$;

（2）X^2,Y^2 的期望 $E(X^2),E(Y^2)$;

（3）Z 的期望 $E(Z)$.

9. 已知二维随机变量 (X,Y) 的联合密度函数为

$$f(x,y)=\begin{cases} 1, & 0<x<1,0<y<2x, \\ 0, & 其他. \end{cases}$$

定义 $Z=\min(X,Y)$. 计算:

（1）X,Y 的期望 $E(X),E(Y)$;

（2）X^2,Y^2,XY 的期望 $E(X^2),E(Y^2),E(XY)$;

（3）Z 的期望 $E(Z)$.

10. 假定在自动流水线上加工的某种零件的内径 $X \sim N(\mu, 1)$（单位：mm）. 内径小于 10mm 或大于 12mm 为不合格品，其余为合格品. 销售每件合格品获利 20 元；零件内径小于 10mm 或大于 12mm 分别带来亏损 1 元、5 元. 试问，当平均内径 μ 取何值时，生产 1 个零件带来的平均利润最大？

第二节 方差和标准差

第一节例 1 续 甲、乙两班概率统计科目的平均成绩是一样的，现选出一个班级参加比赛，应选哪个班级？

由图 4.4 观察发现，甲班的成绩更集中、更稳定，故应选甲班参加比赛. 怎样刻画随机变量分布的稳定性或者波动程度？波动参照的标准选取为随机变量取值的中心位置，即数学期望 μ，考虑随机变量关于 μ 的偏离，即 $X - \mu$，它是一个随机变量，所以取其数学期望 $E(X - \mu)$，但是求数学期望时正负会相互抵消，再考虑 $E(|X - \mu|)$，带绝对值的计算会复杂许多，因此改为 $E[(X - \mu)^2]$ 来衡量随机变量的波动程度. 这就是随机变量另一

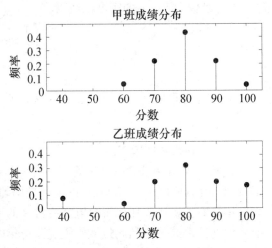

图 4.4 甲、乙两班概率统计科目成绩的频率分布

个重要的数字特征——方差，记为 $\mathrm{Var}(X)$. 为什么波动参照的标准选取 μ？原因如下：令 $f(a) = E[(X - a)^2]$，则 $f(a) = E[(X - \mu + \mu - a)^2] = E[(X - \mu)^2] + E[(\mu - a)^2] + 2(\mu - a)E(X - \mu) = \mathrm{Var}(X) + (\mu - a)^2 \geqslant \mathrm{Var}(X)$，说明当波动参照的标准选取 μ 时，波动将达到最小值. 下面给出方差的严格定义.

一、方差和标准差的定义

定义 设 X 是一个随机变量，如果 $E\{[X - E(X)]^2\}$ 存在，则称
$$\mathrm{Var}(X) \triangleq E\{[X - E(X)]^2\}$$
为随机变量 X 的**方差**. 称方差 $\mathrm{Var}(X)$ 的算术平方根
$$\sigma_X \triangleq \sqrt{\mathrm{Var}(X)}$$
为随机变量 X 的**标准差**.

由于方差的单位是随机变量单位的平方，所以在实际中我们经常使用与随机变量量纲相同的标准差. 但标准差必须由方差计算得到，所以理论中主要是计算方差. 物理中，均值是质量分布的重心，方差则代表惯性矩.

在实际计算方差时，我们更多的是使用下列公式，这样更简便.
$$\mathrm{Var}(X) = E(X^2) - [E(X)]^2.$$

这是因为

$$\begin{aligned}\operatorname{Var}(X) &= E\{[X-E(X)]^2\} = E\{X^2-2XE(X)+[E(X)]^2\}\\ &= E(X^2)-2E[XE(X)]+E[E(X)]^2\\ &= E(X^2)-2E(X)E(X)+[E(X)]^2\\ &= E(X^2)-[E(X)]^2.\end{aligned}$$

例 1　在下列 4 种情形下分别计算随机变量 X 的方差 $\operatorname{Var}(X)$：

（1）设离散型随机变量 $X \sim P(\lambda)$；

（2）设连续型随机变量 $X \sim U(a,b)$；

（3）设连续型随机变量 $X \sim Exp(\lambda)$；

（4）设连续型随机变量 $X \sim N(\mu,\sigma^2)$.

解　（1）当 $X \sim P(\lambda)$ 时，由本章第一节例 4 知 $E(X)=\lambda$，由本章第一节例 7 知 $E(X^2)=\lambda^2+\lambda$，所以

$$\operatorname{Var}(X)=E(X^2)-[E(X)]^2=\lambda.$$

（2）当 $X \sim U(a,b)$ 时，由本章第一节例 5 知 $E(X)=\dfrac{a+b}{2}$，而

$$E(X^2)=\int_{-\infty}^{+\infty}x^2f(x)\,\mathrm{d}x=\int_a^b x^2\cdot\frac{1}{b-a}\mathrm{d}x=\frac{1}{b-a}\left[\frac{x^3}{3}\right]_a^b=\frac{b^2+ab+a^2}{3},$$

所以

$$\operatorname{Var}(X)=E(X^2)-[E(X)]^2=\frac{(b-a)^2}{12}.$$

（3）当 $X \sim Exp(\lambda)$ 时，由本章第一节例 5 知 $E(X)=\dfrac{1}{\lambda}$，由本章第一节例 8 知 $E(X^2)=\dfrac{2}{\lambda^2}$，所以

$$\operatorname{Var}(X)=E(X^2)-[E(X)]^2=\frac{1}{\lambda^2}.$$

（4）当 $X \sim N(\mu,\sigma^2)$ 时，由方差的定义得

$$\begin{aligned}\operatorname{Var}(X) &= \int_{-\infty}^{+\infty}(x-\mu)^2\frac{1}{\sqrt{2\pi}\,\sigma}\mathrm{e}^{-\frac{(x-\mu)^2}{2\sigma^2}}\mathrm{d}x \xlongequal{\diamondsuit\, t=\frac{x-\mu}{\sigma}} \int_{-\infty}^{+\infty}(\sigma t)^2\frac{1}{\sqrt{2\pi}\,\sigma}\mathrm{e}^{-\frac{t^2}{2}}\cdot\sigma\mathrm{d}t\\ &= \frac{-2}{\sqrt{2\pi}}\sigma^2\int_0^{+\infty}t\mathrm{d}\mathrm{e}^{-\frac{t^2}{2}}=\frac{-2}{\sqrt{2\pi}}\sigma^2\left[\left(t\mathrm{e}^{-\frac{t^2}{2}}\right)\Big|_0^{+\infty}-\int_0^{+\infty}\mathrm{e}^{-\frac{t^2}{2}}\mathrm{d}t\right]\\ &= \frac{-2}{\sqrt{2\pi}}\sigma^2\left(0-\frac{\sqrt{2\pi}}{2}\right)=\sigma^2.\end{aligned}$$

正态分布的方差即为参数 σ^2.

下面给出一个例子，有取值在 $[-1,1]$ 上的 3 个连续型随机变量 X,Y,Z，它们的密度函数如图 4.5 所示. 称 X 为三角形分布，Z 为倒三角形分布. 因为，三角形分布取值集中在中心位置，方差较小；倒三角形分布取值集中在两侧，方差较大；均匀分布介于二者之间. 所以，$\operatorname{Var}(X)<\operatorname{Var}(Y)<\operatorname{Var}(Z)$.

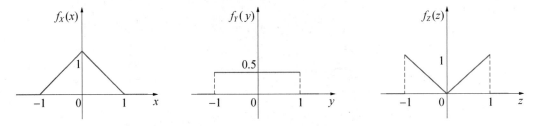

图 4.5　三角形分布、均匀分布、倒三角形分布的密度函数

二、方差的性质

定理（方差的性质）　（1）$\mathrm{Var}(X)=0$ 的充分必要条件是 $P(X=c)=1$，即 X 服从参数为 c 的退化分布，其中 $c=E(X)$. 特别地，若 c 为常数，则 $\mathrm{Var}(c)=0$.

（2）设 X 为随机变量，k,c 为常数，则 $\mathrm{Var}(kX+c)=k^2\mathrm{Var}(X)$.

（3）设 X,Y 为任意两个随机变量，则
$$\mathrm{Var}(X\pm Y)=\mathrm{Var}(X)+\mathrm{Var}(Y)\pm2E\{[X-E(X)][Y-E(Y)]\}.$$

（4）设 X 与 Y 为相互独立的随机变量，则 $\mathrm{Var}(X\pm Y)=\mathrm{Var}(X)+\mathrm{Var}(Y)$.

证明　（1）证明见第五章第一节例 2.

（2）$\mathrm{Var}(kX+c)=E\{[kX+c-E(kX+c)]^2\}=E\{kX+c-[kE(X)+c]\}^2$
$$=k^2E\{[X-E(X)]^2\}=k^2\mathrm{Var}(X).$$

（3）$\mathrm{Var}(X\pm Y)=E\{[X\pm Y-E(X\pm Y)]^2\}$
$$=E\{X\pm Y-[E(X)\pm E(Y)]\}^2=E\{[X-E(X)]\pm[Y-E(Y)]\}^2$$
$$=E\{[X-E(X)]^2+[Y-E(Y)]^2\pm2[X-E(X)][Y-E(Y)]\}$$
$$=\mathrm{Var}(X)+\mathrm{Var}(Y)\pm2E\{[X-E(X)][Y-E(Y)]\}.$$

（4）当 X 与 Y 相互独立时，$X-E(X)$ 与 $Y-E(Y)$ 也相互独立，由数学期望的性质得
$$E\{[X-E(X)][Y-E(Y)]\}=E[X-E(X)]E[Y-E(Y)]=0,$$
所以 $\mathrm{Var}(X\pm Y)=\mathrm{Var}(X)+\mathrm{Var}(Y)$.

性质（2）、（3）、（4）可推广至多个随机变量的情形. 对任意的随机变量 $X_1,X_2,\cdots,X_n$，有
$$\mathrm{Var}\left[\sum_{i=1}^n(k_iX_i+c_i)\right]=\sum_{i=1}^nk_i^2\mathrm{Var}(X_i)+2\sum_{1\leqslant i<j\leqslant n}k_ik_jE\{[X_i-E(X_i)][X_j-E(X_j)]\},$$
其中 $k_1,k_2,\cdots,k_n,c_1,c_2,\cdots,c_n$ 是常数. 特别地，当随机变量 $X_1,X_2,\cdots,X_n$ 相互独立时，有
$$\mathrm{Var}\left[\sum_{i=1}^n(k_iX_i+c_i)\right]=\sum_{i=1}^nk_i^2\mathrm{Var}(X_i).$$

例 2　设随机变量 $X\sim B(n,p)$. 计算 X 的方差 $\mathrm{Var}(X)$.

解　因为 $X\sim B(n,p)$，所以 $X=\sum_{i=1}^n U_i$，其中 $U_1,U_2,\cdots,U_n$ 相互独立同分布，且 $U_i\sim B(1,p),i=1,2,\cdots,n.\ E(U_i^2)=0^2\cdot(1-p)+1^2\cdot p=p,\mathrm{Var}(U_i)=E(U_i^2)-[E(U_i)]^2=p(1-p),$

由方差的性质得

$$\mathrm{Var}(X) = \sum_{i=1}^{n} \mathrm{Var}(U_i) = np(1-p).$$

同时由 $E(U_i) = p$，得 $E(X) = \sum_{i=1}^{n} E(U_i) = np$. 显然用这种方法得到二项分布的数学期望比第一节例4(2)中的方法简便.

例3 已知 X 是任意的随机变量，$E(X)$，$\mathrm{Var}(X)$ 存在.

(1) 设 $X_* \triangleq X - E(X)$，试证明 $E(X_*) = 0$ 且 $\mathrm{Var}(X_*) = \mathrm{Var}(X)$.

(2) 当 $\mathrm{Var}(X) > 0$ 时，设 $X^* \triangleq \dfrac{X - E(X)}{\sqrt{\mathrm{Var}(X)}}$，试证明 $E(X^*) = 0$ 且 $\mathrm{Var}(X^*) = 1$.

证明 (1) 由数学期望的性质得

$$E(X_*) = E[X - E(X)] = E(X) - E[E(X)] = 0,$$

由方差的性质得

$$\mathrm{Var}(X_*) = \mathrm{Var}[X - E(X)] = \mathrm{Var}(X).$$

(2) 由数学期望的性质得

$$E(X^*) = \frac{1}{\sqrt{\mathrm{Var}(X)}} E[X - E(X)] = 0,$$

由方差的性质得

$$\mathrm{Var}(X^*) = \frac{1}{\mathrm{Var}(X)} \mathrm{Var}[X - E(X)] = \frac{\mathrm{Var}(X)}{\mathrm{Var}(X)} = 1.$$

通常称 X_* 为 X 的**中心化随机变量**，X^* 为 X 的**标准化随机变量**. 中心化随机变量将其中心平移至原点，使其分布不偏左也不偏右，其期望为 0；平移不影响分布的波动程度，方差不变. 标准化随机变量将其中心平移至原点，使其分布不偏左也不偏右，其期望为 0；同时将随机变量取值压缩至原来的 $\dfrac{1}{\sqrt{\mathrm{Var}(X)}}$，使其分布不疏也不密，压缩改变了分布的波动程度，方差变为 1，这就是"标准化"的含义. 例如，正态随机变量 $X \sim N(\mu, \sigma^2)$，标准化后 $\dfrac{X - \mu}{\sigma} \sim N(0, 1)$，均值为 0，方差为 1.

例4 已知 X 与 Y 相互独立，且 $X \sim N(1, 2)$，$Y \sim N(5, 9)$，$Z = 2X - Y + 2$. 求 Z 的密度函数 $f(z)$.

解 由已知条件及正态分布的可加性得 Z 服从正态分布，又由数学期望和方差的性质知

$$E(Z) = 2E(X) - E(Y) + 2 = 2 \times 1 - 5 + 2 = -1,$$
$$\mathrm{Var}(Z) = 4\mathrm{Var}(X) + \mathrm{Var}(Y) = 4 \times 2 + 9 = 17,$$

所以

$$Z \sim N(-1, 17),$$
$$f(z) = \frac{1}{\sqrt{2\pi} \times \sqrt{17}} \mathrm{e}^{-\frac{(z+1)^2}{2 \times 17}} = \frac{1}{\sqrt{34\pi}} \mathrm{e}^{-\frac{(z+1)^2}{34}}, \quad -\infty < z < +\infty.$$

[随堂测]

1. 设随机变量 X 的密度函数为

$$f(x) = \begin{cases} 2x, & 0<x<1, \\ 0, & \text{其他.} \end{cases}$$

求 $\mathrm{Var}(X)$ 和 $\mathrm{Var}(-2X+3)$.

2. 设随机变量 X 与 Y 相互独立，且 $E(X)=1, E(Y)=-1$, $\mathrm{Var}(X)=9, \mathrm{Var}(Y)=4$. 求 $\mathrm{Var}(XY)$.

扫码看答案

习题 4-2

1. 设随机变量 X 的密度函数为

$$f(x) = \begin{cases} \dfrac{2}{3}x, & 1<x<2, \\ 0, & \text{其他.} \end{cases}$$

求：(1) X 的数学期望 $E(X)$ 及 X^2 的数学期望 $E(X^2)$；

(2) X 的方差 $\mathrm{Var}(X)$ 及 $-2X+3$ 的方差 $\mathrm{Var}(-2X+3)$.

2. 设 X 服从参数为 λ 的泊松分布. 求 $E[X(X-1)]$.

3. 设随机变量 X 服从参数为 λ 的指数分布. 求 $P[X>\sqrt{\mathrm{Var}(X)}\,]$.

4. 设随机变量 X 的密度函数为

$$f(x) = \frac{1}{\sqrt{\pi}} \exp\{-x^2+2x-1\}, \quad -\infty<x<+\infty.$$

求 $E(X)$ 与 $\mathrm{Var}(X)$. $\left[\text{提示：} X \sim N\left(1, \dfrac{1}{2}\right).\right]$

5. 设 $X \sim N(0,\sigma^2)$. 求 $E(|X|)$ 与 $\mathrm{Var}(|X|)$.

6. 设随机变量 X 与 Y 的联合分布律为

X \ Y	-1	0	2
-1	$\dfrac{1}{6}$	$\dfrac{1}{12}$	0
0	$\dfrac{1}{4}$	0	0
1	$\dfrac{1}{12}$	$\dfrac{1}{4}$	$\dfrac{1}{6}$

求：(1) X, Y 的数学期望 $E(X), E(Y)$；

(2) X, Y 的方差 $\mathrm{Var}(X), \mathrm{Var}(Y)$；

(3) $\mathrm{Var}(2Y+5)$.

7. 设随机变量 X 与 Y 相互独立，且 $E(X)=E(Y)=1, \mathrm{Var}(X)=2, \mathrm{Var}(Y)=3$. 试求 $\mathrm{Var}(XY)$.

第三节　协方差和相关系数

前面我们介绍了刻画一个随机变量分布的数字特征，对于两个随机变量的情形，有描述二者之间相互关系的数字特征——协方差和相关系数.

一、协方差

定义 1　设 (X,Y) 是二维随机变量，如果 $E\{[X-E(X)][Y-E(Y)]\}$ 存在，则称
$$\mathrm{Cov}(X,Y) \triangleq E\{[X-E(X)][Y-E(Y)]\}$$
为随机变量 X 和 Y 的协方差.

在实际计算协方差时，更多的是使用公式
$$\mathrm{Cov}(X,Y) = E(XY) - E(X)E(Y).$$
这是因为

$$
\begin{aligned}
\mathrm{Cov}(X,Y) &= E\{[X-E(X)][Y-E(Y)]\} \\
&= E[XY-XE(Y)-YE(X)+E(X)E(Y)] \\
&= E(XY) - E[XE(Y)] - E[YE(X)] + E[E(X)E(Y)] \\
&= E(XY) - E(X)E(Y) - E(Y)E(X) + E(X)E(Y) \\
&= E(XY) - E(X)E(Y).
\end{aligned}
$$

协方差反映了 X 和 Y 之间的关系，究竟是什么关系？可设 $Z=[X-E(X)][Y-E(Y)]$，$\mathrm{Cov}(X,Y)=E(Z)$. 若 $\mathrm{Cov}(X,Y)>0$，事件 $\{Z>0\}$ 更有可能发生，即事件 $\{X>E(X)\}\cap\{Y>E(Y)\}$ 或 $\{X<E(X)\}\cap\{Y<E(Y)\}$ 发生的可能性更大，说明 X 和 Y 均有同时大于或同时小于各自平均值的趋势；若 $\mathrm{Cov}(X,Y)<0$，事件 $\{Z<0\}$ 更有可能发生，即事件 $\{X>E(X)\}\cap\{Y<E(Y)\}$ 或 $\{X<E(X)\}\cap\{Y>E(Y)\}$ 发生的可能性更大，说明 X 和 Y 中有一个有大于其平均值的趋势，而另一个有小于其平均值的趋势. 所以说协方差反映了随机变量 X 和 Y 之间"协同"变化的关系. 当 Y 就是 X 时，$\mathrm{Cov}(X,Y)=\mathrm{Cov}(X,X)=\mathrm{Var}(X)$，协方差即为方差，这就是我们称其为协方差的原因.

由协方差的定义，可以将方差的性质(3)表示为 $\mathrm{Var}(X\pm Y)=\mathrm{Var}(X)+\mathrm{Var}(Y)\pm 2\mathrm{Cov}(X,Y)$.

定理 1(协方差的性质)　设 X,Y,X_1,X_2 为任意的随机变量，c,k,l 为常数，则有

(1) $\mathrm{Cov}(X,c)=0$；

(2) $\mathrm{Cov}(X,Y)=\mathrm{Cov}(Y,X)$；

(3) $\mathrm{Cov}(kX,lY)=kl\mathrm{Cov}(X,Y)$；

(4) $\mathrm{Cov}(X_1+X_2,Y)=\mathrm{Cov}(X_1,Y)+\mathrm{Cov}(X_2,Y)$.

利用数学期望的性质，不难证明定理 1.

协方差的性质

例 1 设二维随机变量 (X,Y) 服从单位圆 $G=\{(x,y)\mid x^2+y^2\leqslant 1\}$ 上的均匀分布. 计算：(1) $E(X),E(Y),\mathrm{Var}(X),\mathrm{Var}(Y)$；(2) X 和 Y 的协方差 $\mathrm{Cov}(X,Y)$；(3) $\mathrm{Cov}(-3X+Y-2,5Y)$.

例 1

解 (1)**方法一** 由已知得 (X,Y) 的联合密度函数为

$$f(x,y)=\begin{cases}\dfrac{1}{\pi}, & x^2+y^2<1,\\[2mm]0, & \text{其他,}\end{cases}$$

则 X 的密度函数为

$$f_X(x)=\begin{cases}\displaystyle\int_{-\sqrt{1-x^2}}^{\sqrt{1-x^2}}\dfrac{1}{\pi}\mathrm{d}y=\dfrac{2}{\pi}\sqrt{1-x^2}, & -1<x<1,\\[3mm]0, & \text{其他.}\end{cases}$$

由数学期望的定义、随机变量函数的数学期望公式和本章"课前导读"中的积分公式 3 得

$$E(X)=\int_{-1}^1 x\cdot\frac{2}{\pi}\sqrt{1-x^2}\,\mathrm{d}x=0,$$

$$E(X^2)=\int_{-1}^1 x^2\cdot\frac{2}{\pi}\sqrt{1-x^2}\,\mathrm{d}x=\frac{4}{\pi}\int_0^1 x^2\cdot\sqrt{1-x^2}\,\mathrm{d}x=\frac{4}{\pi}\cdot\frac{\pi}{16}=\frac{1}{4},$$

$$\mathrm{Var}(X)=E(X^2)-E^2(X)=\frac{1}{4}.$$

同理，Y 的密度函数为

$$f_Y(y)=\begin{cases}\dfrac{2}{\pi}\sqrt{1-y^2}, & -1<y<1,\\[3mm]0, & \text{其他,}\end{cases}$$

$E(Y)=0,\mathrm{Var}(Y)=\dfrac{1}{4}.$

方法二 利用第四章第一节定理 2 的公式得

$$E(X)=\int_{-1}^1\mathrm{d}x\int_{-\sqrt{1-x^2}}^{\sqrt{1-x^2}}x\cdot\frac{1}{\pi}\mathrm{d}y=\int_{-1}^1 x\cdot\frac{2}{\pi}\sqrt{1-x^2}\,\mathrm{d}x=0,$$

$$E(X^2)=\int_{-1}^1\mathrm{d}x\int_{-\sqrt{1-x^2}}^{\sqrt{1-x^2}}x^2\cdot\frac{1}{\pi}\mathrm{d}y=\int_{-1}^1 x^2\cdot\frac{2}{\pi}\sqrt{1-x^2}\,\mathrm{d}x=\frac{1}{4},$$

所以

$$\mathrm{Var}(X)=E(X^2)-E^2(X)=\frac{1}{4}.$$

同理得

$$E(Y)=0,\mathrm{Var}(Y)=\frac{1}{4}.$$

(2) $\displaystyle\mathrm{Cov}(X,Y)=E(XY)-E(X)E(Y)=E(XY)=\iint_{x^2+y^2\leqslant 1}xy\cdot\frac{1}{\pi}\mathrm{d}x\mathrm{d}y$

$$=\frac{1}{\pi}\int_{-1}^1 y\mathrm{d}y\int_{-\sqrt{1-x^2}}^{\sqrt{1-x^2}}x\mathrm{d}x=0.$$

(3) $\mathrm{Cov}(-3X+Y-2,5Y)=\mathrm{Cov}(-3X,5Y)+\mathrm{Cov}(Y,5Y)+\mathrm{Cov}(-2,5Y)$

$$=-3\cdot 5\mathrm{Cov}(X,Y)+5\mathrm{Cov}(Y,Y)+0$$

$$=5\mathrm{Var}(Y)=\frac{5}{4}.$$

二、相关系数

协方差考察了随机变量之间协同变化的关系，但在使用中存在这样一个问题. 例如，要讨论新生婴儿的身高 X 和体重 Y 的协方差，若采用两种不同的单位，米和千克或者厘米和克，后者协方差是前者的 100 000 倍！由于量纲的不同导致 X 与 Y 的协方差前后不同. 为避免这样的情形发生，将随机变量标准化，$X^* = \dfrac{X-E(X)}{\sqrt{\mathrm{Var}(X)}}, Y^* = \dfrac{Y-E(Y)}{\sqrt{\mathrm{Var}(Y)}}$，再求协方差 $\mathrm{Cov}(X^*, Y^*)$，这就是随机变量 X 和 Y 的相关系数，又称为标准化协方差. 因为 $\mathrm{Cov}(X^*, Y^*) = E(X^* Y^*) = E\left[\dfrac{X-E(X)}{\sqrt{\mathrm{Var}(X)}} \cdot \dfrac{Y-E(Y)}{\sqrt{\mathrm{Var}(Y)}}\right] = \dfrac{\mathrm{Cov}(X,Y)}{\sqrt{\mathrm{Var}(X)}\sqrt{\mathrm{Var}(Y)}}$，所以有相关系数的定义如下.

定义 2 设 (X,Y) 是二维随机变量，如果 $\mathrm{Cov}(X,Y)$ 存在，且 $\mathrm{Var}(X) > 0, \mathrm{Var}(Y) > 0$，则称

$$\rho(X,Y) \triangleq \frac{\mathrm{Cov}(X,Y)}{\sqrt{\mathrm{Var}(X)}\sqrt{\mathrm{Var}(Y)}}$$

为随机变量 X 和 Y 的相关系数，也记作 ρ_{XY}.

第一节例 9 续 试求 X 和 Y 的相关系数 ρ_{XY}.

解 由 0-1 分布的数学期望和方差公式得

$$E(X) = \frac{1}{4}, \mathrm{Var}(X) = \frac{3}{16}.$$

使用随机变量函数的数学期望公式得

$$E(Y) = 1, E(Y^2) = 1^2 \times \frac{1}{6} + 2^2 \times \frac{5}{12} = \frac{11}{6}, E(XY) = 1 \times 1 \times \frac{1}{12} + 1 \times 2 \times \frac{1}{12} = \frac{1}{4},$$

所以

$$\mathrm{Var}(Y) = E(Y^2) - [E(Y)]^2 = \frac{5}{6}, \mathrm{Cov}(X,Y) = E(XY) - E(X)E(Y) = 0,$$

从而

$$\rho_{XY} = \frac{\mathrm{Cov}(X,Y)}{\sqrt{\mathrm{Var}(X)}\sqrt{\mathrm{Var}(Y)}} = 0.$$

例 2 已知 $(X,Y) \sim N(\mu_1, \mu_2, \sigma_1^2, \sigma_2^2, \rho)$，计算 X 和 Y 的数字特征 $E(X), \mathrm{Var}(X)$, $E(Y), \mathrm{Var}(Y), \mathrm{Cov}(X,Y), \rho_{XY}$.

解 由第三章第三节定理 1 知 $X \sim N(\mu_1, \sigma_1^2), Y \sim N(\mu_2, \sigma_2^2)$，所以 $E(X) = \mu_1, \mathrm{Var}(X) = \sigma_1^2, E(Y) = \mu_2, \mathrm{Var}(Y) = \sigma_2^2$. 由协方差的定义得

$$\mathrm{Cov}(X,Y) = E\{[X-E(X)][Y-E(Y)]\}$$

$$= \int_{-\infty}^{+\infty}\int_{-\infty}^{+\infty} \frac{(x-\mu_1)(y-\mu_2)}{2\pi\sigma_1\sigma_2\sqrt{1-\rho^2}} \cdot \exp\left\{-\frac{1}{2(1-\rho^2)}\left[\frac{(x-\mu_1)^2}{\sigma_1^2} - \right.\right.$$

$$\left.\left. 2\rho\frac{(x-\mu_1)(y-\mu_2)}{\sigma_1\sigma_2} + \frac{(y-\mu_2)^2}{\sigma_2^2}\right]\right\}\mathrm{d}x\mathrm{d}y$$

$$\xrightarrow{\text{令 } u=\frac{x-\mu_1}{\sigma_1},\, v=\frac{y-\mu_2}{\sigma_2}} \sigma_1\sigma_2\int_{-\infty}^{+\infty}\int_{-\infty}^{+\infty}\frac{uv}{2\pi\sqrt{1-\rho^2}}\cdot\exp\left\{-\frac{1}{2(1-\rho^2)}\left[u^2-2\rho uv+v^2\right]\right\}\mathrm{d}u\mathrm{d}v$$

$$=\sigma_1\sigma_2\int_{-\infty}^{+\infty}\frac{v}{\sqrt{2\pi}}\mathrm{e}^{-\frac{v^2}{2}}\mathrm{d}v\int_{-\infty}^{+\infty}\frac{u}{\sqrt{2\pi}\sqrt{1-\rho^2}}\cdot\exp\left\{-\frac{(u-\rho v)^2}{2(1-\rho^2)}\right\}\mathrm{d}u$$

$$=\sigma_1\sigma_2\int_{-\infty}^{+\infty}\frac{v}{\sqrt{2\pi}}\mathrm{e}^{-\frac{v^2}{2}}\cdot\rho v\mathrm{d}v=\rho\sigma_1\sigma_2\int_{-\infty}^{+\infty}\frac{v^2}{\sqrt{2\pi}}\mathrm{e}^{-\frac{v^2}{2}}\mathrm{d}v$$

$$=\rho\sigma_1\sigma_2.$$

上面用到了正态随机变量 $N(\rho v,1-\rho^2)$ 的数学期望为 ρv 及标准正态随机变量平方的期望为 1 的结论. 所以

$$\rho_{XY}=\frac{\mathrm{Cov}(X,Y)}{\sqrt{\mathrm{Var}(X)\mathrm{Var}(Y)}}=\rho.$$

我们得到二维正态分布 $(X,Y)\sim N(\mu_1,\mu_2,\sigma_1^2,\sigma_2^2,\rho)$ 的参数 ρ 恰好是 X 和 Y 的相关系数.

定义 3　设 (X,Y) 是二维随机变量. 当 $\rho_{XY}=0$ 时，称 X 与 Y（线性）无关或（线性）不相关.

利用相关系数和协方差的定义，可以很容易地证明下面的定理.

定理 2　当 $\mathrm{Var}(X)>0,\mathrm{Var}(Y)>0$ 时，下列 5 个命题是等价的：（1）$\rho_{XY}=0$；（2）$\mathrm{Cov}(X,Y)=0$；（3）$E(XY)=E(X)E(Y)$；（4）$\mathrm{Var}(X+Y)=\mathrm{Var}(X)+\mathrm{Var}(Y)$；（5）$\mathrm{Var}(X-Y)=\mathrm{Var}(X)+\mathrm{Var}(Y)$.

定理 3（相关系数的性质）　设 (X,Y) 是二维随机变量，当 $\mathrm{Cov}(X,Y)$ 存在且 $\mathrm{Var}(X)>0,\mathrm{Var}(Y)>0$ 时，有

（1）$|\rho_{XY}|\leqslant1$；

（2）$|\rho_{XY}|=1$ 的充要条件是 $P(Y=aX+b)=1$，其中，

当 $\rho_{XY}=1$ 时，$a=\sqrt{\dfrac{\mathrm{Var}(Y)}{\mathrm{Var}(X)}},b=E(Y)-\sqrt{\dfrac{\mathrm{Var}(Y)}{\mathrm{Var}(X)}}E(X)$，

当 $\rho_{XY}=-1$ 时，$a=-\sqrt{\dfrac{\mathrm{Var}(Y)}{\mathrm{Var}(X)}},b=E(Y)+\sqrt{\dfrac{\mathrm{Var}(Y)}{\mathrm{Var}(X)}}E(X)$；

（3）若随机变量 X 与 Y 相互独立，则 X 与 Y 线性无关，即 $\rho_{XY}=0$. 但由 $\rho_{XY}=0$ 不能推断 X 与 Y 相互独立.

证明　（1）因为 $\mathrm{Cov}(X,Y)$ 存在且 $\mathrm{Var}(X)>0,\mathrm{Var}(Y)>0$，所以 ρ_{XY} 存在. 由方差的性质得

$$\mathrm{Var}(X^*\pm Y^*)=\mathrm{Var}(X^*)+\mathrm{Var}(Y^*)\pm2\mathrm{Cov}(X^*,Y^*)=2\pm2\rho_{XY},$$

而 $\mathrm{Var}(X^*\pm Y^*)\geqslant0$，因此 $|\rho_{XY}|\leqslant1$.

（2）由（1）的证明及方差的性质（1）知

$$\rho_{XY}=1\Leftrightarrow\mathrm{Var}(X^*-Y^*)=0\Leftrightarrow P(X^*-Y^*=0)=1 \text{ 即 } P\left[\frac{X-E(X)}{\sqrt{\mathrm{Var}(X)}}-\frac{Y-E(Y)}{\sqrt{\mathrm{Var}(Y)}}=0\right]=1.$$

因此

$\rho_{XY}=1$ 的充分必要条件为 $P\left[Y=\sqrt{\dfrac{\mathrm{Var}(Y)}{\mathrm{Var}(X)}}X-\sqrt{\dfrac{\mathrm{Var}(Y)}{\mathrm{Var}(X)}}E(X)+E(Y)\right]=1.$

同理，可得 $\rho_{XY}=-1$ 的充分必要条件为 $P\left[Y=-\sqrt{\dfrac{\mathrm{Var}(Y)}{\mathrm{Var}(X)}}X+\sqrt{\dfrac{\mathrm{Var}(Y)}{\mathrm{Var}(X)}}E(X)+E(Y)\right]=1.$

（3）当 X 与 Y 相互独立时，由协方差的计算公式及数学期望的性质(4)得

$$\mathrm{Cov}(X,Y)=E(XY)-E(X)E(Y)=E(X)E(Y)-E(X)E(Y)=0,$$

所以 X 与 Y 线性无关.

定义 4　设二维随机变量 (X,Y) 的相关系数 ρ_{XY} 存在，则

当 $|\rho_{XY}|=1$ 时，(X,Y) 的取值 (x,y) 在直线 $y=ax+b$ 上的概率为 1，称 X 与 Y **完全线性相关**；

当 $\rho_{XY}=1$ 时，(X,Y) 的取值 (x,y) 在斜率大于 0 的直线 $y=ax+b$ 上的概率为 1，称 X 与 Y **完全正线性相关**；

当 $\rho_{XY}=-1$ 时，(X,Y) 的取值 (x,y) 在斜率小于 0 的直线 $y=ax+b$ 上的概率为 1，称 X 与 Y **完全负线性相关**.

当 $\rho_{XY}>0$ 时，称 X 与 Y **正线性相关**；

当 $\rho_{XY}<0$ 时，称 X 与 Y **负线性相关**.

随机变量相互独立和线性无关都刻画了随机变量之间的关系，相互独立时一定线性无关，但反之不一定成立，例如下面的例子.

例 1 续　（1）求 X 和 Y 的相关系数 ρ_{XY}，并判断 X 和 Y 是否相关. （2）X 和 Y 是否相互独立？

解　（1）由 $\mathrm{Cov}(X,Y)=0$，得 $\rho_{XY}=0$，所以 X 和 Y 不相关.

（2）因为 $f(0,0)=\dfrac{1}{\pi}\neq f_X(0)f_Y(0)=\dfrac{2}{\pi}\cdot\dfrac{2}{\pi}$，所以 X 和 Y 不相互独立.

例 3　设随机变量 Z 服从区间 $[0,2\pi]$ 上的均匀分布，令 $X=\sin Z,Y=\cos Z$，求 ρ_{XY}.

解　由已知得

$$E(X)=\int_0^{2\pi}\sin z\cdot\frac{1}{2\pi}\mathrm{d}z=0,E(Y)=\int_0^{2\pi}\cos z\cdot\frac{1}{2\pi}\mathrm{d}z=0,$$

$$E(X^2)=\int_0^{2\pi}\sin^2 z\cdot\frac{1}{2\pi}\mathrm{d}z=\frac{1}{2},\mathrm{Var}(X)=E(X^2)-[E(X)]^2=\frac{1}{2}.$$

同理得

$$\mathrm{Var}(Y)=\frac{1}{2},$$

$$E(XY)=\int_0^{2\pi}\sin z\cos z\cdot\frac{1}{2\pi}\mathrm{d}z=0.$$

所以

$$\mathrm{Cov}(X,Y)=E(XY)-E(X)E(Y)=0,\rho_{XY}=0.$$

X 与 Y 不相关，但是 $X^2+Y^2=1$，因此 X 与 Y 不相互独立.

图 4.6 给出了两个随机变量相互独立与线性无关、线性相关之间的关系.

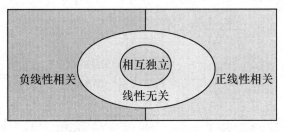

随机变量之间的关系

图4.6　相互独立与线性无关、线性相关之间的关系

定理4　如果二维随机变量(X,Y)服从二维正态分布,那么,X与Y相互独立等价于X与Y不相关.

证明　由第三章第三节定理4知,当(X,Y)服从二维正态分布时,X与Y相互独立的充要条件是$\rho=0$,又由本节例2知,$\rho=\rho_{XY}$,所以X与Y相互独立的充要条件是$\rho_{XY}=0$,即X与Y不相关.

定理给出了不相关与相互独立相统一的例子,这样的例子不是唯一的.可以这样说,相互独立是从整体也即分布的角度来刻画随机变量之间的关系,它意味着两个随机变量无任何关系,而不相关仅仅是从数字特征角度来刻画随机变量之间的关系,它意味着两个随机变量之间无线性关系,但不意味着两个随机变量之间无其他关系.因此,不相关不一定相互独立.

例如,在第三节中的"第一节例9续"中,由$\rho_{XY}=0$知X与Y不相关,但$P(X=0,Y=0)\neq P(X=0)P(Y=0)$,所以$X$与$Y$不相互独立.例3中,同样,$X$与$Y$不相关也不相互独立.

[随堂测]

1. 设二维随机变量(X,Y)的联合分布律如下.

扫码看答案

X＼Y	0	1
0	0.25	0
1	0.25	0.5

(1) 求$E(X+Y),E(XY)$.

(2) 求$\mathrm{Cov}(X,Y),\mathrm{Var}(X-3Y)$.

(3) 求$\rho(X,Y)$.

2. 设(X,Y)的联合密度函数为

$$f(x,y)=\begin{cases}cy, & (x,y)\in G,\\ 0, & \text{其他},\end{cases}$$

其中区域$G=\{(x,y)\mid -y<x<y,0<y<1\}$.

(1) 求$E(X),E(Y),E(XY)$.

(2) 求$\mathrm{Var}(X),\mathrm{Var}(Y),\mathrm{Cov}(X,Y)$.

(3) $\mathrm{Var}(X-3Y),\mathrm{Cov}(2X+3,-5Y+2)$.

3. 设$X_1,X_2,\cdots,X_8$相互独立同分布,且$X_i\sim B(3,0.4),i=1,2,\cdots,8$.

(1) 求$\mathrm{Var}(X_1-\bar{X})$.

(2) 求$\mathrm{Cov}(X_1-\bar{X},X_2-\bar{X})$.

习题 4-3

1. 设随机变量 X 与 Y 的联合分布律如下.

X＼Y	-1	0	2
-1	$\dfrac{1}{6}$	$\dfrac{1}{12}$	0
0	$\dfrac{1}{4}$	0	0
1	$\dfrac{1}{12}$	$\dfrac{1}{4}$	$\dfrac{1}{6}$

求：（1）$E(X-Y),E(XY)$；

（2）$\mathrm{Cov}(X,Y)$ 与 $\mathrm{Var}(X-2Y)$；

（3）$\rho(X,Y)$.

2. 习题 4-1 中的第 9 题，计算：

（1）X,Y 的方差 $\mathrm{Var}(X),\mathrm{Var}(Y)$；

（2）X 与 Y 的协方差 $\mathrm{Cov}(X,Y)$；

（3）X 与 Y 的相关系数 $\rho(X,Y)$.

3. 设 (X,Y) 的联合密度函数为

$$f(x,y)=\begin{cases}2-x-y, & 0<x<1,0<y<1, \\ 0, & 其他.\end{cases}$$

求：（1）$E(X),E(Y),\mathrm{Var}(X),\mathrm{Var}(Y)$；

（2）X 与 Y 的协方差 $\mathrm{Cov}(X,Y)$ 和相关系数 $\rho(X,Y)$.

4. 设 (X,Y) 的联合密度函数为 $f(x,y)=\begin{cases}\dfrac{16}{5}\left(x^2+\dfrac{xy}{2}\right), & 0<y<x<1, \\ 0, & 其他.\end{cases}$

求：（1）$E(X),E(Y)$；

（2）$\mathrm{Var}(X),\mathrm{Var}(Y)$；

（3）X 与 Y 的协方差 $\mathrm{Cov}(X,Y)$；

（4）X 与 Y 的相关系数 ρ_{XY}.

5. 设随机变量 X 与 Y 的联合分布律如下.

X＼Y	-1	0	1
-1	α	$\dfrac{1}{8}$	$\dfrac{1}{4}$
1	$\dfrac{1}{8}$	$\dfrac{1}{8}$	β

（1）证明 $E(XY)=0$.

（2）当 α 和 β 取何值时，X 与 Y 不相关？

（3）当 X 与 Y 不相关时，X 与 Y 相互独立吗？

6. 设随机变量 X 与 Y 的联合分布律如下. 试证：X 与 Y 不相关，X 与 Y 不相互独立.

X \ Y	-1	0	1
-1	$\frac{1}{8}$	$\frac{1}{8}$	$\frac{1}{8}$
0	$\frac{1}{8}$	0	$\frac{1}{8}$
1	$\frac{1}{8}$	$\frac{1}{8}$	$\frac{1}{8}$

7. 设 X,Y,Z 是 3 个随机变量. 已知 $E(X)=E(Y)=1,E(Z)=-1;\mathrm{Var}(X)=\mathrm{Var}(Y)=\mathrm{Var}(Z)=2;\rho(X,Y)=0,\rho(Y,Z)=-0.5,\rho(Z,X)=0.5.$ 记 $W=X-Y+Z$，试求 $E(W)$ 与 $\mathrm{Var}(W)$，并由此计算 $E(W^2)$.

8. 设 $X_1,X_2,\cdots,X_n(n>2)$ 相互独立同分布，且 $X_i\sim B(m,p)$，记 $\overline{X}=\frac{1}{n}\sum_{i=1}^{n}X_i,Y_i=X_i-\overline{X}$ $(i=1,2,\cdots,n)$. 求：

（1）$\overline{X}=\frac{1}{n}\sum_{i=1}^{n}X_i$ 的方差 $\mathrm{Var}(\overline{X})$；

（2）Y_i 的方差 $\mathrm{Var}(Y_i)(i=1,2,\cdots,n)$；

（3）Y_1 与 Y_n 的协方差 $\mathrm{Cov}(Y_1,Y_n)$ 和相关系数 $\rho(Y_1,Y_n)$.

9. 证明：当 $kl\neq0$ 时，$|\rho(kX+c,lY+b)|=|\rho(X,Y)|$. 特别地，当 $kl>0$ 时，$\rho(kX+c,lY+b)=\rho(X,Y)$；当 $kl<0$ 时，$\rho(kX+c,lY+b)=-\rho(X,Y)$.

第四节　其他数字特征

这一节我们学习随机变量其他常用的数字特征，包括矩、变异系数、分位数及中位数等. 首先介绍 k 阶矩.

一、k 阶矩

定义 1 设 X,Y 是随机变量，k,l 是正整数，则称

$E(X^k)$　　　　　　是随机变量 X 的 k 阶原点矩；

$E\{[X-E(X)]^k\}$　　　是随机变量 X 的 k 阶中心矩；

$E(X^kY^l)$　　　　　是随机变量 (X,Y) 的 (k,l) 阶联合原点矩；

$E\{[X-E(X)]^k[Y-E(Y)]^l\}$　是随机变量 (X,Y) 的 (k,l) 阶联合中心矩.

例如，数学期望 $E(X)$ 是一阶原点矩，方差 $\mathrm{Var}(X)$ 是二阶中心矩，协方差是 $(1,1)$ 阶

联合中心矩.

例 1　设 $X \sim N(0,1)$，试证明 $E(X^k) = \begin{cases} (k-1)(k-3)\cdots 1, & \text{当 } k \text{ 为偶数时,} \\ 0, & \text{当 } k \text{ 为奇数时.} \end{cases}$

证明　当 k 为奇数时，$E(X^k) = 0$.

当 k 为偶数时，设 $I_k = E(X^k)$，则

$$
\begin{aligned}
I_k &= \int_{-\infty}^{+\infty} x^k \cdot \frac{1}{\sqrt{2\pi}} e^{-\frac{x^2}{2}} dx = -\int_{-\infty}^{+\infty} \frac{1}{\sqrt{2\pi}} x^{k-1} de^{-\frac{x^2}{2}} \\
&= -\left\{ \left[\frac{1}{\sqrt{2\pi}} x^{k-1} e^{-\frac{x^2}{2}} \right]_{-\infty}^{+\infty} - (k-1) \int_{-\infty}^{+\infty} x^{k-2} \frac{1}{\sqrt{2\pi}} e^{-\frac{x^2}{2}} dx \right\} \\
&= (k-1) I_{k-2},
\end{aligned}
$$

所以 $I_k = (k-1)(k-3)\cdots 1 \cdot I_0 = (k-1)(k-3)\cdots 1 = (k-1)!!$.

例 2　已知 $X \sim N(1,2)$，试计算 $E[(X-1)^6]$.

解　因为 $\dfrac{X-1}{\sqrt{2}} \sim N(0,1)$，所以 $E[(X-1)^6] = 8E\left[\left(\dfrac{X-1}{\sqrt{2}}\right)^6\right] = 8 \cdot 5!! = 120$.

为了表达更简洁，我们引入多维随机变量数字特征的向量形式. 对于 n 维随机向量 $(X_1, X_2, \cdots, X_n)^T$，设 $\boldsymbol{\mu} = \begin{pmatrix} E(X_1) \\ \vdots \\ E(X_n) \end{pmatrix}$ 为 $(X_1, X_2, \cdots, X_n)^T$ 的期望向量（或均值向量），

$\boldsymbol{C} = \begin{pmatrix} \text{Cov}(X_1, X_1) & \cdots & \text{Cov}(X_1, X_n) \\ \vdots & & \vdots \\ \text{Cov}(X_n, X_1) & \cdots & \text{Cov}(X_n, X_n) \end{pmatrix}$ 为 $(X_1, X_2, \cdots, X_n)^T$ 的协方差矩阵. 可以验证二维正

态分布 $N(\mu_1, \mu_2, \sigma_1^2, \sigma_2^2, \rho)$ 的密度函数可表示为

$$
f(x_1, x_2) = (2\pi)^{-1} |\boldsymbol{C}|^{-\frac{1}{2}} \exp\left\{ -\frac{1}{2} (\boldsymbol{x} - \boldsymbol{\mu})^T \boldsymbol{C}^{-1} (\boldsymbol{x} - \boldsymbol{\mu}) \right\}.
$$

其中，$\boldsymbol{x} = \begin{pmatrix} x_1 \\ x_2 \end{pmatrix}, \boldsymbol{\mu} = \begin{pmatrix} \mu_1 \\ \mu_2 \end{pmatrix}, \boldsymbol{C} = \begin{pmatrix} \sigma_1^2 & \rho\sigma_1\sigma_2 \\ \rho\sigma_1\sigma_2 & \sigma_2^2 \end{pmatrix}, \boldsymbol{C}^{-1} = \dfrac{1}{1-\rho^2} \begin{pmatrix} \dfrac{1}{\sigma_1^2} & -\dfrac{\rho}{\sigma_1\sigma_2} \\ -\dfrac{\rho}{\sigma_1\sigma_2} & \dfrac{1}{\sigma_2^2} \end{pmatrix}$,

$|\boldsymbol{C}|^{-\frac{1}{2}} = \dfrac{1}{\sigma_1\sigma_2\sqrt{1-\rho^2}}$.

下面给出 n 维正态分布的联合密度函数：

$$
f(x_1, x_2, \cdots, x_n) = (2\pi)^{-\frac{n}{2}} |\boldsymbol{C}|^{-\frac{1}{2}} \exp\left\{ -\frac{1}{2} (\boldsymbol{x} - \boldsymbol{\mu})^T \boldsymbol{C}^{-1} (\boldsymbol{x} - \boldsymbol{\mu}) \right\}.
$$

其中，$\boldsymbol{x} = \begin{pmatrix} x_1 \\ \vdots \\ x_n \end{pmatrix}, \boldsymbol{\mu} = \begin{pmatrix} \mu_1 \\ \vdots \\ \mu_n \end{pmatrix}, \boldsymbol{C} = \begin{pmatrix} \text{Cov}(X_1, X_1) & \cdots & \text{Cov}(X_1, X_n) \\ \vdots & & \vdots \\ \text{Cov}(X_n, X_1) & \cdots & \text{Cov}(X_n, X_n) \end{pmatrix}$.

二、变异系数

由于方差、标准差受量纲的影响，所以在实际工作中，常用变异系数这个数字特征.

定义 2　设随机变量 X 的数学期望 $E(X) \neq 0$，方差 $\mathrm{Var}(X)$ 存在，那么称

$$\delta_X \triangleq \frac{\sqrt{\mathrm{Var}(X)}}{|E(X)|}$$

为随机变量 X 的变异系数.

变异系数无量纲，反映随机变量在单位均值上的波动程度. 例如，当 $X \sim Exp(\lambda)$ 时，$\delta_X = 1$. 当 $X \sim N(\mu, \sigma^2)$ 时，$\delta_X = \dfrac{\sigma}{|\mu|} (\mu \neq 0)$.

三、分位数和中位数

前面第二章我们给出了正态分布的分位数概念，其实任何一种分布都有分位数. 对于任意一个随机变量 X，当 $0 < p < 1$ 时，如果实数 c 满足 $\begin{cases} P(X \leq c) \geq p, \\ P(X \geq c) \geq 1-p, \end{cases}$ 那么称 c 是 X（或 X 所服从的分布）的 **p 分位数**，记作 ν_p.

在离散型随机变量情形下，当 p 确定时，ν_p 可能不唯一. 例如，若 $X \sim B(1, 0.3)$，$\nu_{0.7} = 0$ 正确，$\nu_{0.7} = 0.9$ 也对. 结合分位数在实际中的应用，我们主要讨论连续型随机变量的分位数.

定义 3　设连续型随机变量 X 的分布函数为 $F(x)$，密度函数为 $f(x)$，$F(\nu_p) = P(X \leq \nu_p) = \displaystyle\int_{-\infty}^{\nu_p} f(x) \mathrm{d}x = p$，则称 $\nu_p = F^{-1}(p)$ 为 X 的 **p 分位数**. 特别地，当 $p = \dfrac{1}{2}$ 时，称 $\nu_{\frac{1}{2}}$ 为**中位数**.

例 3　已知随机变量 $X \sim N(3, 4)$，求 X 的分位数 $\nu_{0.25}, \nu_{0.75}$ 和中位数 $\nu_{0.5}$.

解　因为 $P(X \leq \nu_{0.25}) = 0.25$，得 $P\left(\dfrac{X-\mu}{\sigma} \leq \dfrac{\nu_{0.25}-\mu}{\sigma}\right) = 0.25$，所以 $\dfrac{\nu_{0.25}-\mu}{\sigma} = u_{0.25}$，其中 $u_{0.25}$ 为标准正态分布的 0.25 分位数. 查表得 $u_{0.75} = 0.674\,5$，因此，$u_{0.25} = -0.674\,5$. 从而 $\dfrac{\nu_{0.25}-3}{2} = -0.674\,5, \nu_{0.25} = 1.651$.

同理得 $\nu_{0.75} = 4.349$. 由正态分布密度函数图形的轴对称性知 $\nu_{0.5} = 3$.

定义 4　当 X 为离散型随机变量时，设其分布律为 $P(X = x_i) = p_i, i = 1, 2, \cdots$. 如果存在实数 a^*，使 $P(X = a^*) \geq P(X = x_i)$ 对一切 $i = 1, 2, \cdots$ 成立，那么称 a^* 为 X（或 X 所服从的分布）的**众数**.

当 X 为连续型随机变量时，设其密度函数为 $f(x)$，如果存在实数 x^*，使 $f(x^*) \geq f(x)$ 对一切 $-\infty < x < +\infty$ 成立，那么称 x^* 为 X（或 X 所服从的分布）的**众数**.

例如，当 $X \sim P(3)$ 时，因为 $P(X=2) = P(X=3) > P(X=i)$, $i=1,4,5,\cdots$，所以 $P(3)$ 的众数为 2 和 3. 正态分布 $N(\mu, \sigma^2)$ 的众数为 μ.

[随堂测]

1. 设随机变量 $X \sim Exp(2)$，求 X 的中位数 $\nu_{0.5}$.

2. 设随机变量 $X \sim B(3, 0.4)$. 求：

(1) X 的变异系数 δ_X；

(2) X 的众数.

扫码看答案

习题 4-4

1. 设 $X \sim N(0,1)$，给定 $0 < \alpha < 1$，$P(X \leqslant u_\alpha) = \alpha$. 若 $P(|X| \geqslant x) = \alpha$，求 x 的值并将它用分位数记号表示.

2. 设 $X_1, X_2, \cdots, X_n$ 为相互独立同分布的随机变量序列，且 $X_i \sim N(0,1)$，$i = 1, 2, \cdots, n$，求 $\dfrac{1}{n} \sum_{i=1}^{n} X_i^2$ 的方差.

3. 设 $X \sim B(3, 0.2)$，求该分布的变异系数和众数.

4. 证明：正态分布 $N(\mu, \sigma^2)$ 的均值、中位数和众数都为 μ.

5. 已知 $X \sim N(-3, 3)$，计算 $E[(X+3)^8]$.

章总结

本章小结

数学期望	理解 离散型、连续型随机变量的数学期望的定义
	掌握 数学期望的性质
	掌握 随机变量函数的数学期望公式
	掌握 常用随机变量的数学期望
方差、标准差	理解 随机变量方差的定义
	掌握 方差的性质
	掌握 随机变量的方差计算公式
	掌握 常用随机变量的方差
协方差、相关系数	理解 随机变量协方差、相关系数的定义
	掌握 协方差、相关系数的性质
	掌握 协方差、相关系数的计算方法
k 阶矩	理解 k 阶矩的定义
	掌握 正态分布的 k 阶原点矩的计算公式
期望向量、协方差矩阵	了解 期望向量、协方差矩阵的定义
	了解 期望向量、协方差矩阵的简单计算
变异系数、分位数、中位数及众数	了解 变异系数、分位数、中位数及众数的定义及简单计算

拓展阅读

投资组合理论

投资组合理论由马柯维茨(Markowitz)于 1952 年 3 月提出. 随后马柯维茨进行了系统、深入的研究, 在 1959 年出版的《证券组合选择》一书中详细论述了证券组合的基本原理, 为现代西方证券投资理论奠定了基础, 他因此获得 1990 年的诺贝尔经济学奖.

投资组合理论包含的均值-方差分析方法, 被应用于资产配置.

人们进行投资, 本质上是在不确定性的收益和风险中进行选择. 该理论用均值-方差来刻画这两个关键因素. 均值是指投资组合的期望收益率, 它是每项金融产品的期望收益率的加权平均, 权重为相应的投资比例. 方差是指投资组合的收益率的方差. 我们把收益率的标准差称为波动率, 它刻画了投资组合的风险.

人们在投资决策中怎样选择收益和风险的组合是投资组合理论研究的中心问题. 通常人们是在给定期望风险水平下对期望收益进行最大化, 或者在给定期望收益水平下对期望风险进行最小化.

设有 n 种金融产品, 其收益率为随机变量 $X_1, X_2, \cdots, X_n$, 平均收益率(即收益率的期望)分别为 $\mu_1, \mu_2, \cdots, \mu_n$, 收益率的方差(即风险)分别为 $\sigma_1^2, \sigma_2^2, \cdots, \sigma_n^2$, 每种金融产品的投资比例分别为 $w_1, w_2, \cdots, w_n$, 则资产投资组合的收益率 $X = \sum_{i=1}^{n} w_i X_i$, 平均收益率为 $\mu = E(X) = \sum_{i=1}^{n} w_i E(X_i) = \sum_{i=1}^{n} w_i \mu_i$, 投资组合的风险(即投资组合收益率的方差)为

$$\sigma^2 = \mathrm{Var}(X) = \mathrm{Var}\left(\sum_{i=1}^{n} w_i X_i\right) = \sum_{i=1}^{n} w_i^2 \mathrm{Var}(X_i) + 2 \sum_{1 \leq i < j \leq n} w_i w_j \mathrm{Cov}(X_i, X_j)$$

$$= \sum_{i=1}^{n} w_i^2 \sigma_i^2 + 2 \sum_{1 \leq i < j \leq n} w_i w_j \rho_{ij} \sigma_i \sigma_j.$$

若金融产品之间都是相关的, 已知各种金融产品之间的相关系数, 就有可能选择最低风险的投资组合. 若金融产品之间都不相关, 则投资组合的风险为

$$\sigma^2 = \mathrm{Var}(X) = \sum_{i=1}^{n} w_i^2 \sigma_i^2.$$

这时, 最优投资组合可以表示为求解二次规划问题:

$$\min_{0 \leq w_1, w_2, \cdots, w_n \leq 1} \sigma^2 = \sum_{i=1}^{n} w_i^2 \sigma_i^2,$$

$$约束条件 \qquad \sum_{i=1}^{n} w_i = 1.$$

一般情况下, σ^2 远远小于 σ_i^2. 若取 $w_1 = w_2 = \cdots = w_n = \dfrac{1}{n}$, 投资组合的风险为 $\sigma^2 =$

$\dfrac{1}{n^2} \sum_{i=1}^{n} \sigma_i^2 \leq \dfrac{n \cdot \max\limits_{1 \leq i \leq n}(\sigma_i^2)}{n^2} = \dfrac{\max\limits_{1 \leq i \leq n}(\sigma_i^2)}{n} \leq \max\limits_{1 \leq i \leq n}(\sigma_i^2)$, 也即组合可分散风险.

所谓"不要把所有鸡蛋放在一个篮子中"就是这个道理.

测试题四

1. 设 X 服从标准正态分布. 求：

(1) $Y=X^2$ 的密度函数 $f_Y(y)$；

(2) Y 的数学期望 $E(Y)$ 和方差 $\mathrm{Var}(Y)$；

(3) $E(\mathrm{e}^X)$.

2. 设离散型随机变量 X,Y 均只取 $0,1$ 这两个值. $P(X=0,Y=0)=0.2, P(X=1,Y=1)=0.3$，且随机事件 $\{X=1\}$ 与 $\{X+Y=1\}$ 相互独立. 求：

(1) (X,Y) 的联合分布律；

(2) X,Y 的边缘分布律；

(3) $Z=X^2+Y^2$ 的分布律和协方差 $\mathrm{Cov}(X,Z)$.

3. 假设离散型随机变量 X_1 与 X_2 都只取 -1 和 1 这两个值，且满足 $P(X_1=-1)=0.5$，$P(X_2=-1\mid X_1=-1)=P(X_2=1\mid X_1=1)=\dfrac{1}{3}$. 求：

(1) (X_1,X_2) 的联合分布律；

(2) 概率 $P(X_1+X_2=0)$；

(3) X_1 与 X_2 的协方差 $\mathrm{Cov}(X_1,X_2)$ 和相关系数 $\rho(X_1,X_2)$.

4. 设随机变量 (X,Y) 的联合密度函数为

$$f(x,y)=\begin{cases} \mathrm{e}^{-y}, & 0<x<y, \\ 0, & \text{其他.} \end{cases}$$

(1) 分别求 X,Y 的边缘密度函数.

(2) X 与 Y 是否相互独立？请说明理由.

(3) 求条件密度函数 $f_{Y\mid X}(y\mid x)$，其中 $x>0$.

(4) 求 $E(X),E(Y),\mathrm{Cov}(X,Y)$.

5. 设随机变量 X 服从参数为 1 的指数分布，随机变量 Y 服从二项分布 $B(2,0.5)$，且 $\mathrm{Cov}(X,Y)=0.5$. 计算 $E(X-3Y)$ 和 $\mathrm{Var}(X-3Y)$.

6. 设随机变量 X 与 Y 相互独立，且 X 服从正态分布 $N(2,4)$，Y 服从参数为 0.5 的指数分布. 求方差 $\mathrm{Var}(XY)$ 和协方差 $\mathrm{Cov}(X+Y,X-Y)$.

7. 设随机变量 $X\sim N(1,4)$，$Y\sim N(0,9)$，且 X 与 Y 的相关系数 $\rho_{XY}=-\dfrac{1}{2}$. 记 $Z=\dfrac{X}{2}+\dfrac{Y}{3}$. 求：(1) $E(Z),\mathrm{Var}(Z)$；(2) $\mathrm{Cov}(X,Z)$.

8. 设随机变量 X_1 与 X_2 相互独立，它们均服从标准正态分布. 记 $Y_1 = X_1 + X_2$，$Y_2 = X_1 - X_2$. 可以证明：(Y_1, Y_2) 服从二维正态分布.

（1）求 Y_1 的密度函数 $f_{Y_1}(y_1)$ 和 Y_2 的密度函数 $f_{Y_2}(y_2)$.

（2）计算 Y_1 和 Y_2 的协方差 $\mathrm{Cov}(Y_1, Y_2)$；

（3）求 (Y_1, Y_2) 的联合密度函数 $f(y_1, y_2)$；

（4）求概率 $P(-\sqrt{2} \leqslant Y_1 \leqslant \sqrt{2}, -\sqrt{2} \leqslant Y_2 \leqslant \sqrt{2})$.

第五章　大数定律及中心极限定理

[课前导读]

概率论是研究大量试验后得出统计规律性的一门理论，数学中研究大量的工具是极限，因此，这一章我们学习概率论中的极限定理，主要有大数定律及中心极限定理．我们先回忆一下高等数学中数列的极限，以及在第二章我们学习过的两个极限定理．

数列的极限　设 $\{x_n\}$ 为实数列，c 为常数．若对任意给定的正数 ε，总存在正整数 N，使当 $n>N$ 时，有 $|x_n-c|\leqslant\varepsilon$，则称数列 $\{x_n\}$ 收敛于 c．常数 c 称为数列 $\{x_n\}$ 的极限，记作 $x_n\to c(n\to\infty)$．

超几何分布的极限定理　$\displaystyle\lim_{N\to\infty}\frac{\dbinom{M}{k}\dbinom{N-M}{n-k}}{\dbinom{N}{n}}=\dbinom{n}{k}p^k(1-p)^{n-k}.$

泊松定理　设 $\lambda=np_n>0,0<p_n<1$，对于任意一个非负整数 k，有

$$\lim_{n\to\infty}\dbinom{n}{k}p_n^k(1-p_n)^{n-k}=\mathrm{e}^{-\lambda}\frac{\lambda^k}{k!}.$$

第一节　大数定律

在第一章学习概率的统计定义时，我们讲到随着试验次数的增大，事件的频率逐步"稳定"到事件的概率，这里的"稳定"即为收敛．它意味着随着试验次数的增多，在某种收敛意义下，频率的极限是概率．这是为什么呢？大数定律给了我们答案．下面先介绍切比雪夫不等式．

一、切比雪夫不等式

随机变量 X 的取值总是围绕其数学期望变动，若 X 的分布已知，则可以计算事件 $\{|X-E(X)|\geqslant\varepsilon\}$ 的概率．

例1　设 $X\sim N(\mu,\sigma^2)$，求 $P(|X-\mu|\geqslant3\sigma)$．

解　因为 $\dfrac{X-\mu}{\sigma}\sim N(0,1)$，所以

$$P(|X-\mu|\geqslant3\sigma)=P\left(\left|\frac{X-\mu}{\sigma}\right|\geqslant3\right)=2-2\Phi(3)=0.003.$$

若 X 的分布未知, 怎样计算 $P[\,|X-E(X)|\geqslant\varepsilon\,]$ 呢? 切比雪夫不等式给出了此概率的一个上限.

定理1(切比雪夫不等式)　设随机变量 X 的数学期望 $E(X)$ 及方差 $\mathrm{Var}(X)$ 存在, 则对于任意的 $\varepsilon>0$, 有

$$P[\,|X-E(X)|\geqslant\varepsilon\,]\leqslant\frac{\mathrm{Var}(X)}{\varepsilon^2}.$$

证明　仅给出 X 为连续型随机变量的证明.

$$P[\,|X-E(X)|\geqslant\varepsilon\,]=\int_{|x-E(X)|\geqslant\varepsilon}f(x)\,\mathrm{d}x\leqslant\int_{|x-E(X)|\geqslant\varepsilon}\left[\frac{|x-E(X)|}{\varepsilon}\right]^2f(x)\,\mathrm{d}x$$

$$\leqslant\int_{-\infty}^{+\infty}\frac{[x-E(X)]^2}{\varepsilon^2}f(x)\,\mathrm{d}x=\frac{\mathrm{Var}(X)}{\varepsilon^2}.$$

事件 $\{|X-E(X)|\geqslant\varepsilon\}$ 可理解为"随机变量 X 关于其数学期望发生了较大偏差", 不等式给出了此事件的概率上限, 它与方差成正比. 方差越大, 此上限就越大; 方差越小, X 在其数学期望附近取值的密集程度就越高, 远离数学期望的区域的概率上限就越小. 它进一步说明了方差的概率意义, 方差是随机变量取值与其中心位置的偏离程度的一种度量指标.

在实际问题中, 当随机变量 X 的分布未知时, 可由 X 的观测数据估计得到 X 的期望和方差, 然后使用切比雪夫不等式估计 X 关于 $E(X)$ 的偏离程度.

例1续　设 $X\sim N(\mu,\sigma^2)$, 用切比雪夫不等式估计概率 $P(\,|X-\mu|\geqslant3\sigma)$.

解　$\varepsilon=3\sigma$, 由切比雪夫不等式得

$$P(\,|X-\mu|\geqslant3\sigma)\leqslant\frac{\mathrm{Var}(X)}{(3\sigma)^2}=\frac{1}{9}.$$

显然, 利用切比雪夫不等式估计"随机变量 X 关于其数学期望 μ 发生了较大偏差"的概率是粗糙的. 这里引入切比雪夫不等式的另一个目的——它是证明大数定律的工具之一.

例2　设随机变量 X 的方差 $\mathrm{Var}(X)=0$, 证明 X 服从参数为 c 的退化分布.

证明　利用切比雪夫不等式, 对任意的 $\varepsilon>0$, 有

$$0\leqslant P[\,|X-E(X)|\geqslant\varepsilon\,]\leqslant\frac{\mathrm{Var}(X)}{\varepsilon^2}=0.$$

由 ε 的任意性知

$$P[X=E(X)]=1.$$

二、依概率收敛

刻画随机变量序列的极限和刻画数列的极限是不同的. **随机变量序列**即由随机变量构成的一个序列. 前面我们复习了数列 $\{x_n\}$ 的极限定义. 数列 $\{x_n\}$ 收敛于 c, 指当 n 充分大时, x_n 和 c 的距离任意小. 对随机变量序列 $X_1,X_2,\cdots$ 不能采用这样的方式定义它的极限. 因为序列中的每一个元素 X_n 是随机变量, 它的取值不确定, 它不可能和一个常数 c 的距离任意小, 除非它退化为常数 c. 那么, 能否用合理的方式给出随机变量序列的极限呢? 答案是肯定的,

只不过这里随机变量序列极限的定义方式和数列极限的定义方式有所不同.

例如, 在重复抛掷一枚硬币的试验中, 设事件 A 为"出现正面". 对固定的 n, 抛掷 n 次硬币, 设 $f_n(A)$ 为事件 A 出现的频率, 它是一个随机变量. 当抛掷的次数 n 改变时, 得到一个随机变量序列 $f_1(A), f_2(A), \cdots, f_n(A), \cdots$. 随着 n 的增大, $f_n(A)$ 越来越接近于 0.5, 但不能理解为 "$f_n(A)$ 和 0.5 的距离任意小", 这样的说法 ($|f_n(A) - 0.5| \leqslant \varepsilon$) 是错误的. 因为极端情形 "$n$ 次抛掷结果都为正面" 是可能发生的, 这时 $|f_n(A) - 0.5| = |1 - 0.5| = 0.5$, 即 "$f_n(A)$ 和 0.5 的距离不那么小". 那么怎样刻画事件 A 发生的频率 $f_n(A)$ 越来越接近于 0.5 呢? 我们发现, $P\{(\text{正}, \text{正}, \cdots, \text{正})\} = \dfrac{1}{2^n}$ 随着 n 的增大趋向于零. 可以证明 A 的频率和 0.5 出现较大偏差的可能性, 即 $P[|f_n(A) - 0.5| \geqslant \varepsilon]$, 随着 n 的增大越来越小, 当 n 充分大时, 它趋向于零. 所以, 可以说事件 A 发生的频率 $f_n(A)$ 收敛到 A 的概率 $P(A) = 0.5$. 这样我们给出如下随机变量序列极限的定义方式.

定义　设 $X_1, X_2, \cdots$ 是一个随机变量序列. 如果存在一个常数 c, 使对任意一个 $\varepsilon > 0$, 总有 $\lim\limits_{n \to \infty} P(|X_n - c| < \varepsilon) = 1$. 那么, 称**随机变量序列** $X_1, X_2, \cdots$ **依概率收敛于** c, 记作 $X_n \xrightarrow{P} c$. 即对任意 $\varepsilon > 0$, $P(|X_n - c| \geqslant \varepsilon) \to 0 (n \to \infty)$.

依概率收敛

怎样理解依概率收敛的定义? 当 n 充分大时, "X_n 在 $(c - \varepsilon, c + \varepsilon)$ 内"的概率几乎为 1, 或 "X_n 和 c 出现较大偏差"的可能性几乎为零 (几乎不可能发生). 用这样的方式定义随机变量序列的极限是合理的.

例3　已知 $X_1, X_2, \cdots$ 是一个随机变量序列, 且 $E(X_n) = 2, \mathrm{Var}(X_n) = \dfrac{1}{n}(n = 1, 2, \cdots)$. 问: X_n 依概率收敛到什么值?

解　由切比雪夫不等式得

$$P(|X_n - 2| \geqslant \varepsilon) \leqslant \frac{\mathrm{Var}(X_n)}{\varepsilon^2} = \frac{1}{n \varepsilon^2} \to 0 (n \to \infty),$$

所以 $X_n \xrightarrow{P} 2$.

这里不加证明地给出下面的定理.

定理2　如果 $X_n \xrightarrow{P} a, Y_n \xrightarrow{P} b$, 且函数 $g(x, y)$ 在 (a, b) 处连续, 那么

$$g(X_n, Y_n) \xrightarrow{P} g(a, b).$$

举个简单的例子, 若 $X_n \xrightarrow{P} 2, Y_n \xrightarrow{P} 3$, 那么 $X_n + Y_n \xrightarrow{P} 5$.

三、大数定律

有了前面的准备, 下面就来介绍 3 个大数定律, 包括切比雪夫大数定律、辛钦大数定律和伯努利大数定律.

定理3(切比雪夫大数定律)　设随机变量序列 $X_1, X_2, \cdots$ 两两不相关, 若存在常数 c,

使 $\mathrm{Var}(X_i)=\sigma_i^2 \leqslant c < +\infty$ $(i=1,2,\cdots)$，则对任意 $\varepsilon>0$，有

$$\lim_{n\to\infty}P\left[\left|\frac{1}{n}\sum_{i=1}^n X_i - \frac{1}{n}\sum_{i=1}^n E(X_i)\right| < \varepsilon\right] = 1,$$

也可以表示为 $\bar{X}=\dfrac{1}{n}\sum_{i=1}^n X_i \xrightarrow{P} \dfrac{1}{n}\sum_{i=1}^n E(X_i)$.

证明 因为随机变量序列 $X_1,X_2,\cdots$ 两两不相关，所以根据数学期望和方差的性质可得

$$E\left(\frac{1}{n}\sum_{i=1}^n X_i\right)=\frac{1}{n}\sum_{i=1}^n E(X_i),\mathrm{Var}\left(\frac{1}{n}\sum_{i=1}^n X_i\right)=\frac{1}{n^2}\sum_{i=1}^n \mathrm{Var}(X_i) \leqslant \frac{c}{n},$$

由切比雪夫不等式知，对任意 $\varepsilon>0$，当 $n\to\infty$ 时，

$$P\left[\left|\frac{1}{n}\sum_{i=1}^n X_i - \frac{1}{n}\sum_{i=1}^n E(X_i)\right| \geqslant \varepsilon\right] \leqslant \frac{1}{\varepsilon^2}\mathrm{Var}\left(\frac{1}{n}\sum_{i=1}^n X_i\right) \leqslant \frac{c}{n\varepsilon^2} \to 0.$$

随机变量序列 $X_1,X_2,\cdots$ 相互独立指序列中的任意有限个随机变量相互独立，**随机变量序列 $X_1,X_2,\cdots$ 两两不相关**指序列中的任意两个随机变量线性无关. 存在常数 c，使 $\mathrm{Var}(X_i)=\sigma_i^2 \leqslant c < +\infty$ $(i=1,2,\cdots)$，这被称作方差存在且一致有上界.

定理表明，若随机变量序列相互独立，方差存在且一致有上界，当 n 充分大时，随机变量序列的前 n 项的算术平均值和自身的期望充分接近几乎总是发生的.

定理 4(相互独立同分布大数定律) 设随机变量序列 $X_1,X_2,\cdots$ 相互独立同分布，若 $E(X_i)=\mu<+\infty$，$\mathrm{Var}(X_i)=\sigma^2<+\infty$，$i=1,2,\cdots$，则对任意 $\varepsilon>0$，有

$$\lim_{n\to\infty}P\left(\left|\frac{1}{n}\sum_{i=1}^n X_i - \mu\right| < \varepsilon\right) = 1,$$

也可以表示为 $\bar{X}=\dfrac{1}{n}\sum_{i=1}^n X_i \xrightarrow{P} \mu$.

随机变量序列 $X_1,X_2,\cdots$ 相互独立同分布指随机变量序列相互独立且序列中随机变量的分布类型及参数均相同. 显然，相互独立同分布大数定律是切比雪夫大数定律的特例. 因为切比雪夫大数定律中的 $\dfrac{1}{n}\sum_{i=1}^n E(X_i)$ 在相互独立同分布大数定律的条件下即为 μ.

在许多实际问题中，方差存在不一定满足，苏联数学家辛钦(1894—1959 年)证明了相互独立同分布情形下，数学期望存在、方差不存在时结论仍然成立，因此，相互独立同分布大数定律又称作**辛钦大数定律**.

相互独立同分布(辛钦)大数定律是人们日常生活中经常使用的**算术平均值法则**的理论依据. 为了精确称量物体的质量 μ，可在相同的条件下重复称 n 次，结果可记为 $x_1,x_2,\cdots,x_n$. 它们一般是不同的，可看为 n 个相互独立同分布的随机变量 $(X_1,X_2,\cdots,X_n)$ 的一次观测值. $X_1,X_2,\cdots,X_n$ 服从同一分布，它们共同的数学期望即为物体的真实质量 μ. 由相互独立同分布(辛钦)大数定律知，当 n 充分大时，$\dfrac{1}{n}\sum_{i=1}^n X_i \xrightarrow{P} \dfrac{1}{n}\sum_{i=1}^n E(X_i)=E(X_i)=\mu$. 这意味着 $\dfrac{1}{n}\sum_{i=1}^n X_i$ 逐渐趋向于 μ，也即随机变量的算术平均值具有稳定性. 在物理实验中我

们就是采用这种方法测得物体质量的. 例如, 为得到一颗钻石的真实质量, 我们测 n 次取其算术平均值即可. 算术平均值法则提供了一条切实可操作的途径来得到物体的真实值. 大数定律从理论上给出了这个结论的严格证明, 而不是仅仅靠直觉.

历史上的首个极限定理是瑞士数学家雅各布·伯努利(1654—1705 年)提出的伯努利大数定律, 它的出现意味着概率论由建立走向发展的阶段.

定理 5(伯努利大数定律) 设随机变量序列 $X_1, X_2, \cdots$ 相互独立同分布, 且 $X_i \sim B(1, p)$, $i = 1, 2, \cdots$, 则对任意 $\varepsilon > 0$, 有

$$\lim_{n \to \infty} P\left(\left| \frac{1}{n} \sum_{i=1}^{n} X_i - p \right| < \varepsilon \right) = 1.$$

伯努利大数定律

显然, 伯努利大数定律是相互独立同分布大数定律的特例. 这里 $\frac{1}{n} \sum_{i=1}^{n} E(X_i) = p.$

在 n 重伯努利试验中, 设 $X_i = \begin{cases} 0, & \text{第 } i \text{ 次试验 } A \text{ 不发生}, \\ 1, & \text{第 } i \text{ 次试验 } A \text{ 发生}, \end{cases}$ $i = 1, 2, \cdots, n$, 则 $X_1, X_2, \cdots,$ X_n 是相互独立同分布的随机变量, 且 $X_i \sim B(1, p)$, $i = 1, 2, \cdots, n$, 其中 $p = P(A)$. 由伯努利大数定律知, 当 n 充分大时, A 发生的频率 $f_n(A) = \frac{1}{n} \sum_{i=1}^{n} X_i = \bar{X} \xrightarrow{P} p = P(A)$. 在概率的统计定义中, 随着试验次数的增大, 事件的频率逐步"稳定"到事件的概率, 这里的"稳定"即为依概率收敛.

在大量相互独立重复试验中可以用某个事件 A 发生的频率来近似每次试验中事件 A 发生的概率. 这就是伯努利大数定律的直观意义. 当 n 充分大时, 频率与其概率能任意接近的概率趋向于 1. 因此在实际中, 只要试验次数足够多, 就可用频率作为概率的估计. 同时伯努利大数定律也解释了概率存在的客观意义. 正是因为频率的这种稳定性, 我们才意识到概率的存在, 才有了概率论这门学科.

3 个大数定律条件是不同的. 切比雪夫大数定律不要求随机变量序列同分布, 甚至不要求相互独立, 只要两两不相关、方差一致有界即可; 辛钦大数定律和伯努利大数定律都要求随机变量序列相互独立且同分布, 辛钦大数定律不要求方差存在, 仅数学期望存在即可; 伯努利大数定律的共同分布限定为两点分布. 3 个大数定律的条件关系如图 5.1 所示.

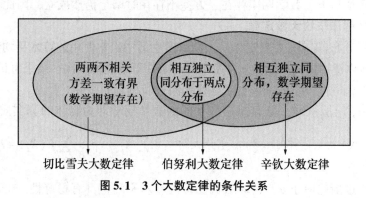

图 5.1　3 个大数定律的条件关系

切比雪夫大数定律不要求随机变量序列相互独立，因而适用面更广. 数学的发展从来都是循序渐进的，正因为有了伯努利大数定律，才会有辛钦大数定律，进而才有切比雪夫大数定律. 大数定律无论在理论上还是在实际应用中，都有举足轻重的作用，对概率论和数理统计的发展有不可替代的作用，是现代概率论、数理统计学、理论科学和社会科学发展的基石.

例 4　设 $X_1, X_2, \cdots$ 是相互独立同分布的随机变量序列. 在下列 3 种情形下，当 $n \to \infty$ 时，$\overline{X}$ 和 $\dfrac{1}{n}\displaystyle\sum_{i=1}^{n} X_i^2$ 分别依概率收敛于什么值?

（1）$X_i \sim B(m,p), i=1,2,\cdots$.

（2）$X_i \sim Exp(\lambda), i=1,2,\cdots$.

（3）$X_i \sim N(\mu, \sigma^2), i=1,2,\cdots$.

解　在 3 种情形下，$X_1, X_2, \cdots$ 均是相互独立同分布的随机变量序列，且 X_i 与 X_i^2 具有有限的数学期望和方差，$i=1,2,\cdots$. 对 $X_1, X_2, \cdots$ 及 $X_1^2, X_2^2, \cdots$ 分别使用相互独立同分布大数定律，得

$$\overline{X} = \frac{1}{n}\sum_{i=1}^{n} X_i \xrightarrow{\ P\ } \frac{1}{n}\sum_{i=1}^{n} E(X_i) = E(X_i),$$

$$\frac{1}{n}\sum_{i=1}^{n} X_i^2 \xrightarrow{\ P\ } \frac{1}{n}\sum_{i=1}^{n} E(X_i^2) = E(X_i^2) = \mathrm{Var}(X_i) + E^2(X_i).$$

（1）当 $X_i \sim B(m,p)$ 时，$E(X_i) = mp, E(X_i^2) = mp(1-p) + m^2 p^2$，有

$$\overline{X} \xrightarrow{\ P\ } mp, \frac{1}{n}\sum_{i=1}^{n} X_i^2 \xrightarrow{\ P\ } mp(1-p) + m^2 p^2.$$

（2）当 $X_i \sim Exp(\lambda)$ 时，$E(X_i) = \dfrac{1}{\lambda}, E(X_i^2) = \dfrac{2}{\lambda^2}$，有

$$\overline{X} \xrightarrow{\ P\ } \frac{1}{\lambda}, \frac{1}{n}\sum_{i=1}^{n} X_i^2 \xrightarrow{\ P\ } \frac{2}{\lambda^2}.$$

（3）当 $X_i \sim N(\mu, \sigma^2)$ 时，$E(X_i) = \mu, E(X_i^2) = \sigma^2 + \mu^2$，有

$$\overline{X} \xrightarrow{\ P\ } \mu, \frac{1}{n}\sum_{i=1}^{n} X_i^2 \xrightarrow{\ P\ } \sigma^2 + \mu^2.$$

类似地，若 $X_1, X_2, \cdots$ 是相互独立同分布的随机变量序列，$E(X_i^k)$ 和 $\mathrm{Var}(X_i^k)$ 存在，$i=1,2,\cdots$，对 $X_1^k, X_2^k, \cdots$ 使用相互独立同分布大数定律，结论 $\dfrac{1}{n}\displaystyle\sum_{i=1}^{n} X_i^k \xrightarrow{\ P\ } \dfrac{1}{n}\displaystyle\sum_{i=1}^{n} E(X_i^k) = E(X_i^k)$ 成立. 这正是数理统计中参数的点估计思想的来源，用 $\dfrac{1}{n}\displaystyle\sum_{i=1}^{n} X_i^k$ 的观测值 $\dfrac{1}{n}\displaystyle\sum_{i=1}^{n} x_i^k$ 估计 $E(X_i^k)$.

大数定律在实际中有许多重要应用. 除了算术平均值法则、用频率估计概率，还有数理统计中参数的点估计思想等.

[随堂测]

1. 设 $X_1, X_2, \cdots, X_n$ 是独立同分布的随机变量，且 $X_i \sim P(2)$，$i = 1, 2, \cdots, n$.

（1）求 $E(\overline{X})$，$\mathrm{Var}(\overline{X})$.

（2）求 $E(\sum_{i=1}^{n} X_i)$，$\mathrm{Var}(\sum_{i=1}^{n} X_i)$.

2. 设 $X_1, X_2, \cdots$ 是独立同分布的随机变量序列，且 $X_i \sim P(2)$，$i = 1, 2, \cdots$. 问：$\dfrac{1}{n}\sum_{i=1}^{n} X_i$ 和 $\dfrac{1}{n}\sum_{i=1}^{n} X_i^2$ 依概率收敛到什么值？

3. 已知随机变量 X 服从参数为 5 的指数分布 $Exp(5)$.

（1）计算概率 $P(|X - 0.2| \le 0.2)$.

（2）用切比雪夫不等式估计概率 $P(|X - 0.2| \le 0.2)$.

扫码看答案

习题 5-1

1. 设 $X_1, X_2, \cdots, X_n$ 是相互独立同分布的随机变量. 试在下列 5 种情形下分别计算 $E(\overline{X})$，$\mathrm{Var}(\overline{X})$，$E(\sum_{i=1}^{n} X_i)$，$\mathrm{Var}(\sum_{i=1}^{n} X_i)$：

（1）$X_i \sim Exp(\lambda)$，$i = 1, 2, \cdots, n$；

（2）$X_i \sim N(\mu, \sigma^2)$，$i = 1, 2, \cdots, n$；

（3）$X_i \sim P(\lambda)$，$i = 1, 2, \cdots, n$；

（4）$X_i \sim U(a, b)$，$i = 1, 2, \cdots, n$；

（5）$X_i \sim B(m, p)$，$i = 1, 2, \cdots, n$.

2. 请阐述数列极限的定义与随机变量序列依概率收敛的定义的异同.

3. 已知 $X \sim Exp(3)$. （1）计算概率 $P\left(\left|X - \dfrac{1}{3}\right| \le 2\right)$. （2）用切比雪夫不等式估计概率 $P\left(\left|X - \dfrac{1}{3}\right| \le 2\right)$ 的下界.

4. 设随机变量 X 和 Y 的数学期望分别为 -2 和 2，方差分别为 1 和 4，二者的相关系数为 -0.5. 由切比雪夫不等式估计概率 $P(|X + Y| \ge 6)$ 的上界.

5. 设 $X_1, X_2, \cdots$ 是相互独立同分布的随机变量序列. 在下列两种情形下，当 $n \to \infty$ 时，请指出 $\overline{X}$，$\dfrac{1}{n}\sum_{i=1}^{n} X_i^2$，$\dfrac{1}{n}\sum_{i=1}^{n} X_i^k$ 分别依概率收敛于什么值，其中 k 是一正整数.

（1）$X_i \sim U(a, b)$，$i = 1, 2, \cdots$.

（2）$X_i \sim P(\lambda)$，$i = 1, 2, \cdots$.

***6.** 将 n 个分别带有号码 1 至 n 的球放入 n 个分别编有号码 1 至 n 的盒子, 并限制每一个盒子只能放入一个球. 设球与盒子的号码一致的个数是 Y_n. 试证明: $\dfrac{Y_n - E(Y_n)}{n} \xrightarrow{P} 0$.

提示: 设 $X_i = \begin{cases} 1, & \text{号码为 } i \text{ 的球放入号码为 } i \text{ 的盒子}, \\ 0, & \text{号码为 } i \text{ 的球未放入号码为 } i \text{ 的盒子}, \end{cases}$ 则 $X_i \sim B\left(1, \dfrac{1}{n}\right)$.

X_i \ X_j	0	1	$p_{i\cdot}$
0	$\dfrac{n^2-3n+3}{n(n-1)}$	$\dfrac{n-2}{n(n-1)}$	$1-\dfrac{1}{n}$
1	$\dfrac{n-2}{n(n-1)}$	$\dfrac{1}{n(n-1)}$	$\dfrac{1}{n}$
$p_{\cdot j}$	$1-\dfrac{1}{n}$	$\dfrac{1}{n}$	1

$(i \neq j; i, j = 1, 2, \cdots, n.)$

第二节 中心极限定理

自然界中有许多随机现象可以用正态分布或近似正态分布来描述, 这是为什么呢? 比如同龄人的身高、体重, 成年人的智商等, 都可以用一条优雅曲线(见图 5.2)来描述其分布特征, 这条曲线呈现出中间高两边低的特点. 大部分人是中等身材, 体态也是普通的, 智商在平均值附近分布. 像爱因斯坦、达芬奇那样的天才少之又少. 中心极限定理揭示了其中的奥秘. 再比如下面的高尔顿钉板实验.

例 1(高尔顿钉板实验) 如图 5.3 所示, 有一块板上面有 n 排钉子, 每排相邻的两个钉子之间的距离均相等. 从上端入口处放入小球, 在下落过程中小球碰到钉子后以相等的可能性向左或向右偏离, 碰到下一排相邻的两个钉子中的一个, 如此继续下去, 直到落入底部隔板中的某一格. 问: 当有大量的小球从上端依次放入, 任其自由下落时, 小球最终在底板中堆积的形态如何? 设钉子有 16 排.

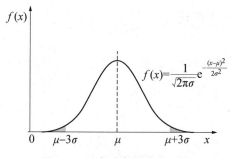

图 5.2 正态分布的密度函数

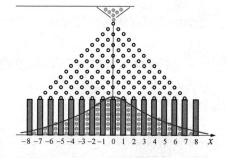

图 5.3 高尔顿钉板

首先进行分析. 小球堆积的形态取决于小球最终下落在底部隔板的位置的分布. 设随机变量 X 为"小球最终下落在底部隔板中的位置". 又引入随机变量

$$X_i = \begin{cases} -1, & \text{小球碰到第 } i \text{ 排钉子向左下落}, \\ 1, & \text{小球碰到第 } i \text{ 排钉子向右下落}, \end{cases} \quad i = 1, 2, \cdots, n.$$

显然 $X = \sum_{i=1}^{n} X_i$，和的分布计算很复杂，有没有其他的方法呢？经过试验我们发现，小球堆积的形态呈现出中间高两边低的特点. 那么能否认为 X 近似地服从正态分布？答案是肯定的. 这是为什么呢？中心极限定理告诉了我们答案.

中心极限定理是相互独立的随机变量之和用正态分布近似的一类定理. 首先介绍相互独立同分布情形下的中心极限定理，又称为列维–林德伯格中心极限定理. 列维（1886—1971 年）是法国数学家，对极限理论和随机过程理论做出了杰出贡献. 林德伯格（1876—1932 年）是芬兰数学家，因中心极限定理而闻名于世.

定理 1(列维–林德伯格中心极限定理) 　设随机变量序列 $X_1, X_2,$ $\cdots$ 相互独立同分布，若 $E(X_i) = \mu$，$\mathrm{Var}(X_i) = \sigma^2$，$0 < \sigma^2 < +\infty$，$i = 1, 2, \cdots$，则对任意实数 x，有

列维–林德伯格
中心极限定理

$$\lim_{n \to \infty} P\left(\frac{\sum_{i=1}^{n} X_i - n\mu}{\sqrt{n}\,\sigma} \leqslant x \right) = \Phi(x).$$

由于中心极限定理的证明需要使用其他的数学工具，因此这里不给出证明.

定理的条件要求随机变量相互独立并且服从同一分布. 这里相互独立意味着随机变量之间不相互影响，同分布是指每个随机变量在随机变量序列的前 n 项部分和中的地位相同. 也即，每个随机变量对前 n 项部分和的影响都是微小的. 我们说这个条件是非常一般的，因为它并没有限定随机变量共同的分布类型. 对任意类型的随机变量，无论它是离散型、连续型还是其他类型，都有同样的结论，前 n 项部分和标准化的极限分布就是标准正态分布.

我们还有更为一般的结论，只要随机变量相互独立，每个随机变量对和的影响都是微小的，哪怕它们的分布类型不同，其和标准化后都有标准正态的极限分布.

这就解释了自然界中一些现象受到许多相互独立且微小的随机因素影响，总的影响可以看作服从或近似服从正态分布的原因. 例如，测量误差受到许多相互独立随机因素的影响，如测量环境的温度、湿度，测量工具的精密程度，测量者的心理因素、测量的态度等，而每种影响都不占主要地位，它们的总和造成的总误差就近似地服从正态分布.

这个定理的直观意义是，当 n 足够大时，可以近似地认为 $\sum_{i=1}^{n} X_i \sim N(n\mu, n\sigma^2)$，记为 $\sum_{i=1}^{n} X_i \overset{近似}{\sim} N(n\mu, n\sigma^2)$. "$\overset{近似}{\sim}$"表示近似服从. 在实际问题中，若 n 较大，可以利用正态分布近似求得概率 $P\left(\sum_{i=1}^{n} X_i \leqslant a \right) \approx \Phi\left(\dfrac{a - n\mu}{\sqrt{n\sigma^2}} \right).$

下面的例子说明了中心极限定理在实际中的应用.

例 2　已知某计算机程序进行加法运算时，要对每个加数四舍五入取整. 假设所有取整的误差相互独立，并且均服从 $U(-0.5, 0.5)$.

（1）如果将 1 200 个数相加，求误差总和的绝对值超过 20 的概率.

（2）要使误差总和的绝对值不超过 5 的概率超过 0.95，最多有多少个加数？

例 2

解 （1）设 X 为"对每个加数四舍五入，将 1 200 个数相加后的误差总和"，并设 X_i 为"第 i 个加数的四舍五入误差"，$i = 1, 2, \cdots, 1\,200$，则 $X = \sum\limits_{i=1}^{1\,200} X_i$. 有 $X_i \sim U(-0.5, 0.5)$，

$$E(X_i) = \frac{-0.5 + 0.5}{2} = 0, \mathrm{Var}(X_i) = \frac{(0.5 + 0.5)^2}{12} = \frac{1}{12}, i = 1, 2, \cdots, 1\,200,$$

$$E\left(\sum_{i=1}^{1\,200} X_i\right) = 1\,200 \times 0 = 0, \mathrm{Var}\left(\sum_{i=1}^{1\,200} X_i\right) = 1\,200 \times \frac{1}{12} = 100.$$

由列维–林德伯格中心极限定理知，$X = \sum\limits_{i=1}^{1\,200} X_i \overset{\text{近似}}{\sim} N(0, 100)$. 因此，

$$P\left(\left|\sum_{i=1}^{1\,200} X_i\right| > 20\right) = P\left(\frac{\left|\sum\limits_{i=1}^{1\,200} X_i - 0\right|}{\sqrt{100}} > \frac{20 - 0}{\sqrt{100}}\right) \approx 2[1 - \Phi(2)] = 2 \times 0.022\,8 = 0.045\,6.$$

（2）设加数最多有 n 个才能使误差总和的绝对值不超过 5 的概率超过 0.95. 有

$$E\left(\sum_{i=1}^{n} X_i\right) = 0, \mathrm{Var}\left(\sum_{i=1}^{n} X_i\right) = \frac{n}{12}.$$

由列维–林德伯格中心极限定理知，$\sum\limits_{i=1}^{n} X_i \overset{\text{近似}}{\sim} N\left(0, \frac{n}{12}\right)$. 因此，

$$P\left(\left|\sum_{i=1}^{n} X_i\right| \leqslant 5\right) = P\left(\frac{\left|\sum\limits_{i=1}^{n} X_i - 0\right|}{\sqrt{\frac{n}{12}}} \leqslant \frac{5}{\sqrt{\frac{n}{12}}}\right) = 2\Phi\left(\frac{5}{\sqrt{\frac{n}{12}}}\right) - 1 \geqslant 0.95,$$

即 $\Phi\left(\dfrac{5\sqrt{12}}{\sqrt{n}}\right) \geqslant 0.975$，查表得 $\dfrac{5\sqrt{12}}{\sqrt{n}} \geqslant u_{0.975} = 1.96$，有 $n \leqslant 12 \times \left(\dfrac{5}{1.96}\right)^2 = 78.092$，取 $n = 78$. 所以最多有 78 个加数，可使误差总和的绝对值不超过 5 的概率超过 0.95.

一般说来，若随机变量 $X_1, X_2, \cdots, X_n$ 相互独立同分布且 $E(X_i) = \mu, \mathrm{Var}(X_i) = \sigma^2$，当 n 较大时，中心极限定理在实际应用中有如下 3 种形式.

（1）$\dfrac{\sum\limits_{i=1}^{n} X_i - n\mu}{\sqrt{n\sigma^2}} \overset{\text{近似}}{\sim} N(0, 1)$.

（2）$\left(\sum\limits_{i=1}^{n} X_i\right) \overset{\text{近似}}{\sim} N(n\mu, n\sigma^2)$.

（3）$\bar{X} \overset{\text{近似}}{\sim} N\left(\mu, \dfrac{\sigma^2}{n}\right)$.

例 3 在街头游戏中，游戏举办者在高尔顿钉板的底板两端距离原点超出 8 格的位置放置了值钱的东西来吸引顾客，试用中心极限定理来揭穿这个街头游戏中的骗术. 设钉子有 16 排.

解 设 X 为"小球在底板中的位置"，$X_i = \begin{cases} -1, & \text{小球碰到第 } i \text{ 排钉子向左下落}, \\ 1, & \text{小球碰到第 } i \text{ 排钉子向右下落}, \end{cases} i = 1,$

$2, \cdots, 16$. 显然 $X_1, X_2, \cdots, X_{16}$ 相互独立且同分布，$X = \sum\limits_{i=1}^{16} X_i$. X_i 的分布律如下表所示，有

$$E(X_i) = -1 \times 0.5 + 1 \times 0.5 = 0,$$

$$E(X_i^2) = (-1)^2 \times 0.5 + 1^2 \times 0.5 = 1,$$

$$\mathrm{Var}(X_i) = 1 (i = 1,2,\cdots,16);$$

X_i	-1	1
概率	0.5	0.5

$$E\left(\sum_{i=1}^{16} X_i\right) = 16 \times 0 = 0, \mathrm{Var}\left(\sum_{i=1}^{16} X_i\right) = 16 \times 1 = 16.$$

由列维-林德伯格中心极限定理知, $X = \sum_{i=1}^{16} X_i \overset{\text{近似}}{\sim} N(0,16)$. 因此,

$$P(|X| > 8) = P(X > 8) + P(X < -8)$$

$$\approx 1 - \Phi\left(\frac{8-0}{\sqrt{16}}\right) + \Phi\left(\frac{-8-0}{\sqrt{16}}\right) = 2[1 - \Phi(2)] = 0.045\ 6.$$

这说明顾客中奖的可能性微乎其微.

我们知道, 若 $X \sim U(0,1)$, 则 X 的取值落在 $[0,1]$ 某一区域内的概率只与其长度成正比, 与其所在位置无关, 通俗地讲就是 X 取值 $[0,1]$ 内任意一点的可能性是一样的. 那么, 当 n 很大时, n 个相互独立的 $U(0,1)$ 之和能否用正态分布近似呢? 图 5.4 给出了 $n(=1,2,30)$ 个相互独立的 $U(0,1)$ 之和的密度函数图形. 随着 n 的增大, 和的分布呈现出中间高两边低的正态分布的特性, 所以可以用正态分布近似相互独立的 $U(0,1)$ 之和的分布. 事实上, 当 $n = 12$ 时, 这种近似效果就非常好了. 经过叠加, 取值任意一点的可能性由原本的均匀(相同)变为了向中心位置聚拢(取值靠近中心的可能性更大). 这和我们的直觉是多么不同.

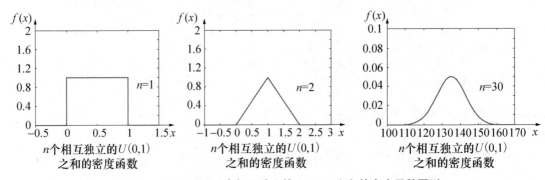

图 5.4 $n(n=1,2,30)$ 个相互独立的 $U(0,1)$ 之和的密度函数图形

最早的中心极限定理是法国数学家棣莫弗(1667—1754 年)于 1733 年发现的, 他使用正态分布去估计 n(很大)次抛掷硬币出现正面次数的分布, 即二项分布 $B(n,0.5)(p=0.5)$. 这个超越时代的发现险些湮没在历史的洪流中, 将近 80 年后法国数学家拉普拉斯(1749—1827 年)拯救了这个默默无名的理论. 拉普拉斯在 1812 年发表的《概率的解析理论》中推广了棣莫弗的理论, 指出当 n 很大时二项分布 $B(n,p)(0<p<1)$ 都可用正态分布逼近. 研究这个理论花了他将近 20 年的时间. 今天我们称之为棣莫弗-拉普拉斯中心极限定理.

定理 2(棣莫弗-拉普拉斯中心极限定理) 设随机变量序列 $X_1, X_2, \cdots$ 相互独立同分布, 且 $X_i \sim B(1,p), i = 1,2,\cdots$, 则对任意实数 x, 有

$$\lim_{n \to \infty} P\left(\frac{\sum_{i=1}^{n} X_i - np}{\sqrt{np(1-p)}} \leq x\right) = \Phi(x).$$

显然，棣莫弗-拉普拉斯中心极限定理是列维-林德伯格中心极限定理的特例. 因为 $\sum\limits_{i=1}^{n} X_i \sim B(n,p)$，所以这个定理又称为二项分布的正态近似.

由伯努利大数定律知 $\dfrac{1}{n}\sum\limits_{i=1}^{n} X_i \xrightarrow{P} p$，当 n 充分大时，可以用 $\dfrac{1}{n}\sum\limits_{i=1}^{n} X_i$ 作为 p 的近似，至于近似程度如何，不得而知. 中心极限定理对近似的程度进行了注释：

$$P\left(\left|\frac{1}{n}\sum_{i=1}^{n} X_i - p\right| \leqslant \varepsilon\right) = P\left(\left|\frac{\sum\limits_{i=1}^{n} X_i - np}{\sqrt{np(1-p)}}\right| \leqslant \frac{\sqrt{n}}{\sqrt{p(1-p)}}\varepsilon\right)$$

$$\approx 2\Phi\left(\frac{\sqrt{n}\,\varepsilon}{\sqrt{p(1-p)}}\right) - 1 \approx 1\,(n\text{ 充分大}).$$

所以说中心极限定理的结论更为细致.

例 4 某单位的局域网有 100 个终端，每个终端有 10% 的时间在使用，假设各个终端使用与否是相互独立的.

（1）计算在任何时刻同时最多有 15 个终端在使用的概率.

（2）用中心极限定理计算在任何时刻同时最多有 15 个终端在使用的概率的近似值.

（3）用泊松定理计算在任何时刻同时最多有 15 个终端在使用的概率.

解 设随机变量 $X_i = \begin{cases} 1, & \text{第 } i \text{ 个终端在使用,} \\ 0, & \text{第 } i \text{ 个终端不在使用,} \end{cases} i = 1,2,\cdots,100.$ 由已知得 $X_1, X_2, \cdots, X_{100}$

相互独立同分布且 $X_i \sim B(1,p)$，其中 $p = 0.1$. 同时使用的终端数 $\sum\limits_{i=1}^{100} X_i \sim B(100,0.1)$.

（1）借助于计算机计算得

$$P\left(\sum_{i=1}^{100} X_i \leqslant 15\right) = \sum_{k=0}^{15} \binom{100}{k} 0.1^k \times 0.9^{100-k} \approx 0.960\,1,$$

即在任何时刻同时最多有 15 个终端在使用的概率约为 0.960 1.

（2）$E\left(\sum\limits_{i=1}^{100} X_i\right) = 100 \times 0.1 = 10, \mathrm{Var}\left(\sum\limits_{i=1}^{100} X_i\right) = 10 \times 0.9 = 9$，运用棣莫弗-拉普拉斯中心极限定理得 $\sum\limits_{i=1}^{100} X_i \overset{\text{近似}}{\sim} N(10,9)$，因此，

$$P\left(\sum_{i=1}^{100} X_i \leqslant 15\right) \approx \Phi\left(\frac{15-10}{\sqrt{9}}\right) = \Phi\left(\frac{5}{3}\right) = 0.952\,2,$$

即在任何时刻同时最多有 15 个终端在使用的概率的近似值为 0.952 2.

（3）因为 $n \geqslant 10, p \leqslant 0.1$，所以 $\sum\limits_{i=1}^{100} X_i \overset{\text{近似}}{\sim} P(10)$. 有

$$P\left(\sum_{i=1}^{100} X_i \leqslant 15\right) = \sum_{k=0}^{15} \mathrm{e}^{-10} \frac{10^k}{k!} \approx 0.951\,3,$$

即在任何时刻同时最多有 15 个终端在使用的概率约为 0.951 3.

使用泊松分布近似二项分布，受条件 $n \geq 10, p \leq 0.1$ 的限制，使用正态分布近似二项分布，只要 n 较大即可. 例 3 中，用正态分布近似效果较好.

中心极限定理是随机变量和的分布收敛到正态分布的一类定理. 不同的中心极限定理的差异就在于对随机变量序列做出了不同的假设. 由于中心极限定理的有力支撑，使正态分布在概率论与数理统计中占据了独特的核心地位，它是 20 世纪初概率论研究的中心内容，也是目前概率论研究非常活跃的方向，这就是"中心"二字的直观含义.

自然界是纷繁复杂的，但在这纷繁复杂中又归于和谐与统一，大数定律和中心极限定理很好地诠释了这一自然规律. 在学习中请同学们注意理解大数定律和中心极限定理的实质，掌握大数定律和中心极限定理在实际问题中的应用.

[随堂测]

1. 悦悦开了一家奶茶店，店内有珍珠奶茶、西米奶茶、红豆奶茶出售，售价分别为 8 元、10 元、12 元. 顾客购买 3 种奶茶的概率分别为 0.2,0.4,0.4. 假设今天有 500 位顾客，每位顾客各买了一杯奶茶，且顾客的消费是相互独立的. 用中心极限定理求悦悦今天的营业额在 5 100 元到 5 300 元之间的概率.

2. 已知某疾病在某个 2 000 万人口的城市中患病率为 0.03%，且每个人是否患病相互独立. 求患该疾病的人数在 5 768~6 232 之间的概率.

扫码看答案

习题 5-2

1. 小王自主创业，开了一家蛋糕店，店内有 A,B,C 3 种蛋糕出售，其售价分别为 5元、10 元、12 元. 顾客购买 A,B,C 3 种蛋糕的概率分别为 0.2,0.3,0.5. 假设今天共有 700 位顾客，每位顾客各买了一个蛋糕，且各位顾客的消费是相互独立的. 用中心极限定理求小王今天的营业额在 7 000 元至 7 140 元之间的概率的近似值.

2. 设我校学生概率统计科目的成绩(百分制)X 服从正态分布，平均成绩(即参数 μ 之值)为 72 分，96 分以上的人占考生总数的 2.28%. 现任取 100 个学生的概率统计科目成绩，以 Y 表示成绩在 60 分至 84 分之间的人数. 用中心极限定理求 $P(Y \geq 60)$. 假定每个学生的概率统计科目成绩相互独立.

3. 已知某厂生产的晶体管的寿命服从均值为 100h 的指数分布. 现在从该厂的产品中随机地抽取 64 只. 求这 64 只晶体管的寿命总和超过 7 000h 的概率. 假定这些晶体管的寿命是相互独立的.

4. 在一次集体登山活动中，假设每个人意外受伤的概率都是 1%，每个人是否意外受伤是相互独立的.

（1）为保证没有人意外受伤的概率大于 0.90，应当如何控制参加登山活动的人数？

（2）如果有 100 人参加这次登山活动，求意外受伤的人数小于或等于 2 人的概率的近似值. 此问要求用中心极限定理求解.

5. 设某供电网有一万盏电灯，夜晚每盏电灯开灯的概率均为 0.1，并且彼此开闭与否相互独立. 试用切比雪夫不等式和中心极限定理分别估算夜晚同时开灯数在 970 到 1 030 之间的概率.

6. 设 $X_1, X_2, \cdots, X_{100}$ 相互独立且服从相同的分布，$X_i \sim U(0,1), i = 1, 2, \cdots, 100$. 用中心极限定理计算 $P(\mathrm{e}^{-110} \leqslant X_1 X_2 \cdots X_{100} \leqslant \mathrm{e}^{-90})$.

7. 设 $X_1, X_2, \cdots, X_n$ 相互独立且服从相同的分布，$X_1 \sim P(1)$. 求：

（1）$\displaystyle\sum_{i=1}^{n} X_i$ 的分布律；

*（2）利用中心极限定理求极限 $\displaystyle\lim_{n \to \infty}\left(\mathrm{e}^{-n} + n\mathrm{e}^{-n} + \frac{n^2}{2!}\mathrm{e}^{-n} + \cdots + \frac{n^n}{n!}\mathrm{e}^{-n}\right)$.

章总结

本章小结

切比雪夫 不等式	理解 切比雪夫不等式的意义 会用 切比雪夫不等式求概率 $P(\|X-\mu\|\geqslant\varepsilon)$ 的上限
大数定律	理解 依概率收敛的定义 掌握 切比雪夫大数定律 掌握 伯努利大数定律 掌握 辛钦大数定律 理解 大数定律在实际中的应用
中心极限定理	会用 列维-林德伯格中心极限定理和棣莫弗-拉普拉斯中心极限定理求相互独立随机变量之和的近似概率值

 拓展阅读

保险费的制定

保险是对风险的保障，它提供一种帮助人们分散危险、分摊损失的机制，这就是保险的本质．其方法是以确定的成本支出(缴纳的保费)取代不确定的损失．保险费是投保人为转移风险、取得保险人在约定责任范围内所承担的赔偿(或给付)责任而支付的费用，也是保险人为承担约定的保险责任而向投保人收取的费用．保险费是建立保险基金的来源，也是保险人履行义务的经济基础．

大数定律是保险业保险费计算的科学理论基础．当承保标的数量(即购买保险的份数)足够大时，由切比雪夫大数定律知，被保险人缴纳的纯保费(不包含业务费、利润等部分的保费)与其所能获得赔款的期望值是相等的．这个结论反过来，可以说明保险人应如何收取纯保费．

假设有 n 个被保险人购买了 n 份相互独立的保险，每个人出事故的概率为 p，每个人可获得的赔偿金为 a 元，应缴纳的纯保费为 b 元．保险人收取的纯保费应等于实际赔付金额，当投保人数 n 足够大时，就等于实际赔付金额的期望值．设购买该险种的被保险人出事故的人数为 X，由已知得 $X \sim B(n,p)$，则

$$nb = a \cdot E(X) = a \cdot np \Rightarrow b = ap.$$

以普通人寿保险为例，虽然每个人的寿命长短是无法预知的，但通过统计分析，特定年龄的人群死亡率(身故概率)却基本可以确定．假设 60 岁的人群死亡率为 10%，到 60 岁时每位身故者就可以获得 10 万元的赔付，如果有 10 000 个人购买至 60 岁的定期寿险，那么每人应缴纳的纯保费应为 1 万元．

在实际制定保险费时，还应考虑业务费、利润等因素．

测试题五

1. 设随机变量 X 的数学期望 $E(X)=\mu$，方差 $\mathrm{Var}(X)=\sigma^2$，请用切比雪夫不等式估计概率 $P(|X-\mu|\geqslant 3\sigma)$ 的上限.

2. 设 $X_1,X_2,\cdots$ 是相互独立同分布的随机变量序列，且 $X_i\sim Exp(2)$，$i=1,2,\cdots$，则当 $n\to\infty$ 时，$Y_n=\dfrac{1}{n}\sum\limits_{i=1}^{n}X_i^2$ 依概率收敛于什么值？

3. 设 $X_1,X_2,\cdots$ 是相互独立同分布的随机变量序列，X_i 的分布函数为

$$F(x_i)=\begin{cases}0, & x_i<0,\\[2mm] 1-\mathrm{e}^{-\frac{x_i^2}{\theta}}, & x_i\geqslant 0,\end{cases}\quad i=1,2,\cdots.$$

（1）求 X_i 的密度函数.

（2）求 $E(X_i)$ 与 $E(X_i^2)$.

（3）已知 $\dfrac{1}{n}\sum\limits_{i=1}^{n}X_i^2 \xrightarrow{P} c$，求常数 c 的值.

4. 设随机变量序列 $X_1,X_2,\cdots$ 相互独立同分布，且 $E(X_i)=0$，$\mathrm{Var}(X_i)=\sigma^2$，$i=1,2,\cdots$，证明对任意正数 ε，有 $\lim\limits_{n\to\infty}P\left(\left|\dfrac{1}{n}\sum\limits_{i=1}^{n}X_i^2-\sigma^2\right|<\varepsilon\right)=1$.

5. 对一个学生而言，来参加家长会的家长人数是一个随机变量，一个学生无家长、有 1 名家长、有 2 名家长来参加家长会的概率分别为 $0.05,0.8,0.15$. 若学校共有 400 名学生，设各学生来参加家长会的家长人数相互独立，且服从同一分布. 试求：（1）参加家长会的家长总人数 X 超过 450 的概率；（2）有 1 名家长来参加家长会的学生人数不多于 340 的概率.

6. 已知男孩的出生率为 51.5%. 试求刚出生的 $10\,000$ 个婴儿中男孩多于女孩的概率.

7. 推动经济社会发展绿色化、低碳化是实现高质量发展的关键环节. 共享单车就是这样一种绿色低碳的生活方式. 某共享单车企业为更好地提供服务，欲优化单车投放点和投放数量，现对某投放点的单车使用量 X 进行统计分析，预测得 $X\sim P(100)$. 求某观测日该投放点单车使用量超过 120 的概率.

8. 为了测定一台机床的质量，把它分解成若干部件来称量. 假定每个部件的称量误差（单位：kg）服从区间 $[-2,2]$ 上的均匀分布. 问：最多把这台机床分解成多少个部件，才能以不低于 99% 的概率保证总质量误差的绝对值不超过 10kg？

9. 为确定某市成年男子中喜欢喝咖啡者的比例 p，准备调查这个城市中的 n 个成年男

子，记这 n 个成年男子中喜欢喝咖啡的数为 X.

(1) n 至少为多大才能使 $P\left(\left|\dfrac{X}{n}-p\right|<0.02\sqrt{p(1-p)}\right)\geq 0.95$（要求用中心极限定理）？

(2) 证明：对于 (1) 中求得的 n，$P\left(\left|\dfrac{X}{n}-p\right|<0.01\right)\geq 0.95$ 成立.

10. 设 $X_1,X_2,\cdots,X_n,\cdots$ 为相互独立同分布的随机变量序列，且均服从参数为 $\lambda(\lambda>1)$ 的指数分布，记 $\varPhi(x)$ 为标准正态分布函数，则下列选项正确的是（　　）.

A. $\lim\limits_{n\to\infty}P\left\{\dfrac{\sum\limits_{i=1}^{n}X_i-n\lambda}{\lambda\sqrt{n}}\leq x\right\}=\varPhi(x)$

B. $\lim\limits_{n\to\infty}P\left\{\dfrac{\sum\limits_{i=1}^{n}X_i-n\lambda}{\sqrt{n\lambda}}\leq x\right\}=\varPhi(x)$

C. $\lim\limits_{n\to\infty}P\left\{\dfrac{\lambda\sum\limits_{i=1}^{n}X_i-n}{\sqrt{n}}\leq x\right\}=\varPhi(x)$

D. $\lim\limits_{n\to\infty}P\left\{\dfrac{\sum\limits_{i=1}^{n}X_i-\lambda}{\sqrt{n\lambda}}\leq x\right\}=\varPhi(x)$

第六章　统计量和抽样分布

[课前导读]

离散型随机变量 X 与 Y 相互独立时，X 与 Y 的联合分布律可以用 X 与 Y 的分布律乘积表示，具体表示方法为：对一切 $(x,y)\in\mathbf{R}^2$，都有

$$P(X=x,Y=y)=P(X=x)P(Y=y).$$

连续型随机变量 X 与 Y 相互独立时，X 与 Y 的联合密度函数可以用 X 与 Y 的密度函数乘积表示，具体表示方法为：对一切 $(x,y)\in\mathbf{R}^2$，都有

$$f(x,y)=f_X(x)f_Y(y).$$

推广到 n 维：$X_1,X_2,\cdots,X_n$ 相互独立，则 n 维离散型随机变量 $(X_1,X_2,\cdots,X_n)$ 的联合分布律为

$$P(X_1=x_1,X_2=x_2,\cdots,X_n=x_n)=P(X_1=x_1)P(X_2=x_2)\cdots P(X_n=x_n).$$

n 维连续型随机变量 $(X_1,X_2,\cdots,X_n)$ 的联合密度函数为

$$f(x_1,x_2,\cdots,x_n)=f_{X_1}(x_1)f_{X_2}(x_2)\cdots f_{X_n}(x_n).$$

(贝塔函数)积分计算公式为

$$\int_0^1 y^{p-1}(1-y)^{q-1}\mathrm{d}y=\frac{(p-1)!(q-1)!}{(p+q-1)!}.$$

本章将介绍统计的基础知识. 统计是具有广泛应用的一个数学分支，它以概率论为基础，根据试验或观察得到的数据，来研究随机现象. 例如，我们在购买空气净化器时，需要了解净化效率指标，一厂商声称其空气净化器净化效率达到 300 以上，那么实际上该空气净化器的净化效率是多少呢？厂商声称的 300 以上是否可信呢？这些问题都需要我们先进行抽样检测，再针对问题做出合理的估计和判断. 统计学就是研究如何用有效的方法收集、整理和分析带有随机性影响的数据，对研究的问题做出推断和预测，为采取某种决策提供依据和建议.

本章内容既是由概率论向数理统计过渡的桥梁，又是今后学习统计推断(估计与检验)的必要准备.

第一节　总体与样本

一、总体

在一个统计问题中，我们把研究对象的全体称为**总体**，构成总体的每个成员称为**个体**. 在实际问题中，总体中的个体是一个实在的人或物. 例如，我们要研究小学生的体重情况，那么所有的小学生构成了问题的总体，每个小学生就是一个个体. 可能换个研究课题，要研究小学生的视力情况，那么还是这些小学生构成了问题的总体和个体，只是研究

的特征指标不一样了. 所以为了讨论的简便, 我们将每个小学生(个体)的数量指标值作为**个体**, 将所有数量指标值的全体看成**总体**. 例如, 每一个小学生的体重是个体, 所有人的体重是全体; 每一个小学生的左右眼视力是个体, 所有人的视力是全体. 我们将研究对象的某个数量指标值的全体称为总体. 这样的话, 抛开实际背景, 每一个总体都是由一组数据组成的, 在这组数据中, 有大有小, 有的出现次数多, 有的出现次数少, 因此可以用一个概率分布描述. 所以说, 总体数量指标就是服从某一个分布的随机变量, 我们不妨用大写字母 X 表示总体, 那么总体 X 就是具有未知分布函数 $F(x)$(或未知的分布律, 或未知的密度函数)的一个随机变量.

总体与样本

例 1 交通安全的一个数量指标就是交通事故发生数. 所有高速公路根据省市划分成若干路段, 每个路段在某一长假期间的交通事故发生数就是一个个体, 所有路段的交通事故发生数构成一个总体. 这个总体中有很多 0, 但也有 1, 2, 3 等. 研究表明, 一个路段上的交通事故发生数 X 服从泊松分布 $P(\lambda)$, 但分布中的参数 λ 是未知的, 显然 λ 的取值反映了路段的安全性, 直接影响了交警部门的应对措施.

在这个例子中, 我们假定总体的分布类型是已知的, 但含有一个未知参数 λ, 我们需要通过确定 λ 的值, 来最终确定总体的分布. 我们将在第七章学习如何估计这里的未知参数 λ. 而在实际中, 研究发现, 关于交通事故发生数为泊松分布的假定, 在有些情况下并不适用, 那么这时候关于总体的分布就变成分布类型未知了, 这就是非参数统计, 本书中不涉及这部分的讨论.

例 2 设总体 $X \sim B(1,p)$, 求总体的分布律 $f(x;p)$.

解 $f(x;p) = P(X=x) = (1-p)^{1-x}p^x, x=0,1$.

例 3 设总体 $X \sim N(\mu,\sigma^2)$, 求总体的密度函数 $f(x;\mu,\sigma^2)$.

解 $f(x;\mu,\sigma^2) = \dfrac{1}{\sqrt{2\pi}\sigma}e^{-\frac{(x-\mu)^2}{2\sigma^2}}, -\infty < x < +\infty$.

注: 在统计中, 为了形式上的统一, 将离散型总体 X 的分布律 $P(X=x)$ 也记为 $f(x)$; 同时, 为了突出总体分布中的未知参数 θ, 将 $f(x)$ 表示为 $f(x;\theta)$, 密度函数、分布函数也是如此表示, 分别表示为 $f(x;\theta)$ 和 $F(x;\theta)$.

按照总体中所包含的个体数量的不同, 总体可以分成有限总体和无限总体, 当个体数量很多时, 通常把有限总体看作无限总体, 本书中只讨论无限总体的情况.

二、样本

在数理统计中, 总体分布永远是未知的, 如汽车厂商要为一款家用小汽车设计座椅宽度, 那么人群的体型宽度到底服从什么分布呢? 即使假定人群的体型宽度是服从正态分布的, 那么均值 μ 和方差 σ^2 这两个参数仍然未知. 显然, 我们无法预知哪些人群是可能购买汽车的潜在顾客, 即使知道, 也无法获取所有人的体型宽度数据. 所以我们希望从客观存在的总体中按一定规则选取一些个体(即抽样), 通过对这些个体做观察或测试来推断关于总体分布的某些量(如总体 X 的均值、方差、中位数等), 被抽取出的这部分个体就组成了总体的一个样本. 观测到的这些个体的值便是实际问题中常见的数据. 这里所谓的"一定规则",是指保证总体中每一个个体有同等的机会被抽到的规则. 在总体中抽取样本的过程称为**抽样**,抽取规则称为**抽样方案**. 本书中,采用**简单随机抽样**这种抽样方案,表示对总体的每一次抽样,总体中的所有个体都有相同的被选概率. 用这种抽样方案得到的样本称为**简单随机样本**(简称样本),这是一个非常基本、常用的假定,本书中提到的样本都是指简单随机样本. 由于在观测前,样本观测值是不确定的,所以样本是一组随机变量(或随机向量),为了体现随机性,用$(X_1, X_2, \cdots, X_n)$表示,其中n为样本的大小,称为**样本容量**. 简单随机样本具有下列两个特性.

(1) **相互独立性** $X_1, X_2, \cdots, X_n$ 相互独立,样本中每个个体的取值不受其他个体取值的影响.

(2) **代表性** X_i 与总体同分布$[X_i \sim f(x_i; \theta)]$,总体中的每一个个体都有同等机会被选入样本.

换句话说,**简单随机样本**表示 $X_1, X_2, \cdots, X_n$ 是独立同分布的随机变量,且每一个 X_i 的分布都与总体 X 的分布相同,$i = 1, 2, \cdots, n$. 因此,我们可以根据概率论中多维随机变量分布的性质得到样本的联合分布.

设总体 X 是一个离散型随机变量,分布律为 $P(X = x; \theta)$. 样本$(X_1, X_2, \cdots, X_n)$的联合分布律为

$$f(x_1, x_2, \cdots, x_n; \theta) = P(X_1 = x_1, X_2 = x_2, \cdots, X_n = x_n; \theta) = \prod_{i=1}^{n} P(X_i = x_i; \theta).$$

设总体 X 是一个连续型随机变量,密度函数为 $f(x; \theta)$,样本$(X_1, X_2, \cdots, X_n)$的联合密度函数为

$$f(x_1, x_2, \cdots, x_n; \theta) = f_{X_1}(x_1; \theta) f_{X_2}(x_2; \theta) \cdots f_{X_n}(x_n; \theta) = \prod_{i=1}^{n} f(x_i; \theta).$$

一旦给定的简单随机抽样方案实施后,样本就是一组数据,用$(x_1, x_2, \cdots, x_n)$表示,也称为**样本观测值**. 事实上,样本观测值$(x_1, x_2, \cdots, x_n)$就是样本$(X_1, X_2, \cdots, X_n)$的一组特定的观测值.

例4 设总体 $X \sim B(1, p)$,$(X_1, X_2, \cdots, X_n)$为取自该总体的一个样本,求样本$(X_1, X_2, \cdots, X_n)$的联合分布律$f(x_1, x_2, \cdots, x_n; p)$.

解 $f(x_1, x_2, \cdots, x_n; p) = P(X_1 = x_1, X_2 = x_2, \cdots, X_n = x_n; p) = \prod_{i=1}^{n} P(X_i = x_i; p)$

$$= (1-p)^{1-x_1} p^{x_1} \cdots (1-p)^{1-x_n} p^{x_n}$$

$$= (1-p)^{n - \sum_{i=1}^{n} x_i} p^{\sum_{i=1}^{n} x_i}, x_i = 0, 1; i = 1, 2, \cdots, n.$$

例5 设总体 $X \sim P(\lambda)$,$(X_1, X_2, \cdots, X_6)$为取自该总体的一个样本,求样本$(X_1, X_2, \cdots, X_6)$的联合分布律$f(x_1, x_2, \cdots, x_6; \lambda)$.

解 $f(x_1, x_2, \cdots, x_6; \lambda) = e^{-\lambda} \dfrac{\lambda^{x_1}}{x_1!} \cdot e^{-\lambda} \dfrac{\lambda^{x_2}}{x_2!} \cdot \cdots \cdot e^{-\lambda} \dfrac{\lambda^{x_6}}{x_6!}$

$$= e^{-6\lambda} \frac{\lambda^{\sum_{i=1}^{6} x_i}}{\prod_{i=1}^{6} x_i!}, x_i = 0, 1, 2, \cdots; i = 1, 2, \cdots, 6.$$

例6　设总体 $X \sim U(0, \theta)$，$(X_1, X_2, \cdots, X_n)$ 是取自该总体的一个样本，求样本 $(X_1, X_2, \cdots, X_n)$ 的联合密度函数.

解　$f(x_1, x_2, \cdots, x_n; \theta) = f_{X_1}(x_1; \theta) f_{X_2}(x_2; \theta) \cdots f_{X_n}(x_n; \theta)$

$$= \begin{cases} \theta^{-n}, & 0 \leqslant x_1, x_2, \cdots, x_n \leqslant \theta, \\ 0, & \text{其他}. \end{cases}$$

例7　设总体 $X \sim N(\mu, \sigma^2)$，$(X_1, X_2, \cdots, X_n)$ 为取自该总体的一个样本，求样本 $(X_1, X_2, \cdots, X_n)$ 的联合密度函数.

解　$f(x_1, x_2, \cdots, x_n; \mu, \sigma^2) = \dfrac{1}{(2\pi\sigma^2)^{\frac{n}{2}}} e^{-\frac{\sum_{i=1}^{n}(x_i-\mu)^2}{2\sigma^2}}$，$-\infty < x_i < +\infty$；$i = 1, 2, \cdots, n$.

[随堂测]

1. 学校为了解学生的心理健康情况，从全校所有学生中随机抽取了 100 名学生进行测试. 请问该项调查的总体和样本分别是什么？

2. 设 $(X_1, X_2, \cdots, X_n)$ 是取自总体 $X \sim Exp(\lambda)$ 的一个样本，写出样本 $(X_1, X_2, \cdots, X_n)$ 的联合密度函数.

扫码看答案

习题 6-1

1. 某视频网站要了解某个节目的收视人群的特征，于是进行了问卷调查. 请问该项调查的总体是什么？个体是什么？样本是什么？

2. 保险协会每年需要调整车险的基础保费，为此需要对投保车辆的实际损失进行统计建模预测，现从某地区上一保险会计年度内的理赔记录中抽取 1 000 份材料进行分析. 请问该项调查的总体和样本分别是什么？

3. 某品牌高钙牛奶声称其每 100mL 牛奶含钙量超过 120mg，研究人员对其进行调查，从不同批次生产的牛奶中随机抽取了 10 盒进行检测，请问该项检测的总体和样本分别是什么？

4. 设 $(X_1, X_2, \cdots, X_n)$ 是取自总体 X 的一个样本，在以下 3 种情况下，分别写出样本 $(X_1, X_2, \cdots, X_n)$ 的联合分布律或联合密度函数.

（1）总体 $X \sim Ge(p)$，其分布律为 $P(X=k) = p(1-p)^{k-1}$，$0<p<1$，$k=1, 2, \cdots, n$.

（2）总体 X 的分布律为

X	-1	0	1
概率	$\dfrac{\theta}{2}$	$1-\theta$	$\dfrac{\theta}{2}$

其中 θ 未知，$0<\theta<1$.

（3）总体 X 的密度函数为 $f(x) = \dfrac{\lambda}{2} e^{-\lambda|x|}$，$-\infty < x < +\infty$.

第二节 统计量

数理统计的基本任务之一是利用样本所提供的信息来对总体分布中未知的量进行推断，简单来说，就是由样本推断总体. 但是，样本常常表现为一组数据，很难直接用来解决我们所要研究的具体问题. 人们常常把数据加工成若干个简单明了的数字特征，由样本加工后的数字特征就是统计量. 所以说，统计量综合了样本的信息，是统计推断的基础. 统计量的选择和运用在统计推断中占据核心地位.

统计量的定义：设$(X_1, X_2, \cdots, X_n)$为取自总体的一个样本，样本$(X_1, X_2, \cdots, X_n)$的函数为$g(X_1, X_2, \cdots, X_n)$，若g中不直接包含总体分布中的任何未知参数，则称$g(X_1, X_2, \cdots, X_n)$为**统计量**.

在抽样前，统计量是一个随机变量. 在抽样后，得到样本$(X_1, X_2, \cdots, X_n)$的一组观测值$(x_1, x_2, \cdots, x_n)$，则所得的$g(x_1, x_2, \cdots, x_n)$即为统计量的一个观测值，它是一个可以由数据算得的实数. 我们构造统计量的主要目的就是去估计总体分布中的未知参数. 在这一小节里，我们给出一些常用的统计量，包括样本均值、样本方差、样本矩、次序统计量等.

例1 设$(X_1, X_2, \cdots, X_n)$为取自区间$[0, \theta]$上均匀分布总体的一个样本，$\theta > 0$且具体值未知，则

$T_1 = \dfrac{X_1 + \cdots + X_6}{6}$是统计量，不含总体的未知参数$\theta$；

$T_2 = X_6 - \theta$不是统计量，含有未知参数θ；

$T_3 = \max(X_1, \cdots, X_6)$是统计量，不含总体的未知参数$\theta$.

一、样本均值和样本方差

设$(X_1, X_2, \cdots, X_n)$为取自总体的一个样本，称

$$\overline{X} = \frac{1}{n} \sum_{i=1}^{n} X_i$$

为样本均值；

称

$$S^2 = \frac{1}{n-1} \sum_{i=1}^{n} (X_i - \overline{X})^2 = \frac{1}{n-1} \left(\sum_{i=1}^{n} X_i^2 - n\overline{X}^2 \right)$$

为样本方差；

称

$$S = \sqrt{S^2}$$

为样本标准差.

它们的观测值分别为

$$\overline{x} = \frac{1}{n} \sum_{i=1}^{n} x_i; \quad s^2 = \frac{1}{n-1} \sum_{i=1}^{n} (x_i - \overline{x})^2 = \frac{1}{n-1} \left(\sum_{i=1}^{n} x_i^2 - n\overline{x}^2 \right); \quad s = \sqrt{s^2}.$$

这些观测值仍分别称为样本均值、样本方差和样本标准差.

此外， $$A_k = \frac{1}{n}\sum_{i=1}^{n} X_i^k, k = 1, 2, 3, \cdots$$

为样本的 k 阶原点矩，当 $k=1$ 时，$A_1 = \overline{X}$.

$$M_k = \frac{1}{n}\sum_{i=1}^{n} (X_i - \overline{X})^k, k = 2, 3, \cdots$$

为样本的 k 阶中心矩. 当 $k=2$ 时，

$$M_2 = \frac{1}{n}\sum_{i=1}^{n} (X_i - \overline{X})^2 \triangleq S_n^2, S_n = \sqrt{\frac{1}{n}\sum_{i=1}^{n} (X_i - \overline{X})^2}.$$

显然， $S = \sqrt{\dfrac{n}{n-1}} S_n$.

由于统计量是样本 $(X_1, X_2, \cdots, X_n)$ 的函数，因此统计量也是随机变量，接下来我们用定理的方式给出常用统计量的性质.

定理 设总体 X 的均值 $E(X) = \mu$，方差 $\mathrm{Var}(X) = \sigma^2$，设 $(X_1, X_2, \cdots, X_n)$ 为取自该总体的一个样本，则

统计量的性质

（1） $E(\overline{X}) = \mu, \mathrm{Var}(\overline{X}) = \dfrac{\sigma^2}{n}$；

（2） $E(S^2) = \sigma^2, E(S_n^2) = \dfrac{n-1}{n}\sigma^2$；

（3） $\overline{X} \xrightarrow{P} \mu, S^2 = \dfrac{1}{n-1}\sum_{i=1}^{n} (X_i - \overline{X})^2 \xrightarrow{P} \sigma^2, S_n^2 = \dfrac{1}{n}\sum_{i=1}^{n} (X_i - \overline{X})^2 \xrightarrow{P} \sigma^2.$

证明 （1） $E(\overline{X}) = E\left(\dfrac{1}{n}\sum_{i=1}^{n} X_i\right) = \dfrac{1}{n}\sum_{i=1}^{n} E(X_i) = \mu,$

$$\mathrm{Var}(\overline{X}) = \mathrm{Var}\left(\frac{1}{n}\sum_{i=1}^{n} X_i\right) = \frac{1}{n^2}\sum_{i=1}^{n} \mathrm{Var}(X_i) = \frac{\sigma^2}{n}.$$

（2） $E(S^2) = E\left[\dfrac{1}{n-1}\sum_{i=1}^{n} (X_i - \overline{X})^2\right] = \dfrac{1}{n-1} E\left(\sum_{i=1}^{n} X_i^2 - n\overline{X}^2\right)$

$$= \frac{1}{n-1}\left[\sum_{i=1}^{n} E(X_i^2) - nE(\overline{X}^2)\right].$$

由于 $E(X_i^2) = \mathrm{Var}(X_i) + [E(X_i)]^2, E(\overline{X}^2) = \mathrm{Var}(\overline{X}) + [E(\overline{X})]^2$，代入上式，可得

$$E(S^2) = \frac{1}{n-1}\left\{\sum_{i=1}^{n} \{\mathrm{Var}(X_i) + [E(X_i)]^2\} - n\{\mathrm{Var}(\overline{X}) + [E(\overline{X})]^2\}\right\}$$

$$= \frac{1}{n-1}\left[n(\sigma^2 + \mu^2) - n\left(\frac{\sigma^2}{n} + \mu^2\right)\right] = \sigma^2.$$

因为 $$S_n^2 = \frac{1}{n}\sum_{i=1}^{n} (X_i - \overline{X})^2 = \frac{n-1}{n}S^2,$$

所以 $$E(S_n^2) = \frac{n-1}{n}E(S^2) = \frac{n-1}{n}\sigma^2.$$

（3）由第五章的相互独立同分布大数定律，即得 $\overline{X} \xrightarrow{P} \mu$，

$$\frac{1}{n}\sum_{i=1}^{n} X_i^2 \xrightarrow{P} \sigma^2 + \mu^2,$$

所以

$$S_n^2 = \frac{1}{n}\sum_{i=1}^{n}(X_i-\bar{X})^2 = \frac{1}{n}\sum_{i=1}^{n}X_i^2 - \bar{X}^2 \xrightarrow{P} \sigma^2+\mu^2-\mu^2 = \sigma^2,$$

$$S^2 = \frac{n}{n-1}S_n^2 \xrightarrow{P} \sigma^2.$$

这个定理中的结论就是第七章中矩估计法的理论依据.

例 2　设 $(X_1,X_2,\cdots,X_n)$ 是取自总体 X 的一个样本, 在下列 3 种情况下, 分别求 $E(\bar{X}),\mathrm{Var}(\bar{X}),E(S^2),E\left(\frac{1}{n}\sum_{i=1}^{n}X_i^2\right)$.

(1) $X\sim B(1,p)$.　(2) $X\sim Exp(\lambda)$.　(3) $X\sim U(0,2\theta)$, 其中 $\theta>0$.

解　(1) $X\sim B(1,p)$, 则

$$E(X)=p,\mathrm{Var}(X)=p(1-p).$$

故

$$E(\bar{X})=E(X)=p,\mathrm{Var}(\bar{X})=\frac{\mathrm{Var}(X)}{n}=\frac{p(1-p)}{n},$$

$$E(S^2)=\mathrm{Var}(X)=p(1-p),$$

$$E\left(\frac{1}{n}\sum_{i=1}^{n}X_i^2\right)=\frac{1}{n}\sum_{i=1}^{n}E(X_i^2)=E(X^2)=p.$$

(2) $X\sim Exp(\lambda)$, 则

$$E(X)=\frac{1}{\lambda},\mathrm{Var}(X)=\frac{1}{\lambda^2}.$$

故

$$E(\bar{X})=\frac{1}{\lambda},\mathrm{Var}(\bar{X})=\frac{1}{n\lambda^2},E(S^2)=\frac{1}{\lambda^2},E\left(\frac{1}{n}\sum_{i=1}^{n}X_i^2\right)=\frac{2}{\lambda^2}.$$

(3) $X\sim U(0,2\theta),\theta>0$, 则

$$E(X)=\theta,\mathrm{Var}(X)=\frac{\theta^2}{3}.$$

故

$$E(\bar{X})=\theta,\mathrm{Var}(\bar{X})=\frac{\theta^2}{3n},E(S^2)=\frac{\theta^2}{3},E\left(\frac{1}{n}\sum_{i=1}^{n}X_i^2\right)=\frac{4}{3}\theta^2.$$

*__例 3__　设 $(X_1,X_2,\cdots,X_n)$ 是取自总体 X 的一个样本, 总体 $X\sim P(\lambda)$. 问: $\bar{X}$ 与 $\frac{1}{n}\sum_{i=1}^{n}X_i^2$ 分别依概率收敛于什么值?

解　$\bar{X}\xrightarrow{P}\lambda$, $\frac{1}{n}\sum_{i=1}^{n}X_i^2 \xrightarrow{P} E(X^2)=\lambda+\lambda^2$.

二、次序统计量

次序统计量 $X_{(1)},X_{(2)},\cdots,X_{(n)}$ 是 $X_1,X_2,\cdots,X_n$ 由小到大排序得到的, 次序统计量中加圆括号的下标使它们区别于未排序的样本. 例如, X_n 仅是样本中的最后一个观测值, 而 $X_{(n)}$ 则表示它是样本中取值最大的观测值. 故有如下定义.

　　设 $(X_1, X_2, \cdots, X_n)$ 是取自总体 X 的一个样本，总体 X 的密度函数为 $f_X(x)$，分布函数为 $F_X(x)$. 样本中取值最小的一个记为 $X_{(1)}$，即 $X_{(1)} = \min(X_1, X_2, \cdots, X_n)$，称为最小次序统计量. 取值最大的一个记为 $X_{(n)}$，即 $X_{(n)} = \max(X_1, X_2, \cdots, X_n)$，称为最大次序统计量. $X_{(i)}$ 称为第 i 次序统计量，$i = 1, \cdots, n$，满足

次序统计量

$$X_{(1)} \leqslant X_{(2)} \leqslant \cdots \leqslant X_{(n-1)} \leqslant X_{(n)}.$$

　　记 $X_{(1)}$ 和 $X_{(n)}$ 的密度函数分别为 $f_{X_{(1)}}(v)$ 和 $f_{X_{(n)}}(u)$，由第三章第五节定理 4 的推广有

$$f_{X_{(1)}}(v) = n[1 - F_X(v)]^{n-1} f_X(v), f_{X_{(n)}}(u) = n[F_X(u)]^{n-1} f_X(u).$$

　　例 4　设 $(X_1, X_2, \cdots, X_n)$ 是取自总体 X 的一个样本，总体 $X \sim Exp(\lambda)$，分别求次序统计量 $X_{(1)}$ 和 $X_{(n)}$ 的分布.

　　解　总体 $X \sim Exp(\lambda)$，所以密度函数为

$$f(x) = \begin{cases} \lambda e^{-\lambda x}, & x \geqslant 0, \\ 0, & \text{其他,} \end{cases} \lambda > 0,$$

分布函数为

$$F(x) = \begin{cases} 0, & x < 0, \\ 1 - e^{-\lambda x}, & x \geqslant 0. \end{cases}$$

因此，根据公式 $f_{X_{(1)}}(v) = n[1 - F_X(v)]^{n-1} f_X(v)$，可得

$$f_{X_{(1)}}(v) = \begin{cases} n\lambda e^{-n\lambda v}, & v \geqslant 0, \\ 0, & \text{其他,} \end{cases}$$

即 $X_{(1)} \sim Exp(n\lambda)$.

又根据公式 $f_{X_{(n)}}(u) = n[F_X(u)]^{n-1} f_X(u)$，可得

$$f_{X_{(n)}}(u) = \begin{cases} n\lambda e^{-\lambda u}(1 - e^{-\lambda u})^{n-1}, & u \geqslant 0, \\ 0, & \text{其他.} \end{cases}$$

　　例 5　设 $(X_1, X_2, \cdots, X_n)$ 是取自总体 X 的一个样本，总体 $X \sim U(0, 1)$. 求最小次序统计量 $X_{(1)}$ 的均值和方差.

　　解　根据 $X_{(1)}$ 的密度函数公式不难求得，$X_{(1)}$ 有密度函数

$$f_{X_{(1)}}(y) = \begin{cases} n(1-y)^{n-1}, & 0 \leqslant y \leqslant 1, \\ 0, & \text{其他,} \end{cases}$$

由本章"课前导读"的贝塔函数知

$$E[X_{(1)}] = n \int_0^1 y(1-y)^{n-1} dy = n \cdot \frac{1}{(n+1)n} = \frac{1}{(n+1)}.$$

又

$$E[X_{(1)}^2] = n \int_0^1 y^2 (1-y)^{n-1} dy = n \int_0^1 y^2 (1-y)^{n-1} dy$$

$$= n \cdot \frac{2}{(n+2)(n+1)n} = \frac{2}{(n+2)(n+1)},$$

所以

$$\text{Var}[X_{(1)}] = \frac{2}{(n+2)(n+1)} - \frac{1}{(n+1)^2} = \frac{n}{(n+2)(n+1)^2}.$$

[随堂测]

1. 设 $(X_1, X_2, \cdots, X_n)$ 是取自总体 $X \sim P(\lambda)$ 的一个样本, $\overline{X}$ 与 S^2 分别为样本均值与样本方差, 求 $E(\overline{X})$, $\mathrm{Var}(\overline{X})$, $E(S^2)$, $E\left(\dfrac{1}{n}\sum_{i=1}^{n} X_i^2\right)$.

扫码看答案

2. 设 $(X_1, X_2, \cdots, X_n)$ 是取自总体 $X \sim U(0, \theta)$ 的一个样本. 求最大次序统计量 $X_{(n)}$ 的均值.

习题 6-2

1. 设 $(X_1, X_2, \cdots, X_n)$ 是取自总体 X 的一个样本, $\overline{X}$ 与 S^2 分别为样本均值与样本方差, 在下列两种总体分布的假定下, 分别求 $E(\overline{X})$, $\mathrm{Var}(\overline{X})$, $E(S^2)$.

（1）$X \sim Ge(p)$.

（2）$X \sim N(\mu, \sigma^2)$.

2. 设 $(X_1, X_2, \cdots, X_n)$ 是取自正态总体 $N(1, \sigma^2)$ 的一个样本, 求:

（1）$E\left[\sum_{i=1}^{n}(X_i - 1)^2\right]$, $\mathrm{Var}\left[\sum_{i=1}^{n}(X_i - 1)^2\right]$;

（2）$E\left[\left(\sum_{i=1}^{n} X_i - n\right)^2\right]$, $\mathrm{Var}\left[\left(\sum_{i=1}^{n} X_i - n\right)^2\right]$.

3. 设 $(X_1, X_2, \cdots, X_n)$ 是取自总体 X 的一个样本, 总体 X 的密度函数为

$$f(x; \theta) = \begin{cases} \dfrac{2x}{3\theta^2}, & \theta < x < 2\theta, \\ 0, & \text{其他}, \end{cases}$$

其中 θ 是未知参数. 若 $E\left(c\sum_{i=1}^{n} X_i^2\right) = \theta^2$, 求 c 的值.

4. 设总体 $X \sim N(40, 5^2)$. （1）抽取容量为 36 的样本, 求 $P(38 \leqslant \overline{X} \leqslant 43)$. （2）样本容量 n 多大时, 才能使 $P(|\overline{X} - 40| < 1) = 0.95$.

5. 设 $(X_1, X_2, \cdots, X_n)$ 为取自正态总体 $N(\mu, \sigma^2)$ 的一个样本, 试求统计量 $U = \sum_{i=1}^{n} c_i X_i$ 的分布, 其中 $c_1, c_2, \cdots, c_n$ 是不全为零的常数.

*6. 设 $(X_1, X_2, \cdots, X_n)$ 是取自总体 X 的一个样本, 总体 $X \sim N(0, 1)$, $\overline{X}$ 为样本均值, 记 $Y_i = X_i - \overline{X}$, $i = 1, 2, \cdots, n$. 求:

（1）Y_i 的方差 $\mathrm{Var}(Y_i)$, $i = 1, 2, \cdots, n$;

（2）Y_1 与 Y_n 的协方差 $\mathrm{Cov}(Y_1, Y_n)$.

7. 设 (X_1, X_2, X_3) 是取自离散型总体 X 的一个样本，总体 X 的分布律如下.

X	-1	0	1
概率	$\dfrac{1}{3}$	$\dfrac{1}{3}$	$\dfrac{1}{3}$

求 $X_{(1)}$ 和 $X_{(3)}$ 的分布律.

8. 设 $(X_1, X_2, \cdots, X_n)$ 是取自总体 X 的一个样本，总体 X 的密度函数为

$$f(x;\theta) = \begin{cases} \mathrm{e}^{-(x-\theta)}, & x \geqslant \theta, \\ 0, & 其他, \end{cases}$$

其中 $\theta > 0$. 求：

（1）总体 X 的分布函数 $F(x)$；

（2）最小次序统计量 $X_{(1)}$ 的均值和方差.

第三节　三大分布

χ^2 分布、t 分布、F 分布都是从正态总体中衍生出来的，之前介绍的几种常用的统计量的分布在正态总体假定下都与这三大分布有关，所以它们在正态总体的统计推断中起着重要的作用.

一、χ^2 分布

设 $X_1, X_2, \cdots, X_n$ 为相互独立的标准正态分布随机变量，称随机变量 $Y = X_1^2 + X_2^2 + \cdots + X_n^2$ 服从自由度为 n 的 χ^2 分布，记为 $Y \sim \chi^2(n)$.

χ^2 分布

$\chi^2(n)$ 分布的密度函数为

$$f(x) = \begin{cases} \dfrac{1}{2^{\frac{n}{2}}\Gamma\left(\dfrac{n}{2}\right)} y^{\frac{n}{2}-1} \mathrm{e}^{-\frac{y}{2}}, & y>0, \\ 0, & 其他. \end{cases}$$

$\chi^2(n)$ 分布的密度函数图形如图 6.1 所示.

χ^2 分布具有如下性质.

性质 1　当 $Y \sim \chi^2(n)$ 时，$E(Y) = n, \mathrm{Var}(Y) = 2n$.

证明　$Y = \sum\limits_{i=1}^{n} X_i^2 \sim \chi^2(n)$，

$$E(Y) = E\left(\sum_{i=1}^{n} X_i^2\right) = \sum_{i=1}^{n} E(X_i^2) = n,$$

$$\mathrm{Var}(Y) = \mathrm{Var}\left(\sum_{i=1}^{n} X_i^2\right) = \sum_{i=1}^{n} \mathrm{Var}(X_i^2) = \sum_{i=1}^{n}\left\{E(X_i^4) - [E(X_i^2)]^2\right\} = \sum_{i=1}^{n}(3-1^2) = 2n.$$

性质 2　χ^2 分布具有可加性：设 $X \sim \chi^2(m), Y \sim \chi^2(n)$，且 X 与 Y 相互独立，则 $X+Y \sim \chi^2(m+n)$.

图 6.1　$\chi^2(n)$ 分布的密度函数图形

证明 不妨记 $X=\sum_{i=1}^{m}X_i^2\sim\chi^2(m)$，$Y=\sum_{i=1}^{n}Y_i^2\sim\chi^2(n)$.

其中，$X_1,X_2,\cdots,X_m$ 相互独立同分布，都服从 $N(0,1)$；$Y_1,Y_2,\cdots,Y_n$ 相互独立同分布，都服从 $N(0,1)$. 又因为 X 与 Y 相互独立，所以 $X_1,X_2,\cdots,X_m,Y_1,Y_2,\cdots,Y_n$ 相互独立. 从而

$$X+Y=\sum_{i=1}^{m}X_i^2+\sum_{i=1}^{n}Y_i^2\sim\chi^2(m+n).$$

注：类似具有可加性的分布还有二项分布、泊松分布和正态分布.

χ^2 分布的 α 分位数记作 $\chi_\alpha^2(n)$，它表示：对于给定的 $\alpha(0<\alpha<1)$，当 $X\sim\chi^2(n)$ 时，有 $P[X\leqslant\chi_\alpha^2(n)]=\alpha$. $\chi_\alpha^2(n)$ 的值可以通过查附录 7 得到.

例1 设 $(X_1,X_2,\cdots,X_6)$ 为取自标准正态总体 $N(0,1)$ 的一个样本，求下列 3 个统计量的分布：(1) $X_1^2+X_2^2$；(2) X_1^2；(3) $X_1^2+a(X_2+X_3)^2+b(X_4-X_5+X_6)^2$. 并求 a,b 的值.

解 (1) 由样本的定义可知，$X_1,X_2,\cdots,X_6$ 相互独立，且都服从 $N(0,1)$，所以根据 χ^2 分布的定义可知 $X_1^2+X_2^2\sim\chi^2(2)$.

(2) 同上，$X_1^2\sim\chi^2(1)$.

(3) $X_2+X_3\sim N(0,2)$，即 $\dfrac{X_2+X_3}{\sqrt{2}}\sim N(0,1)$. 又 $X_4-X_5+X_6\sim N(0,3)$，即 $\dfrac{X_4-X_5+X_6}{\sqrt{3}}\sim N(0,1)$，所以由 χ^2 分布的定义可知

$$(X_1)^2+\left(\frac{X_2+X_3}{\sqrt{2}}\right)^2+\left(\frac{X_4-X_5+X_6}{\sqrt{3}}\right)^2\sim\chi^2(3),$$

整理可得 $a=\dfrac{1}{2},b=\dfrac{1}{3}$.

例2 已知 $(X_1,X_2,\cdots,X_n)$ 是取自正态总体 $N(0,\sigma^2)$ 的样本，证明：

(1) $\dfrac{1}{\sigma^2}\sum_{i=1}^{n}X_i^2\sim\chi^2(n)$；

(2) $\dfrac{1}{n\sigma^2}(\sum_{i=1}^{n}X_i)^2\sim\chi^2(1)$.

证明 (1) 由已知得 $\dfrac{X_1}{\sigma},\dfrac{X_2}{\sigma},\cdots,\dfrac{X_n}{\sigma}$ 相互独立同分布，都服从 $N(0,1)$. 由 χ^2 分布的定义知 $\sum_{i=1}^{n}\left(\dfrac{X_i}{\sigma}\right)^2\sim\chi^2(n)$，即 $\dfrac{1}{\sigma^2}\sum_{i=1}^{n}X_i^2\sim\chi^2(n)$.

(2) 易知 $\sum_{i=1}^{n}X_i\sim N(0,n\sigma^2)$，即 $\dfrac{\sum_{i=1}^{n}X_i}{\sqrt{n\sigma^2}}\sim N(0,1)$. 由 χ^2 分布的定义知 $\left(\dfrac{\sum_{i=1}^{n}X_i}{\sqrt{n\sigma^2}}\right)^2\sim\chi^2(1)$，即 $\dfrac{1}{n\sigma^2}(\sum_{i=1}^{n}X_i)^2\sim\chi^2(1)$.

二、t 分布

设随机变量 X 与 Y 相互独立，且 $X \sim N(0,1)$，$Y \sim \chi^2(n)$，则称 $T = \dfrac{X}{\sqrt{Y/n}}$ 服从自由度为 n 的 t 分布（又称为学生氏分布），记为 $T \sim t(n)$.

$t(n)$ 分布的密度函数为

$$f(x) = \frac{\Gamma[(n+1)/2]}{\sqrt{\pi n}\,\Gamma(n/2)} \left(1 + \frac{x^2}{n}\right)^{-(n+1)/2}, x \in \mathbf{R}.$$

$t(n)$ 分布的密度函数图形（见图 6.2）关于直线 $x = 0$ 对称，当 n 充分大时，其图形类似于标准正态分布的密度函数图形，如图 6.3 所示. 事实上，有

$$\lim_{n \to \infty} f(x) = \frac{1}{\sqrt{2\pi}} \mathrm{e}^{-\frac{x^2}{2}}.$$

即当 n 充分大时，$t(n)$ 分布近似于 $N(0,1)$ 分布.

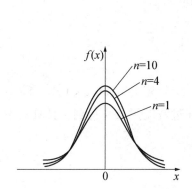

图 6.2 $t(n)$ 分布的密度函数图形

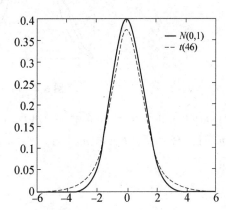

图 6.3 标准正态分布和 t 分布的密度函数图形对比

$t(n)$ 分布的 α 分位数记作 $t_\alpha(n)$，它表示：对于给定的 $\alpha (0 < \alpha < 1)$，当 $T \sim t(n)$ 时，有

$$P[T \leqslant t_\alpha(n)] = \alpha.$$

由 $t(n)$ 分布密度函数图形（见图 6.2）的对称性知

$$t_\alpha(n) = -t_{1-\alpha}(n).$$

$t_\alpha(n)$ 的值可以通过查阅附录 8 得到，在实际中，当 $n > 45$ 时，对于常用的 α 值，就用标准正态分布的分位数近似，即

$$t_\alpha(n) \approx u_\alpha.$$

例 3 设 $T \sim t(10)$，求常数 c，使 $P(T > c) = 0.95$.

解 由 $P(T > c) = 0.95$ 可知，$P(T \leqslant c) = 0.05$，所以 $c = t_{0.05}(10)$. 由 t 分布密度函数图形的对称性可知，$c = t_{0.05}(10) = -t_{0.95}(10)$，查附录 8 得 $c = -1.812\,5$.

三、F 分布

设随机变量 X 与 Y 相互独立，$X \sim \chi^2(m)$，$Y \sim \chi^2(n)$，则称 $F = \dfrac{X/m}{Y/n}$ 服从自由度为 (m, n)

的 F 分布，记为 $F \sim F(m,n)$，其中 m 称为第一自由度，n 称为第二自由度.

$F(m,n)$ 分布的密度函数为

$$f(y) = \begin{cases} \dfrac{\Gamma\left(\dfrac{m+n}{2}\right)}{\Gamma\left(\dfrac{m}{2}\right)\Gamma\left(\dfrac{n}{2}\right)}\left(\dfrac{m}{n}\right)^{\frac{m}{2}} y^{\frac{m}{2}-1}\left(1+\dfrac{m}{n}y\right)^{-\frac{m+n}{2}}, & y>0, \\ 0, & \text{其他}. \end{cases}$$

$F(m,n)$ 分布的密度函数图形如图 6.4 所示.

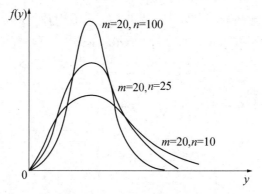

图 6.4　$F(m,n)$ 的密度函数

$F(m,n)$ 分布的 α 分位数记作 $F_\alpha(m,n)$，它表示：对于给定的 $\alpha(0<\alpha<1)$，当 $F \sim F(m,n)$ 时，有 $P[F \leqslant F_\alpha(m,n)] = \alpha$. $F_\alpha(m,n)$ 的值可以通过查阅附录 9 得到，且具有下列性质：

$$F_\alpha(m,n) = \frac{1}{F_{1-\alpha}(n,\ m)}.$$

证明　设 $X \sim \chi^2(m)$，$Y \sim \chi^2(n)$，X 与 Y 相互独立，则

$$F = \frac{X/m}{Y/n} \sim F(m,n), \quad \frac{1}{F} = \frac{Y/n}{X/m} \sim F(n,m).$$

$P[F \leqslant F_\alpha(m,n)] = \alpha$ 等价于 $P\left[\dfrac{1}{F} \geqslant \dfrac{1}{F_\alpha(m,n)}\right] = \alpha$，即 $P\left[\dfrac{1}{F} \leqslant \dfrac{1}{F_\alpha(m,n)}\right] = 1-\alpha$，所以

$\dfrac{1}{F_\alpha(m,n)} = F_{1-\alpha}(n,m)$，故结论成立.

例 4　设随机变量 $T \sim t(n)$，$F = \dfrac{1}{T^2}$，求随机变量 F 的分布.

解　由于 $T \sim t(n)$，不妨设 $T = \dfrac{X}{\sqrt{Y/n}}$，其中随机变量 X 与 Y 相互独立，且 $X \sim N(0,1)$，

$Y \sim \chi^2(n)$，则 $F = \dfrac{1}{T^2} = \dfrac{Y/n}{X^2}$. 因为 $X^2 \sim \chi^2(1)$，且 X^2 与 Y 相互独立，所以由 F 分布的定义知，

$F \sim F(n,1)$. 事实上，也易证 $\dfrac{1}{F} = T^2 \sim F(1,n)$.

[随堂测]

1. 设 $T \sim t(n)$，已知 $P(T \geq c) = 0.05$，求 $P(|T| \leq c)$.

2. 设 $(X_1, X_2, \cdots, X_5)$ 是取自正态总体 $X \sim N(0,1)$ 的一个样本.

(1) 求常数 c，使 $c(X_1^2 + X_2^2)$ 服从 χ^2 分布，并指出它的自由度.

(2) 求常数 d，使 $d\dfrac{X_1 + X_2}{\sqrt{X_3^2 + X_4^2 + X_5^2}}$ 服从 t 分布，并指出它的自由度.

(3) 求常数 k，使 $k\dfrac{X_1^2 + X_2^2}{X_3^2 + X_4^2 + X_5^2}$ 服从 F 分布，并指出它的自由度.

扫码看答案

习题 6-3

1. 查表(见附录 7~9)写出如下分位数的值：$\chi_{0.95}^2(10)$，$\chi_{0.05}^2(10)$，$t_{0.975}(8)$，$t_{0.025}(8)$，$F_{0.95}(3,7)$，$F_{0.05}(3,7)$.

2. (1) 设 $X \sim \chi^2(8)$，求常数 a, c，使 $P(X \leq a) = 0.05$，$P(X > c) = 0.05$.

(2) 设 $T \sim t(5)$，求常数 c，使 $P(|T| \leq c) = 0.9$.

(3) 设 $F \sim F(6,9)$，求常数 a, c，使 $P(X \leq a) = 0.05$，$P(X > c) = 0.05$.

3. 设 $(X_1, X_2, \cdots, X_6)$ 是取自正态总体 $N(0, \sigma^2)$ 的一个样本，问：

(1) $k\dfrac{X_1 + X_2 + X_3 + X_4}{\sqrt{X_5^2 + X_6^2}}$ 服从什么分布？自由度是多少？k 是多少？

(2) $c\dfrac{X_4^2 + X_5^2}{(X_2 + X_3)^2}$ 服从什么分布？自由度是多少？c 是多少？

4. 设 $(X_1, X_2, \cdots, X_5)$ 是取自正态总体 $X \sim N(0,4)$ 的一个样本.

(1) 求常数 a，使 $a(X_1^2 + X_2^2)$ 服从 χ^2 分布，并指出它的自由度.

(2) 求常数 b，使 $b(X_1 + X_2)^2$ 服从 χ^2 分布，并指出它的自由度.

(3) 求常数 c，使 $c\dfrac{X_1^2 + X_2^2}{X_3^2 + X_4^2}$ 服从 F 分布，并指出它的自由度.

(4) 求常数 d，使 $d\left(\dfrac{X_1 - X_2}{X_3 - X_4}\right)^2$ 服从 F 分布，并指出它的自由度.

5. 设 $(X_1, X_2, \cdots, X_n)$ 是取自总体 $\chi^2(n)$ 的一个样本，$\bar{X}$ 为样本均值，试求 $E(\bar{X})$，$\mathrm{Var}(\bar{X})$.

6. 设 $(X_1, X_2, \cdots, X_5)$ 是取自正态总体 $N(0, \sigma^2)$ 的一个样本，$a\dfrac{X_1 + X_2}{|X_3 - X_4 - X_5|}$ 服从什么分布？a 的值是多少？

第四节　正态总体的抽样分布

抽样分布，即为统计量的分布. 因为统计推断是基于统计量做出的，所以研究统计量的分布是统计推断过程中一个十分重要的环节. 由于正态总体的重要性，本节我们讨论在正态总体下几个常用统计量的抽样分布.

定理 1　设 $(X_1, X_2, \cdots, X_n)$ 是取自正态总体 $N(\mu, \sigma^2)$ 的一个样本，样本均值 $\overline{X} = \frac{1}{n}\sum_{i=1}^{n} X_i$，样本方差 $S^2 = \frac{1}{n-1}\sum_{i=1}^{n}(X_i - \overline{X})^2$，有

(1) $\overline{X} \sim N\left(\mu, \dfrac{\sigma^2}{n}\right)$，即 $\dfrac{\overline{X}-\mu}{\sigma}\sqrt{n} \sim N(0,1)$；

正态总体抽样分布

(2) $\dfrac{\sum\limits_{i=1}^{n}(X_i - \overline{X})^2}{\sigma^2} \sim \chi^2(n-1)$，即 $\dfrac{(n-1)S^2}{\sigma^2} = \dfrac{nS_n^2}{\sigma^2} \sim \chi^2(n-1)$；

(3) $\overline{X}$ 与 S^2（或 S_n^2）相互独立.

定理的证明请参考文献[2]，这个定理是正态总体中最基本的一个定理，后面的定理 2 和定理 3 都是该定理与 χ^2 分布、t 分布、F 分布的应用.

定理 2　设 $(X_1, X_2, \cdots, X_n)$ 是取自正态总体 $N(\mu, \sigma^2)$ 的一个样本，样本均值 $\overline{X} = \frac{1}{n}\sum_{i=1}^{n} X_i$，样本方差 $S^2 = \frac{1}{n-1}\sum_{i=1}^{n}(X_i - \overline{X})^2$，有

$$\frac{\overline{X}-\mu}{S}\sqrt{n} \sim t(n-1).$$

证明　由定理 1 知 $\dfrac{\overline{X}-\mu}{\sigma}\sqrt{n} \sim N(0,1)$，$\dfrac{(n-1)S^2}{\sigma^2} \sim \chi^2(n-1)$，且 $\overline{X}$ 与 S^2 相互独立. 根据 t 分布的定义可得

$$\frac{\dfrac{\overline{X}-\mu}{\sigma}\sqrt{n}}{\sqrt{\dfrac{(n-1)S^2}{\sigma^2}\Big/(n-1)}} = \frac{\overline{X}-\mu}{S}\sqrt{n} \sim t(n-1).$$

在很多实际问题中，我们经常需要比较两个相互独立的正态总体的样本均值或样本方差. 针对两个相互独立的正态总体有以下定理.

定理 3　设 $(X_1, X_2, \cdots, X_m)$ 为取自正态总体 $X \sim N(\mu_1, \sigma_1^2)$ 的一组样本，$(Y_1, Y_2, \cdots, Y_n)$ 为取自正态总体 $Y \sim N(\mu_2, \sigma_2^2)$ 的一组样本，且总体 X 与总体 Y 相互独立，记 $\overline{X} = \frac{1}{m}\sum_{i=1}^{m} X_i$，$\overline{Y} = \frac{1}{n}\sum_{i=1}^{n} Y_i$，$S_X^2 = \frac{1}{m-1}\sum_{i=1}^{m}(X_i - \overline{X})^2$，$S_Y^2 = \frac{1}{n-1}\sum_{i=1}^{n}(Y_i - \overline{Y})^2$，$S_w^2 = \frac{1}{m+n-2}\left[\sum_{i=1}^{m}(X_i - \overline{X})^2\right.$

[2]　同济大学概率统计教研组. 概率统计(第五版)[M]. 上海:同济大学出版社, 2013.

$$+ \sum_{i=1}^{n} (Y_i - \overline{Y})^2] = \frac{(m-1)S_X^2 + (n-1)S_Y^2}{m+n-2}, \quad 则有$$

(1) $\overline{X} - \overline{Y} \sim N\left(\mu_1 - \mu_2, \frac{\sigma_1^2}{m} + \frac{\sigma_2^2}{n}\right)$, 即 $\dfrac{\overline{X} - \overline{Y} - (\mu_1 - \mu_2)}{\sqrt{\dfrac{\sigma_1^2}{m} + \dfrac{\sigma_2^2}{n}}} \sim N(0,1)$;

(2) $\dfrac{\displaystyle\sum_{i=1}^{m}(X_i - \overline{X})^2}{\sigma_1^2} + \dfrac{\displaystyle\sum_{i=1}^{n}(Y_i - \overline{Y})^2}{\sigma_2^2} \sim \chi^2(m+n-2)$;

(3) $\dfrac{S_X^2/\sigma_1^2}{S_Y^2/\sigma_2^2} \sim F(m-1, n-1)$;

(4) 当 $\sigma_1^2 = \sigma_2^2 = \sigma^2$ 时, $\dfrac{\overline{X} - \overline{Y} - (\mu_1 - \mu_2)}{S_w \sqrt{\dfrac{1}{m} + \dfrac{1}{n}}} \sim t(m+n-2)$.

证明　(1) $\overline{X} \sim N\left(\mu_1, \dfrac{\sigma_1^2}{m}\right)$, $\overline{Y} \sim N\left(\mu_2, \dfrac{\sigma_2^2}{n}\right)$, 且 $\overline{X}$ 与 $\overline{Y}$ 相互独立, 根据相互独立的正态分布具有可加性, 可得

$$\overline{X} - \overline{Y} \sim N\left(\mu_1 - \mu_2, \frac{\sigma_1^2}{m} + \frac{\sigma_2^2}{n}\right),$$

即

$$\frac{\overline{X} - \overline{Y} - (\mu_1 - \mu_2)}{\sqrt{\dfrac{\sigma_1^2}{m} + \dfrac{\sigma_2^2}{n}}} \sim N(0,1).$$

(2) $\dfrac{\displaystyle\sum_{i=1}^{m}(X_i - \overline{X})^2}{\sigma_1^2} = \dfrac{(m-1)S_X^2}{\sigma_1^2} \sim \chi^2(m-1)$, $\dfrac{\displaystyle\sum_{i=1}^{n}(Y_i - \overline{Y})^2}{\sigma_2^2} = \dfrac{(n-1)S_Y^2}{\sigma_2^2} \sim \chi^2(n-1)$, 且 S_X^2 与 S_Y^2 相互独立, 根据相互独立的 χ^2 分布具有可加性, 可得

$$\frac{\displaystyle\sum_{i=1}^{m}(X_i - \overline{X})^2}{\sigma_1^2} + \frac{\displaystyle\sum_{i=1}^{n}(Y_i - \overline{Y})^2}{\sigma_2^2} = \frac{(m-1)S_X^2}{\sigma_1^2} + \frac{(n-1)S_Y^2}{\sigma_2^2} \sim \chi^2(m+n-2).$$

(3) 根据 F 分布的定义可知

$$\frac{\dfrac{(m-1)S_X^2}{\sigma_1^2} \Big/ (m-1)}{\dfrac{(n-1)S_Y^2}{\sigma_2^2} \Big/ (n-1)} \sim F(m-1, n-1),$$

即

$$\frac{S_X^2/\sigma_1^2}{S_Y^2/\sigma_2^2} = \frac{S_X^2/S_Y^2}{\sigma_1^2/\sigma_2^2} \sim F(m-1, n-1).$$

当 $\sigma_1^2 = \sigma_2^2 = \sigma^2$ 时, 有

$$\frac{S_X^2}{S_Y^2} \sim F(m-1,n-1).$$

（4）由（1）得

$$\frac{\overline{X}-\overline{Y}-(\mu_1-\mu_2)}{\sigma\sqrt{\dfrac{1}{m}+\dfrac{1}{n}}} \sim N(0,1),$$

当 $\sigma_1^2=\sigma_2^2=\sigma^2$ 时，由（2）得

$$\frac{\sum\limits_{i=1}^{m}(X_i-\overline{X})^2}{\sigma^2}+\frac{\sum\limits_{i=1}^{n}(Y_i-\overline{Y})^2}{\sigma^2}=\frac{(m-1)S_X^2+(n-1)S_Y^2}{\sigma^2}=\frac{(m+n-2)S_w^2}{\sigma^2}\sim\chi^2(m+n-2).$$

由于 $\overline{X}-\overline{Y}$ 与 S_w^2 相互独立，根据 t 分布的定义可知，当 $\sigma_1^2=\sigma_2^2=\sigma^2$ 时，有

$$\frac{\dfrac{\overline{X}-\overline{Y}-(\mu_1-\mu_2)}{\sigma\sqrt{\dfrac{1}{m}+\dfrac{1}{n}}}}{\sqrt{\dfrac{(m+n-2)S_w^2}{\sigma^2}\Big/(m+n-2)}}=\frac{\overline{X}-\overline{Y}-(\mu_1-\mu_2)}{S_w\sqrt{\dfrac{1}{m}+\dfrac{1}{n}}}\sim t(m+n-2).$$

[随堂测]

设 $(X_1,X_2,\cdots,X_n)$ 是取自正态总体 $N(0,1)$ 的一个样本，$\overline{X}$ 为样本均值，S^2 为样本方差，求下列统计量的分布：（1）$\sqrt{n}\,\overline{X}$；（2）$(n-1)S^2$；（3）$\sqrt{n}\dfrac{\overline{X}}{S}$.

扫码看答案

习题 6-4

1. 设 $(X_1,X_2,\cdots,X_n)$ 是取自正态总体 $N(\mu,\sigma^2)$ 的一个样本，求 $\dfrac{\sum\limits_{i=1}^{n}(X_i-\mu)^2}{\sigma^2}$ 的分布.

2. 设 $(X_1,X_2,\cdots,X_n)$ 是取自正态总体 $N(0,1)$ 的一个样本，求：（1）$\mathrm{Var}(\overline{X}^2)$；（2）$\mathrm{Var}(S^2)$.

3. 设 (X_1,X_2,X_3,X_4) 是取自正态总体 $N(\mu,1)$ 的简单随机样本，$\overline{X}$ 为样本均值，$S^2=\dfrac{1}{3}\sum\limits_{i=1}^{4}(X_i-\overline{X})^2$ 为样本方差，求下列统计量的分布：

（1）$\sum\limits_{i=1}^{4}(X_i-\overline{X})^2$；

（2）$\dfrac{2(\overline{X}-\mu)}{S}$；

$(3)\ \dfrac{(n-1)X_1^2}{\displaystyle\sum_{i=2}^{n} X_i^2}.$

4. 设$(X_1,X_2,\cdots,X_8)$是取自正态总体$N(\mu_1,\sigma^2)$的一个样本，$(Y_1,Y_2,\cdots,Y_9)$是取自正态总体$N(\mu_2,\sigma^2)$的一个样本，两个总体相互独立，且$\overline{X}=\dfrac{1}{8}\displaystyle\sum_{i=1}^{8} X_i$，$\overline{Y}=\dfrac{1}{9}\displaystyle\sum_{j=1}^{9} Y_j$，$S_w^2=\dfrac{1}{15}\left[\displaystyle\sum_{i=1}^{8}(X_i-\overline{X})^2+\sum_{j=1}^{9}(Y_j-\overline{Y})^2\right]$，证明：$T=\dfrac{\overline{X}-\overline{Y}-(\mu_1-\mu_2)}{S_w\sqrt{\dfrac{1}{8}+\dfrac{1}{9}}}\sim t(15)$.

5. 设$(X_1,X_2,\cdots,X_{10})$是取自正态总体$N(0,\sigma^2)$的一个样本，求下列统计量的抽样分布：

$(1)\ Y=\dfrac{1}{\sigma^2}\displaystyle\sum_{i=1}^{10} X_i^2;$

$(2)\ T=\dfrac{\sqrt{6}\displaystyle\sum_{i=1}^{4} X_i}{2\sqrt{\displaystyle\sum_{i=5}^{10} X_i^2}};$

$(3)\ F=\dfrac{3\displaystyle\sum_{i=1}^{4} X_i^2}{2\displaystyle\sum_{i=5}^{10} X_i^2}.$

6. 设$(X_1,X_2,\cdots,X_7)$是取自正态总体$N(\mu,\sigma^2)$的一个样本，$T=\dfrac{X_7-\overline{X}_6}{S_6}\sqrt{\dfrac{6}{7}}$，其中$\overline{X}_6=\dfrac{1}{6}\displaystyle\sum_{i=1}^{6} X_i$，$S_6=\sqrt{\dfrac{1}{5}\displaystyle\sum_{i=1}^{6}(X_i-\overline{X}_6)^2}$，证明：$T\sim t(5)$.

7. 设$(X_1,X_2,\cdots,X_n)$是取自正态总体$N(0,\sigma^2)$的一个样本，$\sigma^2>0$且σ^2未知. 若令统计量$Y=\dfrac{\sqrt{n}\,\overline{X}}{S}$，其中$\overline{X}=\dfrac{1}{n}\displaystyle\sum_{i=1}^{n} X_i$，$S=\sqrt{\dfrac{1}{n-1}\displaystyle\sum_{i=1}^{n}(X_i-\overline{X})^2}$，那么$Y^2$服从什么分布？

本章小结

章总结

总体与样本	了解 统计学的主要内容及主要思想 理解 总体、个体、简单随机样本等基本概念 掌握 样本$(X_1, X_2, \cdots, X_n)$的联合分布律或联合密度函数的计算方法
统计量	理解 统计量的概念 掌握 常用统计量：样本均值、样本方差、样本的k阶原点矩、样本的k阶中心矩及次序统计量 掌握 常用统计量的计算方法及其相关性质
三大分布	掌握 χ^2分布、t分布和F分布的定义及性质 理解 分位数的概念并会通过查表计算三大分布的α分位数
正态总体的抽样分布	了解 抽样分布的定义 会用 正态分布、χ^2分布、t分布和F分布判断正态总体的常用统计量的分布

拓展阅读

统计学简介

统计(Staitistics)一词来源于拉丁语国家，最早指的是一个国家政府要求收集来自各个地区的资料. 现在统计的含义不仅包括数据资料的收集，还扩展到是一门关于数据资料的整理、描述、分析和推断的科学，称为统计学. 统计学可以分为描述性统计学和推断性统计学两大类. 描述性统计学研究的是将原始的数据资料加工成有用的图表，如直方图、折线图等. 如果在研究中可以得到整个总体的所有数据，那么描述性统计学就足够了. 但是，实际中往往只能得到总体数据中的一小部分，即样本数据，这就需要通过这些样本的有限不确定信息来确定有关总体的信息，这就是推断性统计学的研究内容. 我们后续将要学习的两章内容——参数估计和假设检验就属于推断性统计学最基础的知识.

统计学的理论基础就是数理统计. 数理统计是数学的一个分支，由一系列的定理及其证明组成. 为了能适用于不同专业领域的研究者，将统计理论简化，与不同的专业领域相结合，这就产生了相应的专业统计学，如生物统计学、医学统计学、经济统计学、交通统计学等. 例如，遗传研究表明，人的遗传密码由人体中的 DNA 携带. 基因则是 DNA 长链中有遗传效应的一些片段. 在组成 DNA 的数量庞大的碱基对(或对应的脱氧核苷酸)中，有一些特定位置的单个核苷酸经常发生变异，从而引起 DNA 的多态性，我们称之为位点. 在 DNA 长链中，位点个数约为碱基对个数的 1/1 000. 由于位点在 DNA 长链中频繁出现，多态性丰富，近年来成为人们研究 DNA 遗传信息的重要载体，被称为人类研究遗传学的第三类遗传标记. 生物统计学家的工作内容之一就是招募大量志愿者(样本)，包括具有某种遗传病的人和健康的人，通常用 1 表示遗传病患者，用 0 表示健康者. 然后对每个样本采用编码方式来获取每个位点的信息. 最后，研究人员对样本进行统计建模分析，找出该种疾病最有可能的一个或几个致病位点，从而发现该遗传病的遗传机理.

再例如，学生氏分布的由来：威廉·戈塞(William Gosset，1876—1937 年)是一位英国统计学家，曾经在爱尔兰的一家啤酒厂工作. 在对啤酒厂进行质量控制的研究中，戈塞发现了 t 分布. 当时啤酒厂有规定，禁止雇员将研究成果公开发表，于是戈塞在 1908 年的论文中，偷偷地以笔名"Student"发表了其发现. 正是由于这个原因，t 分布也称为学生氏分布.

测试题六

1. 设$(X_1,X_2,\cdots,X_5)$是取自正态总体$N(0,4)$的一个样本，令$Y=c_1(X_1+2X_2)^2+c_2(X_3+3X_4-2X_5)^2$，求$Y$的分布和常数$c_1,c_2$的值.

2. 设$(X_1,X_2,\cdots,X_{10})$是取自正态总体$N(\mu,0.5^2)$的一个样本，其中μ未知. 求概率$P\left[\sum_{i=1}^{10}(X_i-\mu)^2\geq 4\right]$及$P\left[\sum_{i=1}^{10}(X_i-\bar{X})^2\geq 2.85\right]$.

3. 设$(X_1,X_2,\cdots,X_6)$是取自正态总体$N(0,\sigma^2)$的一个样本，记$Y=\dfrac{c(X_1+X_3+X_5)}{\sqrt{X_2^2+X_4^2+X_6^2}}$，其中$c$为不等于零的常数. 求$Y$的分布和常数$c$的值.

4. 设X_1,X_2相互独立且服从相同的分布，都服从正态分布$N(1,\sigma^2)$，求$\dfrac{X_1-1}{|X_2-1|}$的分布.

5. 设随机变量$X\sim t(n)$，$Y\sim F(1,n)$，给定$a(0<a<0.5)$，常数c满足$P(X>c)=a$，求$P(Y>c^2)$的值.

6. 设(X_1,X_2,X_3,X_4)为取自总体X的一个样本，总体$X\sim N(0,\sigma^2)$，确定常数c，使$P\left[\dfrac{(X_1+X_2)^2}{(X_1+X_2)^2+(X_3-X_4)^2}>c\right]=0.05$.

7. 设$(X_1,X_2,\cdots,X_{36})$为取自总体X的一个样本，总体$X\sim N(\mu,\sigma^2)$，$\bar{X},S^2$分别为样本均值和样本方差，求常数k，使$P(\bar{X}>\mu+kS)=0.95$.

8. 设$(X_1,X_2,\cdots,X_9)$和$(Y_1,Y_2,\cdots,Y_{16})$分别是$X\sim N(a,4)$和$Y\sim N(b,4)$的两个相互独立的样本. 记$\theta_1=\sum_{i=1}^{9}(X_i-\bar{X})^2$，$\theta_2=\sum_{i=1}^{16}(Y_i-\bar{Y})^2$，求满足下列条件的常数$\alpha_1,\beta_i,\gamma_i(i=1,2)$：$P(\theta_1<\alpha_1)=0.9$；$P(|\bar{X}-a|<\beta_1)=0.9$；$P\left(\dfrac{|\bar{Y}-b|}{\sqrt{\theta_2}}<\beta_2\right)=0.9$；$P\left(\gamma_1<\dfrac{\theta_2}{\theta_1}<\gamma_2\right)=0.9$. （注：$\gamma_1$和$\gamma_2$的解只需写出一组满足条件的即可.）

9. 设$(X_1,X_2,\cdots,X_n)$是取自总体X的一个样本，$f(x)=\begin{cases}\dfrac{2x}{\theta^2}, & 0\leq x\leq\theta,\\0, & \text{其他,}\end{cases}$ 求最大次序统计量$X_{(n)}$的均值和方差.

第七章　参数估计

[课前导读]

随机变量的数字特征　随机变量 X 的 k 阶原点矩 $\mu_k = E(X^k)$，$k = 1, 2, 3, \cdots$.

常用统计量的性质　设总体 X 的均值 $E(X) = \mu$，X 的方差 $\mathrm{Var}(X) = \sigma^2$，$(X_1, X_2, \cdots, X_n)$ 为取自该总体的一个样本，则有

（1）$E(\overline{X}) = \mu$，$\mathrm{Var}(\overline{X}) = \dfrac{\sigma^2}{n}$；

（2）$E(S^2) = \sigma^2$，$E(S_n^2) = \dfrac{n-1}{n}\sigma^2$.

高等数学知识点　若函数 $f(x)$ 在 x_0 处可导，且在 x_0 取得极值，那么 $f'(x_0) = 0$.

通过前一章的学习，我们已经了解了总体这个概念，而总体 X 的分布永远是未知的，通常根据实际情况假定其服从某种类型的分布. 例如，假定总体 X 服从正态分布，那么刻画正态分布的均值 μ 和方差 σ^2 究竟取什么值呢？在本章中，我们将讨论参数的估计问题. 参数估计的形式有两种：点估计和区间估计. 我们从点估计开始.

第一节　点估计

设总体 X 的分布形式已知，但它的一个或多个参数未知，借助总体 X 的一个样本来估计总体未知参数值的问题称为参数的点估计问题.

设总体 $X \sim f(x; \theta)$，其中 f 的形式已知，θ 是未知参数. 例如，总体 $X \sim B(1, p)$，其中 p 未知，这个 p 即为标记总体分布的未知参数，简称总体参数. 总体参数虽然是未知的，但是它可能取值的范围却是已知的. 称总体参数的取值范围为参数空间，记作 Θ. 例如，已知总体 $X \sim N(\mu, \sigma^2)$，其中 μ 和 σ^2 都未知，参数空间 $\Theta = \{(\mu, \sigma^2) \mid -\infty < \mu < +\infty, \sigma^2 > 0\}$.

设 $(X_1, X_2, \cdots, X_n)$ 是取自总体 X 的一个样本，若用一个统计量 $\hat{\theta} = \hat{\theta}(X_1, X_2, \cdots, X_n)$ 来估计 θ，则称 $\hat{\theta}$ 为参数 θ 的一个点估计量. 若 $\hat{\theta}$ 为 θ 的估计量，则 $g(\hat{\theta})$ 为 $g(\theta)$ 的估计量. 在这里，构造统计量 $\hat{\theta}$ 常用的方法有两种：矩估计法和极大似然估计法.

一、矩估计

矩估计的思想就是替换思想：用样本原点矩替换总体原点矩. 定义：设总体 X 的 k 阶原点矩为 $\mu_k = E(X^k)$，样本的 k 阶原点矩为 $A_k = \dfrac{1}{n} \sum\limits_{j=1}^{n} X_j^k$，$k = 1, 2, 3, \cdots$. 如果未知参数 $\theta = \varphi(\mu_1, \mu_2, \cdots, \mu_m)$，则 θ 的矩估计量为 $\hat{\theta} = \varphi(A_1, A_2, \cdots, A_m)$. 这种估计总体未知参数的方法称为矩估计法.

例 1　设 $(X_1, X_2, \cdots, X_n)$ 是取自总体 X 的一个样本. 在下列两种情形下, 试求总体未知参数的矩估计量.

(1) 总体 $X \sim B(1, p)$, 其中 p 未知, $0 < p < 1$.

(2) 总体 $X \sim Exp(\lambda)$, 其中 λ 未知, $\lambda > 0$.

解　(1) 从随机变量数字特征的结论, 易知 0-1 分布随机变量的期望 $E(X) = p$, 换句话说, 未知参数 p 可表示为总体的一阶原点矩, 即 $p = E(X)$. 用样本的一阶原点矩替换总体的一阶原点矩, 可得 p 的矩估计量为 $\hat{p} = \overline{X}$.

(2) 因为 $E(X) = \dfrac{1}{\lambda}$, 即 $\lambda = \dfrac{1}{E(X)}$, 所以 λ 的矩估计量为 $\hat{\lambda} = \dfrac{1}{\overline{X}}$.

例 2　设总体 X 服从 $P(\lambda)$, 其中 $\lambda > 0$ 且未知, $(X_1, X_2, \cdots, X_n)$ 是取自总体 X 的一个样本. 求: (1) λ 的矩估计量; (2) $P(X = 0)$ 的矩估计量.

解　(1) 由于 $E(X) = \lambda$, 故 λ 的矩估计量为 $\hat{\lambda} = \overline{X}$.

又 $\mathrm{Var}(X) = \lambda = E(X^2) - [E(X)]^2$, 故 λ 的矩估计量又可写为 $\hat{\lambda} = \dfrac{1}{n} \sum\limits_{i=1}^{n} X_i^2 - \overline{X}^2$.

这说明矩估计可能不唯一, 这是矩估计的一个缺点, 通常尽量采用较低阶的矩给出未知参数的估计.

(2) 由于 $P(X = 0) = \mathrm{e}^{-\lambda} \dfrac{\lambda^0}{0!} = \mathrm{e}^{-\lambda} = \mathrm{e}^{-E(X)}$, 所以 $\hat{P}(X = 0) = \mathrm{e}^{-\overline{X}}$.

有时, 我们需要求解的并不是分布中的未知参数, 而是它们的函数, 所以还是采用替换原理, 用样本原点矩的函数去替换相应的总体原点矩的函数.

例 3　设总体 X 服从正态分布 $N(\mu, \sigma^2)$, $(X_1, X_2, \cdots, X_n)$ 是取自总体 X 的一个样本.

(1) 求 μ 的矩估计.

(2) μ 已知, σ 未知, 求 σ^2 的矩估计.

(3) μ, σ 都未知, 求 σ^2 的矩估计.

解　(1) $\mu = E(X)$, 故 μ 的矩估计 $\hat{\mu} = \overline{X}$.

(2) $\sigma^2 = \mathrm{Var}(X) = E(X^2) - [E(X)]^2$, 又因为 $\mu = E(X)$ 已知, 所以 σ^2 的矩估计 $\hat{\sigma}^2 = \dfrac{1}{n} \sum\limits_{i=1}^{n} X_i^2 - \mu^2$.

(3) 因为 $\mu = E(X)$ 未知, 所以 σ^2 的矩估计 $\hat{\sigma}^2 = \dfrac{1}{n} \sum\limits_{i=1}^{n} X_i^2 - (\overline{X})^2 = \dfrac{1}{n} \sum\limits_{i=1}^{n} (X_i - \overline{X})^2 = S_n^2$.

我们发现, 当正态分布均值 μ 已知和 μ 未知时, σ^2 的矩估计的结论不一样. 事实上, 不仅矩估计有这样的结论, 后面即将讨论的极大似然估计也有类似的结论. 当均值 μ 和方差 σ^2 都未知时, 相应的矩估计的结论要熟记, 见下面的定理, 这些结论是后面讨论置信区间和假设检验的基础.

定理　设一个总体 X 的均值 $E(X) = \mu$ 和方差 $\mathrm{Var}(X) = \sigma^2$ 都未知, $(X_1, X_2, \cdots, X_n)$ 为取自该总体的一个样本, 则 $\overline{X}$ 是 μ 的矩估计量, S_n^2 是 σ^2 的矩估计量, S_n 是 σ 的矩估计量.

例 4　设总体 X 的密度函数为 $f(x; \theta) = \begin{cases} \mathrm{e}^{-(x-\theta)}, & x \geq \theta, \\ 0, & \text{其他}, \end{cases}$ 其中 θ 未知, $(X_1, X_2, \cdots, X_n)$

是取自该总体 X 的一个样本，求 θ 的矩估计量.

解　因为 $E(X)=\int_{\theta}^{+\infty}x\mathrm{e}^{-(x-\theta)}\mathrm{d}x\xrightarrow{\diamondsuit t=x-\theta}\int_{0}^{+\infty}(t+\theta)\mathrm{e}^{-t}\mathrm{d}t=\int_{0}^{+\infty}t\mathrm{e}^{-t}\mathrm{d}t+\int_{0}^{+\infty}\theta\mathrm{e}^{-t}\mathrm{d}t=1+$ θ，所以 $\theta=E(X)-1$. 故 θ 的矩估计量 $\hat{\theta}=\overline{X}-1$.

从以上几个例子，我们可以总结出求解总体未知参数 θ 的矩估计量的一般步骤：

(1) 设 k 为一正整数，通常取 1 或 2，计算总体的 k 阶原点矩 $\mu^{k}=E(X^{k})=h(\theta)$；

(2) 解出 $\theta=h^{-1}[E(X^{k})]=h^{-1}(\mu_{k})$；

(3) 用样本的 k 阶原点矩 $A_{k}=\dfrac{1}{n}\sum_{j=1}^{n}X_{j}^{k}$ 替换 μ^{k}，得 θ 的矩估计 $\hat{\theta}=h^{-1}(A_{k})$.

矩估计法是一种经典的估计方法，它比较直观，计算简单，即使不知道总体分布类型，只要知道未知参数与总体各阶原点矩的关系就能使用该方法，因此，在实际问题中，矩估计应用很广泛.

二、极大似然估计

极大似然估计是求总体未知参数的另一种常用的点估计方法. 为了理解极大似然估计的基本思想，我们先来看两个例子.

例 5　设一箱子中装有黑和白两种颜色的球，其中一种颜色的球有 99 个，另一种颜色的球只有 1 个. 但是不知道哪种颜色的球只有 1 个. 现随机地从这个箱子里有放回地取 2 个球，结果取得的都是白球. 问：这个箱子中哪种颜色的球只有 1 个？

解　不妨设箱子中白球的比例为 p，事实上 p 的取值就只有两种可能，即 $p=0.01$ 或 $p=0.99$，不管是哪种可能，从箱子中任取 2 个球都是白球这个事件都是可能发生的. 但是，

若 $p=0.01$，则取得的都是白球的概率为 $p^{2}=0.01^{2}$；

若 $p=0.99$，则取得的都是白球的概率为 $p^{2}=0.99^{2}$.

这个计算结果表明，当 $p=0.99$ 时，取得的 2 个球都是白球的概率大，这说明箱子中白球有 99 个、黑球只有 1 个的可能性大，即推断 $\hat{p}=0.99$.

这个例子就是对未知参数 p 的**极大似然推断**，在 p 的所有备选取值假定下，比较样本发生概率的大小，使概率最大的 p 的取值即为 p 的极大似然估计.

例 6　某电商收到供货商提供的一批产品，产品有合格和不合格两类，我们用一个随机变量 X 表示其品质，

$$X=\begin{cases}1,&\text{产品是合格的,}\\0,&\text{产品是不合格的.}\end{cases}$$

显然 X 服从参数为 p 的 0-1 分布，其中 p 为未知的合格率. 现有放回地抽取 n 个产品看其是否合格，得到样本观测值 $(x_{1},x_{2},\cdots,x_{n})$，则这批观测值发生的概率为

$$P(X_{1}=x_{1},\cdots,X_{n}=x_{n};p)=\prod_{i=1}^{n}p^{x_{i}}(1-p)^{1-x_{i}}=p^{\sum_{i=1}^{n}x_{i}}(1-p)^{n-\sum_{i=1}^{n}x_{i}},$$

其中 p 是未知的. 和例 5 的推断方式相似，我们应选择一个 p 的取值，使上式表示的概率尽可能大，即将上式看作未知参数 p 的函数，我们用 $L(p)$ 表示，称作 p 的似然函数，即

$$L(p) = p^{\sum\limits_{i=1}^{n} x_i} (1-p)^{n - \sum\limits_{i=1}^{n} x_i}.$$

对 $L(p)$ 求极大值. 由于 $\ln x$ 是 x 的严格递增的上凸函数, 因此使对数似然函数 $\ln L(p)$ 达到最大与使 $L(p)$ 达到最大是等价的. 上式两端取对数并对 p 求导, 再令求导后的结果等于 0, 得

$$\ln L(p) = n\bar{x}\ln p + n(1-\bar{x})\ln(1-p),$$

$$\frac{\mathrm{d}\ln L(p)}{\mathrm{d}p} = \frac{n\bar{x}}{p} - \frac{n(1-\bar{x})}{1-p} = 0.$$

这个方程的解是 $\hat{p} = \bar{X} = \dfrac{1}{n}\sum\limits_{i=1}^{n} X_i$. 它的确使函数 $L(p)$ 取到最大值, 因为它是 $L(p)$ 唯一的一阶导数等于零的点, 并且二阶导数严格小于零.

从这个例子我们可以看出求极大似然估计的基本思路. 对离散型总体 X, 其分布律为 $P(X=x;\theta)$, 设 $(x_1, x_2, \cdots, x_n)$ 为取自该离散型总体 X 的一个样本 $(X_1, X_2, \cdots, X_n)$ 的观测值, 我们写出该观测值出现的概率, 它一般依赖于某个或某几个参数, 用 θ 表示, 将该概率看成 θ 的函数, 用 $L(\theta)$ 表示, 又称为 θ 的似然函数, 即

$$L(\theta) = P(X_1 = x_1, X_2 = x_2, \cdots, X_n = x_n; \theta).$$

求极大似然估计就是找 θ 的估计值 $\hat{\theta} = \hat{\theta}(x_1, x_2, \cdots, x_n)$, 使上式的 $L(\theta)$ 达到最大. 对于连续型总体, 我们可以用样本的联合密度函数替代上面的联合分布律, 也称之为似然函数, 具体可表示为: 设总体 X 的密度函数为 $f(x;\theta)$ (其中 θ 为未知参数), 已知 $(x_1, x_2, \cdots, x_n)$ 为总体 X 的样本 $(X_1, X_2, \cdots, X_n)$ 的观测值, 则似然函数 $L(\theta) = \prod\limits_{i=1}^{n} f(x_i; \theta)$. 由此, 我们给出如下定义.

定义　设总体 X 有分布律 $P(X=x;\theta)$ 或密度函数 $f(x;\theta)$ [其中 θ 为一个未知参数, 也可是几个未知参数组成的向量 $\boldsymbol{\theta} = (\theta_1, \theta_2, \cdots, \theta_k)$], 已知 $\theta \in \Theta$, Θ 是参数空间. $(x_1, x_2, \cdots, x_n)$ 为取自总体 X 的一个样本 $(X_1, X_2, \cdots, X_n)$ 的观测值, 将样本的联合分布律或联合密度函数看成 θ 的函数, 用 $L(\theta)$ 表示, 又称为 θ 的似然函数, 则似然函数

$$L(\theta) = \prod_{i=1}^{n} P(X_i = x_i; \theta), \text{ 或 } L(\theta) = \prod_{i=1}^{n} f(x_i; \theta).$$

称满足关系式 $L(\hat{\theta}) = \max\limits_{\theta \in \Theta} L(\theta)$ 的解 $\hat{\theta}$ 为 θ 的极大似然估计量.

当 $L(\theta)$ 是可微函数时, 求导是求极大似然估计最常用的方法. 此时又因为 $L(\theta)$ 与 $\ln L(\theta)$ 在同一个 θ 处取到极值, 且对对数似然函数 $\ln L(\theta)$ 求导更简单, 所以我们常用如下对数似然方程(组)

$$\frac{\mathrm{d}}{\mathrm{d}\theta}\ln L(\theta) = 0 \text{ 或 } \begin{cases} \dfrac{\partial}{\partial \theta_1}\ln L(\theta) = 0, \\ \cdots\cdots\cdots \\ \dfrac{\partial}{\partial \theta_k}\ln L(\theta) = 0 \end{cases}$$

求 θ 的极大似然估计量. 当似然函数不可微时, 也可以直接寻求使 $L(\theta)$ 达到最大的解来求得极大似然估计量.

例7　设总体 X 的密度函数为 $f(x)=\begin{cases}\lambda^2xe^{-\lambda x}, & x>0,\\ 0, & 其他,\end{cases}$ 其中 $\lambda\,(\lambda>0)$ 未知. $(X_1,X_2,\cdots,$ $X_n)$ 是取自总体 X 的一个样本. 求 λ 的极大似然估计量.

解　似然函数

$$L(\lambda)=\prod_{i=1}^{n}f(x_i;\lambda)=\lambda^{2n}\cdot\prod_{i=1}^{n}x_i\cdot e^{-\lambda\sum_{i=1}^{n}x_i},$$

取对数似然函数

$$\ln L=2n\ln\lambda+\sum_{i=1}^{n}\ln x_i-\lambda\sum_{i=1}^{n}x_i,$$

对数似然方程为

$$\frac{\mathrm{d}\ln L}{\mathrm{d}\lambda}=\frac{2n}{\lambda}-\sum_{i=1}^{n}x_i=0,$$

解得

$$\lambda=\frac{2n}{\sum_{i=1}^{n}x_i}=\frac{2}{\frac{1}{n}\sum_{i=1}^{n}x_i}.$$

故 λ 的极大似然估计量为 $\hat\lambda=\dfrac{2}{\overline X}$.

例8　设总体 X 服从正态分布 $N(\mu,\sigma^2)$，其中 μ,σ 未知. $(X_1,X_2,\cdots,X_n)$ 是取自该总体的一个样本. 求：(1) μ,σ^2 的极大似然估计量；(2) $\theta=P(X\geqslant 2)$ 的极大似然估计量.

解　(1) 总体 X 的密度函数为 $f(x)=\dfrac{1}{\sqrt{2\pi\sigma^2}}e^{-\frac{(x-\mu)^2}{2\sigma^2}}$，故似然函数为

$$L(\mu,\sigma^2)=\frac{1}{(\sqrt{2\pi\sigma^2})^n}e^{-\frac{\sum_{i=1}^{n}(x_i-\mu)^2}{2\sigma^2}},$$

对数似然函数为

$$\ln L(\mu,\sigma^2)=-\frac{n}{2}\ln 2\pi-\frac{n}{2}\ln\sigma^2-\frac{\sum_{i=1}^{n}(x_i-\mu)^2}{2\sigma^2},$$

对数似然方程为

$$\begin{cases}\dfrac{\partial\ln L}{\partial\mu}=\dfrac{1}{\sigma^2}\sum_{i=1}^{n}(x_i-\mu)=0,\\[2mm]\dfrac{\partial\ln L}{\partial\sigma^2}=-\dfrac{n}{2\sigma^2}+\dfrac{1}{2\sigma^4}\sum_{i=1}^{n}(x_i-\mu)^2=0.\end{cases}$$

解得 $\begin{cases}\mu=\bar x,\\ \sigma^2=\dfrac{1}{n}\sum_{i=1}^{n}(x_i-\bar x)^2,\end{cases}$ 故 μ,σ^2 的极大似然估计量分别为

$$\hat\mu=\overline X,\quad\hat\sigma^2=\frac{1}{n}\sum_{i=1}^{n}(X_i-\overline X)^2=S_n^2.$$

这个结论与相应的矩估计量相同.

（2）$\theta = P(X \geqslant 2) = 1 - \Phi\left(\dfrac{2-\mu}{\sigma}\right)$，以 $\hat{\mu}, \hat{\sigma}$ 分别代替 μ, σ，得 θ 的极大似然估计量为

$$\hat{\theta} = 1 - \Phi\left(\dfrac{2-\hat{\mu}}{\hat{\sigma}}\right) = 1 - \Phi\left(\dfrac{2-\bar{X}}{S_n}\right).$$

第（2）问的解题过程用到了**极大似然估计的不变性**：如果 $\hat{\theta}$ 是 θ 的极大似然估计，则对任一函数 $g(\theta)$，如果其满足当 $\theta \in \Theta$ 时具有单值反函数，则其极大似然估计为 $g(\hat{\theta})$.

虽然对对数函数进行求导是求极大似然估计的最常用方法（我们称为对数求导法），但并不是在所有场合对数求导法都是有效的，当似然函数不可微时，也可以直接寻求使 $L(\theta)$ 达到最大的解来求得极大似然估计量（我们称为直接观察法）.

例 9 设总体 X 服从区间 $[0,\theta]$ 上的均匀分布，其中 $\theta > 0$ 且未知. $(X_1, X_2, \cdots, X_n)$ 是取自总体 X 的一个样本. 求 θ 的极大似然估计量.

解 易知似然函数 $L(\theta) = \begin{cases} \dfrac{1}{\theta^n}, & 0 \leqslant x_i \leqslant \theta, i = 1, 2, \cdots, n, \\ 0, & \text{其他}. \end{cases}$

因为 $L(\theta)$ 作为 θ 的函数，具有不连续性，所以只能使用直接观察法. 由 $L(\theta)$ 的表达式可知，θ 越小 $L(\theta)$ 越大，又 $\theta \geqslant \max\limits_{1 \leqslant i \leqslant n} X_i$，故取 $\hat{\theta} = \max\limits_{1 \leqslant i \leqslant n} X_i$ 时，$L(\hat{\theta})$ 达到最大值，即 θ 的极大似然估计量 $\hat{\theta} = \max\limits_{1 \leqslant i \leqslant n} X_i = X_{(n)}$.

例 10 设某种元件的使用寿命 X 的密度函数为 $f(x; \theta) = \begin{cases} 2\mathrm{e}^{-2(x-\theta)}, & x \geqslant \theta, \\ 0, & x < \theta, \end{cases}$ 其中 θ 为大于零的未知参数. 又设 $(x_1, x_2, \cdots, x_n)$ 是取自总体 X 的样本 $(X_1, X_2, \cdots, X_n)$ 的一组观测值，求参数 θ 的极大似然估计量.

解 易知似然函数 $L(\theta) = \begin{cases} 2^n \exp\left\{-2\sum\limits_{i=1}^{n}(x_i - \theta)\right\}, & x_{(1)} \geqslant \theta, \\ 0 & x_{(1)} < \theta, \end{cases}$ 其中 $x_{(1)} = \min\limits_{1 \leqslant i \leqslant n} x_i$. 本例与例 9 相似，$L(\theta)$ 在 $\theta = x_{(1)}$ 处不连续，因此只能直接求函数 $L(\theta)$ 的极大值点. 注意到 $L(\theta) \geqslant 0$，且当 $\theta < x_{(1)}$ 时，$L(\theta) = 2^n \exp\left\{-2\sum\limits_{i=1}^{n}(x_i - \theta)\right\}$ 随 θ 递增而递增，因而当 $\theta = x_{(1)}$ 时，$L(\theta)$ 达到最大. 所以 $\hat{\theta} = X_{(1)}$ 是 θ 的极大似然估计量.

从以上几个例子中可以看出，求解总体中未知参数的极大似然估计量的方法不唯一. 但不管用何种方法，求解极大似然估计量必须已知总体 X 的分布类型. 由此可知，极大似然估计的条件比矩估计的条件要强，故极大似然估计一般优于矩估计. 最后我们再总结一下极大似然估计的基本思想：总体分布中的未知参数的取值有很多可能，找一个估计值，使得样本发生的概率最大，这个估计值就是极大似然估计值. 从上述例子我们可以总结出求总体未知参数 θ 的极大似然估计的一般步骤：

（1）由总体分布写出样本的联合分布律或联合密度函数；

（2）把 θ 看成自变量，样本联合分布律（或联合密度函数）看成 θ 的函数，即为似然函数 $L(\theta)$；

（3）求似然函数 $L(\theta)$ 的最大值点（有时转化为求对数似然函数的最大值点）$\max\limits_{1 \leqslant i \leqslant n} L(\theta) \left[\text{或} \max\limits_{1 \leqslant i \leqslant n} \ln L(\theta) \right]$；

极大似然估计求解步骤

（4）令 $L(\theta)$ 达到最大时 θ 的取值 $\hat{\theta}=\hat{\theta}(x_1,x_2,\cdots,x_n)$ 即为 θ 的极大似然估计值，$\hat{\theta}=\hat{\theta}(X_1,X_2,\cdots,X_n)$ 为 θ 的极大似然估计量.

[随堂测]

1. 设 $(X_1,X_2,\cdots,X_n)$ 是取自总体 X 的一个样本，总体 X 的密度函数为

$$f(x;a)=\begin{cases}\dfrac{2}{a^2}(a-x), & 0<x<a, \\ 0, & \text{其他}.\end{cases}$$

求 a 的矩估计量.

扫码看答案

2. 设 $(X_1,X_2,\cdots,X_n)$ 是取自总体 X 的一个样本，X 的密度函数为

$$f(x;\theta)=\begin{cases}(\theta+1)x^\theta, & 0<x<1, \\ 0, & \text{其他},\end{cases}$$

其中 θ 未知，且 $\theta>0$. 求 θ 的极大似然估计量.

习题 7-1

1. 设 $(X_1,X_2,\cdots,X_n)$ 是取自总体 X 的一个样本，X 的密度函数为

$$f(x;\theta)=\begin{cases}\theta x^{\theta-1}, & 0<x<1, \\ 0, & \text{其他},\end{cases}$$

其中 θ 为未知参数，且 $\theta>0$. 求 θ 的矩估计量.

2. 设 $(X_1,X_2,\cdots,X_n)$ 是取自总体 X 的一个样本，总体 X 服从参数为 λ 的泊松分布，λ 未知（$\lambda>0$）.

（1）求 λ 的矩估计量与极大似然估计量.

（2）现得到如下一组样本观测值，求 λ 的矩估计值与极大似然估计值.

X	0	1	2	3	4
频数	17	20	10	2	1

3. 设 $(X_1,X_2,\cdots,X_n)$ 是取自总体 X 的一个样本，X 的分布函数为

$$F(x;\theta)=\begin{cases}0, & x<1, \\ 1-x^{-\theta}, & x\geq1,\end{cases}$$

其中 θ 未知，$\theta>1$. 试求 θ 的矩估计量和极大似然估计量.

4. 设 $(X_1,X_2,\cdots,X_n)$ 是取自总体 X 的一个样本，X 的密度函数为

$$f(x;\theta)=\begin{cases}\theta c^\theta x^{-(\theta+1)}, & x>c, \\ 0, & \text{其他},\end{cases}$$

其中 $c>0$ 且 c 为已知常数，$\theta>1$ 且 θ 为未知参数. $(x_1,x_2,\cdots,x_n)$ 是样本的一组观测值. 求 θ 的矩估计量 $\hat{\theta}_1$ 和极大似然估计量 $\hat{\theta}_2$.

5. 设 $(X_1, X_2, \cdots, X_n)$ 是取自总体 X 的一个样本，X 的密度函数为

$$f(x;\theta) = \begin{cases} \dfrac{x}{\theta} \mathrm{e}^{-\frac{x^2}{2\theta}}, & x>0, \\ 0, & x \leqslant 0, \end{cases}$$

其中 θ 未知，$\theta>0$. 求 θ 的矩估计量和极大似然估计量.

6. 设 $(X_1, X_2, \cdots, X_n)$ 是取自总体 X 的一个样本，总体 X 服从几何分布，其分布律为

$$P(X=x;p) = p(1-p)^{x-1} \quad (x=1,2,\cdots),$$

其中 p 未知，$0<p<1$. 试求 p 的矩估计量.

7. 设 $(X_1, X_2, \cdots, X_n)$ 是取自总体 X 的一个样本，总体 X 的分布律如下.

X	-1	0	1
概率	$\dfrac{\theta}{2}$	$1-\theta$	$\dfrac{\theta}{2}$

其中 θ 未知，$0<\theta<1$. 试求 θ 的矩估计量和极大似然估计量.

8. 设 $(X_1, X_2, \cdots, X_n)$ 是取自总体 X 的一个样本，总体 X 的密度函数为

$$f(x;\theta,\lambda) = \begin{cases} \dfrac{1}{\lambda} \mathrm{e}^{-\frac{x-\theta}{\lambda}}, & x \geqslant \theta, \\ 0, & \text{其他}, \end{cases}$$

其中 $\lambda>0$. 求 θ 及 λ 的极大似然估计量.

9. 设 $(X_1, X_2, \cdots, X_n)$ 是取自总体 X 的一个样本，总体 $X \sim U(\theta, 1)$. 其中 θ 未知，$\theta<1$，求 θ 的矩估计量和极大似然估计量.

10. 设 $(X_1, X_2, \cdots, X_n)$ 是取自总体 X 的一个样本，总体 X 的密度函数为 $f(x;\theta) = \dfrac{|x|}{2\theta} \mathrm{e}^{-\frac{|x|}{\theta}}$

$(-\infty<x<+\infty)$，其中 θ 未知，$\theta>0$. 求 θ 的矩估计量和极大似然估计量.

11. 设 $(X_1, X_2, \cdots, X_n)$ 是取自总体 X 的一个样本，X 的分布函数为

$$F(x;\theta) = \begin{cases} 0, & x<\theta, \\ 1-\dfrac{\theta}{x}, & x \geqslant \theta, \end{cases}$$

其中 θ 未知，$\theta>0$. 试求 θ 的极大似然估计量.

12. 设 $(X_1, X_2, \cdots, X_n)$ 是取自总体 X 的一个样本，总体 X 的密度函数为

$$f(x;\theta) = \begin{cases} \theta, & 0 \leqslant x<1, \\ 1-\theta, & 1 \leqslant x \leqslant 2, \\ 0, & \text{其他}, \end{cases}$$

其中 θ 是未知参数 $(0<\theta<1)$. 记 N 为样本观测值 $(x_1, x_2, \cdots, x_n)$ 中位于 $[0,1)$ 之间的个数，位于 $[1,2]$ 之间的个数为 $n-N$. 求 θ 的极大似然估计量.

第二节 点估计的优良性评判标准

从第七章第一节的例 2 可知，对于同一个参数，用不同的估计方法求出的估计量可能是不同的，那么这时候就有一个疑问，采用哪个估计量会更好些呢？评判一个估计量的好

坏不能一概而论，即一个估计量的优劣不是绝对的，而是基于某一评判标准而言相对的评价结论. 下面将介绍 3 种常用的评判标准：无偏性、有效性和相合性.

一、无偏性

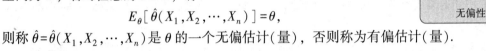

无偏性

定义 1　设 $\hat{\theta}=\hat{\theta}(X_1,X_2,\cdots,X_n)$ 是 θ 的一个估计量，θ 取值的参数空间为 Θ，若对任意的 $\theta \in \Theta$，有

$$E_\theta[\hat{\theta}(X_1,X_2,\cdots,X_n)]=\theta,$$

则称 $\hat{\theta}=\hat{\theta}(X_1,X_2,\cdots,X_n)$ 是 θ 的一个无偏估计（量），否则称为有偏估计（量）.

如果有

$$\lim_{n \to \infty} E_\theta[\hat{\theta}(X_1,X_2,\cdots,X_n)]=\theta,$$

则称 $\hat{\theta}=\hat{\theta}(X_1,X_2,\cdots,X_n)$ 是 θ 的一个渐近无偏估计（量）.

估计量的无偏性是指，由估计量得到的估计值相对于未知参数真值来说，取某些样本观测值时偏大，取另一些样本观测值时偏小. 反复将这个估计量使用多次，就平均来说其偏差为 0. 如果估计量不具有无偏性，则无论使用多少次，其平均值也与真值有一定的距离，这个距离就是系统误差了.

例 1　设 $(X_1,X_2,\cdots,X_n)$ 是取自总体 X 的一个样本，总体 X 服从区间 $(0,\theta)$ 上的均匀分布，其中 $\theta>0$ 且未知. 讨论 θ 的矩估计量 $\hat{\theta}_1$ 和极大似然估计量 $\hat{\theta}_2$ 的无偏性.

解　由于 $E(X)=\dfrac{\theta}{2}$，则 $\theta=2E(X)$，故 θ 的矩估计量 $\hat{\theta}_1=2\bar{X}$.

由上一节例 9 可知，θ 的极大似然估计量 $\hat{\theta}_2=\max_{1 \le i \le n} X_i=X_{(n)}$.

因为 $E(\hat{\theta}_1)=E(2\bar{X})=2E(\bar{X})=2E\left(\dfrac{1}{n}\sum_{i=1}^n X_i\right)=\dfrac{2}{n}\sum_{i=1}^n E(X_i)=\dfrac{2}{n}\sum_{i=1}^n\dfrac{\theta}{2}=\theta$，所以 θ 的矩估计量 $2\bar{X}$ 是 θ 的无偏估计.

其次，由第六章第二节次序统计量的密度函数公式可知

$$f_{X_{(n)}}(x)=n[F_X(x)]^{n-1}f_X(x)=\begin{cases}\dfrac{nx^{n-1}}{\theta^n}, & 0<x<\theta,\\[2mm] 0, & \text{其他.}\end{cases}$$

因此，$E(\hat{\theta}_2)=E[X_{(n)}]=\displaystyle\int_0^\theta x \cdot \dfrac{nx^{n-1}}{\theta^n}\mathrm{d}x=\dfrac{n}{n+1}\theta \neq \theta$，即 θ 的极大似然估计量 $X_{(n)}$ 不是 θ 的无偏估计. 为 θ 的有偏估计，但是注意到 $\lim\limits_{n \to \infty} E(\hat{\theta}_2)=\theta$，因此，$X_{(n)}$ 是 θ 的渐近无偏估计. 另一方面，将 $\hat{\theta}_2$ 修正为 $\hat{\theta}_2^*=\dfrac{n+1}{n}\hat{\theta}_2=\dfrac{n+1}{n}X_{(n)}$，则满足 $E(\hat{\theta}_2^*)=\theta$，即修正后的 $\dfrac{n+1}{n}X_{(n)}$ 是 θ 的无偏估计.

第一节例 3 续　设 $(X_1,X_2,\cdots,X_n)$ 是取自总体 X 的一个样本，总体 X 服从正态分布 $N(\mu,\sigma^2)$，已求得：当 μ 已知时，σ^2 的矩估计量 $\hat{\sigma}_1^2=\dfrac{1}{n}\sum_{i=1}^n X_i^2-\mu^2$；当 μ 未知时，σ^2 的矩估计量 $\hat{\sigma}_2^2=S_n^2$. 分别讨论 $\hat{\sigma}_1^2$ 与 $\hat{\sigma}_2^2$ 的无偏性.

解 这里，$E(\hat{\sigma}_1^2) = E\left(\dfrac{1}{n}\sum_{i=1}^{n}X_i^2 - \mu^2\right) = \dfrac{1}{n}\sum_{i=1}^{n}E(X_i^2) - \mu^2 = \dfrac{1}{n}\sum_{i=1}^{n}(\sigma^2 + \mu^2) - \mu^2 = \sigma^2$，所以当 μ 已知时，σ^2 的矩估计量 $\hat{\sigma}_1^2 = \dfrac{1}{n}\sum_{i=1}^{n}X_i^2 - \mu^2$ 是 σ^2 的无偏估计.

$E(\hat{\sigma}_2^2) = E(S_n^2) = \dfrac{n-1}{n}\sigma^2 \neq \sigma^2$，故当 μ 未知时，S_n^2 不是 σ^2 的无偏估计量. 将 S_n^2 修正为 S^2，满足 $E(S^2) = \sigma^2$，则 S^2 是 σ^2 的无偏估计量.

事实上，不仅正态分布有这样的结论，任一总体都有类似的结论，我们用定理的方式表达如下.

定理1 设总体 X 的均值 μ、方差 $\sigma^2 > 0$ 均未知，$(X_1, X_2, \cdots, X_n)$ 为取自该总体的一个样本，则样本均值 $\bar{X}$ 是 μ 的无偏估计量，样本方差 S^2 是 σ^2 的无偏估计量，S_n^2 不是 σ^2 的无偏估计量，S_n 与 S 都不是 σ 的无偏估计量.

证明 用第六章第二节定理即得.

二、有效性

一个未知参数的无偏估计可以有很多，如何在无偏估计中再进行选择？由于无偏估计的标准是平均偏差为 0，所以一个很自然的想法就是每一次估计值与真值的偏差波动越小越好. 偏差波动大小可以用方差来衡量，因此，我们用无偏估计的方差大小作为进一步衡量无偏估计优劣的标准，这就是有效性.

定义2 设 $\hat{\theta}_1, \hat{\theta}_2$ 是 θ 的两个无偏估计，若对任意的 $\theta \in \Theta$，有 $\mathrm{Var}(\hat{\theta}_1) \leqslant \mathrm{Var}(\hat{\theta}_2)$，且至少有一个 $\theta \in \Theta$ 使上述不等式严格成立，则称 $\hat{\theta}_1$ 比 $\hat{\theta}_2$ 有效.

例2 设 $(X_1, X_2, \cdots, X_n)$ 是取自总体 X 的一个样本，总体 X 服从区间 $[0, \theta]$ 上的均匀分布，其中 $\theta(\theta > 0)$ 未知. θ 的矩估计量 $\hat{\theta}_1 = 2\bar{X}$ 是 θ 的无偏估计，修正后的极大似然估计量 $\hat{\theta}_2^* = \dfrac{n+1}{n}X_{(n)}$ 也是 θ 的无偏估计.

$$\mathrm{Var}(\hat{\theta}_1) = \mathrm{Var}(2\bar{X}) = 4\mathrm{Var}(\bar{X}) = \dfrac{4}{n} \cdot \dfrac{\theta^2}{12} = \dfrac{1}{3n}\theta^2.$$

$$E[X_{(n)}^2] = \int_0^\theta x^2 \cdot \dfrac{nx^{n-1}}{\theta^n}\mathrm{d}x = \dfrac{n}{n+2}\theta^2,$$

$$\mathrm{Var}[X_{(n)}] = E[X_{(n)}^2] - \{E[X_{(n)}]\}^2 = \dfrac{n}{n+2}\theta^2 - \left(\dfrac{n}{n+1}\theta\right)^2 = \dfrac{n}{(n+1)^2(n+2)}\theta^2,$$

$$\mathrm{Var}(\hat{\theta}_2^*) = \mathrm{Var}\left[\dfrac{n+1}{n}X_{(n)}\right] = \left(\dfrac{n+1}{n}\right)^2 \mathrm{Var}[X_{(n)}] = \left(\dfrac{n+1}{n}\right)^2 \cdot \dfrac{n}{(n+1)^2(n+2)}\theta^2 = \dfrac{1}{n(n+2)}\theta^2.$$

显然，当 $n \geqslant 2$ 时，$\mathrm{Var}(\hat{\theta}_2^*) = \dfrac{1}{n(n+2)}\theta^2 < \mathrm{Var}(\hat{\theta}_1) = \dfrac{1}{3n}\theta^2$，所以 $\hat{\theta}_2^*$ 比 $\hat{\theta}_1$ 有效.

三、相合性

点估计是样本的函数，故点估计仍然是一个随机变量，在样本量一定的条件下，我们不可能要求它完全等同于未知参数的真值, 但如果随着样本量不断增大, 它能越来越接近真值, 控制在真值附近的强度(概率)越来越大, 那么这就是一个好的估计, 这一性质称为相合性.

定义 3　设 $\hat{\theta}=\hat{\theta}(X_1,X_2,\cdots,X_n)$ 是 θ 的一个估计量, 若对任意的 $\varepsilon>0$,

$$\lim_{n\to\infty} P(\,|\hat{\theta}-\theta|\geqslant\varepsilon\,)=0,$$

则称估计量 $\hat{\theta}$ 具有**相合性(一致性)**, 即 $\hat{\theta}\xrightarrow{P}\theta$, 或称 $\hat{\theta}$ 是 θ 的**相合(一致)估计量**.

相合性被视为对估计的一个很基本的要求, 如果一个估计量, 在样本量不断增大时, 它不能把被估参数估计到任意指定的精度内, 那么这个估计是不好的. 通常, 不满足相合性的估计一般不予考虑.

定理 2　若 $\hat{\theta}$ 是 θ 的一个无偏估计, 且 $\lim_{n\to\infty}\mathrm{Var}(\hat{\theta})=0$, 则 $\hat{\theta}$ 是 θ 的一个相合估计量.

证明　由题意知 $E(\hat{\theta})=\theta$, 根据切比雪夫不等式, 当 $n\to\infty$ 时, 对任意的 $\varepsilon>0$,

$$P(\,|\hat{\theta}-\theta|\geqslant\varepsilon\,)=P[\,|\hat{\theta}-E(\hat{\theta})|\geqslant\varepsilon\,]\leqslant\frac{\mathrm{Var}(\hat{\theta})}{\varepsilon^2}.$$

因为 $\lim_{n\to\infty}\mathrm{Var}(\hat{\theta})=0$, 所以 $P(\,|\hat{\theta}-\theta|\geqslant\varepsilon\,)\xrightarrow{n\to\infty}0$, 即 $\hat{\theta}\xrightarrow{P}\theta$, $\hat{\theta}$ 是 θ 的一个相合估计量.

例 3　设 $(X_1,X_2,\cdots,X_n)$ 是取自总体 $X\sim N(0,\sigma^2)$ 的一个样本, 其中 $\sigma^2>0$ 且未知, 令 $\hat{\sigma}^2=\dfrac{1}{n}\sum_{i=1}^{n}X_i^2$, 试证 $\hat{\sigma}^2$ 是 σ^2 的相合估计量.

证明　易知 $E(\hat{\sigma}^2)=E\left(\dfrac{1}{n}\sum_{i=1}^{n}X_i^2\right)=\dfrac{1}{n}\sum_{i=1}^{n}E(X_i^2)=\sigma^2$. 又 $\dfrac{1}{\sigma^2}\sum_{i=1}^{n}X_i^2\sim\chi^2(n)$, 所以 $\mathrm{Var}\left(\dfrac{1}{\sigma^2}\sum_{i=1}^{n}X_i^2\right)=2n$. 当 $n\to\infty$ 时, $\mathrm{Var}(\hat{\sigma}^2)=\mathrm{Var}\left(\dfrac{1}{\sigma^2}\sum_{i=1}^{n}X_i^2\right)\cdot\dfrac{\sigma^4}{n^2}=\dfrac{2\sigma^4}{n}\to0$. 由定理 2 知, $\hat{\sigma}^2$ 是 σ^2 的相合估计量.

根据第六章第二节定理可知, 样本均值 $\overline{X}$ 是总体 μ 的相合估计量, 样本方差 S^2 与 S_n^2 都是 σ^2 的相合估计量, S_n 与 S 都是 σ 的相合估计量. 从上述例 2 的结论也可发现, 均匀分布总体 $U(0,\theta)$ 的未知参数 θ 的矩估计量 $2\overline{X}$ 和修正后的极大似然估计量 $\dfrac{n+1}{n}X_{(n)}$ 都是 θ 的相合估计量. 事实上, 根据大数定律, 矩估计一般具有相合性.

[随堂测]

1. 设 $(X_1,Y_1),(X_2,Y_2),\cdots,(X_n,Y_n)$ 是取自二维正态总体 $N(\mu_1,\mu_2,\sigma_1^2,\sigma_2^2,\rho)$ 的一个简单随机样本, 令 $\theta=\mu_1-\mu_2$, $\overline{X}=\dfrac{1}{n}\sum_{i=1}^{n}X_i$, $\overline{Y}=\dfrac{1}{n}\sum_{i=1}^{n}Y_i$, $\hat{\theta}=\overline{X}-\overline{Y}$ 是否为 θ 的无偏估计?

扫码看答案

2. 设 $(X_1,X_2,\cdots,X_n)$ 是来自正态总体 $N(\mu_0,\sigma^2)$ 的简单随机样本, 其中 μ_0 已知, $\sigma^2>0$ 且未知. $\overline{X},S^2$ 为样本均值和样本方差. 已知 S^2 和 $\sum_{i=1}^{n}\dfrac{(X_i-\mu_0)^2}{n}$ 都是 σ^2 的无偏估计, 哪个估计更有效?

习题 7-2

1. 设$(X_1,X_2,\cdots,X_n)$是取自总体X的一个样本，总体$X\sim B(1,p)$，其中p未知，$0<p<1$. 证明：(1)X_1是p的无偏估计；(2)X_1^2不是p^2的无偏估计；(3)当$n\geqslant2$时，X_1X_2是p^2的无偏估计.

2. 设$(X_1,X_2,\cdots,X_n)$是取自总体X的一个样本，总体X的密度函数为

$$f(x;\mu)=\begin{cases}e^{-(x-\mu)}, & x\geqslant\mu,\\0, & \text{其他},\end{cases}$$

其中$-\infty<\mu<+\infty$，μ未知. 易知μ的极大似然估计量$\hat{\mu}_1=X_{(1)}$.

(1) $\hat{\mu}_1$是μ的无偏估计吗？若不是，请修正.

(2) μ的矩估计量$\hat{\mu}_2$是μ的无偏估计吗？是相合估计吗？

3. 设总体X服从均匀分布$U(\theta,\theta+1)$，$(X_1,X_2,\cdots,X_n)$是取自该总体的一个样本，证明：$\hat{\theta}_1=\overline{X}-\dfrac{1}{2},\hat{\theta}_2=X_{(n)}-\dfrac{n}{n+1},\hat{\theta}_3=X_{(1)}-\dfrac{1}{n+1}$都是$\theta$的无偏估计.

4. 设$(X_1,X_2,\cdots,X_n)$是取自总体$X\sim N(\mu,\sigma^2)$的一个样本，选适当的值c，使$\hat{\sigma}^2=c\sum_{i=1}^{n-1}(X_{i+1}-X_i)^2$是$\sigma^2$的无偏估计.

5. (习题7-1第7题续)设$(X_1,X_2,\cdots,X_n)$是取自总体X的一个样本，总体X的分布律如下.

X	-1	0	1
概率	$\dfrac{\theta}{2}$	$1-\theta$	$\dfrac{\theta}{2}$

其中θ未知，$0<\theta<1$. 讨论θ的矩估计量$\hat{\theta}_1$和极大似然估计量$\hat{\theta}_2$的无偏性.

6. 设$(X_1,X_2,\cdots,X_n)$是取自总体X的一个样本，总体$X\sim B(n,p)$，$\overline{X}$和S^2分别为样本均值和样本方差. 若$\overline{X}+kS^2$为np^2的无偏估计量，求k的值.

7. (考研真题·2010年数学一第23题)设总体X的分布律为

X	1	2	3
概率	$1-\theta$	$\theta-\theta^2$	θ^2

其中$\theta\in(0,1)$且未知. 以N_i表示取自总体X的简单随机样本(样本容量为n)中等于i的个体个数$(i=1,2,3)$，试求常数a_1,a_2,a_3，使$T=\sum_{i=1}^{3}a_iN_i$为θ的无偏估计量，并求T的方差.

8. 设(X_1,X_2,X_3)为总体$X\sim N(\mu,\sigma^2)$的一个样本，证明

$$\hat{\mu}_1=\frac{1}{6}X_1+\frac{1}{3}X_2+\frac{1}{2}X_3,$$

$$\hat{\mu}_2=\frac{2}{5}X_1+\frac{1}{5}X_2+\frac{2}{5}X_3$$

都是总体均值 μ 的无偏估计，并进一步判断哪一个估计更有效.

9. 设 $(X_1, X_2, \cdots, X_n)$ 是取自总体 X 的一个样本，总体 X 服从区间 $[1, \theta]$ 上的均匀分布，$\theta > 1$ 且 θ 未知. 证明 θ 的矩估计量是 θ 的相合估计.

10. 设 $(X_1, X_2, \cdots, X_n)$ 是取自总体 X 的一个样本，$E(X) = \mu$，$\mathrm{Var}(X) = \sigma^2$. 试证 $\dfrac{2}{n(n+1)} \displaystyle\sum_{i=1}^{n} i X_i$ 是未知参数 μ 的无偏估计量，也是一个相合估计量.

第三节　区间估计

参数的点估计是通过样本观测值算出一个值去估计未知参数. 例如，估计明天的 PM2.5 指数，若根据一组实际样本观测值，利用极大似然估计法估计出 PM2.5 指数值为 $13\mu g/m^3$，但是实际上，PM2.5 指数的真值可能大于 13，也可能小于 13，且可能偏差较大，若能给出一个估计区间，让我们能有较大把握地相信明天 PM2.5 指数的真值被包含在这个区间内，这样的估计就显得更有实用价值，也更为可信，因为我们把可能出现的偏差也考虑在内了. 先看一个例子.

例　某新药的药效起效时间 $X \sim N(\mu, 64)$（单位：min），现随机抽取了 100 个实验者进行观察，观察每个实验者的起效时间值 $x_1, \cdots, x_{100}$，由此算出 $\bar{x} = 75\mathrm{min}$，那么 μ 的点估计为 75. 由于抽样的随机性，μ 的真值和 $\bar{x}$ 的值总是有偏差，我们希望算得一个最大偏差，保证 $\bar{x}$ 和 μ 的真值的偏差不超过这个最大偏差的概率达到 95%，即

$$P(\,|\bar{X} - \mu| \leqslant c) = 0.95,$$

其中的 c 即为最大偏差. 上式可等价地转化为

$$P(\bar{X} - c \leqslant \mu \leqslant \bar{X} + c) = 0.95.$$

这个概率表达式也表明区间 $[\bar{X} - c, \bar{X} + c]$ 包含真值 μ 的概率达到 0.95，因此称其为 μ 的区间估计. 下面给出区间估计的定义.

定义 1　设 $(X_1, X_2, \cdots, X_n)$ 是取自总体 X 的一个样本，总体 $X \sim f(x; \theta)$，$\theta \in \Theta$ 且未知，对 $\forall\, 0 < \alpha < 1$，若统计量 $\underline{\theta} = \underline{\theta}(X_1, X_2, \cdots, X_n) < \bar{\theta}(X_1, X_2, \cdots, X_n) = \bar{\theta}$，使

$$P(\underline{\theta} \leqslant \theta \leqslant \bar{\theta}) = 1 - \alpha,\ \theta \in \Theta,$$

则称 $[\underline{\theta}, \bar{\theta}]$ 为 θ 的双侧 $1 - \alpha$ 置信区间，$\underline{\theta}, \bar{\theta}$ 分别称为 θ 的双侧 $1 - \alpha$ 置信区间的置信下限和置信上限，$1 - \alpha$ 为置信水平，一旦样本有观测值 $(x_1, x_2, \cdots, x_n)$，则称相应的 $[\underline{\theta}(x_1, x_2, \cdots, x_n), \bar{\theta}(x_1, x_2, \cdots, x_n)]$ 为置信区间的观测值.

这里置信水平 $1 - \alpha$ 的直观解释是，在大量重复使用 θ 的双侧置信区间 $[\underline{\theta}, \bar{\theta}]$ 时，由于每次得到的样本观测值都是不同的，所以每次得到的置信区间的观测值也不同，对一次具体的置信区间观测值而言，真值 θ 可能在其中，也可能不在其中. 例如，每次抽 100 个数据，代入置信区间的计算公式，可得一个 θ 的双侧置信区间观测值. 重复试验 1 000 次，可得 1 000 个 θ 的双侧置信区间观测值. 平均而言，若取

置信水平

$1 - \alpha = 0.95$，则表示在这 1 000 个区间观测值中，至少有 950 个置信区间观测值包含真值 θ，有不到 50 个置信区间观测值不包含真值 θ. 图 7.1 直观地显示了这种置信水平的意义.

在图 7.1 (a)中，由于置信水平为 0.90，因此平均来看，100 个置信区间观测值中只有不到 10 个没有包含真值 15. 在图 7.1(b)中，由于置信水平才 0.50，因此平均来看，100 个置信区间观测值中大约有 50 个没有包含真值 15.

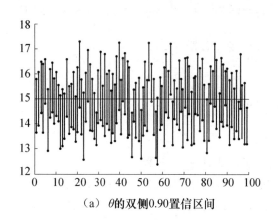 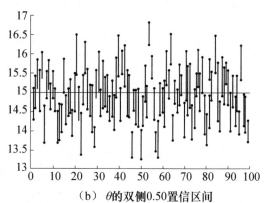

（a）　θ的双侧0.90置信区间　　　　　　　　　（b）　θ的双侧0.50置信区间

图 7.1　不同置信水平下的置信区间

在实际问题中，有时只对未知参数 θ 的上限(或下限)感兴趣. 例如，对于移动存储设备的平均使用寿命，我们希望它越长越好，因此我们关心的只是它的 $1-\alpha$ 的置信下限，这个下限标志着产品的质量. 另一方面，对某些指标我们希望它越小越好. 例如，某种药物的副作用，我们关心的是它的 $1-\alpha$ 的置信上限. 下面给出单侧置信区间的定义.

定义 2　若有统计量 $\bar{\theta}=\bar{\theta}(X_1,X_2,\cdots,X_n)$，使
$$P_\theta(\theta\leqslant\bar{\theta})=1-\alpha,\theta\in\Theta,$$
则称$[-\infty,\bar{\theta}(X_1,X_2,\cdots,X_n)]$为 θ 的单侧 $1-\alpha$ 置信区间，$\bar{\theta}(X_1,X_2,\cdots,X_n)$ 为 θ 的单侧 $1-\alpha$ 置信区间的置信上限.

定义 3　若有统计量 $\underline{\theta}=\underline{\theta}(X_1,X_2,\cdots,X_n)$，使
$$P_\theta(\theta\geqslant\underline{\theta})=1-\alpha,\theta\in\Theta,$$
则称$[\underline{\theta}(X_1,X_2,\cdots,X_n),+\infty)$为 θ 的单侧 $1-\alpha$ 置信区间，$\underline{\theta}(X_1,X_2,\cdots,X_n)$ 为 θ 的单侧 $1-\alpha$ 置信区间的置信下限.

事实上，置信上(下)限可看成特殊的置信区间$(-\infty,\bar{\theta}]$($[\underline{\theta},+\infty)$)，只是区间的一个端点是固定的.

构造未知参数 θ 的置信区间的步骤可以概括为如下 4 步.

（1）先求出 θ 的一个点估计(通常为极大似然估计或无偏估计)$\hat{\theta}=\hat{\theta}(X_1,X_2,\cdots,X_n)$.

（2）构造 $\hat{\theta}$ 和 θ 的一个函数
$$G=G(\hat{\theta},\theta),$$
其中 G 除包含未知参数 θ 外，不再有其他的未知参数，且 G 的分布完全已知或分位数可以确定. 这时我们又称 G 为枢轴变量或主元.

（3）确定 $a<b$，使
$$P[a\leqslant G(\hat{\theta},\theta)\leqslant b]=1-\alpha.$$

（4）将 $a\leqslant G(\hat{\theta},\theta)\leqslant b$ 等价变形为 $\underline{\theta}\leqslant\theta\leqslant\bar{\theta}$，其中 $\underline{\theta}(X_1,X_2,\cdots,X_n)$ 和 $\bar{\theta}(X_1,X_2,\cdots,X_n)$ 仅是样本的函数，则$[\underline{\theta}(X_1,X_2,\cdots,X_n),\bar{\theta}(X_1,X_2,\cdots,X_n)]$就是 θ 的双侧 $1-\alpha$ 置信区间.

事实上，满足 $P[a \leqslant G(\hat{\theta}, \theta) \leqslant b] = 1-\alpha$ 的 a 和 b 可以有很多组解，选择的标准是使 $\overline{\theta}-\underline{\theta}$ 的平均长度尽可能短. 如果能找到 a 和 b，使 $\overline{\theta}-\underline{\theta}$ 的平均长度达到最短，当然是最好的. 不过在大多数场合，要满足最短区间，求解过程很难，故在双侧置信区间求解时，常按使左右两个尾部的概率各为 $\dfrac{\alpha}{2}$ 的方法来选择 a 和 b，即

$$P[G(\hat{\theta}, \theta) > b] = P[G(\hat{\theta}, \theta) < a] = \frac{\alpha}{2}.$$

这样得到的置信区间称为等尾置信区间，实用的双侧置信区间大都是等尾置信区间. 这里顺便提一下，当总体为正态分布时，枢轴变量 $G(\hat{\theta}, \theta)$ 的分布多是常用分布，如正态分布、t 分布、F 分布、χ^2 分布，因此，关于 a 和 b 的确定，可通过查常用分布分位数表，都采用等尾置信区间. 另外，由于最后 a 和 b 的求解依赖于枢轴变量的分布，故构造合适的枢轴变量也是非常关键的，熟悉抽样分布对构造枢轴变量很有帮助.

第四节　单正态总体下未知参数的置信区间

正态总体是实际问题中最常见的总体，本节将讨论单个正态总体中均值 μ 和方差 σ^2 的区间估计问题. 设 $(X_1, X_2, \cdots, X_n)$ 是取自总体 $X \sim N(\mu, \sigma^2)$ 的一个样本，置信水平为 $1-\alpha$，样本均值 $\overline{X} = \dfrac{1}{n} \sum\limits_{i=1}^{n} X_i$，样本方差 $S^2 = \dfrac{1}{n-1} \sum\limits_{i=1}^{n} (X_i - \overline{X})^2$.

一、均值的置信区间

首先，$\overline{X}$ 是 μ 的无偏估计.

1. 当 σ^2 已知时，μ 的置信区间

$$G(\overline{X}, \mu) = \frac{\sqrt{n}(\overline{X}-\mu)}{\sigma} \sim N(0,1),$$

设

$$P\left[a \leqslant \frac{\sqrt{n}(\overline{X}-\mu)}{\sigma} \leqslant b\right] = 1-\alpha.$$

由于标准正态分布是单峰关于 y 轴对称的，从图 7.2 不难看出，在 $\Phi(b)-\Phi(a) = 1-\alpha$ 的条件下，当 $b = u_{1-\frac{\alpha}{2}}$，$a = u_{\frac{\alpha}{2}} = -u_{1-\frac{\alpha}{2}}$ 时，平均长度 $b-a$ 达到最小，即

$$P\left(\overline{X} - u_{1-\frac{\alpha}{2}} \frac{\sigma}{\sqrt{n}} \leqslant \mu \leqslant \overline{X} + u_{1-\frac{\alpha}{2}} \frac{\sigma}{\sqrt{n}}\right) = 1-\alpha.$$

由此可得 μ 的双侧 $1-\alpha$ 置信区间为

$$\left[\overline{X} - u_{1-\frac{\alpha}{2}} \frac{\sigma}{\sqrt{n}}, \overline{X} + u_{1-\frac{\alpha}{2}} \frac{\sigma}{\sqrt{n}}\right].$$

该置信区间是以点估计 $\overline{X}$ 为中心、以 $u_{1-\frac{\alpha}{2}} \dfrac{\sigma}{\sqrt{n}}$ 为半径的

正态分布均值的置信区间

图 7.2　标准正态分布 $u_{\frac{\alpha}{2}}$ 和

$u_{1-\frac{\alpha}{2}}$ **取值图**

一个对称区间.

计算 μ 的单侧 $1-\alpha$ 置信区间:

一方面，由 $P\left[\dfrac{\sqrt{n}\,(\overline{X}-\mu)}{\sigma}\geqslant a\right]=1-\alpha$，可得 $a=u_\alpha=-u_{1-\alpha}$，即 μ 的单侧 $1-\alpha$ 置信区间的

置信上限为 $\overline{X}+u_{1-\alpha}\dfrac{\sigma}{\sqrt{n}}$，相应的 μ 的单侧 $1-\alpha$ 置信区间为 $\left(-\infty,\overline{X}+u_{1-\alpha}\dfrac{\sigma}{\sqrt{n}}\right]$；

另一方面，由 $P\left[\dfrac{\sqrt{n}\,(\overline{X}-\mu)}{\sigma}\leqslant b\right]=1-\alpha$，可得 $b=u_{1-\alpha}$，即 μ 的单侧 $1-\alpha$ 置信区间的置信下

限为 $\overline{X}-u_{1-\alpha}\dfrac{\sigma}{\sqrt{n}}$，相应的 μ 的单侧 $1-\alpha$ 置信区间为 $\left[\overline{X}-u_{1-\alpha}\dfrac{\sigma}{\sqrt{n}},+\infty\right)$.

例 1 某直播间每天每百元销售额的利润率服从正态分布，均值为 μ，方差为 σ^2，长期以来 σ^2 稳定为 0.4，现随机抽取 5 天观测，这 5 天的利润率分别为 $-0.2,0.1,0.8,$ $-0.6,0.9$，求 μ 的双侧 0.95 置信区间.

解 样本均值 $\overline{X}=\dfrac{1}{n}\sum\limits_{i=1}^{n}X_i$ 是 μ 的无偏估计，σ^2 已知为 0.4，故 μ 的双侧 $1-\alpha$ 置信区间为

$$\left[\overline{X}-u_{1-\frac{\alpha}{2}}\frac{\sigma}{\sqrt{n}},\overline{X}+u_{1-\frac{\alpha}{2}}\frac{\sigma}{\sqrt{n}}\right].$$

由样本观测值及查附录 5 得 $\bar{x}=0.2,u_{0.975}=1.96$，故 μ 的双侧 0.95 置信区间为

$$\left[0.2-1.96\times\frac{\sqrt{0.4}}{\sqrt{5}},0.2+1.96\times\frac{\sqrt{0.4}}{\sqrt{5}}\right],$$

即 $[-0.354,0.754]$.

2. 当 σ^2 未知时，μ 的置信区间

之前的 $\dfrac{\sqrt{n}\,(\overline{X}-\mu)}{\sigma}$ 不符合要求，因为该变量中不仅包含未知参数 μ，还包含未知参数

σ，故考虑用样本标准差 $S=\sqrt{\dfrac{1}{n-1}\sum\limits_{i=1}^{n}(X_i-\overline{X})^2}$ 替代 σ，根据正态总体的抽样分布易知

$\dfrac{\sqrt{n}\,(\overline{X}-\mu)}{S}\sim t(n-1)$，故取 $G(\overline{X},\mu)=\dfrac{\sqrt{n}\,(\overline{X}-\mu)}{S}$，类似于前面的讨论，可得 μ 的双侧 $1-\alpha$ 置信区间为

$$\left[\overline{X}-t_{1-\frac{\alpha}{2}}(n-1)\frac{S}{\sqrt{n}},\overline{X}+t_{1-\frac{\alpha}{2}}(n-1)\frac{S}{\sqrt{n}}\right],$$

μ 的单侧 $1-\alpha$ 置信区间为

$$\left(-\infty,\overline{X}+t_{1-\alpha}(n-1)\frac{S}{\sqrt{n}}\right]\text{和}\left[\overline{X}-t_{1-\alpha}(n-1)\frac{S}{\sqrt{n}},+\infty\right).$$

例 2 最是书香能致远，为了庆祝党的二十大顺利召开，社区举办了暑期"阅读新时代 奋进新征程"读书活动，吸引了 1000 位读书爱好者参与. 现从中随机抽取 25 位读者，收集他们暑期的读书总时长，统计得 $\bar{x}=200\text{h}$，$s=20\text{h}$，假定每位读书爱好者的读书总时长 X 服从正态分布 $N(\mu,\sigma^2)$，其中 μ,σ^2 均未知，求 μ 的置信水平 0.9 的双侧置信区间.

解　$\overline{X}$ 是 μ 的无偏估计，又 μ,σ^2 均未知，因此 μ 的双侧 $1-\alpha$ 置信区间为

$$\left[\overline{X}-\frac{S}{\sqrt{n}}t_{1-\frac{\alpha}{2}}(n-1),\overline{X}+\frac{S}{\sqrt{n}}t_{1-\frac{\alpha}{2}}(n-1)\right].$$

由样本观测值及查附录 8 得 $\overline{x}=200$，$s=20$，$n=25$，$1-\alpha=0.90$，$t_{0.95}(24)=1.7109$. 故 μ 的双侧 0.9 置信区间观测值为 $\left[200-\dfrac{20}{\sqrt{25}}\times1.7109,\ 200+\dfrac{20}{\sqrt{25}}\times1.7109\right]$，即 $[193.1564,206.8436]$.

二、方差的置信区间

1. 当 μ 已知时，σ^2 的置信区间

首先，当 μ 已知时，σ^2 的无偏估计为 $\hat{\sigma}^2=\dfrac{1}{n}\sum\limits_{i=1}^{n}(X_i-\mu)^2$.

取
$$G(\hat{\sigma}^2,\sigma^2)=\frac{1}{\sigma^2}\sum_{i=1}^{n}(X_i-\mu)^2\sim\chi^2(n),$$

取 $a<b$，使其满足

$$P\left[a\leqslant\frac{1}{\sigma^2}\sum_{i=1}^{n}(X_i-\mu)^2\leqslant b\right]=1-\alpha.$$

这里，由于 χ^2 分布是偏态分布，寻找平均长度最短的区间不如对称分布那么容易实现，一般改为寻找等尾置信区间，如图 7.3 所示，故取 $a=\chi^2_{\frac{\alpha}{2}}(n)$，$b=\chi^2_{1-\frac{\alpha}{2}}(n)$.

此时，对应的 σ^2 的双侧 $1-\alpha$ 置信区间为

$$\left[\frac{\sum\limits_{i=1}^{n}(X_i-\mu)^2}{\chi^2_{1-\frac{\alpha}{2}}(n)},\frac{\sum\limits_{i=1}^{n}(X_i-\mu)^2}{\chi^2_{\frac{\alpha}{2}}(n)}\right].$$

σ^2 的单侧 $1-\alpha$ 置信区间为

$$\left(-\infty,\frac{\sum\limits_{i=1}^{n}(X_i-\mu)^2}{\chi^2_{\alpha}(n)}\right]\ \text{和}\ \left[\frac{\sum\limits_{i=1}^{n}(X_i-\mu)^2}{\chi^2_{1-\alpha}(n)},+\infty\right).$$

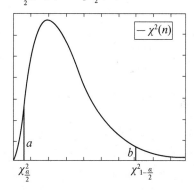

图 7.3　χ^2 分布的 $\chi^2_{\frac{\alpha}{2}}(n)$ 和 $\chi^2_{1-\frac{\alpha}{2}}(n)$ 取值图

在实际问题中，μ 已知而 σ^2 未知的情况很少，大部分是 μ 和 σ^2 都未知的情况.

2. 当 μ 未知时，σ^2 的置信区间

首先，当 μ 未知时，σ^2 的无偏估计为样本方差 $\hat{\sigma}^2=S^2$.

取
$$G(\hat{\sigma}^2,\sigma^2)=\frac{(n-1)S^2}{\sigma^2}\sim\chi^2(n-1),$$

类似于上面的讨论，可得 σ^2 的双侧 $1-\alpha$ 置信区间为

$$\left[\frac{(n-1)S^2}{\chi^2_{1-\frac{\alpha}{2}}(n-1)},\frac{(n-1)S^2}{\chi^2_{\frac{\alpha}{2}}(n-1)}\right],\ \text{即}\ \left[\frac{\sum\limits_{i=1}^{n}(X_i-\overline{X})^2}{\chi^2_{1-\frac{\alpha}{2}}(n-1)},\frac{\sum\limits_{i=1}^{n}(X_i-\overline{X})^2}{\chi^2_{\frac{\alpha}{2}}(n-1)}\right];$$

σ^2 的单侧 $1-\alpha$ 置信区间为

$$\left(-\infty, \frac{(n-1)S^2}{\chi_\alpha^2(n-1)}\right] \text{和} \left[\frac{(n-1)S^2}{\chi_{1-\alpha}^2(n-1)}, +\infty\right).$$

例3　为了解某节能灯泡使用时数的均值 μ 及标准差 σ，测量 10 个灯泡，得 $\bar{x} =$ 2 000h，$s = 20$h，如果灯泡的使用时数服从正态分布，求 σ^2 的双侧 0.95 置信区间.

解　由题意知 μ 未知，故 $\hat{\sigma}^2 = S^2$，σ^2 的双侧 $1-\alpha$ 置信区间为

$$\left[\frac{(n-1)S^2}{\chi_{1-\frac{\alpha}{2}}^2(n-1)}, \frac{(n-1)S^2}{\chi_{\frac{\alpha}{2}}^2(n-1)}\right].$$

由样本观测值及查附录 7 得 $\chi_{0.025}^2(9) = 2.7, \chi_{0.975}^2(9) = 19.023$.

故 σ^2 的双侧 0.95 置信区间为 $\left[\frac{9 \times 20^2}{19.023}, \frac{9 \times 20^2}{2.7}\right]$，即 $[189.24, 1\ 333.33]$.

综上，关于单正态总体中均值 μ 和方差 σ^2 的双侧 $1-\alpha$ 置信区间，汇总如下.

待估参数		$G(\hat{\theta}, \theta)$	双侧置信区间
均值 μ	σ^2 已知	$G = \dfrac{\sqrt{n}(\bar{X}-\mu)}{\sigma} \sim N(0,1)$	$\left[\bar{X} - u_{1-\frac{\alpha}{2}}\dfrac{\sigma}{\sqrt{n}}, \bar{X} + u_{1-\frac{\alpha}{2}}\dfrac{\sigma}{\sqrt{n}}\right]$
	σ^2 未知	$G = \dfrac{\sqrt{n}(\bar{X}-\mu)}{S} \sim t(n-1)$	$\left[\bar{X} - t_{1-\frac{\alpha}{2}}(n-1)\dfrac{S}{\sqrt{n}}, \bar{X} + t_{1-\frac{\alpha}{2}}(n-1)\dfrac{S}{\sqrt{n}}\right]$
方差 σ^2	μ 已知	$G = \dfrac{1}{\sigma^2}\sum\limits_{i=1}^{n}(X_i-\mu)^2 \sim \chi^2(n)$	$\left[\dfrac{\sum\limits_{i=1}^{n}(X_i-\mu)^2}{\chi_{1-\frac{\alpha}{2}}^2(n)}, \dfrac{\sum\limits_{i=1}^{n}(X_i-\mu)^2}{\chi_{\frac{\alpha}{2}}^2(n)}\right]$
	μ 未知	$G = \dfrac{(n-1)S^2}{\sigma^2} \sim \chi^2(n-1)$	$\left[\dfrac{(n-1)S^2}{\chi_{1-\frac{\alpha}{2}}^2(n-1)}, \dfrac{(n-1)S^2}{\chi_{\frac{\alpha}{2}}^2(n-1)}\right]$

[随堂测]

　　从某商店一年来的发票存根中随机抽取 25 张，这 25 张发票的金额(单位：元)分别为 $x_1, x_2, \cdots, x_{25}$，并由此算出 $\bar{x} = 78.5, s = 20$，假定发票金额 X 服从正态分布 $N(\mu, \sigma^2)$，其中 μ, σ^2 均未知，求 μ 和 σ^2 的双侧 0.90 置信区间.

扫码看答案

习题 7-4

1. 从应届高中毕业生中随机抽取 9 人，其体重(单位：kg)分别为

$$65, 78, 52, 63, 84, 79, 77, 54, 60.$$

设体重 X 服从正态分布 $N(\mu, 49)$，求平均体重 μ 的双侧 0.95 置信区间.

2. 假设某感冒药的药效时间 X（单位：h）服从正态分布 $N(\mu,\sigma^2)$，μ,σ^2 均未知，现随机检测 9 位服用该感冒药的患者，得到药效时间为 $x_1,x_2,\cdots,x_9$，并由此算出样本均值 $\bar{x}$ $=5.70$，样本标准差 $s=\dfrac{1}{1.859\,5}$. 求 μ 和 σ^2 的双侧 0.90 置信区间.

3. 为研究某种汽车轮胎的磨损情况，随机选取 16 个轮胎，每个轮胎行驶到磨损为止，记录所行驶的里程（单位：km），算出 $\bar{x}=41\,000,s_n=1\,352$. 假设汽车轮胎的行驶里程服从正态分布，均值和方差均未知. 求 μ 和 σ^2 的双侧 0.99 置信区间.

4. 设某种新型塑料的抗压力（单位：10MPa）X 服从正态分布 $N(\mu,\sigma^2)$，现对 4 个试验件做压力试验，得到试验数据，并由此算出 $\sum\limits_{i=1}^{4}x_i=32,\sum\limits_{i=1}^{4}x_i^2=268$. 分别求 μ 和 σ 的置信水平为 0.90 的双侧置信区间.

5. 设 $(X_1,X_2,\cdots,X_n)$ 是取自总体 $X\sim N(\mu,\sigma^2)$ 的一个样本，均值 μ 未知，方差 σ^2 已知. 为使 μ 的双侧 $1-\alpha$ 置信区间长度不超过 l，至少需要多大的样本量才能达到？

第五节　两个正态总体下未知参数的置信区间

设 $(X_1,X_2,\cdots,X_m)$ 是取自正态总体 $X\sim N(\mu_1,\sigma_1^2)$ 的一个样本，$(Y_1,Y_2,\cdots,Y_n)$ 是取自正态总体 $Y\sim N(\mu_2,\sigma_2^2)$ 的一个样本，且总体 X 与 Y 相互独立，置信水平为 $1-\alpha$，记

$$\bar{X}=\frac{1}{m}\sum_{i=1}^{m}X_i,\bar{Y}=\frac{1}{n}\sum_{i=1}^{n}Y_i,S_X^2=\frac{1}{m-1}\sum_{i=1}^{m}(X_i-\bar{X})^2,S_Y^2=\frac{1}{n-1}\sum_{i=1}^{n}(Y_i-\bar{Y})^2,$$

$$S_w^2=\frac{1}{m+n-2}\left[\sum_{i=1}^{m}(X_i-\bar{X})^2+\sum_{i=1}^{n}(Y_i-\bar{Y})^2\right]=\frac{1}{m+n-2}\left[(m-1)S_X^2+(n-1)S_Y^2\right],$$

下面讨论这两个相互独立的总体均值差和方差比的置信区间.

一、均值差的置信区间

1. 当 σ_1^2,σ_2^2 已知时，$\mu_1-\mu_2$ 的置信区间

首先，$\mu_1-\mu_2$ 的无偏估计为 $\bar{X}-\bar{Y}$，取 $G(\bar{X}-\bar{Y},\mu_1-\mu_2)=\dfrac{\bar{X}-\bar{Y}-(\mu_1-\mu_2)}{\sqrt{\dfrac{\sigma_1^2}{m}+\dfrac{\sigma_2^2}{n}}}\sim N(0,1)$，类似

于上一节的讨论，可得 $\mu_1-\mu_2$ 的双侧 $1-\alpha$ 置信区间为

$$\left[\bar{X}-\bar{Y}-u_{1-\frac{\alpha}{2}}\sqrt{\frac{\sigma_1^2}{m}+\frac{\sigma_2^2}{n}},\bar{X}-\bar{Y}+u_{1-\frac{\alpha}{2}}\sqrt{\frac{\sigma_1^2}{m}+\frac{\sigma_2^2}{n}}\right].$$

$\mu_1-\mu_2$ 的单侧 $1-\alpha$ 置信区间为

$$\left(-\infty,\bar{X}-\bar{Y}+u_{1-\alpha}\sqrt{\frac{\sigma_1^2}{m}+\frac{\sigma_2^2}{n}}\right]\text{和}\left[\bar{X}-\bar{Y}-u_{1-\alpha}\sqrt{\frac{\sigma_1^2}{m}+\frac{\sigma_2^2}{n}},+\infty\right).$$

例1 设 $X_1, X_2, \cdots, X_{2n}$ 是取自正态总体 $N(\mu_1, 18)$ 的一个样本，$Y_1, Y_2, \cdots, Y_n$ 是取自正态总体 $N(\mu_2, 16)$ 的一个样本，要使 $\mu_1 - \mu_2$ 的双侧 0.95 置信区间的长度不超过 l，n 至少要取多大？

解 $\bar{X} - \bar{Y}$ 为 $\mu_1 - \mu_2$ 的点估计，由于 σ_1^2 和 σ_2^2 已知，故有

$$\frac{\bar{X} - \bar{Y} - (\mu_1 - \mu_2)}{\sqrt{\dfrac{18}{2n} + \dfrac{16}{n}}} \sim N(0, 1),$$

从而 $\mu_1 - \mu_2$ 的双侧 $1 - \alpha$ 置信区间为

$$\left[\bar{X} - \bar{Y} - u_{1-\frac{\alpha}{2}} \sqrt{\frac{18}{2n} + \frac{16}{n}}, \bar{X} - \bar{Y} + u_{1-\frac{\alpha}{2}} \sqrt{\frac{18}{2n} + \frac{16}{n}} \right].$$

置信区间的长度

$$2 u_{0.975} \sqrt{\frac{18}{2n} + \frac{16}{n}} = \frac{19.6}{\sqrt{n}} \leqslant l,$$

故 $n \geqslant \dfrac{384.16}{l^2}$，即 n 至少要取 $\left[\dfrac{384.16}{l^2} \right] + 1$. ($[a]$ 表示取 a 值的整数部分.)

2. 当 $\sigma_1^2 = \sigma_2^2 = \sigma^2$ 未知时，$\mu_1 - \mu_2$ 的置信区间

取 $G(\bar{X} - \bar{Y}, \mu_1 - \mu_2) = \dfrac{\bar{X} - \bar{Y} - (\mu_1 - \mu_2)}{S_w \sqrt{\dfrac{1}{m} + \dfrac{1}{n}}} \sim t(m+n-2)$，$\mu_1 - \mu_2$ 的双侧 $1 - \alpha$ 置信区间为

$$\left[\bar{X} - \bar{Y} - t_{1-\frac{\alpha}{2}}(m+n-2) S_w \sqrt{\frac{1}{m} + \frac{1}{n}}, \bar{X} - \bar{Y} + t_{1-\frac{\alpha}{2}}(m+n-2) S_w \sqrt{\frac{1}{m} + \frac{1}{n}} \right].$$

类似有 $\mu_1 - \mu_2$ 的单侧 $1 - \alpha$ 置信区间为

$$\left(-\infty, \bar{X} - \bar{Y} + t_{1-\alpha}(m+n-2) S_w \sqrt{\frac{1}{m} + \frac{1}{n}} \right] \text{和} \left[\bar{X} - \bar{Y} - t_{1-\alpha}(m+n-2) S_w \sqrt{\frac{1}{m} + \frac{1}{n}}, +\infty \right).$$

例2 设某公司两个分店的月营业额分别服从 $N(\mu_i, \sigma^2), i = 1, 2$. 先从第一分店抽取了容量为 40 的样本，求得平均月营业额为 $\bar{x} = 22\,653$ 万元，样本标准差为 $s_X = 64.8$ 万元；再从第二分店抽取了容量为 30 的样本，求得平均月营业额为 $\bar{y} = 12\,291$ 万元，样本标准差为 $s_Y = 62.2$ 万元. 试求 $\mu_1 - \mu_2$ 的双侧 0.95 置信区间.

解 $\bar{X} - \bar{Y}$ 为 $\mu_1 - \mu_2$ 的点估计，由于 $\sigma_1^2 = \sigma_2^2 = \sigma^2$ 未知，故 $\mu_1 - \mu_2$ 的双侧 $1 - \alpha$ 置信区间为

$$\left[\bar{X} - \bar{Y} - t_{1-\frac{\alpha}{2}}(m+n-2) S_w \sqrt{\frac{1}{m} + \frac{1}{n}}, \bar{X} - \bar{Y} + t_{1-\frac{\alpha}{2}}(m+n-2) S_w \sqrt{\frac{1}{m} + \frac{1}{n}} \right].$$

由样本观测值得 $\bar{x} - \bar{y} = 10\,362, t_{0.975}(68) \approx u_{0.975} = 1.96$，

$$S_w^2 = \frac{(m-1)S_X^2 + (n-1)S_Y^2}{m+n-2} = \frac{39 \times 64.8^2 + 29 \times 62.2^2}{40 + 30 - 2} = 4\,058.22, S_w = 63.7,$$

故 $\mu_1 - \mu_2$ 的双侧 0.95 置信区间为

$$\left[10\,362 - 1.96 \times 63.7 \times \sqrt{\frac{1}{40} + \frac{1}{30}}, 10\,362 + 1.96 \times 63.7 \times \sqrt{\frac{1}{40} + \frac{1}{30}} \right],$$

即 $[10\,332, 10\,392]$.

二、方差比的置信区间

1. 当 μ_1,μ_2 已知时，$\dfrac{\sigma_1^2}{\sigma_2^2}$ 的置信区间

首先，由于 $\hat{\sigma}_1^2=\dfrac{1}{m}\sum\limits_{i=1}^{m}(X_i-\mu_1)^2,\hat{\sigma}_2^2=\dfrac{1}{n}\sum\limits_{i=1}^{n}(Y_i-\mu_2)^2$，不妨取 $\dfrac{\sigma_1^2}{\sigma_2^2}$ 的估计为 $\dfrac{\hat{\sigma}_1^2}{\hat{\sigma}_2^2}$，取

$$G\left(\frac{\hat{\sigma}_1^2}{\hat{\sigma}_2^2},\frac{\sigma_1^2}{\sigma_2^2}\right)=\frac{\dfrac{m\hat{\sigma}_1^2}{\sigma_1^2}\Big/m}{\dfrac{n\hat{\sigma}_2^2}{\sigma_2^2}\Big/n}=\frac{\hat{\sigma}_1^2/\hat{\sigma}_2^2}{\sigma_1^2/\sigma_2^2}\sim F(m,n),$$

则 $\dfrac{\sigma_1^2}{\sigma_2^2}$ 的双侧 $1-\alpha$ 置信区间为

$$\left[\frac{\hat{\sigma}_1^2/\hat{\sigma}_2^2}{F_{1-\frac{\alpha}{2}}(m,n)},\frac{\hat{\sigma}_1^2/\hat{\sigma}_2^2}{F_{\frac{\alpha}{2}}(m,n)}\right].$$

类似有 $\dfrac{\sigma_1^2}{\sigma_2^2}$ 的单侧 $1-\alpha$ 置信区间为

$$\left(-\infty,\frac{\hat{\sigma}_1^2/\hat{\sigma}_2^2}{F_{\alpha}(m,n)}\right]\text{和}\left[\frac{\hat{\sigma}_1^2/\hat{\sigma}_2^2}{F_{1-\alpha}(m,n)},+\infty\right).$$

2. 当 μ_1,μ_2 未知时，$\dfrac{\sigma_1^2}{\sigma_2^2}$ 的置信区间

首先，由于 $\hat{\sigma}_1^2=S_X^2,\hat{\sigma}_2^2=S_Y^2$，不妨取 $\dfrac{\sigma_1^2}{\sigma_2^2}$ 的估计为 $\dfrac{S_X^2}{S_Y^2}$，取

$$G\left(\frac{S_X^2}{S_Y^2},\frac{\sigma_1^2}{\sigma_2^2}\right)=\frac{\dfrac{(m-1)S_X^2}{\sigma_1^2}\Big/(m-1)}{\dfrac{(n-1)S_Y^2}{\sigma_2^2}\Big/(n-1)}=\frac{S_X^2/S_Y^2}{\sigma_1^2/\sigma_2^2}\sim F(m-1,n-1),$$

则 $\dfrac{\sigma_1^2}{\sigma_2^2}$ 的双侧 $1-\alpha$ 置信区间为

$$\left[\frac{S_X^2/S_Y^2}{F_{1-\frac{\alpha}{2}}(m-1,n-1)},\frac{S_X^2/S_Y^2}{F_{\frac{\alpha}{2}}(m-1,n-1)}\right].$$

类似有 $\dfrac{\sigma_1^2}{\sigma_2^2}$ 的单侧 $1-\alpha$ 置信区间为

$$\left(-\infty,\frac{S_X^2/S_Y^2}{F_{\alpha}(m-1,n-1)}\right]\text{和}\left[\frac{S_X^2/S_Y^2}{F_{1-\alpha}(m-1,n-1)},+\infty\right).$$

例3 设甲、乙两个班学生的成绩都服从正态分布，甲班学生有 27 个，测得期末考试成绩的样本方差 $s_X^2 = 16$，乙班学生有 32 个，测得期末考试成绩的样本方差 $s_Y^2 = 25$，求 $\dfrac{\sigma_1^2}{\sigma_2^2}$ 的双侧 0.90 置信区间.

解 $\dfrac{\sigma_1^2}{\sigma_2^2}$ 的估计为 $\dfrac{S_X^2}{S_Y^2} = \dfrac{16}{25}$，由于题中未告知 μ_1, μ_2 的值，故 $\dfrac{\sigma_1^2}{\sigma_2^2}$ 的双侧 0.90 置信区间为

$$\left[\frac{S_X^2/S_Y^2}{F_{1-\frac{\alpha}{2}}(m-1, n-1)}, \frac{S_X^2/S_Y^2}{F_{\frac{\alpha}{2}}(m-1, n-1)} \right].$$

由样本观测值得 $F_{0.95}(26, 31) = 1.86, F_{0.05}(26, 31) = 0.53$，

从而得 $\dfrac{\sigma_1^2}{\sigma_2^2}$ 的双侧 0.90 置信区间为

$$\left[\frac{16/25}{1.86}, \frac{16/25}{0.53} \right],$$

即 $[0.344, 1.208]$.

综上，关于双正态总体下均值差 $\mu_1 - \mu_2$ 和方差比 $\dfrac{\sigma_1^2}{\sigma_2^2}$ 的双侧 $1-\alpha$ 置信区间，汇总如下.

待估参数		$G(\hat{\theta}, \theta)$	双侧置信区间
均值差 $\mu_1 - \mu_2$	σ_1^2, σ_2^2 已知	$G = \dfrac{\overline{X} - \overline{Y} - (\mu_1 - \mu_2)}{\sqrt{\dfrac{\sigma_1^2}{m} + \dfrac{\sigma_2^2}{n}}} \sim N(0, 1)$	$\left[\overline{X} - \overline{Y} - u_{1-\frac{\alpha}{2}}\sqrt{\dfrac{\sigma_1^2}{m} + \dfrac{\sigma_2^2}{n}}, \overline{X} - \overline{Y} + u_{1-\frac{\alpha}{2}}\sqrt{\dfrac{\sigma_1^2}{m} + \dfrac{\sigma_2^2}{n}} \right]$
	$\sigma_1^2 = \sigma_2^2 = \sigma^2$ 未知	$G = \dfrac{\overline{X} - \overline{Y} - (\mu_1 - \mu_2)}{S_w \sqrt{\dfrac{1}{m} + \dfrac{1}{n}}} \sim t(m+n-2)$，其中 $S_w^2 = \dfrac{1}{m+n-2}\left[\displaystyle\sum_{i=1}^{m}(X_i - \overline{X})^2 + \sum_{i=1}^{n}(Y_i - \overline{Y})^2 \right]$	$\left[\overline{X} - \overline{Y} - t_{1-\frac{\alpha}{2}}(m+n-2)S_w\sqrt{\dfrac{1}{m} + \dfrac{1}{n}}, \overline{X} - \overline{Y} + t_{1-\frac{\alpha}{2}}(m+n-2)S_w\sqrt{\dfrac{1}{m} + \dfrac{1}{n}} \right.$
方差比 $\dfrac{\sigma_1^2}{\sigma_2^2}$	μ_1, μ_2 已知	$G = \dfrac{\hat{\sigma}_1^2/\hat{\sigma}_2^2}{\sigma_1^2/\sigma_2^2} \sim F(m, n)$，其中 $\hat{\sigma}_1^2 = \dfrac{1}{m}\displaystyle\sum_{i=1}^{m}(X_i - \mu_1)^2$，$\hat{\sigma}_2^2 = \dfrac{1}{n}\displaystyle\sum_{i=1}^{n}(Y_i - \mu_2)^2$	$\left[\dfrac{\hat{\sigma}_1^2/\hat{\sigma}_2^2}{F_{1-\frac{\alpha}{2}}(m, n)}, \dfrac{\hat{\sigma}_1^2/\hat{\sigma}_2^2}{F_{\frac{\alpha}{2}}(m, n)} \right]$
	μ_1, μ_2 未知	$G = \dfrac{S_X^2/S_Y^2}{\sigma_1^2/\sigma_2^2} \sim F(m-1, n-1)$	$\left[\dfrac{S_X^2/S_Y^2}{F_{1-\frac{\alpha}{2}}(m-1, n-1)}, \dfrac{S_X^2/S_Y^2}{F_{\frac{\alpha}{2}}(m-1, n-1)} \right]$

[随堂测]

　　为了比较甲、乙两种灯泡的使用寿命 X 和 Y(单位：10^3h)，随机抽取甲、乙两种灯泡各 10 只，测得使用寿命数据 $x_1, \cdots, x_{10}$ 和 $y_1, \cdots, y_{10}$，由此算得 $\bar{x} = 2.33, \bar{y} = 0.75, \sum\limits_{i=1}^{10}(x_i - \bar{x})^2 = 27.5$，$\sum\limits_{i=1}^{10}(y_i - \bar{y})^2 = 19.2$. 假定两种灯泡的使用寿命都服从正态分布，且由生产过程知道它们的方差相等. 求两个总体均值之差 $\mu_1 - \mu_2$ 的双侧 0.95 置信区间.

扫码看答案

习题 7-5

　　1. 某灌装加工厂有甲、乙两条灌装生产线. 设灌装质量(单位：g)服从正态分布并假设甲生产线与乙生产线互不影响. 从甲生产线抽取 10 盒罐头，测得其平均质量 $\bar{x} = 501$g，已知其总体标准差 $\sigma_1 = 5$g；从乙生产线抽取 20 盒罐头，测得其平均质量 $\bar{y} = 498$g，已知其总体标准差 $\sigma_2 = 4$g. 求甲、乙两条灌装生产线罐头质量的均值差 $\mu_1 - \mu_2$ 的双侧 0.90 置信区间.

　　2. 为了比较两种教学方法的有效性，分别从实施这两种教学方法的班级中随机抽取若干学生的期末考试成绩(单位：分)，得数据 $x_1, \cdots, x_{16}$ 和 $y_1, \cdots, y_9$，且由此算得 $\bar{x} = 78, \bar{y} = 81, \sum\limits_{i=1}^{16}(x_i - \bar{x})^2 = 57, \sum\limits_{i=1}^{9}(y_i - \bar{y})^2 = 35$，假定成绩都服从正态分布.

　　(1) 求 $\dfrac{\sigma_1^2}{\sigma_2^2}$ 的双侧 0.90 置信区间.

　　(2) 假设两个总体的方差相等，求两个总体均值之差 $\mu_1 - \mu_2$ 的双侧 0.95 置信区间.

　　3. 从总体 $N(\mu_1, \sigma_1^2)$ 和总体 $N(\mu_2, \sigma_2^2)$ 中分别抽取 $(X_1, X_2, \cdots, X_9)$ 和 $(Y_1, Y_2, \cdots, Y_{16})$ 两组相互独立的样本，计算得 $\bar{x} = 81, \bar{y} = 72, s_X^2 = 56, s_Y^2 = 52$.

　　(1) 若已知 $\sigma_1^2 = 64, \sigma_2^2 = 49$，求 $\mu_1 - \mu_2$ 的双侧 0.99 置信区间.

　　(2) 若 $\sigma_1^2 = \sigma_2^2$ 未知，求 $\mu_1 - \mu_2$ 的双侧 0.99 置信区间.

　　(3) 若 μ_1 和 μ_2 都未知，求 $\dfrac{\sigma_1^2}{\sigma_2^2}$ 的双侧 0.99 置信区间.

本章小结

章总结

点估计	理解 点估计的概念 掌握 求点估计的两种方法：矩估计法(一阶、二阶)和极大似然估计法 掌握 评价点估计的无偏性、有效性和相合性的方法
区间估计	理解 参数区间估计的概念及其意义 理解 置信水平、置信区间的概念 掌握 正态总体参数的置信区间的求法及相关结论

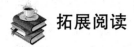 拓展阅读

贝叶斯估计法

本章介绍了矩估计和极大似然估计两种方法估计分布的参数，还有一种估计方法也很常用，即贝叶斯估计法．在实际的统计工作中，贝叶斯公式、贝叶斯估计、贝叶斯判别推断等都有着广泛的应用．了解贝叶斯方法，可以拓展统计的思维．

设$(X_1,X_2,\cdots,X_n)$是取自总体X的一个样本，总体X服从分布$f(x;\theta)$．为表述简便，假设未知参数θ仅为一个参数，θ为多个参数的情形此处不做讨论，感兴趣的同学可以参考茆诗松等编著的《概率论与数理统计教程(第三版)》．

与极大似然估计不同的地方在于，贝叶斯估计将总体中待估计的未知参数θ看作一个随机变量，可用一概率分布去刻画，这个分布称为先验分布，记作$\pi(\theta)$．此时，总体X的分布即为当θ给定时的条件分布，记为$f(x\mid\theta)$．在获得样本$(X_1,X_2,\cdots,X_n)$后，样本的联合条件分布为

$$f(x_1,x_2,\cdots,x_n\mid\theta)=\prod_{i=1}^{n}f(x_i\mid\theta).$$

则样本$(X_1,X_2,\cdots,X_n)$与θ的联合分布为

$$f(x_1,x_2,\cdots,x_n,\theta)=\pi(\theta)f(x_1,x_2,\cdots,x_n\mid\theta)=\pi(\theta)\prod_{i=1}^{n}f(x_i\mid\theta).$$

仿效概率的乘法公式$P(B\mid A)P(A)=P(B)P(A\mid B)$，$f(x_1,x_2,\cdots,x_n,\theta)$可做如下分解

$$f(x_1,x_2,\cdots,x_n,\theta)=f(x_1,x_2,\cdots,x_n)\pi(\theta\mid x_1,x_2,\cdots,x_n),$$

其中$f(x_1,x_2,\cdots,x_n)$为$(X_1,X_2,\cdots,X_n)$的边缘分布，即

$$f(x_1,x_2,\cdots,x_n)=\int_{\Theta}f(x_1,x_2,\cdots,x_n\mid\theta)\pi(\theta)\mathrm{d}\theta,$$

$\pi(\theta\mid x_1,x_2,\cdots,x_n)$为$(X_1,X_2,\cdots,X_n)=(x_1,x_2,\cdots,x_n)$给定时，$\theta$的条件分布，即$\theta$的后验分布．易得

$$\pi(\theta\mid x_1,x_2,\cdots,x_n)=\frac{f(x_1,x_2,\cdots,x_n,\theta)}{f(x_1,x_2,\cdots,x_n)}=\frac{f(x_1,x_2,\cdots,x_n\mid\theta)\pi(\theta)}{\int_{\Theta}f(x_1,x_2,\cdots,x_n\mid\theta)\pi(\theta)\mathrm{d}\theta}.$$

事实上，θ的后验分布与第一章中学习的贝叶斯概率有着异曲同工之处，学习了解参数θ的贝叶斯后验分布构造过程可以参照事件的贝叶斯概率求解过程，如下表所示．

贝叶斯概率		贝叶斯估计	
先验概率	$P(A)$	先验分布	$\pi(\theta)$
条件概率	$P(B\mid A)$	条件分布	$f(x_1,x_2,\cdots,x_n\mid\theta)$
后验概率	$P(A\mid B)$	后验分布	$\pi(\theta\mid x_1,x_2,\cdots,x_n)$

θ 的后验分布 $\pi(\theta\mid x_1,x_2,\cdots,x_n)$ 是贝叶斯估计的最主要依据和出发点. 可使用 θ 的后验分布的众数、中位数或均值作为 θ 的估计. 最常见的是用后验分布的均值作为 θ 的估计, 称为后验期望估计, 简称为贝叶斯估计. 其计算公式如下,

$$\hat{\theta}=E(\theta\mid x_1,x_2,\cdots,x_n)=\int_{\Theta}\theta\pi(\theta\mid x_1,x_2,\cdots,x_n)\mathrm{d}\theta=\frac{\int_{\Theta}\theta f(x_1,x_2,\cdots,x_n\mid\theta)\pi(\theta)\mathrm{d}\theta}{\int_{\Theta}f(x_1,x_2,\cdots,x_n\mid\theta)\pi(\theta)\mathrm{d}\theta}.$$

测试题七

1. 设 $(X_1, X_2, \cdots, X_n)$ 是取自总体 X 的一个简单随机样本，X 的密度函数为

$$f(x;\theta) = \begin{cases} \lambda e^{-\lambda(x-\theta)}, & x \geq \theta, \\ 0, & \text{其他}, \end{cases}$$

其中 θ 未知，λ 是一指定的正数.

(1) 证明 θ 的极大似然估计量为 $X_{(1)}$.

(2) 证明 $X_{(1)}$ 不是 θ 的无偏估计，是 θ 的渐近无偏估计，而 $X_{(1)} - \dfrac{1}{n\lambda}$ 是 θ 的无偏估计.

(3) 证明 $X_{(1)} - \dfrac{1}{n\lambda}$ 是 θ 的相合估计.

2. 设 $(X_1, X_2, \cdots, X_n)$ 是取自总体 X 的一个简单随机样本，X 的密度函数为

$$f(x;\theta) = \begin{cases} \dfrac{kx^{k-1}}{\theta^k}, & 0 \leq x \leq \theta, \\ 0, & \text{其他}, \end{cases}$$

其中 θ 未知，$\theta > 1$，k 是一指定的正整数.

(1) 求 θ 的矩估计.

(2) 求 θ 的极大似然估计并讨论其无偏性.

(3) 求常数 c，使 $c\displaystyle\sum_{i=1}^{n} X_i^2$ 成为 θ^2 的无偏估计.

(4) 求 $P(X < \sqrt{\theta})$ 的矩估计，并证明当 $n = 1$ 时它不具有无偏性.

3. 设随机变量 X 与 Y 相互独立且分别服从正态分布 $N(\mu, \sigma^2)$ 与 $N(\mu, 2\sigma^2)$，其中 σ 是未知参数且 $\sigma > 0$，设 $Z = X - Y$.

(1) 求 Z 的密度函数 $f(z;\sigma^2)$.

(2) 设 $(Z_1, Z_2, \cdots, Z_n)$ 为取自总体 Z 的一个简单随机样本，求 σ^2 的极大似然估计量 $\hat{\sigma}^2$.

(3) 证明 $\hat{\sigma}^2$ 为 σ^2 的无偏估计量.

4. 设 $(X_1, X_2, \cdots, X_n)$ 是取自总体 X 的一个简单随机样本，X 服从对数正态分布，即 X 的密度函数为

$$f(x;\mu,\sigma) = \begin{cases} \dfrac{1}{\sqrt{2\pi}\,\sigma x} e^{-\frac{(\ln x - \mu)^2}{2\sigma^2}}, & x > 0, \\ 0, & \text{其他}, \end{cases}$$

其中 μ, σ^2 未知. 求：

(1) 未知参数 μ 和 σ^2 的极大似然估计量；

(2) 在(1)中求得的 μ 的极大似然估计量是否为 μ 的无偏估计量？请说明理由.

5. 设 $(X_1, X_2, \cdots, X_n)$ 是总体 $N(\mu, \sigma^2)$ 的一个简单随机样本. 记 $\bar{X} = \dfrac{1}{n}\displaystyle\sum_{i=1}^{n} X_i$，$S^2 = $

$\dfrac{1}{n-1}\displaystyle\sum_{i=1}^{n}(X_i-\bar{X})^2$，$T=\bar{X}^2-\dfrac{1}{n}S^2$，证明 T 是 μ^2 的无偏估计量.

6. 为了得到某种鲜牛奶的冰点（单位：℃），对其进行了 21 次相互独立重复测量，得到数据 $x_1,x_2,\cdots,x_{21}$，并由此算出样本均值的观测值 $\bar{x}=-0.546$，样本方差的观测值 $s^2=0.001\,5$. 设鲜牛奶的冰点服从正态分布 $N(\mu,\sigma^2)$. （计算结果保留 4 位小数.）

（1）若已知 $\sigma^2=0.004\,8$，求 μ 的双侧 0.95 置信区间.

（2）若 σ^2 未知，分别求 μ 和 σ^2 的双侧 0.95 置信区间.

7. 设 $(0.5,1.25,0.8,2)$ 是取自总体 X 的一组简单随机样本观测值，已知 $Y=\ln X$ 服从正态分布 $N(\mu,1)$.

（1）求 X 的数学期望 $E(X)=b$.

（2）求 μ 的双侧 0.95 置信区间观测值.

（3）利用上述结果求 b 的双侧 0.95 置信区间观测值.

8. 从正态总体 $N(4,36)$ 中抽取容量为 n 的样本，如果要求其样本均值位于区间 $(2,6)$ 内的概率不小于 0.95，则样本容量 n 至少应取多大？

9. 设 $(X_1,X_2,\cdots,X_n)$ 为取自总体 $X\sim N(\mu,\sigma^2)$ 的一个简单随机样本，样本均值 $\bar{x}=9.5$. 参数 μ 的双侧 0.95 置信区间的上限为 10.8，求 μ 的双侧 0.95 置信区间.

第八章 假设检验

[课前导读]

统计推断的另一类重要问题是假设检验问题. 前面参数估计的主要任务是求解参数值, 或判断其在哪个范围内取值. 假设检验则主要是看参数的值是否等于某个特定的值. 通常进行假设检验的过程是: 选定一个假设, 确定用以决策的拒绝域的形式, 构造一个检验统计量, 求出拒绝域或检验统计量的 p 值, 查看结果是否落在拒绝域内或 p 值是否小于显著性水平, 做出决策.

第一节 检验的基本原理

历史上有个女士品茶的例子. 有位常饮牛奶加茶的女士称, 她能从一杯冲好的饮料中辨别出先放的是茶还是牛奶. 并且她在 10 次试验中都正确地辨别出来了. 问: 这个女士的说法是否可信? 显然, 我们有两种决策选择: 一种是承认她的说法是真的; 另一种是否认她的说法, 而认为她只是运气比较好, 都蒙对了. 这个问题, 我们通过下面的方法来分析.

不妨假设她不具备辨别能力, 每次都是蒙的, 即假设每次蒙对的概率为 0.5, 那么 10 次都蒙对的概率为 $0.5^{10} \approx 0.000\,976\,6$. 这是一个小概率事件, 即平均来讲, 1 000 粒黑豆中刚好有 1 粒白豆, 而我们从 1 000 粒豆子中随机地取一粒, 取出来的这粒恰好是那粒白豆, 我们会有这么好的运气吗? 直观上来看我们知道这是不大可能的, 当然从严谨的角度来说这样的事情也不是绝对不可能发生, 所以比较科学的说法是, 我们宁愿冒着 0.000 976 6 的风险(这就是后面说的第一类错误)也要否定"她不具备辨别能力"的说法.

这就是假设检验的统计思想, 它有些类似初等数学中的"反证法", 即不妨先认为某一假设(记为 H_0)是成立的, 通过样本数据, 结果得到一个与之相矛盾的结果, 于是认为假设 H_0 不成立, 而接受与之对立的另外一个假设(记为 H_1).

我们通过下面的一个例子来介绍假设检验的一些基本概念.

例1 一条高速公路上有一段弯曲的下坡路段, 限速 60km/h, 但是事故率仍然较之其他路段高. 路政管理局正在研究这一路段是否需要改变限速要求至限速 50km/h, 想知道在这一路段经过的车辆速度是否比 50km/h 显著快, 于是用雷达仪测量了经过该路段中点的 100 辆汽车的行驶速度, 得到平均速度 $\bar{x} = 54.7\text{km/h}$. 问: 该路段上车辆速度是否比 50km/h 显著快?

分析 在这个问题中, 我们要讨论的是实际车辆行驶速度有没有超过 50km/h, 因此, 我们用一对假设

H_0:原假设(零假设)　　　　　　　H_1:备择假设(对立假设)

来表达，即

$$H_0:车速不超过 50\mathrm{km/h} \qquad\qquad H_1:车速超过 50\mathrm{km/h}$$

我们的任务是利用样本数据信息——100 辆汽车的平均行驶速度 $\bar{x}=54.7\mathrm{km/h}$ 去判断原假设是否成立. 通过样本对原假设做出"拒绝"或"不拒绝"的具体判断就称为该假设的一个检验. 若原假设和备择假设是关于参数的，称为参数假设检验；否则称为非参数假设检验.

假设检验的基本步骤如下所述.

一、建立假设

对要检验的问题提出一个原假设 H_0 和备择假设 H_1，在参数假设检验问题中，原假设 H_0 一般是总体的未知参数 θ 等于某个特殊常数值，即

$$H_0:\theta=\theta_0.$$

备择假设 H_1 是关于 θ 的不同于 H_0 的假设，通常有下列 3 种形式.

（1）$H_1:\theta\neq\theta_0$，在 θ_0 的两侧讨论与 θ 的可能不同，这样的检验问题也称为双侧检验.

（2）$H_1:\theta>\theta_0$，在 θ_0 的右侧讨论与 θ 的可能不同，这样的检验问题也称为单侧（右侧）检验.

（3）$H_1:\theta<\theta_0$，在 θ_0 的左侧讨论与 θ 的可能不同，这样的检验问题也称为单侧（左侧）检验.

在上面 3 种形式中，备择假设（1）是与原假设完全对立的，故又称为对立假设；备择假设（2）和（3）与原假设可以不是完全对立的.

二、给出拒绝域的形式

根据样本提供的信息，由样本给出未知参数 θ 的点估计量 $\hat{\theta}=\hat{\theta}(X_1,X_2,\cdots,X_n)$，当有了具体样本数据后，比较 $\hat{\theta}$ 的观测值与 θ_0 的距离，如果距离很近，就不拒绝原假设 H_0；如果距离远了，就拒绝原假设 H_0. 那么怎么来定量刻画这里的所谓"远近"呢？我们用拒绝域 W 的形式来给出. 在给出拒绝域的形式前，还需要说明：在假设检验问题中，是关于原假设 H_0 的检验，但是在构造拒绝域的形式时，却总是从备择假设开始的. 即

若检验是 $H_0:\theta=\theta_0\leftrightarrow H_1:\theta\neq\theta_0$，则拒绝域是 $W=\{|\hat{\theta}-\theta_0|>c\}$；

若检验是 $H_0:\theta=\theta_0\leftrightarrow H_1:\theta>\theta_0$，则拒绝域是 $W=\{\hat{\theta}-\theta_0>c\}$；

若检验是 $H_0:\theta=\theta_0\leftrightarrow H_1:\theta<\theta_0$，则拒绝域是 $W=\{\hat{\theta}-\theta_0<c\}$.

其中临界值 c 待定. 此外，$\overline{W}$ 称为接受域. 所以，一旦拒绝域确定了，那么检验的判断准则也就确定了. 当有了具体的样本观测值后，

拒绝域

（1）如果 $(x_1,x_2,\cdots,x_n)\in W$，则拒绝 H_0；

（2）如果 $(x_1,x_2,\cdots,x_n)\in \overline{W}$，则不拒绝 H_0（通常也简单地理解为接受 H_0）.

三、确定显著性水平

一个假设检验通过拒绝域的方式将样本数据进行了划分，通过这种划分，做出一个决策：接受 H_0 或拒绝 H_0. 但是，这一决策是基于样本提供的不完全信息对未知的总体参数做出的推断，存在不正确决策的风险. 借助样本进行的假设检验可能有 4 种结果，具体内容如下表所示.

检验带来的后果		根据样本观测值所得的结论	
		当 $(x_1, x_2, \cdots, x_n) \in \overline{W}$ 时，接受 H_0	当 $(x_1, x_2, \cdots, x_n) \in W$ 时，拒绝 H_0
总体分布的实际情况(未知)	H_0 成立	判断正确	犯第一类错误
	H_0 不成立	犯第二类错误	判断正确

其中第一类错误概率(又称为弃真概率)是原假设 H_0 成立，而最终错误地拒绝 H_0 的概率，即 $P\big[(X_1, X_2, \cdots, X_n) \in W \mid H_0 \text{成立}\big]$，记为 P_{I}；第二类错误概率是原假设 H_0 不成立，而错误地接受它的概率(又称为采伪概率)，即 $P\big[(X_1, X_2, \cdots, X_n) \in \overline{W} \mid H_1 \text{成立}\big]$，记为 P_{II}.

两类错误

一般地说，当第一类错误概率小时，第二类错误概率就显得大，我们以正态总体 $N(\mu, 1)$ 的参数 μ 的检验为例：检验 $H_0: \mu = 0 \leftrightarrow H_1: \mu > 0$，拒绝域 $W = \{ \overline{x} > C \}$. 其两类错误概率如图 8.1 所示，其中左边曲线是 H_0 成立时 $\overline{X}$ 的密度函数曲线，右边曲线是 H_1 成立时 $\overline{X}$ 的密度函数曲线. 显然，当 c 变大，即第一类错误概率 $P_{\mathrm{I}} = P(\overline{X} > c \mid \mu = 0)$ 变小时，第二类错误概率 $P_{\mathrm{II}} = P(\overline{X} < c \mid \mu > 0)$ 就会变大；反之亦然. 从这个例子我们能看出：在样本量给定的条件下，第一类错误概率和第二类错误概率这两类概率一个减小必然导致另一个增大，也就是说不可能找到一个能使 $P_{\mathrm{I}}, P_{\mathrm{II}}$ 都小的检验方案.

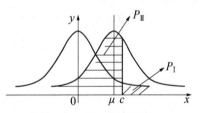

图 8.1 两类错误概率

从上面两类错误的分析我们知道，在样本容量一定的条件下，不可能同时控制一个检验的两类错误概率. 所以，在此基础上，我们采用折中方案，仅限制犯第一类错误的概率不超过事先设定的值 α ($0 < \alpha < 1$，通常很小)，再尽量减小犯第二类错误的概率. 称该拒绝域所代表的检验为显著性水平 α 的检验，称 α 为**显著性水平**. 最常用的选择是 $\alpha = 0.05$，有时也选择 $\alpha = 0.1, \alpha = 0.01$. 由定义可知，所谓显著性水平 α 的检验就是控制第一类错误概率的检验. 从这里我们看出，在假设检验中，通常将不想轻易被拒绝的假设作为原假设. 例如，有两个假设："该病人为肺癌患者"和"该病人为肺炎患者". 由于把一个肺癌患者误判成肺炎患者的危害程度要远远超过把一个肺炎患者误判成肺癌患者，因此我们通常把"该病人为肺癌患者"作为 H_0.

例 2 设购进 6 台同型号电视机，原假设 H_0：只有 1 台有质量问题 $\leftrightarrow H_1$：2 台有质量问题，现有放回地随机抽取 2 台测试其质量，用 X 表示 2 台中有质量问题的台数，拒绝域

$W = \{ X \mid X \geqslant 1 \}$，求出此检验的两类错误概率的大小.

解　设 θ 表示 6 台中有质量问题的台数，则

$$H_0 : \theta = 1 \leftrightarrow H_1 : \theta = 2.$$

犯第一类错误的概率

$$P[(X_1, X_2, \cdots, X_n) \in W \mid H_0 \text{ 成立}] = P(X \geqslant 1 \mid \theta = 1) = 1 - P(X = 0 \mid \theta = 1) = 1 - \left(\frac{5}{6}\right)^2 = \frac{11}{36}.$$

犯第二类错误的概率

$$P[(X_1, X_2, \cdots, X_n) \in \overline{W} \mid H_1 \text{ 成立}] = P(X = 0 \mid \theta = 2) = \left(\frac{4}{6}\right)^2 = \frac{4}{9}.$$

四、建立检验统计量，给出拒绝域

在确定了显著性水平后，我们就可以来确定拒绝域中的临界值 c 了. 我们通过下面的例子来介绍具体步骤.

例 3　设一个成年男子身高的总体 X 服从正态分布 $N(\mu, 16)$（单位：cm），其中 μ 为未知参数，$(X_1, X_2, \cdots, X_n)$ 是取自该总体的一个样本. 对于假设检验问题 $H_0 : \mu = 170 \leftrightarrow H_1 : \mu \neq 170$，在显著性水平 $\alpha = 0.05$ 下，求该假设检验问题的拒绝域.

解　首先，给出未知参数 μ 的一个估计量，通常 $\hat{\mu} = \overline{X}$.

根据备择假设的形式，$\mu \neq 170$，即平均身高不是 170cm，那么如果样本均值作为 μ 的估计与 170 偏差足够大，则拒绝 H_0，因此我们构造拒绝域的形式为

$$W = \{ \mid \overline{x} - 170 \mid > c \}.$$

对给定的显著性水平 $\alpha = 0.05$（即第一类错误概率不超过 0.05），有

$$P[(X_1, X_2, \cdots, X_n) \in W \mid H_0 \text{ 成立}] = P(\mid \overline{X} - 170 \mid > c \mid H_0 \text{ 成立}) \leqslant \alpha = 0.05.$$

考虑当 H_0 成立时，$\overline{X} \sim N\left(170, \frac{16}{n}\right)$，将 $\overline{X}$ 改造成 $Z = \dfrac{\sqrt{n}\,(\overline{X} - 170)}{4} \sim N(0, 1)$，则 $c = u_{1 - \frac{\alpha}{2}}$，故最终的拒绝域为

$$W = \{ \mid z \mid > u_{1 - \frac{\alpha}{2}} \}.$$

在这里，为了求出临界值 c，我们构造了一个统计量 Z，它在原假设下的分布是完全已知的或分位数可以计算，我们称符合这个要求的统计量为检验统计量. 在本例中，检验统计量 Z 服从标准正态分布，故该检验又称为 Z 检验（又可称为 U 检验）.

综上所述，在给定显著性水平 α 下，求拒绝域 W 的一般步骤如下：

（1）建立针对未知参数 θ 的某个原假设与备择假设；

（2）给出未知参数 θ 的一个点估计；

（3）以 Z 为基础，根据备择假设 H_1 的实际意义，构造一个拒绝域 W 的表达形式；

（4）以拒绝域 W 的表达式为基础，构造检验统计量 $Z = \varphi(X_1, X_2, \cdots, X_n)$，要求当 H_0 成立时可以求解 Z 的分位数；

（5）确定拒绝域 W 中的临界值，要求 W 满足显著性水平 α.

假设检验步骤

五、p 值和 p 值检验法

假设检验的 p 值是在原假设 H_0 成立的条件下，检验统计量 Z 出现给定观测值或者比之更极端值的概率，直观上用以描述抽样结果与理论假设的吻合程度，因而也称 p 值为拟合优度. 例如，正态总体参数检验 $H_0:\mu=\mu_0 \leftrightarrow H_1:\mu \neq \mu_0$ 的情况，检验统计量为 Z，由样本数据得到检验统计量 Z 的观测值为 z^*，则 p 值为 $p=P(\,|Z| \geqslant z^*\,|\,H_0\text{成立})$.

p 值检验法的原则是当 p 值小到一定程度时拒绝 H_0.

（1）如果 $p \leqslant \alpha$（见图 8.2），即检验统计量 Z 的观测值 z^* 在拒绝域内，则在显著性水平 α 下拒绝原假设 H_0.

（2）如果 $p > \alpha$，则在显著性水平 α 下接受原假设 H_0.

通常约定：$p \leqslant 0.05$ 称结果为显著；$p \leqslant 0.01$ 称结果为高度显著.

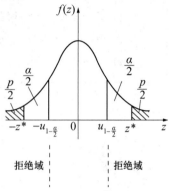

图 8.2 p 值与 α 值的关系

例 4 一汽车厂商声称其生产的某节能型汽车耗油量低于 6（单位：升/百公里），监管部门表示怀疑，抽取了一组这一型号的不同汽车的不同行驶记录，共 16 条，得到平均耗油量观测值为 5.7. 假设该节能型汽车的耗油量 $X \sim N(\mu, 0.64)$，请问在显著性水平 $\alpha=0.05$ 假定下，能否接受耗油量低于 6 的假设？若显著性水平 $\alpha=0.1$，则结论会有变化吗？

解 建立假设 $H_0:\mu \geqslant 6 \leftrightarrow H_1:\mu < 6$，给出未知参数 μ 的估计 $\hat{\mu}=\bar{x}=28$，则

$$p=P(\bar{X}<5.7\,|\,H_0\text{成立})=P\left(\frac{\bar{X}-6}{0.8}\sqrt{16}<\frac{5.7-6}{0.8}\sqrt{16}\right)=P\left(\frac{\bar{X}-6}{0.8}\sqrt{16}<-1.5\right)=0.066\,8.$$

当显著性水平 $\alpha=0.05$ 时，$0.066\,8>0.05$，故不能拒绝 H_0，认为耗油量不低于 6 升/百公里.

当显著性水平 $\alpha=0.1$ 时，$0.066\,8<0.1$，故拒绝 H_0，认为耗油量低于 6 升/百公里.

这个例子告诉我们，在一个较小的显著性水平（$\alpha=0.05$）下得到不能拒绝原假设 H_0 的结论，而在一个较大的显著性水平（$\alpha=0.1$）下，同一组样本数据却得到了相反的结论. 原因在于，当显著性水平变大时，会导致检验的拒绝域变大，原本落在接受域内的数据可能落到拒绝域内，因而更容易拒绝 H_0（见图 8.3）. 这就给实际工作带来一定的麻烦，可能同一个问题，在不同的显著性水平假定下得到不同的结论，换一个角度，给出 p 值，由使用

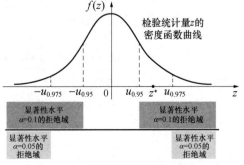

图 8.3 不同水平下的拒绝域

者自己决策以多大的显著性水平来拒绝原假设. 所以, 在实际应用中, 当我们进行假设检验时, 更常见的是给出 p 值, 因为 p 值比拒绝域提供更多信息, 使用也更灵活.

[随堂测]

你正在处理一个假设检验问题 $H_0:\mu=4.5 \leftrightarrow H_1:\mu>4.5$, 基于样本数据, 请判断下列决策是否有错误, 若有错误, 请指出是哪一类错误.

(1) 最后做出不拒绝原假设, 而事实上, 真值 $\mu=4.5$.

(2) 最后做出拒绝原假设, 而事实上, 真值 $\mu=4.5$.

(3) 最后做出不拒绝原假设, 而事实上, 真值 $\mu=4.7$.

(4) 最后做出拒绝原假设, 而事实上, 真值 $\mu=4.7$.

扫码看答案

习题 8-1

1. 为了探究是否真如大家所说"建筑学院的学生睡眠时间比其他学院的学生少", 就此问题建立一个假设检验问题.

H_0:建筑学院的学生睡眠时间和其他学院学生无差异 $\leftrightarrow H_1$:建筑学院的学生睡眠时间比其他学院学生少.

数学学院某统计学习小组随机抽取 12 名非建筑学院学生和 10 名建筑学院学生, 通过手环记录他们的睡眠时间. 根据统计结果, 拒绝原假设. 而事实上, 建筑学院的学生睡眠时间和其他学院的学生无差异. 请问该决策犯了哪一类错误?

2. 设 (X_1,X_2,X_3,X_4) 是取自正态分布 $N(\mu,1)$ 的一个样本, 检验假设

$$H_0:\mu=0 \leftrightarrow H_1:\mu=1,$$

拒绝域为 $W=\{\bar{x}>0.98\}$.

(1) 求此检验的两类错误概率.

(2) 如果要使检验犯第一类错误的概率小于或等于 0.01, 样本容量最少取多少?

(3) 该检验的 p 值有多大?

3. 第一类错误概率与显著性水平的关系是怎样的?

4. p 值和显著性水平有什么区别?

5. 求证: 设 $(X_1,X_2,\cdots,X_n)$ 是取自正态分布 $N(\mu,1)$ 的一个样本, 对于假设 $H_0:\mu=0$ $\leftrightarrow H_1:\mu>0$, 显著性水平 α 下的拒绝域可表示为 $W=\left\{\sum_{i=1}^{n}x_i>\sqrt{n}\mu_{1-\alpha}\right\}$, 其中 $\mu_{1-\alpha}$ 满足 $\Phi(\mu_{1-\alpha})=1-\alpha$, $\Phi(\cdot)$ 为标准正态分布的分布函数.

6. 计算第 5 题的检验在备择假设为"$\mu=\mu_1(\mu_1>0)$"时的第二类错误概率, 并证明此概率小于 $1-\alpha$.

第二节　正态总体参数的假设检验

一、单正态总体均值的假设检验

单正态总体均值的
假设检验

假定总体 $X \sim N(\mu, \sigma^2)$，设 $(X_1, X_2, \cdots, X_n)$ 是取自总体 X 的一个样本，考虑如下 3 种关于均值 μ 的检验问题：

$$H_0 : \mu = \mu_0 \leftrightarrow H_1 : \mu \neq \mu_0;$$

$$H_0 : \mu = \mu_0 \leftrightarrow H_1 : \mu > \mu_0;$$

$$H_0 : \mu = \mu_0 \leftrightarrow H_1 : \mu < \mu_0.$$

其中 μ_0 是已知常数. 同置信区间求解过程相似，由于正态分布中有两个参数 μ 和 σ^2，σ^2 是否已知对检验是有影响的，下面我们分 σ^2 已知和未知两种情况展开讨论.

1. 方差 σ^2 已知时的均值 μ 检验

（1）列出问题，即明确原假设和备择假设. 以如下双侧检验为例：

$$H_0 : \mu = \mu_0 \leftrightarrow H_1 : \mu \neq \mu_0,$$

其中 μ_0 已知.

（2）基于 μ 的估计 $\bar{X}$，从直观上看，由于备择假设 $H_1 : \mu \neq \mu_0$，分散在两侧，故当 $|\bar{X} - \mu_0|$ 偏大到一定程度时与 H_0 背离，应该拒绝原假设，假设存在一个临界值 c，则拒绝域的形式为

$$W = \{ |\bar{x} - \mu_0| > c \}.$$

（3）提出检验统计量

$$Z = \frac{\sqrt{n}(\bar{X} - \mu_0)}{\sigma},$$

Z 满足，在 H_0 成立时，Z 的分布完全已知，此处 $Z \sim N(0,1)$. 对给定的显著性水平 α，有

$$P(|\bar{X} - \mu_0| > c \mid H_0 \text{ 成立}) = P(|Z| > c \mid H_0 \text{ 成立}) \leqslant \alpha,$$

所以 $c = u_{1 - \frac{\alpha}{2}}$，拒绝域为

$$W = \{ |z| > u_{1 - \frac{\alpha}{2}} \},$$

其中 u_α 为标准正态分布的 α 分位数.

（4）基于数据，算出检验统计量 Z 的观测值 z，如 $z \in W$，则拒绝 H_0；否则只能接受 H_0（见图 8.4）.

在上述过程中，检验的原假设与备择假设构成一个双侧检验问题，换成如下单侧（右侧）检验问题：

$$H_0 : \mu = \mu_0 \leftrightarrow H_1 : \mu > \mu_0.$$

检验的讨论过程完全相似，由于备择假设是 $H_1 : \mu > \mu_0$，故只考虑当 $\bar{X} - \mu_0$ 偏大到一定程度时与 H_0 背离，应该拒绝原假设. 假设存在一个临界值 c，则拒绝域的形式为

$$W = \{ \bar{x} - \mu_0 > c \}.$$

$$H_0 : \mu = \mu_0 \leftrightarrow H_1 : \mu \neq \mu_0.$$

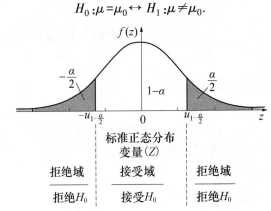

图 8.4　正态总体下 $H_0 : \mu = \mu_0 \leftrightarrow H_1 : \mu \neq \mu_0$ 的拒绝域和接受域

构造检验统计量仍为 $Z = \dfrac{\sqrt{n}\,(\overline{X} - \mu_0)}{\sigma}$，对于给定的显著性水平 α，有

$$P(Z > c \mid H_0 \text{ 成立}) \leqslant \alpha,$$

所以 $c = u_{1-\alpha}$，拒绝域为

$$W = \{z > u_{1-\alpha}\}\,[\text{见图 8.5(a)}].$$

同理可得当检验的原假设与备择假设为

$$H_0 : \mu = \mu_0 \leftrightarrow H_1 : \mu < \mu_0$$

时，拒绝域为

$$W = \{z < -u_{1-\alpha}\}\,[\text{见图 8.5(b)}].$$

在这个检验问题中，如果我们将原假设与备择假设替换成

$$H_0 : \mu \geqslant \mu_0 \leftrightarrow H_1 : \mu < \mu_0$$

则拒绝域仍为 $W = \{z < -u_{1-\alpha}\}$，结论不变. 所有单侧检验问题都具有类似的结论.

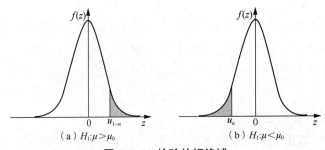

图 8.5　U 检验的拒绝域

例 1　某纤维的强力服从正态分布 $N(\mu, 1.19^2)$，原设计的平均强力为 6g，现改进工艺后，测得 100 个强力数据，其样本均值为 6.35g，假定总体标准差不变，试问改进工艺后，强力是否有显著提高？（$\alpha = 0.05$.）

　　解　设原假设与备择假设分别为

$$H_0 : \mu = 6 \leftrightarrow H_1 : \mu > 6.$$

由于 $\sigma^2 = 1.19^2$ 已知，所以构造检验统计量 $Z = \dfrac{10(\overline{X}-6)}{1.19}$，根据备择假设，这是个单侧检验，故拒绝域为 $W = \{z > u_{1-\alpha}\}$. 临界值 $u_{0.95} = 1.645$，拒绝域为 $W = \{z > 1.645\}$.

检验统计量 Z 的观测值为

$$z = \frac{10(6.35-6)}{1.19} = 2.941 > 1.645,$$

因而拒绝 H_0，即认为改进工艺后强力有显著提高.

2. 方差 σ^2 未知时的均值 μ 检验

首先考虑双侧检验问题

$$H_0 : \mu = \mu_0 \leftrightarrow H_1 : \mu \neq \mu_0.$$

拒绝域的形式为

$$W = \{\,|\overline{x} - \mu_0| > c\}.$$

当 σ^2 未知时，构造检验统计量

$$T = \frac{\sqrt{n}(\overline{X} - \mu_0)}{S}.$$

当 H_0 成立时，$T \sim t(n-1)$.

对于给定的显著性水平 α，有

$$P(\,|T| > c \,|\, H_0 \text{ 成立}) \leqslant \alpha,$$

所以 $c = t_{1-\frac{\alpha}{2}}(n-1)$. 相应的拒绝域为

$$W = \{\,|t| > t_{1-\frac{\alpha}{2}}(n-1)\}.$$

由于该检验中的检验统计量服从 t 分布，故又称之为 t 检验.

该检验改为单侧检验问题时，检验步骤完全相似.

若检验问题为 $\qquad H_0 : \mu = \mu_0 \leftrightarrow H_1 : \mu > \mu_0$,

则拒绝域为 $\qquad W = \{t > t_{1-\alpha}(n-1)\}$.

若检验问题为 $\qquad H_0 : \mu = \mu_0 \leftrightarrow H_1 : \mu < \mu_0$,

则拒绝域为 $\qquad W = \{t < -t_{1-\alpha}(n-1)\}$.

例2 从某厂生产的电子元件中随机地抽取了 25 个做寿命测试，得数据（单位：h）x_1, $x_2, \cdots, x_{25}$，并由此算得 $\overline{x} = 100$, $\sum\limits_{i=1}^{25} x_i^2 = 4.9 \times 10^5$. 已知这种电子元件的使用寿命服从 $N(\mu, \sigma^2)$，且出厂标准为 90h 以上，试在显著性水平 $\alpha = 0.05$ 下，检验该厂生产的电子元件是否符合出厂标准，即检验假设 $H_0 : \mu \leqslant 90 \leftrightarrow H_1 : \mu > 90$.

解 首先，这是一个关于正态总体均值的单侧（右侧）检验问题. 由于 σ 未知，故采用 t 检验，拒绝域为 $W = \{t > t_{1-\alpha}(n-1)\}$.

$$s^2 = \frac{1}{n-1}\left(\sum_{i=1}^{n} x_i^2 - n\overline{x}^2\right) = \frac{1}{24}(4.9 \times 10^5 - 25 \times 10^4) = \frac{24 \times 10^4}{24} = 10^4,$$

所以样本标准差的观测值 $s = 100$. 检验统计量的观测值为

$$t = \frac{5(\overline{x}-90)}{s} = \frac{5 \times 10}{100} = 0.5.$$

临界值 $c = t_{1-\alpha}(n-1) = t_{0.95}(24) = 1.7109$. 因 $t < c$，不落在拒绝域内，故不能拒绝 H_0，即该

厂生产的电子元件不符合出厂标准.

换个角度来分析这个问题, 将上述的原假设和备择假设互换一下位置, 即检验假设 $H_0:\mu\geqslant 90\leftrightarrow H_1:\mu<90$. 此时, 拒绝域为 $W=\{t<-t_{1-\alpha}(n-1)\}$. 显然 t 检验统计量的观测值 $t=0.5>-t_{0.95}(24)=-1.7109$, 不落在拒绝域内, 故不能拒绝 H_0, 即该厂生产的电子元件符合出厂标准.

这是一个值得深入讨论的现象: 为什么仅仅将原假设和备择假设互换了一下位置, 最终得出的结论却是截然相反的? 这个现象恰好反映了假设检验的本质.

回顾假设检验给出拒绝域的具体过程, 显著性检验保证当原假设成立时, 错误地拒绝原假设的概率不超过 α, 而当原假设不成立时, 对错误地接受原假设的概率没有做出任何数量上的约束, 可以认为显著性检验是一种仅仅保护了原假设的检验. 回到例2, 若以 $H_0:\mu\leqslant 90\leftrightarrow H_1:\mu>90$ 来进行检验, 表示当电子元件的寿命低于90h而错误地认为它符合出厂标准的概率不超过0.05, 这样的检验保护了消费者的利益; 而若以 $H_0:\mu>90\leftrightarrow H_1:\mu\leqslant 90$ 来进行检验, 表示当电子元件的寿命高于90h而错误地认为它不符合出厂标准的概率不超过0.05, 这样的检验保护了厂家的利益. 因此, 我们在确定原假设和备择假设的时候, 两者的位置不是随意的, 需考虑实际情况, 根据什么样的错误概率需要被严格控制而定.

当然, 也不是所有的假设检验问题都会如例2这样, 不同的原假设和备择假设会出现截然相反的结论. 对于例2这样的情形, 需要视样本数据的实际情况而做出推断. 由于假设检验拒绝原假设的原理是, 若样本数据呈现明显地背离原假设的表现则拒绝原假设, 在例2中, 由样本数据可得 $\bar{x}=100$, 显然 $55.782<100<124.218$, 其中 55.782 由 $W=\{t<-1.7109\}$ 等价转化为 $W=\{\bar{x}<55.782\}$ 求得, 124.218 由 $W=\{t>1.7109\}$ 等价转化为 $W=\{\bar{x}>124.218\}$ 求得. 如图8.6所示, 在显著性水平为0.05的条件下, 针对 $H_0:\mu\leqslant 90\leftrightarrow H_1:\mu>90$ 的检验问题, 样本数据不明显比90偏大, 因此不能拒绝 $\mu\leqslant 90$ 的原假设; 针对 $H_0:\mu>90\leftrightarrow H_1:\mu\leqslant 90$ 的检验问题, 样本数据不明显比90偏小, 因此也不能拒绝 $\mu>90$ 的原假设.

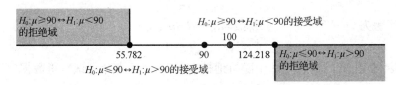

图8.6 例2拒绝域和接受域示意图

综上所述, 关于单正态总体均值的假设检验总结如下.

检验参数		原假设与备择假设	检验统计量	拒绝域 W
均值 μ	σ^2 已知	$H_0:\mu=\mu_0\leftrightarrow H_1:\mu\neq\mu_0$	当 $\mu=\mu_0$ 时, $Z=\dfrac{\sqrt{n}(\bar{X}-\mu_0)}{\sigma}\sim N(0,1)$	$\left|\sqrt{n}\dfrac{\bar{x}-\mu_0}{\sigma}\right|>u_{1-\frac{\alpha}{2}}$
		$H_0:\mu=\mu_0\leftrightarrow H_1:\mu>\mu_0$		$\sqrt{n}\dfrac{\bar{x}-\mu_0}{\sigma}>u_{1-\alpha}$
		$H_0:\mu=\mu_0\leftrightarrow H_1:\mu<\mu_0$		$\sqrt{n}\dfrac{\bar{x}-\mu_0}{\sigma}<-u_{1-\alpha}$

检验参数		原假设与备择假设	检验统计量	拒绝域 W
均值 μ	σ^2 未知	$H_0:\mu=\mu_0 \leftrightarrow H_1:\mu\neq\mu_0$	当 $\mu=\mu_0$ 时，$T=\dfrac{\sqrt{n}(\bar{X}-\mu_0)}{S}\sim t(n-1)$	$\left\|\sqrt{n}\dfrac{\bar{x}-\mu_0}{s}\right\|>t_{1-\frac{\alpha}{2}}(n-1)$
		$H_0:\mu=\mu_0 \leftrightarrow H_1:\mu>\mu_0$		$\sqrt{n}\dfrac{\bar{x}-\mu_0}{s}>t_{1-\alpha}(n-1)$
		$H_0:\mu=\mu_0 \leftrightarrow H_1:\mu<\mu_0$		$\sqrt{n}\dfrac{\bar{x}-\mu_0}{s}<-t_{1-\alpha}(n-1)$

二、单正态总体方差的假设检验

假定总体 $X\sim N(\mu,\sigma^2)$，设 $(X_1,X_2,\cdots,X_n)$ 是取自总体 X 的一个样本，考虑如下 3 种关于方差 σ^2 的检验问题：

双侧检验　　　　　　　　$H_0:\sigma^2=\sigma_0^2 \leftrightarrow H_1:\sigma^2\neq\sigma_0^2$；

单侧(右侧)检验　　　　　$H_0:\sigma^2=\sigma_0^2 \leftrightarrow H_1:\sigma^2>\sigma_0^2$；

单侧(左侧)检验　　　　　$H_0:\sigma^2=\sigma_0^2 \leftrightarrow H_1:\sigma^2<\sigma_0^2$．

其中 σ_0 是已知常数．同置信区间求解过程相似，由于正态分布中有两个参数 μ 和 σ^2，μ 是否已知对检验是有影响的．但是实际情况中，我们通常假定 μ 是未知的，σ^2 的估计通常用样本方差 S^2 表示．

针对第一个双侧检验问题，考虑当 H_0 成立时，S^2 作为 σ^2 的估计不应与 σ^2 相差太大，根据备择假设 $\sigma^2\neq\sigma_0^2$ 的形式，显然，如果 $\dfrac{S^2}{\sigma_0^2}$ 过大或过小，都应拒绝 H_0．因此拒绝域的形式为

$$W=\left\{\dfrac{s^2}{\sigma_0^2}<c_1 \text{ 或} \dfrac{s^2}{\sigma_0^2}>c_2\right\}.$$

针对第二个和第三个单侧检验问题，用类似的方法可构造拒绝域的形式如下：

单侧(右侧)检验　　　　　　　$W=\left\{\dfrac{s^2}{\sigma_0^2}>c\right\}$，

单侧(左侧)检验　　　　　　　$W=\left\{\dfrac{s^2}{\sigma_0^2}<c\right\}$．

构造检验统计量

$$\chi^2=\dfrac{(n-1)S^2}{\sigma_0^2}=\dfrac{\sum\limits_{i=1}^{n}(X_i-\bar{X})^2}{\sigma_0^2}\Bigg|_{H_0\text{成立}}\sim\chi^2(n-1).$$

易得在给定的显著性水平 α 下，相应的拒绝域：

$$W = \left\{ \frac{\sum_{i=1}^{n}(x_i - \bar{x})^2}{\sigma_0^2} < \chi_{\frac{\alpha}{2}}^2(n-1) \text{ 或 } \frac{\sum_{i=1}^{n}(x_i - \bar{x})^2}{\sigma_0^2} > \chi_{1-\frac{\alpha}{2}}^2(n-1) \right\},$$

$$W = \left\{ \frac{\sum_{i=1}^{n}(x_i - \bar{x})^2}{\sigma_0^2} > \chi_{1-\alpha}^2(n-1) \right\},$$

$$W = \left\{ \frac{\sum_{i=1}^{n}(x_i - \bar{x})^2}{\sigma_0^2} < \chi_{\alpha}^2(n-1) \right\}.$$

例3 设 $(X_1, X_2, \cdots, X_n)$ 是取自正态总体 $X \sim N(\mu, \sigma^2)$ 的一个样本，μ, σ^2 均未知，在显著性水平 α 下，求下列假设检验问题的拒绝域 W：

$$H_0: \sigma^2 = \sigma_0^2 \leftrightarrow H_1: \sigma^2 < \sigma_0^2.$$

解 这是一个单侧(左侧)检验问题，仿照求显著性检验的拒绝域的一般步骤求解.

σ^2 的无偏估计是 S^2，构造检验统计量

$$\chi^2 = \frac{(n-1)S^2}{\sigma_0^2} = \frac{\sum_{i=1}^{n}(X_i - \bar{X})^2}{\sigma_0^2}.$$

当 H_0 成立时，$\chi^2 \sim \chi^2(n-1)$，由

$$P[\chi^2 < \chi_{\alpha}^2(n-1) \mid H_0 \text{ 成立}] \leqslant \alpha$$

可得拒绝域为

$$W = \{\chi^2 < \chi_{\alpha}^2(n-1)\}.$$

例4 一位生物学家研究生活在高原上的某一甲虫，从高原上采集了 $n = 20$ 个高山甲虫，以考察高山上的该甲虫是否不同于平原上的该甲虫，其中度量方式之一是翅膀上黑斑的长度. 已知平原甲虫黑斑长度服从期望 $\mu_0 = 3.14$mm、方差 $\sigma_0^2 = 0.0505$mm^2 的正态分布，从高山甲虫样本得到 $\bar{x} = 3.23$mm、$s = 0.4$mm，假定高山甲虫黑斑长度服从正态分布 $N(\mu, \sigma^2)$，在显著性水平 $\alpha = 0.05$ 下分别进行下列检验：

（1）$H_0: \mu = 3.14 \leftrightarrow H_1: \mu \neq 3.14$；

（2）$H_0: \sigma^2 = 0.0505 \leftrightarrow H_1: \sigma^2 \neq 0.0505$.

解 （1）取检验统计量 $T = \frac{\sqrt{n}(\bar{X} - 3.14)}{S}$，拒绝域为

$$W = \{|t| > t_{1-\frac{\alpha}{2}}(n-1)\}.$$

现 $t_{1-\frac{\alpha}{2}}(n-1) = t_{0.975}(19) = 2.093$，计算检验统计量的观测值，得

$$t = \frac{\sqrt{20}(3.23 - 3.14)}{0.4} = 0.98 < 2.093,$$

因而不能拒绝 H_0，即认为在显著性水平 $\alpha = 0.05$ 下，高山甲虫黑斑长度的均值是 3.14mm.

（2）取检验统计量 $\chi^2 = \dfrac{(n-1)S^2}{0.050\,5}$，拒绝域为

$$W = \{\chi^2 > \chi^2_{1-\frac{\alpha}{2}}(n-1) \text{ 或 } \chi^2 < \chi^2_{\frac{\alpha}{2}}(n-1)\},$$

查附录 7 得 $\chi^2_{0.975}(19) = 32.852, \chi^2_{0.025}(19) = 8.907$，计算检验统计量的观测值，得

$$\chi^2 = \frac{19 \times 0.4^2}{0.050\,5} = 60.198\,0 > 32.852,$$

因而拒绝 H_0，即认为在显著性水平 $\alpha = 0.05$ 下，高山甲虫黑斑长度的方差不是 $0.050\,5\,\text{mm}^2$.

综上所述，关于单正态总体方差的假设检验总结如下.

检验参数		原假设与备择假设	检验统计量	拒绝域 W
方差 σ^2	μ 已知	$H_0 : \sigma^2 = \sigma_0^2 \leftrightarrow$ $H_1 : \sigma^2 \neq \sigma_0^2$	当 $\sigma^2 = \sigma_0^2$ 时，$\chi^2 = \dfrac{\sum\limits_{i=1}^{n}(X_i-\mu)^2}{\sigma_0^2} \sim \chi^2(n)$	$\dfrac{\sum\limits_{i=1}^{n}(x_i-\mu)^2}{\sigma_0^2} < \chi^2_{\frac{\alpha}{2}}(n)$ 或 $\dfrac{\sum\limits_{i=1}^{n}(x_i-\mu)^2}{\sigma_0^2} > \chi^2_{1-\frac{\alpha}{2}}(n)$
		$H_0 : \sigma^2 = \sigma_0^2 \leftrightarrow$ $H_1 : \sigma^2 > \sigma_0^2$		$\dfrac{\sum\limits_{i=1}^{n}(x_i-\mu)^2}{\sigma_0^2} > \chi^2_{1-\alpha}(n)$
		$H_0 : \sigma^2 = \sigma_0^2 \leftrightarrow$ $H_1 : \sigma^2 < \sigma_0^2$		$\dfrac{\sum\limits_{i=1}^{n}(x_i-\mu)^2}{\sigma_0^2} < \chi^2_{\alpha}(n)$
	μ 未知	$H_0 : \sigma^2 = \sigma_0^2 \leftrightarrow$ $H_1 : \sigma^2 \neq \sigma_0^2$	当 $\sigma^2 = \sigma_0^2$ 时，$\chi^2 = \dfrac{\sum\limits_{i=1}^{n}(X_i-\bar{X})^2}{\sigma_0^2} \sim \chi^2(n-1)$	$\dfrac{\sum\limits_{i=1}^{n}(x_i-\bar{x})^2}{\sigma_0^2} < \chi^2_{\frac{\alpha}{2}}(n-1)$ 或 $\dfrac{\sum\limits_{i=1}^{n}(x_i-\bar{x})^2}{\sigma_0^2} > \chi^2_{1-\frac{\alpha}{2}}(n-1)$
		$H_0 : \sigma^2 = \sigma_0^2 \leftrightarrow$ $H_1 : \sigma^2 > \sigma_0^2$		$\dfrac{\sum\limits_{i=1}^{n}(x_i-\bar{x})^2}{\sigma_0^2} > \chi^2_{1-\alpha}(n-1)$
		$H_0 : \sigma^2 = \sigma_0^2 \leftrightarrow$ $H_1 : \sigma^2 < \sigma_0^2$		$\dfrac{\sum\limits_{i=1}^{n}(x_i-\bar{x})^2}{\sigma_0^2} < \chi^2_{\alpha}(n-1)$

三、两个正态总体均值差的假设检验

设 $(X_1, X_2, \cdots, X_m)$ 是取自正态总体 $X \sim N(\mu_1, \sigma_1^2)$ 的一个样本，$(Y_1, Y_2, \cdots, Y_n)$ 是取自正态总体 $Y \sim N(\mu_2, \sigma_2^2)$ 的一个样本，且总体 X 与 Y 相互独立，显著性水平为 α，记 $\overline{X} = \frac{1}{m} \sum_{i=1}^{m} X_i$，$\overline{Y} = \frac{1}{n} \sum_{i=1}^{n} Y_i$，$S_X^2 = \frac{1}{m-1} \sum_{i=1}^{m} (X_i - \overline{X})^2$，$S_Y^2 = \frac{1}{n-1} \sum_{i=1}^{n} (Y_i - \overline{Y})^2$，$S_w^2 = \frac{1}{m+n-2} \left[\sum_{i=1}^{m} (X_i - \overline{X})^2 + \sum_{i=1}^{n} (Y_i - \overline{Y})^2 \right] = \frac{1}{m+n-2} \left[(m-1) S_X^2 + (n-1) S_Y^2 \right]$.

同单正态总体的假设检验一样，两个总体的未知参数的检验问题都有一对原假设和备择假设，同样也存在双侧和单侧假设检验，单侧检验根据备择假设可以分成右侧检验和左侧检验. 在两个相互独立总体的假设检验问题中，我们通常感兴趣的是两个总体的均值 μ_1, μ_2 是否有差别，因此考虑如下 3 个关于 μ_1, μ_2 的假设检验问题：

双侧检验 $H_0: \mu_1 = \mu_2 \leftrightarrow H_1: \mu_1 \neq \mu_2$，

即 $H_0: \mu_1 - \mu_2 = 0 \leftrightarrow H_1: \mu_1 - \mu_2 \neq 0$；

单侧（右侧）检验 $H_0: \mu_1 = \mu_2 \leftrightarrow H_1: \mu_1 > \mu_2$，

即 $H_0: \mu_1 - \mu_2 = 0 \leftrightarrow H_1: \mu_1 - \mu_2 > 0$；

单侧（左侧）检验 $H_0: \mu_1 = \mu_2 \leftrightarrow H_1: \mu_1 < \mu_2$，

即 $H_0: \mu_1 - \mu_2 = 0 \leftrightarrow H_1: \mu_1 - \mu_2 < 0$.

同置信区间求解过程相似，由于正态分布中有两个参数 μ 和 σ^2，σ_1^2 和 σ_2^2 是否已知对 μ_1 和 μ_2 的检验是有影响的. 后续的讨论也将分两种不同的情况加以展开.

1. σ_1^2, σ_2^2 已知时 $\mu_1 - \mu_2$ 的 Z 检验

首先，取 $\mu_1 - \mu_2$ 的无偏估计 $\overline{X} - \overline{Y}$，根据备择假设的具体内容，拒绝域的形式分别如下：

双侧检验 $W = \{ |\bar{x} - \bar{y}| > c \}$；

单侧（右侧）检验 $W = \{ \bar{x} - \bar{y} > c \}$；

单侧（左侧）检验 $W = \{ \bar{x} - \bar{y} < c \}$.

取检验统计量 $Z = \dfrac{\overline{X} - \overline{Y} - (\mu_1 - \mu_2)}{\sqrt{\dfrac{\sigma_1^2}{m} + \dfrac{\sigma_2^2}{n}}} \sim N(0, 1)$，

当 $H_0: \mu_1 = \mu_2$ 成立时

$$Z = \dfrac{\overline{X} - \overline{Y}}{\sqrt{\dfrac{\sigma_1^2}{m} + \dfrac{\sigma_2^2}{n}}} \sim N(0, 1).$$

可得

双侧检验的拒绝域为 $W = \left\{ |\bar{x} - \bar{y}| > u_{1-\frac{\alpha}{2}} \sqrt{\dfrac{\sigma_1^2}{m} + \dfrac{\sigma_2^2}{n}} \right\}$，

单侧(右侧)检验的拒绝域为 $\quad W=\left\{\overline{x}-\overline{y}>u_{1-\alpha}\sqrt{\dfrac{\sigma_1^2}{m}+\dfrac{\sigma_2^2}{n}}\right\},$

单侧(左侧)检验的拒绝域为 $\quad W=\left\{\overline{x}-\overline{y}<-u_{1-\alpha}\sqrt{\dfrac{\sigma_1^2}{m}+\dfrac{\sigma_2^2}{n}}\right\}.$

例5 某厂铸造车间为提高缸体的耐磨性而试制了一种镍合金铸件以取代一种铜合金铸件,现从两种铸件中各抽一个样本进行硬度测试,结果如下.

镍合金铸件(X):72.0,69.5,74.0,70.5,71.8.

铜合金铸件(Y):69.8,70.0,72.0,68.5,73.0,70.0.

根据以往经验知,硬度 $X\sim N(\mu_1,\sigma_1^2),Y\sim N(\mu_2,\sigma_2^2)$,且 $\sigma_1=\sigma_2=2$. 试在显著性水平 $\alpha=0.05$ 下,比较镍合金铸件硬度有无显著提高.

解 根据题意建立假设 $H_0:\mu_1=\mu_2\leftrightarrow H_1.\mu_1>\mu_2$,这是一个单侧(右侧)检验问题,检验统计量

$$Z=\frac{\overline{X}-\overline{Y}}{\sqrt{\dfrac{4}{5}+\dfrac{4}{6}}},$$

拒绝域为 $\quad W=\{z>u_{0.95}\}.$

$u_{0.95}=1.645,\overline{x}=71.56,\overline{y}=70.55$,代入得检验统计量的观测值为

$$z=\frac{71.56-70.55}{2\sqrt{0.367}}\approx\frac{1.01}{1.21}\approx0.8347<u_{0.95}=1.645,$$

因此不能拒绝 H_0,即不能认为镍合金铸件的硬度有显著提高.

2. $\sigma_1^2=\sigma_2^2=\sigma^2$ 未知时 $\mu_1-\mu_2$ 的 t 检验

由第六章的讨论可知,当 $\sigma_1^2=\sigma_2^2=\sigma^2$ 时,

$$T=\frac{\overline{X}-\overline{Y}-(\mu_1-\mu_2)}{S_w\sqrt{\dfrac{1}{m}+\dfrac{1}{n}}}\sim t(m+n-2),$$

当 $H_0:\mu_1=\mu_2$ 成立时,取检验统计量

$$T=\frac{\overline{X}-\overline{Y}}{S_w\sqrt{\dfrac{1}{m}+\dfrac{1}{n}}}\sim t(m+n-2).$$

同前面当 σ_1^2,σ_2^2 已知时求解拒绝域的过程类似,可得3种假设检验的具体拒绝域分别如下:

双侧检验 $\quad W=\left\{\left|\dfrac{\overline{x}-\overline{y}}{s_w\sqrt{\dfrac{1}{m}+\dfrac{1}{n}}}\right|>t_{1-\frac{\alpha}{2}}(m+n-2)\right\},$

单侧(右侧)检验 $\quad W=\left\{\dfrac{\overline{x}-\overline{y}}{s_w\sqrt{\dfrac{1}{m}+\dfrac{1}{n}}}>t_{1-\alpha}(m+n-2)\right\},$

单侧(左侧)检验 $\quad W=\left\{\dfrac{\overline{x}-\overline{y}}{s_w\sqrt{\dfrac{1}{m}+\dfrac{1}{n}}}<-t_{1-\alpha}(m+n-2)\right\}.$

例6　用两种不同方法冶炼的某种金属材料，分别取样测定某种杂质的含量，所得数据如下(单位:‰).

原方法(X)：26.9, 25.7, 22.3, 26.8, 27.2, 24.5, 22.8, 23.0, 24.2, 26.4, 30.5, 29.5, 25.1.

新方法(Y)：22.6, 22.5, 20.6, 23.5, 24.3, 21.9, 20.6, 23.2, 23.4.

由观测值求得 $\bar{x}=25.76, \bar{y}=22.51, s_X^2=6.263\,4, s_Y^2=1.697\,5, s_w^2=4.437$. 假设用这两种方法冶炼所得金属材料中此种杂质的含量均服从正态分布，且已知方差相同. 问：用这两种方法冶炼所得金属材料中此种杂质的平均含量有无显著差异？取显著性水平为 0.05.

解　设 $X\sim N(\mu_1,\sigma^2), Y\sim N(\mu_2,\sigma^2)$，建立假设 $H_0:\mu_1=\mu_2\leftrightarrow H_1:\mu_1\neq\mu_2$，检验统计量为

$$T=\frac{\bar{X}-\bar{Y}}{S_w\sqrt{\dfrac{1}{m}+\dfrac{1}{n}}},$$

拒绝域为

$$W=\left\{\left|\frac{\bar{x}-\bar{y}}{s_w\sqrt{\dfrac{1}{m}+\dfrac{1}{n}}}\right|>t_{1-\frac{\alpha}{2}}(m+n-2)\right\}.$$

$t_{0.975}(13+9-2)=2.086$，所以

$$t=\frac{25.76-22.51}{2.106\,4\times\sqrt{0.077+0.111}}=\frac{3.25}{0.913\,3}=3.559>2.086,$$

从而拒绝 H_0，即认为杂质的平均含量有显著差异.

例7　设从两个正态总体 $X\sim N(\mu_1,\sigma_1^2), Y\sim N(\mu_2,\sigma_2^2)$ 中分别抽取两个样本 $(X_1,X_2,\cdots,X_m)$ 和 $(Y_1,Y_2,\cdots,Y_n)$，其中 $\mu_1,\mu_2,\sigma_1^2,\sigma_2^2$ 均未知. 假定 $\sigma_1^2=\sigma_2^2$，在显著性水平 α 下，检验

$$H_0:\mu_1=\mu_2+\delta\leftrightarrow H_1:\mu_1\neq\mu_2+\delta,$$

其中 δ 是已知常数. 试求拒绝域 W.

解　记 $\theta=\mu_1-\mu_2$，要检验

$$H_0:\mu_1=\mu_2+\delta\leftrightarrow H_1:\mu_1\neq\mu_2+\delta,$$

即检验

$$H_0:\theta=\delta\leftrightarrow H_1:\theta\neq\delta.$$

θ 的点估计不妨取 $\bar{X}-\bar{Y}$，构造检验统计量

$$T=\frac{(\bar{X}-\bar{Y})-\delta}{S_w\sqrt{\dfrac{1}{m}+\dfrac{1}{n}}}.$$

当 H_0 成立时，$T\sim t(m+n-2)$，因此拒绝域为

$$W=\left\{\frac{|(\bar{x}-\bar{y})-\delta|}{s_w\sqrt{\dfrac{1}{m}+\dfrac{1}{n}}}>t_{1-\frac{\alpha}{2}}(m+n-2)\right\}.$$

本例中如果取 $\delta=0$，便是求检验 $H_0:\mu_1=\mu_2\leftrightarrow H_1:\mu_1\neq\mu_2$ 的拒绝域.

综上所述，关于两个正态总体均值差的假设检验总结如下.

检验参数		原假设与备择假设	检验统计量	拒绝域 W
均值差 $\mu_1 - \mu_2$	σ_1^2, σ_2^2 已知	$H_0 : \mu_1 = \mu_2$ $\leftrightarrow H_1 : \mu_1 \neq \mu_2$	当 $\mu_1 = \mu_2$ 时，$$Z = \dfrac{\overline{X} - \overline{Y}}{\sqrt{\dfrac{\sigma_1^2}{m} + \dfrac{\sigma_2^2}{n}}} \sim N(0,1)$$	$\|\overline{x} - \overline{y}\| > u_{1-\frac{\alpha}{2}} \sqrt{\dfrac{\sigma_1^2}{m} + \dfrac{\sigma_2^2}{n}}$
		$H_0 : \mu_1 = \mu_2$ $\leftrightarrow H_1 : \mu_1 > \mu_2$		$\overline{x} - \overline{y} > u_{1-\alpha} \sqrt{\dfrac{\sigma_1^2}{m} + \dfrac{\sigma_2^2}{n}}$
		$H_0 : \mu_1 = \mu_2$ $\leftrightarrow H_1 : \mu_1 < \mu_2$		$\overline{x} - \overline{y} < -u_{1-\alpha} \sqrt{\dfrac{\sigma_1^2}{m} + \dfrac{\sigma_2^2}{n}}$
	$\sigma_1^2 = \sigma_2^2 = \sigma^2$ 未知	$H_0 : \mu_1 = \mu_2$ $\leftrightarrow H_1 : \mu_1 \neq \mu_2$	当 $\mu_1 = \mu_2$ 时，$$T = \dfrac{\overline{X} - \overline{Y}}{S_w \sqrt{\dfrac{1}{m} + \dfrac{1}{n}}} \sim t(m+n-2)$$	$\left\| \dfrac{\overline{x} - \overline{y}}{s_w \sqrt{\dfrac{1}{m} + \dfrac{1}{n}}} \right\| > t_{1-\frac{\alpha}{2}}(m+n-2)$
		$H_0 : \mu_1 = \mu_2$ $\leftrightarrow H_1 : \mu_1 > \mu_2$		$\dfrac{\overline{x} - \overline{y}}{s_w \sqrt{\dfrac{1}{m} + \dfrac{1}{n}}} > t_{1-\alpha}(m+n-2)$
		$H_0 : \mu_1 = \mu_2$ $\leftrightarrow H_1 : \mu_1 < \mu_2$		$\dfrac{\overline{x} - \overline{y}}{s_w \sqrt{\dfrac{1}{m} + \dfrac{1}{n}}} < -t_{1-\alpha}(m+n-2)$

四、两个正态总体方差比的假设检验

设 $(X_1, X_2, \cdots, X_m)$ 是取自正态总体 $N(\mu_1, \sigma_1^2)$ 的一个样本，$(Y_1, Y_2, \cdots, Y_n)$ 是取自正态总体 $N(\mu_2, \sigma_2^2)$ 的一个样本，且 $(X_1, X_2, \cdots, X_m)$ 与 $(Y_1, Y_2, \cdots, Y_n)$ 相互独立，显著性水平为 α，记 $\overline{X} = \dfrac{1}{m} \sum\limits_{i=1}^{m} X_i$，$\overline{Y} = \dfrac{1}{n} \sum\limits_{i=1}^{n} Y_i$，$S_X^2 = \dfrac{1}{m-1} \sum\limits_{i=1}^{m} (X_i - \overline{X})^2$，$S_Y^2 = \dfrac{1}{n-1} \sum\limits_{i=1}^{n} (Y_i - \overline{Y})^2$，同置信区间求解过程相似，由于正态分布中有两个参数 μ 和 σ^2，μ_1, μ_2 是否已知对检验是有影响的. 但是实际情况中，我们通常假定 μ_1, μ_2 均是未知的，考虑如下 3 个关于 σ_1^2，σ_2^2 的假设检验问题：

双侧检验　　　　　　$H_0 : \sigma_1^2 = \sigma_2^2 \leftrightarrow H_1 : \sigma_1^2 \neq \sigma_2^2$，

即　　　　　　　　　$H_0 : \sigma_1^2 / \sigma_2^2 = 1 \leftrightarrow H_1 : \sigma_1^2 / \sigma_2^2 \neq 1$；

单侧（右侧）检验　　$H_0 : \sigma_1^2 = \sigma_2^2 \leftrightarrow H_1 : \sigma_1^2 > \sigma_2^2$，

即　　　　　　　　　$H_0 : \sigma_1^2 / \sigma_2^2 = 1 \leftrightarrow H_1 : \sigma_1^2 / \sigma_2^2 > 1$；

单侧（左侧）检验　　$H_0 : \sigma_1^2 = \sigma_2^2 \leftrightarrow H_1 : \sigma_1^2 < \sigma_2^2$，

即　　　　　　　　　$H_0 : \sigma_1^2 / \sigma_2^2 = 1 \leftrightarrow H_1 : \sigma_1^2 / \sigma_2^2 < 1$.

首先，σ_1^2,σ_2^2 的无偏估计分别为样本方差 S_X^2,S_Y^2. 不妨取 $\dfrac{S_X^2}{S_Y^2}$ 作为 $\dfrac{\sigma_1^2}{\sigma_2^2}$ 的点估计. 根据备择假设的具体内容，拒绝域的形式分别如下：

双侧检验　　$W=\left\{\dfrac{s_X^2}{s_Y^2}<c_1\text{ 或}\dfrac{s_X^2}{s_Y^2}>c_2\right\}$,

单侧(右侧)检验　　$W=\left\{\dfrac{s_X^2}{s_Y^2}>c\right\}$,

单侧(左侧)检验　　$W=\left\{\dfrac{s_X^2}{s_Y^2}<c\right\}$.

取检验统计量

$$F=\dfrac{\sum\limits_{i=1}^{m}(X_i-\bar X)^2/(m-1)\sigma_1^2}{\sum\limits_{i=1}^{n}(Y_i-\bar Y)^2/(n-1)\sigma_2^2}=\dfrac{S_X^2/\sigma_1^2}{S_Y^2/\sigma_2^2}=\dfrac{S_X^2/S_Y^2}{\sigma_1^2/\sigma_2^2}\sim F(m-1,n-1).$$

当 $H_0:\sigma_1^2=\sigma_2^2$ 成立时，

$$F=\dfrac{\sum\limits_{i=1}^{m}(X_i-\bar X)^2/(m-1)}{\sum\limits_{i=1}^{n}(Y_i-\bar Y)^2/(n-1)}=\dfrac{S_X^2}{S_Y^2}\sim F(m-1,\ n-1).$$

可得以上 3 种假设检验的具体拒绝域分别如下：

双侧检验　　　　$W=\left\{\dfrac{s_X^2}{s_Y^2}<F_{\frac{\alpha}{2}}(m-1,n-1)\text{ 或}\dfrac{s_X^2}{s_Y^2}>F_{1-\frac{\alpha}{2}}(m-1,n-1)\right\}$,

单侧(右侧)检验　　　　$W=\left\{\dfrac{s_X^2}{s_Y^2}>F_{1-\alpha}(m-1,n-1)\right\}$,

单侧(左侧)检验　　　　$W=\left\{\dfrac{s_X^2}{s_Y^2}<F_{\alpha}(m-1,n-1)\right\}$.

例 8　为比较新老品种的肥料对作物的效用有无显著差别，选用了各方面条件相同的 10 个地块种上此作物. 随机选用其中 5 块施上新肥料，而剩下的 5 块施上老肥料. 等到收获时观察施新肥的地块，平均年产 333(单位：千斤)，年产量的方差为 32(单位：千斤²)；施老肥的地块平均年产 330(单位：千斤)，年产量的方差为 40(单位：千斤²). 假设作物产量服从正态分布，检验新肥相比老肥在效用上是否有显著提高(显著性水平 $\alpha=0.10$).

解　设 X 为施新肥地块的产量，Y 为施老肥地块的产量，$(X_1,\cdots,X_5)$ 和 $(Y_1,\cdots,Y_5)$ 分别是取自 X 及 Y 的样本，$X\sim N(\mu_1,\sigma_1^2)$，$Y\sim N(\mu_2,\sigma_2^2)$，$H_0:\mu_1=\mu_2\leftrightarrow H_1:\mu_1>\mu_2$. 这是单侧(右侧)检验问题，但还不能直接进行两样本的 t 检验，因为我们还不知道 $\sigma_1^2=\sigma_2^2$ 是否成立. 为此先要做一个关于两个总体的方差相等的假设检验，即检验

$$H_0: \sigma_1^2 = \sigma_2^2 \leftrightarrow H_1: \sigma_1^2 \neq \sigma_2^2.$$

只有在该检验的原假设没有被拒绝的前提下，才能继续用 t 检验的方法进行均值差的假设检验. 为了避免当 $\sigma_1^2 \neq \sigma_2^2$ 成立时错误地认为 $\sigma_1^2 = \sigma_2^2$，即希望第二类错误概率小一些，由于两类错误概率的此消彼长性，不妨将该检验的显著性水平 α 取大一些，比如取 $\alpha = 0.5$.

我们注意到，关于方差是否相等的双侧检验的拒绝域为

$$W = \left\{ \frac{s_X^2}{s_Y^2} < F_{\alpha/2}(m-1, n-1) \text{ 或 } \frac{s_X^2}{s_Y^2} > F_{1-\alpha/2}(m-1, n-1) \right\}.$$

不妨取显著性水平 $\alpha = 0.5$，则 $F_{0.75}(4,4) = 2.06, F_{0.25}(4,4) = 0.485\,4$，$F$ 检验统计量 $\dfrac{S_X^2}{S_Y^2}$ 的

观测值为 $f = \dfrac{32}{40} = 0.8$，显然 $2.06 > 0.8 > 0.485\,4$，因而不能拒绝 H_0，即可以认为 $\sigma_1^2 = \sigma_2^2$.

现在回到关于均值差的假设检验问题：取检验统计量

$$T = \frac{\overline{X} - \overline{Y}}{S_w \sqrt{\dfrac{1}{m} + \dfrac{1}{n}}},$$

其中 $S_w^2 = \dfrac{1}{m+n-2} \left[(m-1)S_X^2 + (n-1)S_Y^2 \right]$.

拒绝域为

$$W = \{ t > t_{1-\alpha}(m+n-2) \},$$

其中 $t_{1-\alpha}(m+n-2) = t_{0.9}(8) = 1.396\,8$. t 检验统计量的观测值为

$$s_w^2 = \frac{1}{8}(4 \times 32 + 4 \times 40) = 36,$$

$$t = \frac{333 - 330}{6\sqrt{\dfrac{1}{5} + \dfrac{1}{5}}} = \frac{\sqrt{5}}{2\sqrt{2}} \approx 0.790\,6 < 1.396\,8,$$

因而不能拒绝 H_0，即新肥相比老肥在效用上没有显著提高.

本例主要是关于均值 $\mu_1 = \mu_2$ 的检验，但是检验统计量要求 $\sigma_1^2 = \sigma_2^2$，所以在对均值差进行检验之前，需先对两个总体的方差是否相等做检验.

例9　设从两个正态总体 $X \sim N(\mu_1, \sigma_1^2), Y \sim N(\mu_2, \sigma_2^2)$ 中分别抽取样本 $(X_1, X_2, \cdots, X_m)$ 和 $(Y_1, Y_2, \cdots, Y_n)$，其中 $\mu_1, \mu_2, \sigma_1^2, \sigma_2^2$ 均未知. 在显著性水平 α 下，要检验

$$H_0: \sigma_1^2 = \delta\sigma_2^2 \leftrightarrow H_1: \sigma_1^2 \neq \delta\sigma_2^2,$$

其中 δ 是已知常数. 试求拒绝域 W.

解　由于 δ 是已知常数，故该检验也可改写成 $H_0: \sigma_1^2/\delta\sigma_2^2 = 1 \leftrightarrow H_1: \sigma_1^2/\delta\sigma_2^2 \neq 1$. 不妨取 $S_X^2/\delta S_Y^2$ 作为 $\sigma_1^2/\delta\sigma_2^2$ 的估计值，根据备择假设的具体内容，在 H_0 成立的假定下，对于给定的显著性水平 α，相应的拒绝域为

$$W = \{ s_X^2/\delta s_Y^2 < F_{\frac{\alpha}{2}}(m-1, n-1) \text{ 或 } s_X^2/\delta s_Y^2 > F_{1-\frac{\alpha}{2}}(m-1, n-1) \}.$$

综上所述，关于两个正态总体方差比的假设检验总结如下.

检验参数	原假设与备择假设	检验统计量	拒绝域 W
方差比 $\dfrac{\sigma_1^2}{\sigma_2^2}$	μ_1,μ_2 已知 $H_0:\sigma_1^2=\sigma_2^2\leftrightarrow$ $H_1:\sigma_1^2\neq\sigma_2^2$	当 $\sigma_1^2=\sigma_2^2$ 时，$$F=\frac{\sum\limits_{i=1}^{m}(X_i-\mu_1)^2/m}{\sum\limits_{i=1}^{n}(Y_i-\mu_2)^2/n}\sim F(m,n)$$	$\dfrac{\sum\limits_{i=1}^{m}(x_i-\mu_1)^2/m}{\sum\limits_{i=1}^{n}(y_i-\mu_2)^2/n}>F_{1-\alpha/2}(m,n)$ 或 $\dfrac{\sum\limits_{i=1}^{m}(x_i-\mu_1)^2/m}{\sum\limits_{i=1}^{n}(y_i-\mu_2)^2/n}<F_{\alpha/2}(m,n)$
	$H_0:\sigma_1^2=\sigma_2^2\leftrightarrow$ $H_1:\sigma_1^2>\sigma_2^2$		$\dfrac{\sum\limits_{i=1}^{m}(x_i-\mu_1)^2/m}{\sum\limits_{i=1}^{n}(y_i-\mu_2)^2/n}>F_{1-\alpha}(m,n)$
	$H_0:\sigma_1^2=\sigma_2^2\leftrightarrow$ $H_1:\sigma_1^2<\sigma_2^2$		$\dfrac{\sum\limits_{i=1}^{m}(x_i-\mu_1)^2/m}{\sum\limits_{i=1}^{n}(y_i-\mu_2)^2/n}<F_{\alpha}(m,n)$
	μ_1,μ_2 未知 $H_0:\sigma_1^2=\sigma_2^2\leftrightarrow$ $H_1:\sigma_1^2\neq\sigma_2^2$	当 $\sigma_1^2=\sigma_2^2$ 时，$$F=\frac{\sum\limits_{i=1}^{m}(X_i-\bar X)^2/(m-1)}{\sum\limits_{i=1}^{n}(Y_i-\bar Y)^2/(n-1)}$$ $$=\frac{S_X^2}{S_Y^2}\sim F(m-1,n-1)$$	$\dfrac{\sum\limits_{i=1}^{m}(x_i-\bar x)^2/(m-1)}{\sum\limits_{i=1}^{n}(y_i-\bar y)^2/(n-1)}>F_{1-\alpha/2}(m-1,n-1)$ 或 $\dfrac{\sum\limits_{i=1}^{m}(x_i-\bar x)^2/(m-1)}{\sum\limits_{i=1}^{n}(y_i-\bar y)^2/(n-1)}<F_{\alpha/2}(m-1,n-1)$
	$H_0:\sigma_1^2=\sigma_2^2\leftrightarrow$ $H_1:\sigma_1^2>\sigma_2^2$		$\dfrac{\sum\limits_{i=1}^{m}(x_i-\bar x)^2/(m-1)}{\sum\limits_{i=1}^{n}(y_i-\bar y)^2/(n-1)}>F_{1-\alpha}(m-1,n-1)$
	$H_0:\sigma_1^2=\sigma_2^2\leftrightarrow$ $H_1:\sigma_1^2<\sigma_2^2$		$\dfrac{\sum\limits_{i=1}^{m}(x_i-\bar x)^2/(m-1)}{\sum\limits_{i=1}^{n}(y_i-\bar y)^2/(n-1)}<F_{\alpha}(m-1,n-1)$

[随堂测]

设总体 $X\sim N(\mu,\sigma^2)$，$(X_1,X_2,\cdots,X_{10})$ 是取自总体 X 的一个样本，经观测和计算得样本均值 $\bar x=55$，$s=21.34$。建立假设 $H_0:\mu=52\leftrightarrow H_1:\mu>52$，显著性水平取为 0.05，分别在以下两种情况下，检验是否能拒绝原假设 H_0。

（1）已知 $\sigma^2=100$。

（2）$\sigma^2>0$ 但未知。

扫码看答案

习题 8-2

1. 设总体 X 服从正态分布 $N(\mu,1)$ ，其中 μ 为未知参数，$(X_1,X_2,\cdots,X_n)$ 是取自该总体的一个样本，对于假设检验问题 $H_0:\mu=0\leftrightarrow H_1:\mu>0$ ，求在显著性水平 $\alpha=0.1$ 下，该检验问题的拒绝域.

2. 某市为落实国家"双减"政策，规定小学生完成每天的作业时间平均不超过 90min，为检测某小学是否达到这个标准，随机从该校抽取 17 名学生，记录他们完成作业所需时间（单位：min），数据如下.

112 113 111 108 89 83 89 104 111 76 95 99 104 91 90 112 88

请问能否认为该校达到了"完成作业时间平均不超过 90min"这个标准？显著性水平取为 0.05.

3. 在正态总体 $N(\mu,1)$ 中抽取 100 个样品，计算得 $\bar{x}=5.2$.

（1）试检验假设 $H_0:\mu=5\leftrightarrow H_1:\mu<5$（取显著性水平 $\alpha=0.01$）.

（2）计算上述检验在 $\mu=4.8$ 时犯第二类错误的概率.

4. 某灯泡厂对某批试制灯泡的使用寿命（单位：h）进行抽样测定，假定灯泡的使用寿命服从正态分布，现共抽取了 81 只灯泡，其平均使用寿命为 2 990h，标准差为 54h. 该灯泡厂商声称其生产的灯泡平均使用寿命至少为 3 000h. 试检验该厂商所说的是否合理（显著性水平 $\alpha=0.05$）.

5. 设某次考试考生的成绩（单位：分）服从分布 $N(\mu,\sigma^2)$ ，从中随机抽取 36 位考生的成绩，算得 $\bar{x}=66.5$ 分、$s=15$ 分，在显著性水平 $\alpha=0.05$ 下分别检验：（1）$H_0:\mu=70\leftrightarrow H_1:\mu\neq70$ ；（2）$H_0:\sigma=18\leftrightarrow H_1:\sigma\neq18$.

6. 某钢筋的抗拉强度（单位：kg）$X\sim N(\mu,\sigma^2)$ ，μ,σ^2 均未知，现从一批钢筋中随机抽出 10 根，测得 $\bar{x}=140$kg、$s_n=30$kg，按标准当抗拉强度大于或等于 120kg 时为合格，试检验该批钢筋是否合格（显著性水平 $\alpha=0.05$）.

*7. 某农场对甜瓜的培育引入了新方法，声称其培育出来的甜瓜平均含糖量（单位：g/100g）达到了 6g/100g. 有人从该农场一批成熟的甜瓜中随机抽取了 25 个进行含糖量测试. 由测试结果算得 $\bar{x}=5.7$g/100g、$s=1.2$g/100g. 假定甜瓜的含糖量服从分布 $N(\mu,\sigma^2)$ ，μ 和 σ^2 均未知，在下列两种情况下，能否断言这种培育是有效的？

（1）如果你是农场主，要求第一类错误概率不超过 5%.

（2）如果你是消费者，要求第一类错误概率不超过 5%.

8. 某研究所为了研究某种化肥对农作物的效力，在若干小区进行试验，得到单位面积农作物的产量（单位：kg）如下.

施肥	34	35	39	32	33	34
未施肥	29	27	32	33	28	31

设施肥和未施肥时单位面积农作物的产量分别服从正态分布 $N(\mu_1,\sigma^2)$ 和 $N(\mu_2,\sigma^2)$. 试在显著性水平 $\alpha=0.05$ 下检验假设

$$H_0:\mu_1=\mu_2+1\leftrightarrow H_1:\mu_1>\mu_2+1.$$

9. 设随机变量 X 与 Y 相互独立，都服从正态分布，分别为 $N(\mu_1,\sigma_1^2),N(\mu_2,\sigma_2^2)$ ，其

中 $\mu_1,\mu_2,\sigma_1^2,\sigma_2^2$ 都未知. 现有样本观测值 $(x_1,x_2,\cdots,x_{16})$ 和 $(y_1,y_2,\cdots,y_{10})$, 由数据算得

$\sum\limits_{i=1}^{16}x_i=84$, $\sum\limits_{i=1}^{10}y_i=18$, $\sum\limits_{i=1}^{16}x_i^2=563$, $\sum\limits_{i=1}^{10}y_i^2=72$, 在显著性水平 $\alpha=0.05$ 下, 检验 $H_0:\sigma_1^2=\sigma_2^2$ $\leftrightarrow H_1:\sigma_1^2>\sigma_2^2$.

第三节 拟合优度检验

拟合优度检验

第七章的参数估计是假定总体的分布类型是已知的, 需要通过样本来估计总体分布的一个或若干个参数. 但是, 在实际问题中, 经常不知道总体服从什么分布, 这时只能假定其为某种分布, 那么就需要根据样本数据来检验假设是否合理, 即检验假设的总体分布是否可以被接受, 又称为分布的拟合检验, 常用的方法是 χ^2 拟合优度检验.

例 1 检验一枚骰子是否是均匀的, 首先抛掷一枚骰子 120 次, 得到如下结果记录.

朝上面的点数 i	1	2	3	4	5	6
出现次数	23	26	21	20	15	15

在显著性水平 $\alpha=0.01$ 下, 请问, 这枚骰子是否是均匀的?

分析 设 X 为骰子出现的点数, 根据题意可以假设 X 的分布为

$$H_0:P(X=i)=p_i=\frac{1}{6}, i=1,2,\cdots,6.$$

如果骰子是均匀的, 即在 H_0 成立的假定下, 投掷 120 次, 平均来说各个点数面应该都出现 $np_i=120\times\frac{1}{6}=20$ 次, 这称为理论频数. 如果各个点数面实际出现次数与 20 次相差不大, 那么可以说明骰子是均匀的; 如果相差太大, 如有些点数面严重偏多, 而另外一些点数面严重偏少, 那么可以说明骰子是不均匀的. 由于有正偏差就一定有负偏差, 所以用偏差平方的方式来计算每一个点数面出现的偏差, 并计算所有点数面累积的总偏差, 如果总偏差太大, 超过了容忍的最大值 c, 就拒绝原假设, 即认为骰子是不均匀的; 反之, 则不拒绝骰子是均匀的原假设.

根据上述分析, 我们构造拒绝域的形式为 $W=\left\{\sum\limits_{i=1}^{k}(n_i-np_i)^2>c\right\}$, 其中 n_i 表示点数为 i 的面实际出现的次数, 又称为实际频数; k 表示总体分布取值分组的组数, 如在例 1 中, k 取 6.

那么这里的容忍最大值 c 取何值呢?

根据显著性水平的定义, 容忍最大值 c 需满足

$$P[(X_1,X_2,\cdots,X_n)\in W]=P\left[\sum\limits_{i=1}^{k}(n_i-np_i)^2>c\;\middle|\;H_0\text{ 成立}\right]\leqslant\alpha.$$

统计学家 K·皮尔逊基于上述拒绝域的形式构造了一个检验统计量

$$\chi^2=\sum\limits_{i=1}^{k}\frac{(n_i-np_i)^2}{np_i}, \tag{8-1}$$

并证明了如下重要的结论，我们以定理的方式不加证明地给出．

定理 如果原假设 $H_0:P(X=x_i)=p_i,i=1,2,\cdots,k$ 成立，则当样本量 $n\to\infty$ 时，χ^2 $=\sum\limits_{i=1}^{k}\dfrac{(n_i-np_i)^2}{np_i}$ 的极限分布是自由度为 $k-1$ 的 χ^2 分布，即

$$\chi^2=\sum\limits_{i=1}^{k}\dfrac{(n_i-np_i)^2}{np_i}\sim\chi^2(k-1),$$

所以

$$P\left[(X_1,X_2,\cdots,X_n)\in W\right]=P\left[\sum\limits_{i=1}^{k}\dfrac{(n_i-np_i)^2}{np_i}>\chi^2_{1-\alpha}(k-1)\ \middle|\ H_0\ \text{成立}\right]\leqslant\alpha,$$

拒绝域为

$$W=\left\{\sum\limits_{i=1}^{k}\dfrac{(n_i-np_i)^2}{np_i}>\chi^2_{1-\alpha}(k-1)\right\}.$$

在例 1 中，χ^2 检验统计量

$$\begin{aligned}\chi^2&=\sum\limits_{i=1}^{k}\dfrac{(n_i-np_i)^2}{np_i}\\&=\dfrac{(23-20)^2}{20}+\dfrac{(26-20)^2}{20}+\dfrac{(21-20)^2}{20}+\dfrac{(20-20)^2}{20}+\dfrac{(15-20)^2}{20}+\dfrac{(15-20)^2}{20}\\&=4.8.\end{aligned}$$

查附录 7 可得 $\chi^2_{0.99}(5)=15.0863>4.8$，所以，在显著性水平 $\alpha=0.01$ 下接受原假设，即可以认为这枚骰子是均匀的．

在上面这个例子中，我们假定每一组 $\{X=i\}$ 的概率值 p_i 都是已知的 $(i=1,2,\cdots,k)$，但在实际问题中，有时 p_i 还依赖于 r 个未知参数，而这 r 个未知参数需要利用样本来估计，这时，我们先用点估计法估计出这 r 个未知参数，然后再算出 p_i 的估计值 $\hat{p}_i$．类似于式 (8-1)，定义检验统计量

$$\chi^2=\sum\limits_{i=1}^{k}\dfrac{(n_i-n\hat{p}_i)^2}{n\hat{p}_i}. \tag{8-2}$$

当样本量 $n\to\infty$ 时，费希尔在 1924 年证明了式 (8-2) 还是渐近服从 χ^2 分布，但是自由度为 $k-r-1$，即

$$\chi^2=\sum\limits_{i=1}^{k}\dfrac{(n_i-n\hat{p}_i)^2}{n\hat{p}_i}\sim\chi^2(k-r-1).$$

故此时拒绝域为

$$W=\left\{\sum\limits_{i=1}^{k}\dfrac{(n_i-n\hat{p}_i)^2}{n\hat{p}_i}>\chi^2_{1-\alpha}(k-r-1)\right\}.$$

例 2 在某细纱机上进行断点率测试，测试的锭子总数为 440，测得断头次数记录如下．

每锭断头数	0	1	2	3	4	5	6	7	8
锭数（实测）	264	112	38	19	3	1	0	0	3

在显著性水平 $\alpha=0.01$ 下，能否认为锭子的断头数服从泊松分布？

解　建立检验假设

H_0：锭子的断头数 X 服从泊松分布 $P(\lambda)$.

首先估计泊松分布中的参数 λ，由极大似然估计法得 $\hat{\lambda} = \bar{X}$，即

$$\hat{\lambda} = \bar{x} = \frac{0 \times 264 + 1 \times 112 + 2 \times 38 + 3 \times 19 + \cdots + 8 \times 3}{440} = 0.65.$$

其次，计算泊松分布的概率估计值，为了满足每一类出现的次数都不小于 5，我们把 $X \geqslant 4$ 归为一类，并将计算结果都列在下表中.

类别	观测值	实际频数	概率估计	理论频数	$\dfrac{(n_i - n\hat{p}_i)^2}{n\hat{p}_i}$
1	0	264	0.522 046	229.700 1	5.121 809
2	1	112	0.339 33	149.305 1	9.320 981
3	2	38	0.110 282	48.524 15	2.282 53
4	3	19	0.023 894	10.513 57	6.850 153
5	$\geqslant 4$	7	0.004 448	1.957 044	12.994 8
总和		440	1	440	36.570 28

$$\chi^2 = \sum_{i=1}^{k} \frac{(n_i - n\hat{p}_i)^2}{n\hat{p}_i} = 36.570\ 28.$$

根据 $\alpha = 0.01, k = 5, r = 1$，查附录 7 可得临界值 $\chi^2_{0.99}(5-1-1) = 11.344\ 9$，即拒绝域为 $W = \{\chi^2 > 11.344\ 9\}$. $\chi^2 = 36.570\ 28$ 落在拒绝域内，因此拒绝 H_0，即认为锭子的断头数 X 的分布不服从泊松分布.

上述两个例题中总体的分布都是离散型的，如果总体 X 是连续型随机变量，分布函数为 $F(x)$，这时情况稍微有些复杂，一般采用下列方法：选 $k-1$ 个实数 $a_1 < a_2 < \cdots < a_{k-1}$，将实数轴分为 k 个区间

$$(-\infty, a_1], (a_1, a_2], \cdots, (a_{k-1}, +\infty).$$

当观测值落在第 i 个区间内时，就把这个观测值看作属于第 i 组，因此，这 k 个区间就相当于 k 个组. 在 H_0 成立时，记

$$p_i = P(a_{i-1} < X \leqslant a_i) = F(a_i) - F(a_{i-1}), i = 1, 2, \cdots, k,$$

其中 $a_0 = -\infty, a_k = +\infty$. 以 n_i 表示样本观测值 $x_1, x_2, \cdots, x_n$ 落在区间 $(a_{i-1}, a_i]$ 内的个数（$i = 1, 2, \cdots, k$），接下来的求解过程与总体只取有限个值的情况一样.

例 3　某高校研究在校学生的体重，现随机抽取了 100 位学生，测得他们的体重（单位：kg）如下.

86.62	62.92	53.92	78.24	73.63	75.47	79.58	80.10	74.21
61.44	61.62	57.89	83.34	82.44	72.70	79.45	59.38	53.74
59.27	86.47	76.22	70.70	67.37	71.96	66.15	61.63	67.47
70.81	66.24	75.14	53.06	77.84	58.22	81.19	65.25	82.16
67.17	51.89	61.06	57.45	68.09	63.28	74.91	58.30	57.36
64.37	70.67	67.17	58.31	75.69	75.47	75.51	70.09	62.65

76.33	76.90	72.50	81.11	82.91	56.06	93.18	51.49
84.75	74.91	74.83	83.66	93.02	73.70	48.39	51.14
79.16	62.75	75.11	66.26	85.43	59.33	66.03	68.08
68.15	75.95	81.35	70.79	64.73	83.34	53.62	79.11
61.86	81.45	60.57	64.03	71.44	80.86	72.41	61.17
63.69	54.18	84.89	67.72	66.71	73.83		

问：该高校学生体重是否服从正态分布？

解 设该高校学生体重为 X，建立假设检验

$$H_0 : X \text{ 服从正态分布 } N(\mu, \sigma^2).$$

首先，正态分布的参数 μ, σ^2 的无偏估计值分别为 $\hat{\mu} = \bar{x} = 69.92$，$\hat{\sigma}^2 = s^2 = 10.17^2$，根据实际取值的特点，我们按下表中第二列分组方式，将数据分成 6 组.

类别	观测值	实际频数	概率估计 $\hat{p}_i = \Phi\left(\dfrac{a_i - \hat{\mu}}{\hat{\sigma}}\right) - \Phi\left(\dfrac{a_{i-1} - \hat{\mu}}{\hat{\sigma}}\right)$	理论频数 $n\hat{p}_i$	$\dfrac{(n_i - n\hat{p}_i)^2}{n\hat{p}_i}$
1	$(0, 55]$	9	0.071 18	7.12	0.496 404
2	$(55, 63]$	20	0.176 935	17.69	0.301 645
3	$(63, 71]$	24	0.294 171	29.42	0.998 518
4	$(71, 79]$	24	0.271 738	27.17	0.369 853
5	$(79, 87]$	21	0.139 444	13.95	3.575 581
6	$(87, +\infty)$	2	0.046 532	4.65	1.510 215
总和		100	1	100	7.252 216

取 $\alpha = 0.05$，$k = 6$，$r = 2$，检验统计量的观测值

$$\chi^2 = \sum_{i=1}^{6} \frac{(n_i - n\hat{p}_i)^2}{n\hat{p}_i} = 7.252\ 216.$$

查附录 7 可得临界值为 $\chi^2_{0.95}(6-2-1) = 7.814\ 7$，显然 $7.252\ 216 < 7.814\ 7$，故不能拒绝 H_0，即认为该高校学生体重服从正态分布.

[随堂测]

小王每天晚上 10 点结束晚自修回到宿舍，去宿舍楼淋浴房洗澡时发现排队人数特别多，为了给学校后勤提意见改善情况，他记录了近几十天的排队人数如下.

扫码看答案

排队人数	0	1	2	3	4	5	6	7	≥8
次数	1	3	4	9	12	10	6	2	1

能否认为排队人数服从泊松分布？显著性水平取 0.05.

习题 8-3

1. 一开心农场 10 年前在鱼塘里按比例 20：15：40：25 投放了 4 种鱼——鲑鱼、鲈鱼、多宝鱼和鲢鱼的鱼苗，现从鱼塘里获得一样本如下.

种类	鲑鱼	鲈鱼	多宝鱼	鲢鱼
数量/条	132	100	200	168

在显著性水平 0.05 下，检验各类鱼数量的比例较 10 年前有无显著改变.

2. 按孟德尔的遗传定律，让开粉红花的豌豆随机交配，子代可开红花、粉红花和白花，比例为 1：2：1. 为检验这一理论，安排了一个试验：100 株开粉红花的豌豆随机交配后的子代中，开红花的有 30 株，开粉红花的有 48 株，开白花的有 22 株. 在显著性水平 α =0.05 下检验孟德尔遗传定律是否成立.

3. 为了确定维修工人的人数，某小区物业要了解一天内的维修次数. 该小区共有住户 1 000 户，假设每户一天至多报修一次，现随机地抽取了 50 天的维修次数记录，数据（单位：次）如下.

1	2	2	2	2
1	1	0	1	0
2	0	2	4	1
5	5	3	4	3
2	5	3	5	3
0	2	5	0	1
1	1	2	3	3
4	3	2	3	3
4	1	1	2	0
2	2	1	2	3

问：在显著性水平 α=0.05 下，能否认为维修次数服从二项分布？

4. 在一批灯泡中抽取了 300 只进行寿命试验，结果如下.

寿命/h	<100	[100,200)	[200,300)	≥300
灯泡数	120	80	40	60

问：在显著性水平 α=0.05 下，能否认为灯泡寿命服从指数分布？

 **本章小结**

章总结

假设检验的 基本概念	了解 原假设和备择假设的概念 理解 显著水平检验法的基本思想 掌握 假设检验的基本步骤 了解 假设检验可能产生的两类错误 了解 p 值法的基本思想
正态总体参数的 假设检验	掌握 单正态总体参数假设检验的基本步骤 了解 两个正态总体的均值差和方差比的假设检验
拟合优度检验	了解 总体分布的检验

假设检验与区间估计的关系

在为总体的未知参数构造置信区间时，如果置信水平为 0.95，则说明总体的未知参数位于两个限值之间的概率达到 95%. 显著性水平则反映了总体的未知参数位于限值外的概率. 例如，显著性水平为 5%，则意味着拒绝域的概率为 0.05.

假设检验和区间估计的关系如下.

假定总体 $X \sim N(\mu, \sigma^2)$，μ 和 σ^2 均未知，设 $(X_1, X_2, \cdots, X_n)$ 是取自总体 X 的一个样本，给定置信水平为 $1-\alpha$，显著性水平为 α，则 μ 的双侧 $1-\alpha$ 置信区间为

$$\left[\bar{X} - t_{1-\frac{\alpha}{2}}(n-1)\frac{S}{\sqrt{n}}, \bar{X} + t_{1-\frac{\alpha}{2}}(n-1)\frac{S}{\sqrt{n}}\right],$$

也可表示为

$$\left|\frac{\sqrt{n}(\bar{X}-\mu)}{S}\right| \leqslant t_{1-\frac{\alpha}{2}}(n-1).$$

考虑如下关于均值 μ 的双侧检验问题：

$$H_0: \mu = \mu_0 \leftrightarrow H_1: \mu \neq \mu_0.$$

可知相应的拒绝域为

$$W = \left\{\left|\frac{\sqrt{n}(\bar{x}-\mu_0)}{s}\right| \geqslant t_{1-\frac{\alpha}{2}}(n-1)\right\}.$$

对比置信区间和假设检验的拒绝域，我们发现，在单正态总体中，假设 σ^2 未知的情况下，μ 的双侧 $1-\alpha$ 置信区间即为 μ 的双侧检验问题的接受域，如图 8.7 所示.

同理，μ 的单侧 $1-\alpha$ 置信下限区间为

$$\left[\bar{X} - t_{1-\alpha}(n-1)\frac{S}{\sqrt{n}}, +\infty\right),$$

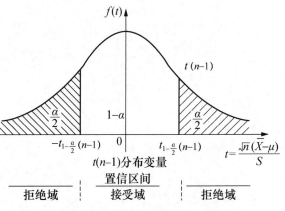

图 8.7 双侧置信区间与双侧检验拒绝域的关系

也可表示为

$$\frac{\sqrt{n}(\bar{X}-\mu)}{S} \leqslant t_{1-\alpha}(n-1).$$

考虑如下关于均值 μ 的单侧(左侧)检验问题：

$$H_0: \mu = \mu_0 \leftrightarrow H_1: \mu > \mu_0.$$

可知相应的拒绝域为

$$W = \left\{\frac{\sqrt{n}(\bar{x}-\mu_0)}{s} > t_{1-\alpha}(n-1)\right\}.$$

μ 的单侧 $1-\alpha$ 置信下限区间即为 μ 的单侧(左侧)检验问题的接受域.

类似可得其他所有情况时的结论.

测试题八

1. 设总体 $X \sim N(\mu, \sigma^2)$，$(X_1, X_2, \cdots, X_n)$ 是取自该总体的一个样本，对于检验 $H_0 : \mu = \mu_0 \leftrightarrow H_1 : \mu > \mu_0$，其中 μ_0 是已知常数.

(1) 当 σ^2 已知时，写出拒绝域 W.

(2) 当 σ^2 未知时，写出拒绝域 W.

2. 设某次考试学生的成绩(单位：分)服从分布 $N(\mu, \sigma^2)$，从中随机抽取 36 位学生的成绩，算得 $\bar{x} = 66.5$ 分. $s = 15$ 分. 问：在显著性水平 $\alpha = 0.05$ 下，能否认为学生的平均成绩为 70 分？

3. 某化工厂为了提高化工产品的产出率，提出甲、乙两种方案，为比较它们的好坏，分别用两种方案各进行了 10 次试验，得到如下数据.

甲方案产出率/%	68.1	62.4	64.3	64.7	68.4	66.0	65.5	66.7	67.3	66.2
乙方案产出率/%	69.1	71.0	69.1	70.0	69.1	69.1	67.3	70.2	72.1	67.3

假设产出率服从正态分布，问：方案乙的产出率相较方案甲是否有显著提高？（显著性水平 $\alpha = 0.01$.）

4. 设样本 X(容量为 1)取自具有密度函数 $f(x)$ 的总体，现有关于总体的假设

$$H_0 : f(x) = \begin{cases} 1, & 0 < x < 1, \\ 0, & \text{其他} \end{cases} \leftrightarrow H_1 : f(x) = \begin{cases} 2x, & 0 < x < 1, \\ 0, & \text{其他}. \end{cases}$$

检验的拒绝域为 $W = \left\{ x > \dfrac{2}{3} \right\}$，试求该检验的第一类错误概率 P_{I} 及第二类错误概率 P_{II}.

5. 设 $(X_1, X_2, \cdots, X_n)$ 是取自总体 $X \sim B(1, p)$ 的一个样本，p 未知，对于检验 $H_0 : p \geqslant p_0 \leftrightarrow H_1 : p < p_0$. (1) 若显著性水平为 α，写出拒绝域 W. (2) 对于给定的一组样本观测值 $(x_1, x_2, \cdots, x_n)$，若在显著性水平 $\alpha = 0.05$ 下不能拒绝 H_0，则在显著性水平 $\alpha = 0.01$ 下能否拒绝 H_0？请说明理由.

附录 1　常用分布及其数字特征

分布类型	分布名称	分布律或密度函数	数学期望	方差
离散型	0-1 分布 $B(1,p)$	$P(X=k)=p^k(1-p)^{1-k},0<p<1,k=0,1$	p	$p(1-p)$
	二项分布 $B(n,p)$	$P(X=k)=\binom{n}{k}p^k(1-p)^{n-k},$ $0<p<1,k=0,1,\cdots,n$	np	$np(1-p)$
	超几何分布 $H(N,M,n)$	$P(X=k)=\dfrac{\binom{M}{k}\binom{N-M}{n-k}}{\binom{N}{n}},$ $k=\max(0,n+M-N),\cdots,\min(n,M)$	$n\dfrac{M}{N}$	$\dfrac{nM(N-M)(N-n)}{N^2(N-1)}$
	泊松分布 $P(\lambda)$	$P(X=k)=\dfrac{\lambda^k}{k!}\mathrm{e}^{-\lambda},$ $\lambda>0,k=0,1,2,\cdots,n,\cdots$	λ	λ
	几何分布 $Ge(p)$	$P(X=k)=p(1-p)^{k-1},$ $0<p<1,k=1,2,\cdots,n,\cdots$	$\dfrac{1}{p}$	$\dfrac{1-p}{p^2}$
	负二项分布 $NB(r,p)$	$P(X=k)=\binom{k-1}{r-1}p^r(1-p)^{k-r},$ $0<p<1,k=r,r+1,\cdots,r+n,\cdots$	$\dfrac{r}{p}$	$\dfrac{r(1-p)}{p^2}$
连续型	均匀分布 $U(a,b)$	$f(x)=\begin{cases}\dfrac{1}{b-a},&a\le x\le b,\\ 0,&\text{其他}\end{cases}$	$\dfrac{a+b}{2}$	$\dfrac{(b-a)^2}{12}$
	指数分布 $Exp(\lambda)$	$f(x)=\begin{cases}\lambda\mathrm{e}^{-\lambda x},&x\ge0,\\ 0,&\text{其他},\end{cases}\lambda>0$	$\dfrac{1}{\lambda}$	$\dfrac{1}{\lambda^2}$
	正态分布 $N(\mu,\sigma^2)$	$f(x)=\dfrac{1}{\sqrt{2\pi}\,\sigma}\mathrm{e}^{-\frac{(x-\mu)^2}{2\sigma^2}},-\infty<x<+\infty,\mu\in\mathbf{R},\sigma>0$	μ	σ^2
	伽马分布 $Ga(a,\lambda)$	$f(x)=\dfrac{\lambda^a}{\Gamma(a)}x^{a-1}\mathrm{e}^{-\lambda x},x\ge0,\lambda>0,a>0$	$\dfrac{a}{\lambda}$	$\dfrac{a}{\lambda^2}$
	贝塔分布 $Be(a,b)$	$f(x)=\dfrac{\Gamma(a+b)}{\Gamma(a)\Gamma(b)}x^{a-1}(1-x)^{b-1},0<x<1,a>0,b>0$	$\dfrac{a}{a+b}$	$\dfrac{ab}{(a+b)^2(a+b+1)}$

附录2　二维离散型随机变量和连续型随机变量相关定义的对照

(1) 分布函数 $F(x,y) = P(X \leqslant x, Y \leqslant y)$.

离散型　$F(x,y) = \sum\limits_{i:x_i \leqslant x} \sum\limits_{j:y_j \leqslant y} p_{ij}$.

连续型　$F(x,y) = \int_{-\infty}^{x} \int_{-\infty}^{y} f(u,v)\,\mathrm{d}u\mathrm{d}v$.

(2) 联合分布律或联合密度函数.

离散型 $P(X=x_i, Y=y_j) = p_{ij}$:

① 非负性　$p_{ij} \geqslant 0, i,j = 1,2,\cdots$;

② 规范性　$\sum\limits_{i} \sum\limits_{j} p_{ij} = 1$.

连续型 $f(x,y)$:

① 非负性　$f(x,y) \geqslant 0, \ -\infty < x, y < +\infty$;

② 规范性　$\int_{-\infty}^{+\infty} \int_{-\infty}^{+\infty} f(x,y)\,\mathrm{d}x\mathrm{d}y = 1$.

(3) 边缘分布函数 $F_X(x) = F(x, +\infty)$.

离散型　$F_X(x) = \sum\limits_{i:x_i \leqslant x} \sum\limits_{j=1}^{\infty} p_{ij}$.

连续型　$F_X(x) = \int_{-\infty}^{x} \left[\int_{-\infty}^{+\infty} f(u,y)\,\mathrm{d}y \right] \mathrm{d}u$.

(4) 边缘分布律或边缘密度函数.

离散型　$p_{i\cdot} = P(X=x_i) = \sum\limits_{j} p_{ij}$.

连续型　$f_X(x) = \int_{-\infty}^{+\infty} f(x,y)\,\mathrm{d}y$.

(5) 相互独立性：对任意 $x,y \in \mathbf{R}$，都有 $F(x,y) = F_X(x)F_Y(y)$.

离散型　对任意的 $i,j = 1,2,\cdots$，都有 $p_{ij} = p_{i\cdot}\, p_{\cdot j}$.

连续型　在 $f(x,y), f_X(x), f_Y(y)$ 的一切公共连续点上，都有 $f(x,y) = f_X(x) \cdot f_Y(y)$.

(6)条件分布函数 $F_{X \mid Y}(x \mid y) = P(X \leqslant x \mid Y = y)$.

离散型 $F_{X \mid Y}(x \mid y_j) = \dfrac{\sum\limits_{i : x_i \leqslant x} p_{ij}}{p_{\cdot j}}$.

连续型 $F_{X \mid Y}(x \mid y) = \dfrac{\displaystyle\int_{-\infty}^{x} f(u, y) \, \mathrm{d}u}{f_Y(y)}$, $-\infty < x < +\infty$.

(7)条件分布律或条件密度函数.

离散型 $P(X = x_i \mid Y = y_j) = \dfrac{p_{ij}}{p_{\cdot j}}, i = 1, 2, \cdots$.

连续型 $f_{X \mid Y}(x \mid y) = \dfrac{f(x, y)}{f_Y(y)}$, $-\infty < x < +\infty$, 其中 $f_Y(y) > 0$.

附录3 二项分布表

$$P(X \leqslant x) = \sum_{k=0}^{x} P(X = k) = \sum_{k=0}^{x} \binom{n}{k} (p)^k (1-p)^{n-k}.$$

n	x	p													x
		0.1000	0.1500	0.2000	0.2500	0.3000	0.4000	0.5000	0.6000	0.7000	0.8000	0.9000	0.9500	0.9900	
4	0	0.6561	0.5220	0.4096	0.3164	0.2401	0.1296	0.0625	0.0256	0.0081	0.0016	0.0001	0.0000	0.0000	0
	1	0.9477	0.8905	0.8192	0.7383	0.6517	0.4752	0.3125	0.1792	0.0837	0.0272	0.0037	0.0005	0.0000	1
	2	0.9963	0.9880	0.9728	0.9492	0.9163	0.8208	0.6875	0.5248	0.3483	0.1808	0.0523	0.0140	0.0006	2
	3	0.9999	0.9995	0.9984	0.9961	0.9919	0.9744	0.9375	0.8704	0.7599	0.5904	0.3439	0.1855	0.0394	3
	4	1.0000	1.0000	1.0000	1.0000	1.0000	1.0000	1.0000	1.0000	1.0000	1.0000	1.0000	1.0000	1.0000	4
5	0	0.5905	0.4437	0.3277	0.2373	0.1681	0.0778	0.0313	0.0102	0.0024	0.0003	0.0000	0.0000	0.0000	0
	1	0.9185	0.8352	0.7373	0.6328	0.5282	0.3370	0.1875	0.0870	0.0308	0.0067	0.0005	0.0000	0.0000	1
	2	0.9914	0.9734	0.9421	0.8965	0.8369	0.6826	0.5000	0.3174	0.1631	0.0579	0.0086	0.0012	0.0000	2
	3	0.9995	0.9978	0.9933	0.9844	0.9692	0.9130	0.8125	0.6630	0.4718	0.2627	0.0815	0.0226	0.0010	3
	4	1.0000	0.9999	0.9997	0.9990	0.9976	0.9898	0.9688	0.9222	0.8319	0.6723	0.4095	0.2262	0.0490	4
	5	1.0000	1.0000	1.0000	1.0000	1.0000	1.0000	1.0000	1.0000	1.0000	1.0000	1.0000	1.0000	1.0000	5
6	0	0.5314	0.3771	0.2621	0.1780	0.1176	0.0467	0.0156	0.0041	0.0007	0.0001	0.0000	0.0000	0.0000	0
	1	0.8857	0.7765	0.6554	0.5339	0.4202	0.2333	0.1094	0.0410	0.0109	0.0016	0.0001	0.0000	0.0000	1
	2	0.9842	0.9527	0.9011	0.8306	0.7443	0.5443	0.3438	0.1792	0.0705	0.0170	0.0013	0.0001	0.0000	2
	3	0.9987	0.9941	0.9830	0.9624	0.9295	0.8208	0.6563	0.4557	0.2557	0.0989	0.0159	0.0022	0.0000	3
	4	0.9999	0.9996	0.9984	0.9954	0.9891	0.9590	0.8906	0.7667	0.5798	0.3446	0.1143	0.0328	0.0015	4
	5	1.0000	1.0000	0.9999	0.9998	0.9993	0.9959	0.9844	0.9533	0.8824	0.7379	0.4686	0.2649	0.0585	5
	6	1.0000	1.0000	1.0000	1.0000	1.0000	1.0000	1.0000	1.0000	1.0000	1.0000	1.0000	1.0000	1.0000	6

n	x	p													x
		0.1000	0.1500	0.2000	0.2500	0.3000	0.4000	0.5000	0.6000	0.7000	0.8000	0.9000	0.9500	0.9900	
10	0	0.3487	0.1969	0.1074	0.0563	0.0282	0.0060	0.0010	0.0001	0.0000	0.0000	0.0000	0.0000	0.0000	0
	1	0.7361	0.5443	0.3758	0.2440	0.1493	0.0464	0.0107	0.0017	0.0001	0.0000	0.0000	0.0000	0.0000	1
	2	0.9298	0.8202	0.6778	0.5256	0.3828	0.1673	0.0547	0.0123	0.0016	0.0001	0.0000	0.0000	0.0000	2
	3	0.9872	0.9500	0.8791	0.7759	0.6496	0.3823	0.1719	0.0548	0.0106	0.0009	0.0000	0.0000	0.0000	3
	4	0.9984	0.9901	0.9672	0.9219	0.8497	0.6331	0.3770	0.1662	0.0473	0.0064	0.0001	0.0000	0.0000	4
	5	0.9999	0.9986	0.9936	0.9803	0.9527	0.8338	0.6230	0.3669	0.1503	0.0328	0.0016	0.0001	0.0000	5
	6	1.0000	0.9999	0.9991	0.9965	0.9894	0.9452	0.8281	0.6177	0.3504	0.1209	0.0128	0.0010	0.0000	6
	7	1.0000	1.0000	0.9999	0.9996	0.9984	0.9877	0.9453	0.8327	0.6172	0.3222	0.0702	0.0115	0.0001	7
	8	1.0000	1.0000	1.0000	1.0000	0.9999	0.9983	0.9893	0.9536	0.8507	0.6242	0.2639	0.0861	0.0043	8
	9	1.0000	1.0000	1.0000	1.0000	1.0000	0.9999	0.9990	0.9940	0.9718	0.8926	0.6513	0.4013	0.0956	9
	10	1.0000	1.0000	1.0000	1.0000	1.0000	1.0000	1.0000	1.0000	1.0000	1.0000	1.0000	1.0000	1.0000	10
15	0	0.2059	0.0874	0.0352	0.0134	0.0047	0.0005	0.0000	0.0000	0.0000	0.0000	0.0000	0.0000	0.0000	0
	1	0.5490	0.3186	0.1671	0.0802	0.0353	0.0052	0.0005	0.0000	0.0000	0.0000	0.0000	0.0000	0.0000	1
	2	0.8159	0.6042	0.3980	0.2361	0.1268	0.0271	0.0037	0.0003	0.0000	0.0000	0.0000	0.0000	0.0000	2
	3	0.9444	0.8227	0.6482	0.4613	0.2969	0.0905	0.0176	0.0019	0.0001	0.0000	0.0000	0.0000	0.0000	3
	4	0.9873	0.9383	0.8358	0.6865	0.5155	0.2173	0.0592	0.0093	0.0007	0.0000	0.0000	0.0000	0.0000	4
	5	0.9978	0.9832	0.9389	0.8516	0.7216	0.4032	0.1509	0.0338	0.0037	0.0001	0.0000	0.0000	0.0000	5
	6	0.9997	0.9964	0.9819	0.9434	0.8689	0.6098	0.3036	0.0950	0.0152	0.0008	0.0000	0.0000	0.0000	6
	7	1.0000	0.9994	0.9958	0.9827	0.9500	0.7869	0.5000	0.2131	0.0500	0.0042	0.0000	0.0000	0.0000	7
	8	1.0000	0.9999	0.9992	0.9958	0.9848	0.9050	0.6964	0.3902	0.1311	0.0181	0.0003	0.0000	0.0000	8
	9	1.0000	1.0000	0.9999	0.9992	0.9963	0.9662	0.8491	0.5968	0.2784	0.0611	0.0022	0.0001	0.0000	9
	10	1.0000	1.0000	1.0000	0.9999	0.9993	0.9907	0.9408	0.7827	0.4845	0.1642	0.0127	0.0006	0.0000	10
	11	1.0000	1.0000	1.0000	1.0000	0.9999	0.9981	0.9824	0.9095	0.7031	0.3518	0.0556	0.0055	0.0000	11
	12	1.0000	1.0000	1.0000	1.0000	1.0000	0.9997	0.9963	0.9729	0.8732	0.6020	0.1841	0.0362	0.0004	12
	13	1.0000	1.0000	1.0000	1.0000	1.0000	1.0000	0.9995	0.9948	0.9647	0.8329	0.4510	0.1710	0.0096	13
	14	1.0000	1.0000	1.0000	1.0000	1.0000	1.0000	1.0000	0.9995	0.9953	0.9648	0.7941	0.5367	0.1399	14
	15	1.0000	1.0000	1.0000	1.0000	1.0000	1.0000	1.0000	1.0000	1.0000	1.0000	1.0000	1.0000	1.0000	15
20	0	0.1216	0.0388	0.0115	0.0032	0.0008	0.0000	0.0000	0.0000	0.0000	0.0000	0.0000	0.0000	0.0000	0
	1	0.3917	0.1756	0.0692	0.0243	0.0076	0.0005	0.0000	0.0000	0.0000	0.0000	0.0000	0.0000	0.0000	1
	2	0.6769	0.4049	0.2061	0.0913	0.0355	0.0036	0.0002	0.0000	0.0000	0.0000	0.0000	0.0000	0.0000	2
	3	0.8670	0.6477	0.4114	0.2252	0.1071	0.0160	0.0013	0.0000	0.0000	0.0000	0.0000	0.0000	0.0000	3
	4	0.9568	0.8298	0.6296	0.4148	0.2375	0.0510	0.0059	0.0003	0.0000	0.0000	0.0000	0.0000	0.0000	4
	5	0.9887	0.9327	0.8042	0.6172	0.4164	0.1256	0.0207	0.0016	0.0000	0.0000	0.0000	0.0000	0.0000	5
	6	0.9976	0.9781	0.9133	0.7858	0.6080	0.2500	0.0577	0.0065	0.0003	0.0000	0.0000	0.0000	0.0000	6
	7	0.9996	0.9941	0.9679	0.8982	0.7723	0.4159	0.1316	0.0210	0.0013	0.0000	0.0000	0.0000	0.0000	7
	8	0.9999	0.9987	0.9900	0.9591	0.8867	0.5956	0.2517	0.0565	0.0051	0.0001	0.0000	0.0000	0.0000	8
	9	1.0000	0.9998	0.9974	0.9861	0.9520	0.7553	0.4119	0.1275	0.0171	0.0006	0.0000	0.0000	0.0000	9
	10	1.0000	1.0000	0.9994	0.9961	0.9829	0.8725	0.5881	0.2447	0.0480	0.0026	0.0000	0.0000	0.0000	10
	11	1.0000	1.0000	0.9999	0.9991	0.9949	0.9435	0.7483	0.4044	0.1133	0.0100	0.0001	0.0000	0.0000	11
	12	1.0000	1.0000	1.0000	0.9998	0.9987	0.9790	0.8684	0.5841	0.2277	0.0321	0.0004	0.0000	0.0000	12
	13	1.0000	1.0000	1.0000	1.0000	0.9997	0.9935	0.9423	0.7500	0.3920	0.0867	0.0024	0.0000	0.0000	13
	14	1.0000	1.0000	1.0000	1.0000	1.0000	0.9984	0.9793	0.8744	0.5836	0.1958	0.0113	0.0003	0.0000	14
	15	1.0000	1.0000	1.0000	1.0000	1.0000	0.9997	0.9941	0.9490	0.7625	0.3704	0.0432	0.0026	0.0000	15
	16	1.0000	1.0000	1.0000	1.0000	1.0000	1.0000	0.9987	0.9840	0.8929	0.5886	0.1330	0.0159	0.0000	16
	17	1.0000	1.0000	1.0000	1.0000	1.0000	1.0000	0.9998	0.9964	0.9645	0.7939	0.3231	0.0755	0.0010	17
	18	1.0000	1.0000	1.0000	1.0000	1.0000	1.0000	1.0000	0.9995	0.9924	0.9308	0.6083	0.2642	0.0169	18
	19	1.0000	1.0000	1.0000	1.0000	1.0000	1.0000	1.0000	1.0000	0.9992	0.9885	0.8784	0.6415	0.1821	19
	20	1.0000	1.0000	1.0000	1.0000	1.0000	1.0000	1.0000	1.0000	1.0000	1.0000	1.0000	1.0000	1.0000	20

附录 4　泊松分布表

$$P(X \leqslant x) = \sum_{k=0}^{x} P(X=k) = \sum_{k=0}^{x} \mathrm{e}^{-\lambda}\frac{\lambda^{k}}{k!}.$$

x	λ									x
	0.1	0.2	0.3	0.4	0.5	0.6	0.7	0.8	0.9	
0	0.9048	0.8187	0.7408	0.6703	0.6065	0.5488	0.4966	0.4493	0.4066	0
1	0.9953	0.9825	0.9631	0.9384	0.9098	0.8781	0.8442	0.8088	0.7725	1
2	0.9998	0.9989	0.9964	0.9921	0.9856	0.9769	0.9659	0.9526	0.9371	2
3	1.0000	0.9999	0.9997	0.9992	0.9982	0.9966	0.9942	0.9909	0.9865	3
4		1.0000	1.0000	0.9999	0.9998	0.9996	0.9992	0.9986	0.9977	4
5				1.0000	1.0000	1.0000	0.9999	0.9998	0.9997	5
6							1.0000	1.0000	1.0000	6

x	λ									x
	1	1.5	2	2.5	3	3.5	4	4.5	5	
0	0.3679	0.2231	0.1353	0.0821	0.0498	0.0302	0.0183	0.0111	0.0067	0
1	0.7358	0.5578	0.4060	0.2873	0.1991	0.1359	0.0916	0.0611	0.0404	1
2	0.9197	0.8088	0.6767	0.5438	0.4232	0.3208	0.2381	0.1736	0.1247	2
3	0.9810	0.9344	0.8571	0.7576	0.6472	0.5366	0.4335	0.3423	0.2650	3
4	0.9963	0.9814	0.9473	0.8912	0.8153	0.7254	0.6288	0.5321	0.4405	4
5	0.9994	0.9955	0.9834	0.9580	0.9161	0.8576	0.7851	0.7029	0.6160	5
6	0.9999	0.9991	0.9955	0.9858	0.9665	0.9347	0.8893	0.8311	0.7622	6
7	1.0000	0.9998	0.9989	0.9958	0.9881	0.9733	0.9489	0.9134	0.8666	7
8		1.0000	0.9998	0.9989	0.9962	0.9901	0.9786	0.9597	0.9319	8
9			1.0000	0.9997	0.9989	0.9967	0.9919	0.9829	0.9682	9
10				0.9999	0.9997	0.9990	0.9972	0.9933	0.9863	10
11				1.0000	0.9999	0.9997	0.9991	0.9976	0.9945	11
12					1.0000	0.9999	0.9997	0.9992	0.9980	12
13						1.0000	0.9999	0.9997	0.9993	13
14							1.0000	0.9999	0.9998	14
15								1.0000	0.9999	15
16									1.0000	16

x	λ									x
	5.5	6	6.5	7	7.5	8	8.5	9	9.5	
0	0.0041	0.0025	0.0015	0.0009	0.0006	0.0003	0.0002	0.0001	0.0001	0
1	0.0266	0.0174	0.0113	0.0073	0.0047	0.0030	0.0019	0.0012	0.0008	1
2	0.0884	0.0620	0.0430	0.0296	0.0203	0.0138	0.0093	0.0062	0.0042	2
3	0.2017	0.1512	0.1118	0.0818	0.0591	0.0424	0.0301	0.0212	0.0149	3

x	λ									x
	5.5	6	6.5	7	7.5	8	8.5	9	9.5	
4	0.3575	0.2851	0.2237	0.1730	0.1321	0.0996	0.0744	0.0550	0.0403	4
5	0.5289	0.4457	0.3690	0.3007	0.2414	0.1912	0.1496	0.1157	0.0885	5
6	0.6860	0.6063	0.5265	0.4497	0.3782	0.3134	0.2562	0.2068	0.1649	6
7	0.8095	0.7440	0.6728	0.5987	0.5246	0.4530	0.3856	0.3239	0.2687	7
8	0.8944	0.8472	0.7916	0.7291	0.6620	0.5925	0.5231	0.4557	0.3918	8
9	0.9462	0.9161	0.8774	0.8305	0.7764	0.7166	0.6530	0.5874	0.5218	9
10	0.9747	0.9574	0.9332	0.9015	0.8622	0.8159	0.7634	0.7060	0.6453	10
11	0.9890	0.9799	0.9661	0.9467	0.9208	0.8881	0.8487	0.8030	0.7520	11
12	0.9955	0.9912	0.9840	0.9730	0.9573	0.9362	0.9091	0.8758	0.8364	12
13	0.9983	0.9964	0.9929	0.9872	0.9784	0.9658	0.9486	0.9261	0.8981	13
14	0.9994	0.9986	0.9970	0.9943	0.9897	0.9827	0.9726	0.9585	0.9400	14
15	0.9998	0.9995	0.9988	0.9976	0.9954	0.9918	0.9862	0.9780	0.9665	15
16	0.9999	0.9998	0.9996	0.9990	0.9980	0.9963	0.9934	0.9889	0.9823	16
17	1.0000	0.9999	0.9998	0.9996	0.9992	0.9984	0.9970	0.9947	0.9911	17
18		1.0000	0.9999	0.9999	0.9997	0.9993	0.9987	0.9976	0.9957	18
19			1.0000	1.0000	0.9999	0.9997	0.9995	0.9989	0.9980	19
20					1.0000	0.9999	0.9998	0.9996	0.9991	20
21						1.0000	0.9999	0.9998	0.9996	21
22							1.0000	0.9999	0.9999	22
23								1.0000	0.9999	23
24									1.0000	24

附录5　标准正态分布分位数表

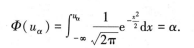

$$\Phi(u_\alpha) = \int_{-\infty}^{u_\alpha} \frac{1}{\sqrt{2\pi}} e^{-\frac{x^2}{2}} dx = \alpha.$$

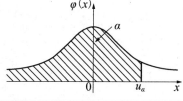

α	0.9	0.95	0.975	0.99	0.995	0.999
u_α	1.282	1.645	1.96	2.326	2.576	3.090

附录 6 标准正态分布的分布函数值表

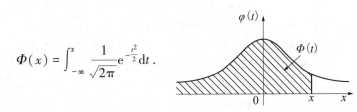

$$\Phi(x) = \int_{-\infty}^{x} \frac{1}{\sqrt{2\pi}} e^{-\frac{t^2}{2}} dt .$$

	0.00	0.01	0.02	0.03	0.04	0.05	0.06	0.07	0.08	0.09
0.0	0.5000	0.5040	0.5080	0.5120	0.5160	0.5199	0.5239	0.5279	0.5319	0.5359
0.1	0.5398	0.5438	0.5478	0.5517	0.5557	0.5596	0.5636	0.5675	0.5714	0.5753
0.2	0.5793	0.5832	0.5871	0.5910	0.5948	0.5987	0.6026	0.6064	0.6103	0.6141
0.3	0.6179	0.6217	0.6255	0.6293	0.6331	0.6368	0.6406	0.6443	0.6480	0.6517
0.4	0.6554	0.6591	0.6628	0.6664	0.6700	0.6736	0.6772	0.6808	0.6844	0.6879
0.5	0.6915	0.6950	0.6985	0.7019	0.7054	0.7088	0.7123	0.7157	0.7190	0.7224
0.6	0.7257	0.7291	0.7324	0.7357	0.7389	0.7422	0.7454	0.7486	0.7517	0.7549
0.7	0.7580	0.7611	0.7642	0.7673	0.7704	0.7734	0.7764	0.7794	0.7823	0.7852
0.8	0.7881	0.7910	0.7939	0.7967	0.7995	0.8023	0.8051	0.8078	0.8106	0.8133
0.9	0.8159	0.8186	0.8212	0.8238	0.8264	0.8289	0.8315	0.8340	0.8365	0.8389
1.0	0.8413	0.8438	0.8461	0.8485	0.8508	0.8531	0.8554	0.8577	0.8599	0.8621
1.1	0.8643	0.8665	0.8686	0.8708	0.8729	0.8749	0.8770	0.8790	0.8810	0.8830
1.2	0.8849	0.8869	0.8888	0.8907	0.8925	0.8944	0.8962	0.8980	0.8997	0.9015
1.3	0.9032	0.9049	0.9066	0.9082	0.9099	0.9115	0.9131	0.9147	0.9162	0.9177
1.4	0.9192	0.9207	0.9222	0.9236	0.9251	0.9265	0.9279	0.9292	0.9306	0.9319
1.5	0.9332	0.9345	0.9357	0.9370	0.9382	0.9394	0.9406	0.9418	0.9429	0.9441
1.6	0.9452	0.9463	0.9474	0.9484	0.9495	0.9505	0.9515	0.9525	0.9535	0.9545
1.7	0.9554	0.9564	0.9573	0.9582	0.9591	0.9599	0.9608	0.9616	0.9625	0.9633
1.8	0.9641	0.9649	0.9656	0.9664	0.9671	0.9678	0.9686	0.9693	0.9699	0.9706
1.9	0.9713	0.9719	0.9726	0.9732	0.9738	0.9744	0.9750	0.9756	0.9761	0.9767
2.0	0.9772	0.9778	0.9783	0.9788	0.9793	0.9798	0.9803	0.9808	0.9812	0.9817
2.1	0.9821	0.9826	0.9830	0.9834	0.9838	0.9842	0.9846	0.9850	0.9854	0.9857
2.2	0.9861	0.9864	0.9868	0.9871	0.9875	0.9878	0.9881	0.9884	0.9887	0.9890
2.3	0.9893	0.9896	0.9898	0.9901	0.9904	0.9906	0.9909	0.9911	0.9913	0.9916
2.4	0.9918	0.9920	0.9922	0.9925	0.9927	0.9929	0.9931	0.9932	0.9934	0.9936
2.5	0.9938	0.9940	0.9941	0.9943	0.9945	0.9946	0.9948	0.9949	0.9951	0.9952
2.6	0.9953	0.9955	0.9956	0.9957	0.9959	0.9960	0.9961	0.9962	0.9963	0.9964
2.7	0.9965	0.9966	0.9967	0.9968	0.9969	0.9970	0.9971	0.9972	0.9973	0.9974
2.8	0.9974	0.9975	0.9976	0.9977	0.9977	0.9978	0.9979	0.9979	0.9980	0.9981
2.9	0.9981	0.9982	0.9982	0.9983	0.9984	0.9984	0.9985	0.9985	0.9986	0.9986
3.0	0.9987	0.9987	0.9987	0.9988	0.9988	0.9989	0.9989	0.9989	0.9990	0.9990
3.1	0.9990	0.9991	0.9991	0.9991	0.9992	0.9992	0.9992	0.9992	0.9993	0.9993
3.2	0.9993	0.9993	0.9994	0.9994	0.9994	0.9994	0.9994	0.9995	0.9995	0.9995
3.3	0.9995	0.9995	0.9995	0.9996	0.9996	0.9996	0.9996	0.9996	0.9996	0.9997
3.4	0.9997	0.9997	0.9997	0.9997	0.9997	0.9997	0.9997	0.9997	0.9997	0.9998
3.5	0.9998	0.9998	0.9998	0.9998	0.9998	0.9998	0.9998	0.9998	0.9998	0.9998
3.6	0.9998	0.9998	0.9999	0.9999	0.9999	0.9999	0.9999	0.9999	0.9999	0.9999
3.7	0.9999	0.9999	0.9999	0.9999	0.9999	0.9999	0.9999	0.9999	0.9999	0.9999
3.8	0.9999	0.9999	0.9999	0.9999	0.9999	0.9999	0.9999	0.9999	0.9999	0.9999

附录 7 χ^2 分布分位数表

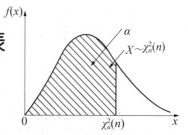

$$P[X \leqslant \chi_\alpha^2(n)] = \alpha.$$

α / n	0.005	0.01	0.025	0.05	0.10	0.25	0.50	0.75	0.90	0.95	0.975	0.99	0.995
1	0.0000	0.0002	0.0010	0.0039	0.0158	0.1015	0.4549	1.3233	2.7055	3.8415	5.0239	6.6349	7.8794
2	0.0100	0.0201	0.0506	0.1026	0.2107	0.5754	1.3863	2.7726	4.6052	5.9915	7.3778	9.2103	10.5966
3	0.0717	0.1148	0.2158	0.3518	0.5844	1.2125	2.3660	4.1083	6.2514	7.8147	9.3484	11.3449	12.8382
4	0.2070	0.2971	0.4844	0.7107	1.0636	1.9226	3.3567	5.3853	7.7794	9.4877	11.1433	13.2767	14.8603
5	0.4117	0.5543	0.8312	1.1455	1.6103	2.6746	4.3515	6.6257	9.2364	11.0705	12.8325	15.0863	16.7496
6	0.6757	0.8721	1.2373	1.6354	2.2041	3.4546	5.3481	7.8408	10.6446	12.5916	14.4494	16.8119	18.5476
7	0.9893	1.2390	1.6899	2.1673	2.8331	4.2549	6.3458	9.0371	12.0170	14.0671	16.0128	18.4753	20.2777
8	1.3444	1.6465	2.1797	2.7326	3.4895	5.0706	7.3441	10.2189	13.3616	15.5073	17.5345	20.0902	21.9550
9	1.7349	2.0879	2.7004	3.3251	4.1682	5.8988	8.3428	11.3888	14.6837	16.9190	19.0228	21.6660	23.5894
10	2.1559	2.5582	3.2470	3.9403	4.8652	6.7372	9.3418	12.5489	15.9872	18.3070	20.4832	23.2093	25.1882
11	2.6032	3.0535	3.8157	4.5748	5.5778	7.5841	10.3410	13.7007	17.2750	19.6751	21.9200	24.7250	26.7568
12	3.0738	3.5706	4.4038	5.2260	6.3038	8.4384	11.3403	14.8454	18.5493	21.0261	23.3367	26.2170	28.2995
13	3.5650	4.1069	5.0088	5.8919	7.0415	9.2991	12.3398	15.9839	19.8119	22.3620	24.7356	27.6882	29.8195
14	4.0747	4.6604	5.6287	6.5706	7.7895	10.1653	13.3393	17.1169	21.0641	23.6848	26.1189	29.1412	31.3193
15	4.6009	5.2293	6.2621	7.2609	8.5468	11.0365	14.3389	18.2451	22.3071	24.9958	27.4884	30.5779	32.8013
16	5.1422	5.8122	6.9077	7.9616	9.3122	11.9122	15.3385	19.3689	23.5418	26.2962	28.8454	31.9999	34.2672
17	5.6972	6.4078	7.5642	8.6718	10.0852	12.7919	16.3382	20.4887	24.7690	27.5871	30.1910	33.4087	35.7185
18	6.2648	7.0149	8.2307	9.3905	10.8649	13.6753	17.3379	21.6049	25.9894	28.8693	31.5264	34.8053	37.1565
19	6.8440	7.6327	8.9065	10.1170	11.6509	14.5620	18.3377	22.7178	27.2036	30.1435	32.8523	36.1909	38.5823
20	7.4338	8.2604	9.5908	10.8508	12.4426	15.4518	19.3374	23.8277	28.4120	31.4104	34.1696	37.5662	39.9968
21	8.0337	8.8972	10.2829	11.5913	13.2396	16.3444	20.3372	24.9348	29.6151	32.6706	35.4789	38.9322	41.4011
22	8.6427	9.5425	10.9823	12.3380	14.0415	17.2396	21.3370	26.0393	30.8133	33.9244	36.7807	40.2894	42.7957
23	9.2604	10.1957	11.6886	13.0905	14.8480	18.1373	22.3369	27.1413	32.0069	35.1725	38.0756	41.6384	44.1813
24	9.8862	10.8564	12.4012	13.8484	15.6587	19.0373	23.3367	28.2412	33.1962	36.4150	39.3641	42.9798	45.5585
25	10.5197	11.5240	13.1197	14.6114	16.4734	19.9393	24.3366	29.3389	34.3816	37.6525	40.6465	44.3141	46.9279
26	11.1602	12.1981	13.8439	15.3792	17.2919	20.8434	25.3365	30.4346	35.5632	38.8851	41.9232	45.6417	48.2899
27	11.8076	12.8785	14.5734	16.1514	18.1139	21.7494	26.3363	31.5284	36.7412	40.1133	43.1945	46.9629	49.6449
28	12.4613	13.5647	15.3079	16.9279	18.9392	22.6572	27.3362	32.6205	37.9159	41.3371	44.4608	48.2782	50.9934
29	13.1211	14.2565	16.0471	17.7084	19.7677	23.5666	28.3361	33.7109	39.0875	42.5570	45.7223	49.5879	52.3356
30	13.7867	14.9535	16.7908	18.4927	20.5992	24.4776	29.3360	34.7997	40.2560	43.7730	46.9792	50.8922	53.6720
31	14.4578	15.6555	17.5387	19.2806	21.4336	25.3901	30.3359	35.8871	41.4217	44.9853	48.2319	52.1914	55.0027
32	15.1340	16.3622	18.2908	20.0719	22.2706	26.3041	31.3359	36.9730	42.5847	46.1943	49.4804	53.4858	56.3281
33	15.8153	17.0735	19.0467	20.8665	23.1102	27.2194	32.3358	38.0575	43.7452	47.3999	50.7251	54.7755	57.6484
34	16.5013	17.7891	19.8063	21.6643	23.9523	28.1361	33.3357	39.1408	44.9032	48.6024	51.9660	56.0609	58.9639
35	17.1918	18.5089	20.5694	22.4650	24.7967	29.0540	34.3356	40.2228	46.0588	49.8018	53.2033	57.3421	60.2748
36	17.8867	19.2327	21.3359	23.2686	25.6433	29.9730	35.3356	41.3036	47.2122	50.9985	54.4373	58.6192	61.5812
37	18.5858	19.9602	22.1056	24.0749	26.4921	30.8933	36.3355	42.3833	48.3634	52.1923	55.6680	59.8925	62.8833
38	19.2889	20.6914	22.8785	24.8839	27.3430	31.8146	37.3355	43.4619	49.5126	53.3835	56.8955	61.1621	64.1814
39	19.9959	21.4262	23.6543	25.6954	28.1958	32.7369	38.3354	44.5395	50.6598	54.5722	58.1201	62.4281	65.4756
40	20.7065	22.1643	24.4330	26.5093	29.0505	33.6603	39.3353	45.6160	51.8051	55.7585	59.3417	63.6907	66.7660
41	21.4208	22.9056	25.2145	27.3256	29.9071	34.5846	40.3353	46.6916	52.9485	56.9424	60.5606	64.9501	68.0527
42	22.1385	23.6501	25.9987	28.1440	30.7654	35.5099	41.3352	47.7663	54.0902	58.1240	61.7768	66.2062	69.3360
43	22.8595	24.3976	26.7854	28.9647	31.6255	36.4361	42.3352	48.8400	55.2302	59.3035	62.9904	67.4593	70.6159
44	23.5837	25.1480	27.5746	29.7875	32.4871	37.3631	43.3352	49.9129	56.3685	60.4809	64.2015	68.7095	71.8926
45	24.3110	25.9013	28.3662	30.6123	33.3504	38.2910	44.3351	50.9849	57.5053	61.6562	65.4102	69.9568	73.1661

附录8 t 分布分位数表

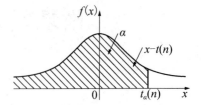

$$P[X \leqslant t_\alpha(n)] = \alpha.$$

n \ α	0.75	0.90	0.95	0.975	0.99	0.995
1	1.0000	3.0777	6.3138	12.7062	31.8205	63.6567
2	0.8165	1.8856	2.9200	4.3027	6.9646	9.9248
3	0.7649	1.6377	2.3534	3.1824	4.5407	5.8409
4	0.7407	1.5332	2.1318	2.7764	3.7469	4.6041
5	0.7267	1.4759	2.0150	2.5706	3.3649	4.0321
6	0.7176	1.4398	1.9432	2.4469	3.1427	3.7074
7	0.7111	1.4149	1.8946	2.3646	2.9980	3.4995
8	0.7064	1.3968	1.8595	2.3060	2.8965	3.3554
9	0.7027	1.3830	1.8331	2.2622	2.8214	3.2498
10	0.6998	1.3722	1.8125	2.2281	2.7638	3.1693
11	0.6974	1.3634	1.7959	2.2010	2.7181	3.1058
12	0.6955	1.3562	1.7823	2.1788	2.6810	3.0545
13	0.6938	1.3502	1.7709	2.1604	2.6503	3.0123
14	0.6924	1.3450	1.7613	2.1448	2.6245	2.9768
15	0.6912	1.3406	1.7531	2.1314	2.6025	2.9467
16	0.6901	1.3368	1.7459	2.1199	2.5835	2.9208
17	0.6892	1.3334	1.7396	2.1098	2.5669	2.8982
18	0.6884	1.3304	1.7341	2.1009	2.5524	2.8784
19	0.6876	1.3277	1.7291	2.0930	2.5395	2.8609
20	0.6870	1.3253	1.7247	2.0860	2.5280	2.8453
21	0.6864	1.3232	1.7207	2.0796	2.5176	2.8314
22	0.6858	1.3212	1.7171	2.0739	2.5083	2.8188
23	0.6853	1.3195	1.7139	2.0687	2.4999	2.8073
24	0.6848	1.3178	1.7109	2.0639	2.4922	2.7969
25	0.6844	1.3163	1.7081	2.0595	2.4851	2.7874
26	0.6840	1.3150	1.7056	2.0555	2.4786	2.7787
27	0.6837	1.3137	1.7033	2.0518	2.4727	2.7707
28	0.6834	1.3125	1.7011	2.0484	2.4671	2.7633
29	0.6830	1.3114	1.6991	2.0452	2.4620	2.7564
30	0.6828	1.3104	1.6973	2.0423	2.4573	2.7500
31	0.6825	1.3095	1.6955	2.0395	2.4528	2.7440
32	0.6822	1.3086	1.6939	2.0369	2.4487	2.7385
33	0.6820	1.3077	1.6924	2.0345	2.4448	2.7333
34	0.6818	1.3070	1.6909	2.0322	2.4411	2.7284
35	0.6816	1.3062	1.6896	2.0301	2.4377	2.7238
36	0.6814	1.3055	1.6883	2.0281	2.4345	2.7195
37	0.6812	1.3049	1.6871	2.0262	2.4314	2.7154
38	0.6810	1.3042	1.6860	2.0244	2.4286	2.7116
39	0.6808	1.3036	1.6849	2.0227	2.4258	2.7079
40	0.6807	1.3031	1.6839	2.0211	2.4233	2.7045
41	0.6805	1.3025	1.6829	2.0195	2.4208	2.7012
42	0.6804	1.3020	1.6820	2.0181	2.4185	2.6981
43	0.6802	1.3016	1.6811	2.0167	2.4163	2.6951
44	0.6801	1.3011	1.6802	2.0154	2.4141	2.6923
45	0.6800	1.3006	1.6794	2.0141	2.4121	2.6896

附录 9 F 分布分位数表

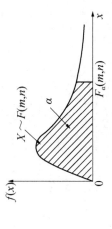

$$P[X \leqslant F_\alpha(m,n)] = \alpha.$$

$\alpha = 0.75$

n\m	1	2	3	4	5	6	7	8	9	10	11	12	13	14	15	16	17	18	19	20	21	22	23	24
1	5.8284	7.5000	8.1999	8.5809	8.8198	8.9833	9.1021	9.1923	9.2631	9.3201	9.3671	9.4064	9.4398	9.4685	9.4934	9.5153	9.5347	9.5519	9.5673	9.5813	9.5939	9.6053	9.6158	9.6254
2	2.5714	3.0000	3.1534	3.2321	3.2799	3.3121	3.3352	3.3526	3.3661	3.3770	3.3859	3.3934	3.3997	3.4051	3.4098	3.4139	3.4176	3.4208	3.4237	3.4263	3.4287	3.4308	3.4328	3.4346
3	2.0239	2.2798	2.3556	2.3901	2.4095	2.4218	2.4302	2.4364	2.4410	2.4447	2.4476	2.4500	2.4520	2.4537	2.4552	2.4565	2.4576	2.4585	2.4594	2.4602	2.4609	2.4615	2.4621	2.4626
4	1.8074	2.0000	2.0467	2.0642	2.0723	2.0766	2.0790	2.0805	2.0814	2.0820	2.0823	2.0826	2.0827	2.0828	2.0829	2.0829	2.0829	2.0829	2.0829	2.0828	2.0828	2.0828	2.0827	2.0827
5	1.6925	1.8528	1.8843	1.8927	1.8947	1.8945	1.8935	1.8923	1.8911	1.8899	1.8887	1.8877	1.8867	1.8859	1.8851	1.8843	1.8837	1.8831	1.8825	1.8820	1.8815	1.8810	1.8806	1.8802
6	1.6214	1.7622	1.7844	1.7872	1.7852	1.7821	1.7789	1.7760	1.7733	1.7708	1.7687	1.7668	1.7651	1.7635	1.7621	1.7609	1.7597	1.7587	1.7578	1.7569	1.7561	1.7553	1.7546	1.7540
7	1.5732	1.7010	1.7169	1.7157	1.7111	1.7059	1.7011	1.6969	1.6931	1.6898	1.6869	1.6843	1.6820	1.6800	1.6781	1.6765	1.6750	1.6736	1.6724	1.6712	1.6702	1.6692	1.6683	1.6675
8	1.5384	1.6569	1.6683	1.6642	1.6575	1.6508	1.6448	1.6396	1.6350	1.6310	1.6275	1.6244	1.6217	1.6192	1.6170	1.6150	1.6132	1.6116	1.6101	1.6088	1.6075	1.6064	1.6053	1.6043
9	1.5121	1.6236	1.6315	1.6253	1.6170	1.6091	1.6022	1.5961	1.5909	1.5863	1.5823	1.5788	1.5757	1.5729	1.5705	1.5682	1.5662	1.5643	1.5626	1.5611	1.5597	1.5584	1.5571	1.5560
10	1.4915	1.5975	1.6028	1.5949	1.5853	1.5765	1.5688	1.5621	1.5563	1.5513	1.5469	1.5430	1.5396	1.5365	1.5338	1.5313	1.5291	1.5270	1.5252	1.5235	1.5219	1.5205	1.5191	1.5179
11	1.4749	1.5767	1.5798	1.5704	1.5598	1.5502	1.5418	1.5346	1.5284	1.5229	1.5182	1.5140	1.5104	1.5071	1.5041	1.5014	1.4990	1.4968	1.4948	1.4930	1.4913	1.4897	1.4883	1.4869
12	1.4613	1.5595	1.5609	1.5504	1.5389	1.5286	1.5197	1.5120	1.5054	1.4996	1.4946	1.4902	1.4862	1.4827	1.4796	1.4768	1.4742	1.4719	1.4697	1.4678	1.4659	1.4643	1.4627	1.4613
13	1.4500	1.5452	1.5451	1.5336	1.5214	1.5105	1.5011	1.4931	1.4861	1.4801	1.4748	1.4701	1.4660	1.4623	1.4590	1.4560	1.4533	1.4508	1.4486	1.4465	1.4446	1.4428	1.4412	1.4397
14	1.4403	1.5331	1.5317	1.5194	1.5066	1.4952	1.4854	1.4770	1.4697	1.4634	1.4579	1.4530	1.4487	1.4449	1.4414	1.4383	1.4355	1.4329	1.4305	1.4284	1.4264	1.4245	1.4228	1.4212
15	1.4321	1.5227	1.5202	1.5071	1.4938	1.4820	1.4718	1.4631	1.4556	1.4491	1.4434	1.4383	1.4339	1.4299	1.4263	1.4230	1.4201	1.4174	1.4150	1.4127	1.4106	1.4087	1.4069	1.4052
16	1.4249	1.5137	1.5103	1.4965	1.4827	1.4705	1.4601	1.4511	1.4433	1.4366	1.4307	1.4255	1.4209	1.4168	1.4131	1.4097	1.4067	1.4039	1.4013	1.3990	1.3968	1.3949	1.3930	1.3913
17	1.4186	1.5057	1.5015	1.4872	1.4730	1.4605	1.4497	1.4405	1.4325	1.4256	1.4196	1.4142	1.4095	1.4052	1.4014	1.3980	1.3948	1.3920	1.3893	1.3869	1.3847	1.3827	1.3807	1.3790
18	1.4130	1.4988	1.4938	1.4790	1.4644	1.4516	1.4406	1.4311	1.4230	1.4159	1.4097	1.4042	1.3994	1.3950	1.3911	1.3876	1.3843	1.3814	1.3787	1.3762	1.3739	1.3718	1.3698	1.3680
19	1.4081	1.4925	1.4870	1.4717	1.4568	1.4437	1.4325	1.4228	1.4145	1.4073	1.4009	1.3953	1.3903	1.3859	1.3819	1.3782	1.3749	1.3719	1.3692	1.3666	1.3643	1.3621	1.3601	1.3582
20	1.4037	1.4870	1.4808	1.4652	1.4500	1.4366	1.4252	1.4153	1.4069	1.3995	1.3930	1.3873	1.3822	1.3777	1.3736	1.3699	1.3665	1.3634	1.3606	1.3580	1.3556	1.3534	1.3513	1.3494
21	1.3997	1.4820	1.4753	1.4593	1.4438	1.4302	1.4186	1.4086	1.4000	1.3925	1.3859	1.3801	1.3749	1.3703	1.3661	1.3623	1.3589	1.3557	1.3529	1.3502	1.3478	1.3455	1.3434	1.3414
22	1.3961	1.4774	1.4703	1.4540	1.4382	1.4244	1.4126	1.4025	1.3937	1.3861	1.3794	1.3735	1.3683	1.3636	1.3593	1.3555	1.3520	1.3488	1.3458	1.3431	1.3406	1.3383	1.3361	1.3341
23	1.3928	1.4733	1.4657	1.4491	1.4331	1.4191	1.4072	1.3969	1.3880	1.3803	1.3735	1.3675	1.3622	1.3574	1.3531	1.3492	1.3456	1.3424	1.3394	1.3366	1.3341	1.3317	1.3295	1.3275
24	1.3898	1.4695	1.4615	1.4447	1.4285	1.4143	1.4022	1.3918	1.3828	1.3750	1.3681	1.3621	1.3566	1.3518	1.3474	1.3434	1.3398	1.3365	1.3335	1.3307	1.3281	1.3257	1.3235	1.3214

α=0.9

m\n	1	2	3	4	5	6	7	8	9	10	11	12	13	14	15	16	17	18	19	20	21	22	23	24
1	39.8635	49.5000	53.5932	55.8330	57.2401	58.2044	58.9060	59.4390	59.8576	60.1950	60.4727	60.7052	60.9028	61.0727	61.2203	61.3497	61.4644	61.5664	61.6579	61.7403	61.8150	61.8829	61.9450	62.0020
2	8.5263	9.0000	9.1618	9.2434	9.2926	9.3255	9.3491	9.3668	9.3805	9.3916	9.4006	9.4081	9.4145	9.4200	9.4247	9.4289	9.4325	9.4358	9.4387	9.4413	9.4437	9.4458	9.4478	9.4496
3	5.5383	5.4624	5.3908	5.3426	5.3092	5.2847	5.2662	5.2517	5.2400	5.2304	5.2224	5.2156	5.2098	5.2047	5.2003	5.1964	5.1929	5.1898	5.1870	5.1845	5.1822	5.1801	5.1781	5.1764
4	4.5448	4.3246	4.1909	4.1072	4.0506	4.0097	3.9790	3.9549	3.9357	3.9199	3.9067	3.8955	3.8859	3.8776	3.8704	3.8639	3.8582	3.8531	3.8485	3.8443	3.8405	3.8371	3.8339	3.8310
5	4.0604	3.7797	3.6195	3.5202	3.4530	3.4045	3.3679	3.3393	3.3163	3.2974	3.2816	3.2682	3.2567	3.2468	3.2380	3.2303	3.2234	3.2172	3.2117	3.2067	3.2021	3.1979	3.1941	3.1905
6	3.7759	3.4633	3.2888	3.1808	3.1075	3.0546	3.0145	2.9830	2.9577	2.9369	2.9195	2.9047	2.8920	2.8809	2.8712	2.8626	2.8550	2.8481	2.8419	2.8363	2.8312	2.8266	2.8223	2.8183
7	3.5894	3.2574	3.0741	2.9605	2.8833	2.8274	2.7849	2.7516	2.7247	2.7025	2.6839	2.6681	2.6545	2.6426	2.6322	2.6230	2.6148	2.6074	2.6008	2.5947	2.5892	2.5842	2.5796	2.5753
8	3.4579	3.1131	2.9238	2.8064	2.7264	2.6683	2.6241	2.5893	2.5612	2.5380	2.5186	2.5020	2.4876	2.4752	2.4642	2.4545	2.4458	2.4380	2.4310	2.4246	2.4188	2.4135	2.4086	2.4041
9	3.3603	3.0065	2.8129	2.6927	2.6106	2.5509	2.5053	2.4694	2.4403	2.4163	2.3961	2.3789	2.3640	2.3510	2.3396	2.3295	2.3205	2.3123	2.3050	2.2983	2.2922	2.2867	2.2816	2.2768
10	3.2850	2.9245	2.7277	2.6053	2.5216	2.4606	2.4140	2.3772	2.3473	2.3226	2.3018	2.2841	2.2687	2.2553	2.2435	2.2330	2.2237	2.2153	2.2077	2.2007	2.1944	2.1887	2.1833	2.1784
11	3.2252	2.8595	2.6602	2.5362	2.4512	2.3891	2.3416	2.3040	2.2735	2.2482	2.2269	2.2087	2.1930	2.1792	2.1671	2.1563	2.1467	2.1380	2.1302	2.1230	2.1165	2.1106	2.1051	2.1000
12	3.1765	2.8068	2.6055	2.4801	2.3940	2.3310	2.2828	2.2446	2.2135	2.1878	2.1660	2.1474	2.1313	2.1173	2.1049	2.0938	2.0839	2.0750	2.0670	2.0597	2.0530	2.0469	2.0412	2.0360
13	3.1362	2.7632	2.5603	2.4337	2.3467	2.2830	2.2341	2.1953	2.1638	2.1376	2.1155	2.0966	2.0802	2.0658	2.0532	2.0419	2.0318	2.0227	2.0145	2.0070	2.0001	1.9939	1.9881	1.9827
14	3.1022	2.7265	2.5222	2.3947	2.3069	2.2426	2.1931	2.1539	2.1220	2.0954	2.0729	2.0537	2.0370	2.0224	2.0095	1.9981	1.9878	1.9785	1.9701	1.9625	1.9555	1.9490	1.9431	1.9377
15	3.0732	2.6952	2.4898	2.3614	2.2730	2.2081	2.1582	2.1185	2.0862	2.0593	2.0366	2.0171	2.0001	1.9853	1.9722	1.9605	1.9501	1.9407	1.9321	1.9243	1.9172	1.9106	1.9046	1.8990
16	3.0481	2.6682	2.4618	2.3327	2.2438	2.1783	2.1280	2.0880	2.0553	2.0281	2.0051	1.9854	1.9682	1.9532	1.9399	1.9281	1.9175	1.9079	1.8992	1.8913	1.8840	1.8774	1.8712	1.8656
17	3.0262	2.6446	2.4374	2.3077	2.2183	2.1524	2.1017	2.0613	2.0284	2.0009	1.9777	1.9577	1.9404	1.9252	1.9117	1.8997	1.8889	1.8792	1.8704	1.8624	1.8550	1.8482	1.8420	1.8362
18	3.0070	2.6239	2.4160	2.2858	2.1958	2.1296	2.0785	2.0379	2.0047	1.9770	1.9535	1.9333	1.9158	1.9004	1.8868	1.8747	1.8638	1.8539	1.8450	1.8368	1.8294	1.8225	1.8162	1.8103
19	2.9899	2.6056	2.3970	2.2663	2.1760	2.1094	2.0580	2.0171	1.9836	1.9557	1.9321	1.9117	1.8940	1.8785	1.8647	1.8524	1.8414	1.8314	1.8224	1.8142	1.8066	1.7997	1.7932	1.7873
20	2.9747	2.5893	2.3801	2.2489	2.1582	2.0913	2.0397	1.9985	1.9649	1.9367	1.9129	1.8924	1.8745	1.8588	1.8449	1.8325	1.8214	1.8113	1.8022	1.7938	1.7862	1.7792	1.7727	1.7667
21	2.9610	2.5746	2.3649	2.2333	2.1423	2.0751	2.0233	1.9819	1.9480	1.9197	1.8956	1.8750	1.8570	1.8412	1.8271	1.8146	1.8034	1.7932	1.7840	1.7756	1.7678	1.7607	1.7541	1.7481
22	2.9486	2.5613	2.3512	2.2193	2.1279	2.0605	2.0084	1.9668	1.9327	1.9043	1.8801	1.8593	1.8411	1.8252	1.8111	1.7984	1.7871	1.7768	1.7675	1.7590	1.7512	1.7440	1.7374	1.7312
23	2.9374	2.5493	2.3387	2.2065	2.1149	2.0472	1.9949	1.9531	1.9189	1.8903	1.8659	1.8450	1.8267	1.8107	1.7964	1.7837	1.7723	1.7619	1.7525	1.7439	1.7360	1.7288	1.7221	1.7159
24	2.9271	2.5383	2.3274	2.1949	2.1030	2.0351	1.9826	1.9407	1.9063	1.8775	1.8530	1.8319	1.8136	1.7974	1.7831	1.7703	1.7587	1.7483	1.7388	1.7302	1.7222	1.7149	1.7081	1.7019

α = 0.95

m \ n	1	2	3	4	5	6	7	8	9	10	11	12	13	14	15	16	17	18	19	20	21	22	23	24
1	161.4476	199.5000	215.7073	224.5832	230.1619	233.9860	236.7684	238.8827	240.5433	241.8817	242.9835	243.9060	244.6898	245.3640	245.9499	246.4639	246.9184	247.3232	247.6861	248.0131	248.3094	248.5791	248.8256	249.0518
2	18.5128	19.0000	19.1643	19.2468	19.2964	19.3295	19.3532	19.3710	19.3848	19.3959	19.4050	19.4125	19.4189	19.4244	19.4291	19.4333	19.4370	19.4402	19.4431	19.4458	19.4481	19.4503	19.4523	19.4541
3	10.1280	9.5521	9.2766	9.1172	9.0135	8.9406	8.8867	8.8452	8.8123	8.7855	8.7633	8.7446	8.7287	8.7149	8.7029	8.6923	8.6829	8.6745	8.6670	8.6602	8.6540	8.6484	8.6432	8.6385
4	7.7086	6.9443	6.5914	6.3882	6.2561	6.1631	6.0942	6.0410	5.9988	5.9644	5.9358	5.9117	5.8911	5.8733	5.8578	5.8441	5.8320	5.8211	5.8114	5.8025	5.7945	5.7872	5.7805	5.7744
5	6.6079	5.7861	5.4095	5.1922	5.0503	4.9503	4.8759	4.8183	4.7725	4.7351	4.7040	4.6777	4.6552	4.6358	4.6188	4.6038	4.5904	4.5785	4.5678	4.5581	4.5493	4.5413	4.5339	4.5272
6	5.9874	5.1433	4.7571	4.5337	4.3874	4.2839	4.2067	4.1468	4.0990	4.0600	4.0274	3.9999	3.9764	3.9559	3.9381	3.9223	3.9083	3.8957	3.8844	3.8742	3.8649	3.8564	3.8486	3.8415
7	5.5914	4.7374	4.3468	4.1203	3.9715	3.8660	3.7870	3.7257	3.6767	3.6365	3.6030	3.5747	3.5503	3.5292	3.5107	3.4944	3.4799	3.4669	3.4551	3.4445	3.4349	3.4260	3.4179	3.4105
8	5.3177	4.4590	4.0662	3.8379	3.6875	3.5806	3.5005	3.4381	3.3881	3.3472	3.3130	3.2839	3.2590	3.2374	3.2184	3.2016	3.1867	3.1733	3.1613	3.1503	3.1404	3.1313	3.1229	3.1152
9	5.1174	4.2565	3.8625	3.6331	3.4817	3.3738	3.2927	3.2296	3.1789	3.1373	3.1025	3.0729	3.0475	3.0255	3.0061	2.9890	2.9737	2.9600	2.9477	2.9365	2.9263	2.9169	2.9084	2.9005
10	4.9646	4.1028	3.7083	3.4780	3.3258	3.2172	3.1355	3.0717	3.0204	2.9782	2.9430	2.9130	2.8872	2.8647	2.8450	2.8276	2.8120	2.7980	2.7854	2.7740	2.7636	2.7541	2.7453	2.7372
11	4.8443	3.9823	3.5874	3.3567	3.2039	3.0946	3.0123	2.9480	2.8962	2.8536	2.8179	2.7876	2.7614	2.7386	2.7186	2.7009	2.6851	2.6709	2.6581	2.6464	2.6358	2.6261	2.6172	2.6090
12	4.7472	3.8853	3.4903	3.2592	3.1059	2.9961	2.9134	2.8486	2.7964	2.7534	2.7173	2.6866	2.6602	2.6371	2.6169	2.5989	2.5828	2.5684	2.5554	2.5436	2.5328	2.5229	2.5139	2.5055
13	4.6672	3.8056	3.4105	3.1791	3.0254	2.9153	2.8321	2.7669	2.7144	2.6710	2.6347	2.6037	2.5769	2.5536	2.5331	2.5149	2.4987	2.4841	2.4709	2.4589	2.4479	2.4379	2.4287	2.4202
14	4.6001	3.7389	3.3439	3.1122	2.9582	2.8477	2.7642	2.6987	2.6458	2.6022	2.5655	2.5342	2.5073	2.4837	2.4630	2.4446	2.4282	2.4134	2.4000	2.3879	2.3768	2.3667	2.3573	2.3487
15	4.5431	3.6823	3.2874	3.0556	2.9013	2.7905	2.7066	2.6408	2.5876	2.5437	2.5068	2.4753	2.4481	2.4244	2.4034	2.3849	2.3683	2.3533	2.3398	2.3275	2.3163	2.3060	2.2966	2.2878
16	4.4940	3.6337	3.2389	3.0069	2.8524	2.7413	2.6572	2.5911	2.5377	2.4935	2.4564	2.4247	2.3973	2.3733	2.3522	2.3335	2.3167	2.3016	2.2880	2.2756	2.2642	2.2538	2.2443	2.2354
17	4.4513	3.5915	3.1968	2.9647	2.8100	2.6987	2.6143	2.5480	2.4943	2.4499	2.4126	2.3807	2.3531	2.3290	2.3077	2.2888	2.2719	2.2567	2.2429	2.2304	2.2189	2.2084	2.1987	2.1898
18	4.4139	3.5546	3.1599	2.9277	2.7729	2.6613	2.5767	2.5102	2.4563	2.4117	2.3742	2.3421	2.3143	2.2900	2.2686	2.2496	2.2325	2.2172	2.2033	2.1906	2.1791	2.1685	2.1587	2.1497
19	4.3807	3.5219	3.1274	2.8951	2.7401	2.6283	2.5435	2.4768	2.4227	2.3779	2.3402	2.3080	2.2800	2.2556	2.2341	2.2149	2.1977	2.1823	2.1683	2.1555	2.1438	2.1331	2.1233	2.1141
20	4.3512	3.4928	3.0984	2.8661	2.7109	2.5990	2.5140	2.4471	2.3928	2.3479	2.3100	2.2776	2.2495	2.2250	2.2033	2.1840	2.1667	2.1511	2.1370	2.1242	2.1124	2.1016	2.0917	2.0825
21	4.3248	3.4668	3.0725	2.8401	2.6848	2.5727	2.4876	2.4205	2.3660	2.3210	2.2829	2.2504	2.2222	2.1975	2.1757	2.1563	2.1389	2.1232	2.1090	2.0960	2.0842	2.0733	2.0633	2.0540
22	4.3009	3.4434	3.0491	2.8167	2.6613	2.5491	2.4638	2.3965	2.3419	2.2967	2.2585	2.2258	2.1975	2.1727	2.1508	2.1313	2.1138	2.0980	2.0837	2.0707	2.0587	2.0478	2.0377	2.0283
23	4.2793	3.4221	3.0280	2.7955	2.6400	2.5277	2.4422	2.3748	2.3201	2.2747	2.2364	2.2036	2.1752	2.1502	2.1282	2.1086	2.0910	2.0751	2.0608	2.0476	2.0356	2.0246	2.0144	2.0050
24	4.2597	3.4028	3.0088	2.7763	2.6207	2.5082	2.4226	2.3551	2.3002	2.2547	2.2163	2.1834	2.1548	2.1298	2.1077	2.0880	2.0703	2.0543	2.0399	2.0267	2.0146	2.0035	1.9932	1.9838

$\alpha = 0.99$

m / n	1	2	3	4	5	6	7	8	9	10	11	12	13	14	15	16	17	18	19	20	21	22	23	24
1	4052.1807	4999.5000	5403.3520	5624.5833	5763.6496	5858.9861	5928.3557	5981.0703	6022.4732	6055.8467	6083.3168	6106.3207	6125.8647	6142.6740	6157.2846	6170.1012	6181.4348	6191.5287	6200.5756	6208.7302	6216.1184	6222.8433	6228.9903	6234.6309
2	98.5025	99.0000	99.1662	99.2494	99.2993	99.3326	99.3564	99.3742	99.3881	99.3992	99.4083	99.4159	99.4223	99.4278	99.4325	99.4367	99.4404	99.4436	99.4465	99.4492	99.4516	99.4537	99.4557	99.4575
3	34.1162	30.8165	29.4567	28.7099	28.2371	27.9107	27.6717	27.4892	27.3452	27.2287	27.1326	27.0518	26.9831	26.9238	26.8722	26.8269	26.7867	26.7509	26.7188	26.6898	26.6635	26.6396	26.6176	26.5975
4	21.1977	18.0000	16.6944	15.9770	15.5219	15.2069	14.9758	14.7989	14.6591	14.5459	14.4523	14.3736	14.3065	14.2486	14.1982	14.1539	14.1146	14.0795	14.0480	14.0196	13.9938	13.9703	13.9488	13.9291
5	16.2582	13.2739	12.0600	11.3919	10.9670	10.6723	10.4555	10.2893	10.1578	10.0510	9.9626	9.8883	9.8248	9.7700	9.7222	9.6802	9.6429	9.6096	9.5797	9.5526	9.5281	9.5058	9.4853	9.4665
6	13.7450	10.9248	9.7795	9.1483	8.7459	8.4661	8.2600	8.1017	7.9761	7.8741	7.7896	7.7183	7.6575	7.6049	7.5590	7.5186	7.4827	7.4507	7.4219	7.3958	7.3722	7.3506	7.3309	7.3127
7	12.2464	9.5466	8.4513	7.8466	7.4604	7.1914	6.9928	6.8400	6.7188	6.6201	6.5382	6.4691	6.4100	6.3590	6.3143	6.2750	6.2401	6.2089	6.1808	6.1554	6.1324	6.1113	6.0921	6.0743
8	11.2586	8.6491	7.5910	7.0061	6.6318	6.3707	6.1776	6.0289	5.9106	5.8143	5.7343	5.6667	5.6089	5.5589	5.5151	5.4766	5.4423	5.4116	5.3840	5.3591	5.3364	5.3157	5.2967	5.2793
9	10.5614	8.0215	6.9919	6.4221	6.0569	5.8018	5.6129	5.4671	5.3511	5.2565	5.1779	5.1114	5.0545	5.0052	4.9621	4.9240	4.8902	4.8599	4.8327	4.8080	4.7856	4.7651	4.7463	4.7290
10	10.0443	7.5594	6.5523	5.9943	5.6363	5.3858	5.2001	5.0567	4.9424	4.8491	4.7715	4.7059	4.6496	4.6008	4.5581	4.5204	4.4869	4.4569	4.4299	4.4054	4.3831	4.3628	4.3441	4.3269
11	9.6460	7.2057	6.2167	5.6683	5.3160	5.0692	4.8861	4.7445	4.6315	4.5393	4.4624	4.3974	4.3416	4.2932	4.2509	4.2134	4.1801	4.1503	4.1234	4.0990	4.0769	4.0566	4.0380	4.0209
12	9.3302	6.9266	5.9525	5.4120	5.0643	4.8206	4.6395	4.4994	4.3875	4.2961	4.2198	4.1553	4.0999	4.0518	4.0096	3.9724	3.9392	3.9095	3.8827	3.8584	3.8363	3.8161	3.7976	3.7805
13	9.0738	6.7010	5.7394	5.2053	4.8616	4.6204	4.4410	4.3021	4.1911	4.1003	4.0245	3.9603	3.9052	3.8573	3.8154	3.7783	3.7452	3.7156	3.6888	3.6646	3.6425	3.6224	3.6038	3.5868
14	8.8616	6.5149	5.5639	5.0354	4.6950	4.4558	4.2779	4.1399	4.0297	3.9394	3.8640	3.8001	3.7452	3.6975	3.6557	3.6187	3.5857	3.5561	3.5294	3.5052	3.4832	3.4630	3.4445	3.4274
15	8.6831	6.3589	5.4170	4.8932	4.5556	4.3183	4.1415	4.0045	3.8948	3.8049	3.7299	3.6662	3.6115	3.5639	3.5222	3.4852	3.4523	3.4228	3.3961	3.3719	3.3498	3.3297	3.3111	3.2940
16	8.5310	6.2262	5.2922	4.7726	4.4374	4.2016	4.0259	3.8896	3.7804	3.6909	3.6162	3.5527	3.4981	3.4506	3.4089	3.3720	3.3391	3.3096	3.2829	3.2587	3.2367	3.2165	3.1979	3.1808
17	8.3997	6.1121	5.1850	4.6690	4.3359	4.1015	3.9267	3.7910	3.6822	3.5931	3.5185	3.4552	3.4007	3.3533	3.3117	3.2748	3.2419	3.2124	3.1857	3.1615	3.1394	3.1192	3.1006	3.0835
18	8.2854	6.0129	5.0919	4.5790	4.2479	4.0146	3.8406	3.7054	3.5971	3.5082	3.4338	3.3706	3.3162	3.2689	3.2273	3.1904	3.1575	3.1280	3.1013	3.0771	3.0550	3.0348	3.0161	2.9990
19	8.1849	5.9259	5.0103	4.5003	4.1708	3.9386	3.7653	3.6305	3.5225	3.4338	3.3596	3.2965	3.2422	3.1949	3.1533	3.1165	3.0836	3.0541	3.0274	3.0031	2.9810	2.9607	2.9421	2.9249
20	8.0960	5.8489	4.9382	4.4307	4.1027	3.8714	3.6987	3.5644	3.4567	3.3682	3.2941	3.2311	3.1769	3.1296	3.0880	3.0512	3.0183	2.9887	2.9620	2.9377	2.9156	2.8953	2.8766	2.8594
21	8.0166	5.7804	4.8740	4.3688	4.0421	3.8117	3.6396	3.5056	3.3981	3.3098	3.2359	3.1730	3.1187	3.0715	3.0300	2.9931	2.9602	2.9306	2.9039	2.8796	2.8574	2.8370	2.8183	2.8010
22	7.9454	5.7190	4.8166	4.3134	3.9880	3.7583	3.5867	3.4530	3.3458	3.2576	3.1837	3.1209	3.0667	3.0195	2.9779	2.9411	2.9082	2.8786	2.8518	2.8274	2.8052	2.7849	2.7661	2.7488
23	7.8811	5.6637	4.7649	4.2636	3.9392	3.7102	3.5390	3.4057	3.2986	3.2106	3.1368	3.0740	3.0199	2.9727	2.9311	2.8943	2.8613	2.8317	2.8049	2.7805	2.7583	2.7378	2.7191	2.7017
24	7.8229	5.6136	4.7181	4.2184	3.8951	3.6667	3.4959	3.3629	3.2560	3.1681	3.0944	3.0316	2.9775	2.9303	2.8887	2.8519	2.8189	2.7892	2.7624	2.7380	2.7157	2.6953	2.6765	2.6591

部分习题及测试题参考答案

第 一 章

习题 1-1

1. (1) 记正面为 T，反面为 F，$\Omega=\{TTT,TTF,TFT,FTT,TFF,FTF,FFT,FFF\}$，$A=\{TTT,TTF,TFT,FTT\}$；

   (2) $\Omega=\{1,2,3,\cdots\}$，$A=\{1,2,\cdots,8\}$；

   (3) $\Omega=\{t\mid t\geqslant 0\}$，$A=\{t\mid 72\leqslant t\leqslant 108\}$.

2. (1) $\Omega=\{(1,1),(1,2),(1,3),(1,4),(1,5),(1,6),(2,1),(2,2),(2,3),(2,4),(2,5),(2,6),(3,1),(3,2),(3,3),(3,4),(3,5),(3,6),(4,1),(4,2),(4,3),(4,4),(4,5),(4,6),(5,1),(5,2),(5,3),(5,4),(5,5),(5,6),(6,1),(6,2),(6,3),(6,4),(6,5),(6,6)\}$；

   (2) $A=\{(1,1),(2,2),(3,3),(4,4),(5,5),(6,6)\}$，
   $B=\{(2,6),(3,5),(4,4),(5,3),(6,2)\}$.

3. (1) $\Omega=\{(x,y)\mid -1<x<1,x^2+y^2<1\}$；

   (2) $A=\{(x,y)\mid -0.5<x<0.5,x^2+y^2<0.25\}$，
   $B=\{(x,y)\mid 0\leqslant|x|<0.5,0.09<x^2+y^2<0.25\}$.

4. (1) $A\cup B=\Omega$；(2) $AB=\varnothing$；(3) $AC=$ "取得的球，其号码是小于 5 的偶数"；

   (4) $\overline{AC}=$ "取得的球，其号码是奇数或是大于 5 的偶数"；

   (5) $\overline{A}\cap\overline{C}=$ "取得的球，其号码是大于或等于 5 的奇数"；

   (6) $\overline{B\cup C}=$ "取得的球，其号码是大于 5 的偶数"；

   (7) $A-C=$ "取得的球，其号码是大于 5 的偶数".

5. (1) $A\cup B=\{x\mid 1<x\leqslant 6\}$；(2) $\overline{A}B=\{x\mid 5<x\leqslant 6\}$；(3) $A\overline{B}=\{x\mid 1<x<2\}$；

   (4) $A\cup\overline{B}=\{x\mid 0\leqslant x\leqslant 5\}\cup\{\mid:6<x\leqslant 10\}$.

6. (1) $A_1\cup A_2$；(2) $A_1\overline{A_2}\overline{A_3}$；(3) $A_1A_2A_3$；(4) $\overline{A_1A_2A_3}$；

   (5) $A_1A_2\overline{A_3}\cup A_1\overline{A_2}A_3\cup\overline{A_1}A_2A_3$.

7. (1) $\overline{A}=$ "3 门课程的考核成绩不都是优秀"；

   (2) $\overline{B}=$ "3 门课程的考核成绩都不是优秀".

8. 略.

习题 1-2

1. (1) 0.6，0.4；(2) 0.6；(3) 0.4；(4) 0，0.2；(5) 0.4.

2. (1) 0.4；(2) 0.1；(3) 0.3.

3. (1) 0.8；(2) 0.9.

4. （1）0.5；（2）0.625；（3）$\dfrac{9}{16}$.

5. $P(ABC)=0.25$.

6. （1）$P(AB)=P(A)$ 时，$P(AB)=0.6$；（2）$P(A\cup B)=1$ 时，$P(AB)=0.3$.

7. 略.

习题 1-3

1. （1）$\dfrac{1}{6}$；（2）$\dfrac{5}{18}$；（3）$\dfrac{1}{2}$.

2. （1）$\dfrac{25}{49}$；（2）$\dfrac{10}{49}$；（3）$\dfrac{20}{49}$；（4）$\dfrac{5}{7}$.

3. （1）$\dfrac{2}{5}$；（2）$\dfrac{8}{15}$；（3）$\dfrac{14}{15}$.

4. （1）$\dfrac{25}{286}$；（2）$\dfrac{36}{143}$；（3）$\dfrac{189}{286}$.

5. （1）不放回为 $\dfrac{1}{6}$，有放回为 $\dfrac{27}{125}$；（2）不放回为 $\dfrac{1}{12}$，有放回为 $\dfrac{91}{1\,000}$.

6. （1）$\dfrac{33}{16\,660}$；（2）$\dfrac{128}{32\,487}$；（3）$\dfrac{352}{833}$.

7. （1）$\dfrac{N}{\dbinom{N+n-1}{N-1}}$；（2）$\dfrac{\dbinom{N}{N-n}}{\dbinom{N+n-1}{N-1}}$；（3）$\dfrac{\dbinom{N+n-k-2}{N-2}}{\dbinom{N+n-1}{N-1}},0\le k\le n$.

8. $\dfrac{2}{13}$.

9. 0.4.

10. （1）$\dfrac{1}{2}$；（2）$\dfrac{1}{4}$.

11. $\dfrac{3\sqrt{3}}{4\pi}$.

12. （1）$\dfrac{1}{2}$；（2）0.19；（3）0.19.

13. $\dfrac{(T-t_1)^2+(T-t_2)^2}{2T^2}$.

14. （1）$\dfrac{1}{4}$；（2）0.

习题 1-4

1. $P(A-B)=0.16$，$P(\overline{A}\,\overline{B})=0.7$.

2. $P(A-B)=0.3$，$P(A\mid\overline{B})=\dfrac{3}{7}$.

3. （1）事件 A,B 互不相容时，$P(A\mid B)=0, P(\overline{A}\mid\overline{B})=0.25$；

   （2）事件 A,B 有包含关系时，$P(A\mid B)=0.5, P(\overline{A}\mid\overline{B})=1.$

4. $\dfrac{60\times59\times40}{100\times99\times98\times}=\dfrac{236}{1\,617}.$

5. （1）0.2；（2）0.35.

6. $\dfrac{1}{21}.$

7. $\dfrac{1}{13}.$

8. $\dfrac{n^2-n}{m^2+n^2-m-n}.$

9. $\dfrac{6}{7}.$

10. $\dfrac{1}{2}.$

11. 略.

12. （1）0.936；（2）4.

13. $2p^2(1-p).$

14. 略.

15. $P(A\cup B)=p+q-pq$，$P(A\cup\overline{B})=1+pq-q$，$P(\overline{A}\cup\overline{B})=1-pq.$

16. $P(A\cup B\cup C)=0.82$，$P(A\mid\overline{C})=0.4$，$P(C\mid AB)=0.625.$

17. $P(A\cup B\cup C)=0.608$，$P[(A-C)\cap B]=0.042.$

18. （1）$1-(1-p^n)^2$；（2）$(2p-p^2)^n.$

19. 略.

20. 略.

21. $P(AC\mid A\cup B)=\dfrac{1}{3}.$

习题 1-5

1. （1）$\dfrac{13}{28}$；（2）$\dfrac{5}{13}.$

2. （1）0.725；（2）$\dfrac{136}{145}.$

3. （1）0.81；（2）$\dfrac{10}{81}.$

4. 0.2.

5. （1）0.94；（2）$0.94^n.$

6. （1）0.712 2；（2）$\dfrac{46}{3\,561}.$

7. (1) $\dfrac{a+c}{a+b+c+d}$; (2) $\dfrac{1}{2}\left(\dfrac{a}{a+b}+\dfrac{c}{c+d}\right)$; (3) $\dfrac{ac+bc+a}{(a+b)(c+d+1)}$.

8. (1) 0.45; (2) $\dfrac{1}{9}$.

9. 0.113 5.

10. (1) $\dfrac{448}{475}$; (2) $\dfrac{95}{112}$.

11. 0.42.

*12. $\dfrac{9}{13}$.

*13. (1) 0.5; (2) 0.480 1.

14. (1) $\dfrac{784}{2\,025}$; (2) $\dfrac{15}{28}$.

15. (1) $\dfrac{3p-p^2}{2}$; (2) $\dfrac{2p^2}{p+p^2}$.

*16. (1) 0.84; (2) $\dfrac{3}{4}+\dfrac{1}{4}\cdot\left(\dfrac{3}{5}\right)^n$.

测试题一

1. B. 2. D. 3. C. 4. D.

5. (1) $\dfrac{1}{6}$; (2) 0.5.

6. $\dfrac{10!}{10^{10}}$.

7. $\dfrac{5}{9}$.

8. 0.5.

9. 17.

10. 略.

11. C.

12. (1) 0.4; (2) $\dfrac{4}{7}$; (3) 0.7.

13. 0.42, 0.18.

14. $\dfrac{a}{1-b}$.

15. $\dfrac{2}{3}$.

16. (1) $\dfrac{2}{3}$; (2) $\dfrac{5}{9}$.

第 二 章

习题 2-1

1. （1）$\dfrac{2}{n(n+1)}$；（2）$\dfrac{1}{\mathrm{e}^{\lambda}-1}$.

2. $c=\dfrac{8}{15}$；（1）$P(X\geqslant 2)=0.2$；（2）$P\left(\dfrac{1}{2}<X<\dfrac{5}{2}\right)=0.4$；（3）$F(x)=\begin{cases}0, & x<0, \\[2mm] \dfrac{8}{15}, & 0\leqslant x<1, \\[2mm] \dfrac{12}{15}, & 1\leqslant x<2, \\[2mm] \dfrac{14}{15}, & 2\leqslant x<3, \\[2mm] 1, & x\geqslant 3.\end{cases}$

3.

X	3	4	5
概率	0.1	0.3	0.6

$F(x)=\begin{cases}0, & x<3, \\ 0.1, & 3\leqslant x<4, \\ 0.4, & 4\leqslant x<5, \\ 1, & x\geqslant 5.\end{cases}$

4. 0.4.

5. $f(x)=\begin{cases}x\mathrm{e}^{-x}, & x>0, \\ 0, & \text{其他；}\end{cases}$　$1-2\mathrm{e}^{-1}$；$3\mathrm{e}^{-2}$.

6. （1）$a=0.5$，$b=\dfrac{1}{\pi}$；（2）$\dfrac{1}{3}$；（3）$f(x)=\begin{cases}\dfrac{1}{\pi\sqrt{1-x^{2}}}, & -1<x<1, \\[2mm] 0, & \text{其他.}\end{cases}$

7. 0.2.

8. （1）1；（2）1.

9. （1）$\dfrac{1-\mathrm{e}^{-1}}{2}$；（2）$F(x)=\begin{cases}\dfrac{1}{2}\mathrm{e}^{x}, & x<0, \\[2mm] 1-\dfrac{1}{2}\mathrm{e}^{-x}, & x\geqslant 0.\end{cases}$

10. （1）$\dfrac{1}{3}$；（2）$\dfrac{65}{81}$.

习题 2-2

1. （1）$P(X=k)=\dfrac{10}{13}\left(\dfrac{3}{13}\right)^{k-1}$，$k=1,2,3,\cdots$；

（2）

X	1	2	3	4
概率	$\dfrac{10}{13}$	$\dfrac{5}{26}$	$\dfrac{5}{143}$	$\dfrac{1}{286}$

（3）

X	1	2	3	4
概率	$\dfrac{10}{13}$	$\dfrac{33}{13^{2}}$	$\dfrac{72}{13^{3}}$	$\dfrac{6}{13^{3}}$

2. $p=0.5$, $P(X=2)=\dfrac{n(n-1)}{2^{n+1}}$.

3. $\dfrac{1}{3}$.

4.

X	0	1	2	3	4
概率	0.129 6	0.345 6	0.345 6	0.153 6	0.025 6

$$F(x)=\begin{cases} 0, & x<0, \\ 0.129\ 6, & 0\leqslant x<1, \\ 0.475\ 2, & 1\leqslant x<2, \\ 0.820\ 8, & 2\leqslant x<3, \\ 0.974\ 4, & 3\leqslant x<4, \\ 1, & x\geqslant 4. \end{cases}$$

5. $\left(\dfrac{3}{4}\right)^{10}$, $\displaystyle\sum_{k=6}^{10}\binom{10}{k}\left(\dfrac{1}{4}\right)^{k}\left(\dfrac{3}{4}\right)^{10-k}\approx 0.019\ 7$.

6. 0.682 56.

7. (1) $1-(1+2\lambda+2\lambda^2)\mathrm{e}^{-2\lambda}$; (2) $\mathrm{e}^{-8\lambda}$.

8. (1) $\displaystyle\sum_{k=0}^{4}\binom{600}{k}0.005^{k}0.995^{600-k}\approx 0.815\ 3$; (2) 6.

9. $P(X=k)=\dfrac{\dbinom{4\ 000}{k}\dbinom{6\ 000}{2\ 000-k}}{\dbinom{10\ 000}{2\ 000}}$, $k=0,1,\cdots,2\ 000$.

10. $P(X=k)=0.4\cdot 0.6^{k-1}$, $k=1,2,3,\cdots$; $P(X\ \text{取偶数})=0.375$.

11. $P(X=k)=\mathrm{C}_{11}^{k-1}0.6^{12}0.4^{k-12}$, $k=12,13,\cdots$.

习题 2-3

1. $\dfrac{4}{5}$.

2. (1) $1-\mathrm{e}^{-1.2}$; (2) $\mathrm{e}^{-1.6}$; (3) $\mathrm{e}^{-1.2}-\mathrm{e}^{-1.6}$; (4) 0; (5) $f(x)=\begin{cases} 0.4\mathrm{e}^{-0.4x}, & x>0, \\ 0, & \text{其他}. \end{cases}$

3. (1) $1-\mathrm{e}^{-\frac{7}{6}}$; (2) $1-\mathrm{e}^{-\frac{2}{3}}$.

4. (1) $\mathrm{e}^{-\left(\frac{s}{\theta}\right)^{m}}$; (2) $\mathrm{e}^{\left(\frac{s}{\theta}\right)^{m}-\left(\frac{s+t}{\theta}\right)^{m}}$.

5. $\dfrac{1}{\sqrt{\pi}\,\mathrm{e}^{\frac{1}{4}}}$.

6. (1) 0.999 2; (2) 0.003 5; (3) 0.217 7; (4) 0.012 4.

7. (1) 1.282; (2) -1.282; (3) 1.645.

8. （1）0.841 3；（2）0.691 5；（3）0.158 7；（4）0.614 7；（5）0.372 1；（6）5.58.

9. 略.

10. （1）0.841 3；（2）0.837 6；（3）0.421 5.

习题 2-4

1.

Y	-3	-2	-1	0	1
概率	0.2	0.2	0.2	0.2	0.2

Z	0	1	4
概率	0.2	0.4	0.4

W	0	1	2
概率	0.2	0.4	0.4

2. $P(Y=0)=0.317\ 4$，$P(Y=1)=0.682\ 6$.

3. $F_Y(y)=\begin{cases}0, & y<0,\\ \dfrac{2\arcsin y}{\pi}, & 0\leqslant y<1,\\ 1, & y\geqslant 1,\end{cases}$ $f_Y(y)=\begin{cases}\dfrac{2}{\pi\sqrt{1-y^2}}, & 0<y<1,\\ 0, & \text{其他.}\end{cases}$

4. $f_Y(y)=\begin{cases}\dfrac{1}{\pi\sqrt{1-y^2}}, & -1<y<1,\\ 0, & \text{其他.}\end{cases}$

5. $f_Y(y)=\begin{cases}\dfrac{1}{\sqrt{y-1}}-1, & 1<y<2,\\ 0, & \text{其他.}\end{cases}$

6. $f_Y(y)=\dfrac{3(1-y)^2}{\pi\left[1+(1-y)^6\right]}$，$-\infty<y<+\infty$.

7. $f_Y(y)=\begin{cases}\dfrac{3}{8\sqrt{y}}, & 0<y<1,\\ \dfrac{1}{8\sqrt{y}}, & 1\leqslant y<4,\\ 0, & \text{其他.}\end{cases}$

*8. $F_Y(y)=\begin{cases}0, & y<1,\\ \dfrac{y^3}{27}, & 1\leqslant y<2,\\ \dfrac{8}{27}, & 2\leqslant y<3,\\ 1, & y\geqslant 3.\end{cases}$

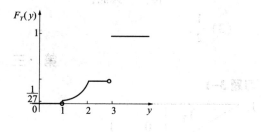

测试题二

1. 2，$\dfrac{10}{11}$.

2.

X	1	2	3
概率	$\dfrac{3}{8}$	$\dfrac{9}{16}$	$\dfrac{1}{16}$

3. B.

4. (1) $A=1$，$B=-1$.

(2) $P(-1 \leqslant X < 1) = F(1) - F(-1) = 1 - e^{-\lambda}$.

5. $F(x) = \begin{cases} 0, & x<0, \\ 0.36, & 0 \leqslant x<1, \\ 0.84, & 1 \leqslant x<2, \\ 1, & x \geqslant 2. \end{cases}$

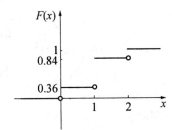

6. (1) 0.122 1；(2) 0.191 2.

7. (1) $f(x) = \begin{cases} \dfrac{1}{12}, & -2<x<10, \\ 0, & 其他; \end{cases}$ (2) $\dfrac{1}{3}$.

8. 0.954 4.

9. 0.682 6.

10. 不变.

11. (1) $f_Y(y) = \begin{cases} \dfrac{3}{2}\sqrt{y}, & 0<y<1, \\ 0, & 其他; \end{cases}$

(2) $f_Z(z) = \begin{cases} \dfrac{1}{2}, & -1<z<1, \\ 0, & 其他; \end{cases}$

(3) $\dfrac{1}{2}$.

第 三 章

习题 3-1

1.

X_2 X_1	0	1
0	0.1	0.2
1	0.7	0

2.

X＼Y	1	3
0	0	$\frac{1}{8}$
1	$\frac{3}{8}$	0
2	$\frac{3}{8}$	0
3	0	$\frac{1}{8}$

3. $a=0.4$，$b=0.1$.

4.（1）

X＼Y	0	1	2
0	$\frac{1}{4}$	$\frac{1}{3}$	$\frac{1}{9}$
1	$\frac{1}{6}$	$\frac{1}{9}$	0
2	$\frac{1}{36}$	0	0

（2）$P(X=1\mid Z=0)=\dfrac{P(X=1,Z=0)}{P(Z=0)}=\dfrac{4}{9}$.

5.

X_1＼X_2	0	1
0	$1-e^{-1}$	0
1	$e^{-1}-e^{-2}$	e^{-2}

6.（1）$c=\dfrac{1}{8}$；（2）$P(X+Y<4)=\dfrac{2}{3}$；（3）$P(X<1\mid X+Y<4)=\dfrac{25}{32}$.

7.（1）$c=2$；（2）$P(X<1,Y>2)=e^{-4}-e^{-5}$.

8.（1）$c=\dfrac{1}{8}$；（2）$\dfrac{5}{1\,296}$.

习题 3-2

1.

U＼V	0	1
0	0.25	0.25
1	0.25	0.25

2. （1）$f(x,y)=\begin{cases}\dfrac{1}{4}, & (x,y)\in G,\\[2mm] 0, & \text{其他；}\end{cases}$

（2）$\dfrac{3}{4}$.

3. $f(x,y)=\dfrac{1}{2\sqrt{3}\pi}\exp\left\{-\dfrac{2}{3}\left[(x-1)^2-\dfrac{(x-1)(y+1)}{2}+\dfrac{(y+1)^2}{4}\right]\right\}$.

习题 3-3

1. （1）

X_1	0	1
概率	0.3	0.7

X_2	0	1
概率	0.8	0.2

（2）不相互独立，因为 $P(X_1=1,X_2=1)=0\neq P(X_1=1)P(X_2=1)=0.14$.

2. （1）

X	0	1	2	3
概率	$\dfrac{1}{8}$	$\dfrac{3}{8}$	$\dfrac{3}{8}$	$\dfrac{1}{8}$

Y	1	3
概率	$\dfrac{3}{4}$	$\dfrac{1}{4}$

（2）不相互独立，因为 $P(X=0,Y=1)=0\neq P(X=0)P(Y=1)=\dfrac{3}{32}$.

3. $\alpha=\dfrac{2}{9}$, $\beta=\dfrac{1}{9}$.

4.

X \ Y	y_1	y_2	y_3	$p_i.$
x_1	$\dfrac{1}{24}$	$\dfrac{1}{8}$	$\dfrac{1}{12}$	$\dfrac{1}{4}$
x_2	$\dfrac{1}{8}$	$\dfrac{3}{8}$	$\dfrac{1}{4}$	$\dfrac{3}{4}$
$p._j$	$\dfrac{1}{6}$	$\dfrac{1}{2}$	$\dfrac{1}{3}$	1

5. （1）

X \ Y	0	1	$p_i.$
-1	$\dfrac{1}{4}$	0	$\dfrac{1}{4}$
0	0	$\dfrac{1}{2}$	$\dfrac{1}{2}$
1	$\dfrac{1}{4}$	0	$\dfrac{1}{4}$
$p._j$	$\dfrac{1}{2}$	$\dfrac{1}{2}$	1

（2）X 与 Y 不相互独立，因为 $P(X=0,Y=0)=0\neq P(X=0)P(Y=0)=\dfrac{1}{4}$.

6. (1) $f_X(x)=\begin{cases}\dfrac{1}{4}(3-x), & 0<x<2,\\[2mm] 0, & \text{其他},\end{cases}$ $f_Y(y)=\begin{cases}\dfrac{1}{4}(5-y), & 2<y<4,\\[2mm] 0, & \text{其他};\end{cases}$

(2) X 与 Y 不相互独立，因为 $f(1.5,2.5)=\dfrac{1}{4}\neq f_X(1.5)f_Y(2.5)=\dfrac{15}{64}$.

7. (1) $f_X(x)=\begin{cases}e^{-x}, & x>0\\ 0, & \text{其他},\end{cases}$ $f_Y(y)=\begin{cases}2e^{-2y}, & y>0,\\ 0, & \text{其他};\end{cases}$

(2) 相互独立，因为对任意 $x,y\in\mathbf{R}$，都有 $f(x,y)=f_X(x)f_Y(y)$.

8. (1) $f_X(x)=\begin{cases}\dfrac{1}{4}x^3, & 0<x<2,\\[2mm] 0, & \text{其他},\end{cases}$ $f_Y(y)=\begin{cases}\dfrac{1}{4}y\left(1-\dfrac{y^2}{16}\right), & 0<y<4,\\[2mm] 0, & \text{其他};\end{cases}$

(2) X 与 Y 不相互独立，因为 $f(1,1)=\dfrac{1}{8}\neq f_X(1)f_Y(1)=\dfrac{15}{256}$.

9. (1) $f(x,y)=\begin{cases}\dfrac{1}{2}, & (x,y)\in G,\\[2mm] 0, & \text{其他};\end{cases}$

(2) $f_X(x)=\begin{cases}\dfrac{1}{2x}, & 1<x<e^2,\\[2mm] 0, & \text{其他},\end{cases}$ $f_Y(y)=\begin{cases}\dfrac{1}{2}(e^2-1), & 0<y<\dfrac{1}{e^2},\\[3mm] \dfrac{1}{2}\left(\dfrac{1}{y}-1\right), & \dfrac{1}{e^2}<y<1,\\[3mm] 0, & \text{其他};\end{cases}$

(3) X 与 Y 不相互独立，因为 $f(1.5,0.12)=\dfrac{1}{2}\neq f_X(1.5)f_Y(0.12)=\dfrac{1}{6}(e^2-1)=1.06$.

10. (1) $f(x,y)=\begin{cases}2, & (x,y)\in G,\\ 0, & \text{其他};\end{cases}$

(2) $f_X(x)=\begin{cases}1, & 0<x<1,\\ 0, & \text{其他},\end{cases}$ $f_Y(y)=\begin{cases}1, & 0<y<1,\\ 0, & \text{其他};\end{cases}$

(3) X 与 Y 不相互独立，因为 $f\left(\dfrac{1}{4},\dfrac{1}{3}\right)=2\neq f_X\left(\dfrac{1}{4}\right)f_Y\left(\dfrac{1}{3}\right)=1$.

11. (1) $f_X(x)=\begin{cases}\dfrac{x}{2}, & 0<x<2,\\[2mm] 0, & \text{其他},\end{cases}$ $f_Y(y)=\begin{cases}\dfrac{1}{4}(2-|y|), & -2<y<2,\\[2mm] 0, & \text{其他};\end{cases}$

(2) 不相互独立，因为 $f\left(1,\dfrac{1}{4}\right)=\dfrac{1}{4}\neq f_X(1)f_Y\left(\dfrac{1}{4}\right)=\dfrac{1}{2}\times\dfrac{7}{16}=\dfrac{7}{32}$.

习题 3-4

1. (1)

$X_2\mid X_1=1$	0
概率	1

(2)

$X_1\mid X_2=0$	0	1
概率	$\dfrac{1}{8}$	$\dfrac{7}{8}$

(3) $F_{X_1 \mid X_2}(x_1 \mid 0) = \begin{cases} 0, & x_1 < 0, \\ \dfrac{1}{8}, & 0 \leqslant x_1 < 1, \\ 1, & x_1 \geqslant 1. \end{cases}$

2. (1)

$X \mid Y=1$	1	2
概率	$\dfrac{1}{2}$	$\dfrac{1}{2}$

(2)

$Y \mid X=1$	1
概率	1

3. (1) $f_{X \mid Y}(x \mid 1) = \begin{cases} 1, & 1 < x < 2, \\ 0, & 其他, \end{cases}$ 当 $|y| < 2$ 时, $f_{X \mid Y}(x \mid y) = \begin{cases} \dfrac{1}{2 - |y|}, & |y| < x < 2, \\ 0, & 其他; \end{cases}$

(2) $\sqrt{2} - 1$; (3) $F_{X \mid Y}(x \mid 1) = \begin{cases} 0, & x < 1, \\ x - 1, & 1 \leqslant x < 2, \\ 1, & x \geqslant 2; \end{cases}$

(4) 当 $|y| < 2$ 时, $F_{X \mid Y}(x \mid y) = \begin{cases} 0, & x < |y|, \\ \dfrac{x - |y|}{2 - |y|}, & |y| \leqslant x < 2, \\ 1, & x \geqslant 2. \end{cases}$

4. (1) $f_{X \mid Y}(x \mid 1) = f_X(x) = \begin{cases} \mathrm{e}^{-x}, & x > 0, \\ 0, & 其他, \end{cases}$ 当 $y > 0$ 时, $f_{X \mid Y}(x \mid y) = f_X(x) = \begin{cases} \mathrm{e}^{-x}, & x > 0, \\ 0, & 其他; \end{cases}$

(2) $F(x, y) = \begin{cases} (1 - \mathrm{e}^{-x})(1 - \mathrm{e}^{-2y}), & x \geqslant 0, y \geqslant 0, \\ 0, & 其他; \end{cases}$

(3) $\mathrm{e}^{-4} - \mathrm{e}^{-5}$.

5. $f_X(x)$.

6. $f(x, y) = \begin{cases} x^{-1} \mathrm{e}^{-x}, & 0 < y < x < +\infty, \\ 0, & 其他. \end{cases}$

7. (1) $P\{Y = m \mid X = n\} = \mathrm{C}_n^m p^m (1 - p)^{n-m}, 0 \leqslant m \leqslant n, \ n = 0, 1, 2, \cdots;$

(2) $P\{X = n, Y = m\} = \mathrm{C}_n^m p^m (1 - p)^{n-m} \dfrac{\mathrm{e}^{-\lambda}}{n!} \lambda^n, \ 0 \leqslant m \leqslant n, n = 0, 1, 2, \cdots;$

(3) 略.

习题 3-5

1. (1)

U	0	1	4
概率	0.3	0.5	0.2

V	-2	-1	0	1
概率	0.2	0.2	0.4	0.2

(2)

U \ V	-2	-1	0	1
0	0.2	0	0.1	0
1	0	0.2	0.3	0
4	0	0	0	0.2

2. (1)

Z	0	1
概率	$2p(1-p)$	$2p^2-2p+1$

(2)

X \ Z	0	1
0	$p(1-p)$	$(1-p)^2$
1	$p(1-p)$	p^2

(3) 0.5.

3. (1) $X+Y \sim N(1,2)$，$f_Z(z)$ 略，$X-Y \sim N(-1,2)$，$f_W(w)$ 略；(2) $\dfrac{1}{2}$.

4. $f_Z(z) = \dfrac{1}{\sqrt{12\pi}} \exp\left\{-\dfrac{1}{12}(z-6)^2\right\}$，$-\infty < z < +\infty$.

5. $F_Z(z) = \begin{cases} 0, & z<0, \\ \dfrac{1}{2}z^2, & 0 \leqslant z <1, \\ 1-\dfrac{1}{2}(2-z)^2, & 1 \leqslant z <2, \\ 1, & z \geqslant 2, \end{cases}$ $f_Z(z) = \begin{cases} z, & 0<z<1, \\ 2-z, & 1<z<2, \\ 0, & \text{其他}. \end{cases}$

6. (1) $f_U(u) = \begin{cases} n\lambda e^{-\lambda u}(1-e^{-\lambda u})^{n-1}, & u>0, \\ 0, & \text{其他}; \end{cases}$ (2) 略.

7. $f_Z(z) = \begin{cases} \dfrac{2}{(2+z)^2}, & z>0, \\ 0, & \text{其他}. \end{cases}$

8. $f_Z(z) = \begin{cases} 1-\dfrac{1}{2}z, & 0<z<2, \\ 0, & \text{其他}. \end{cases}$

9. (1) $P(X-Y<2) = 1-\dfrac{1}{2}e^{-2}$；(2) $f_Z(z) = \dfrac{1}{2}e^{-|z|}$，$z \in \mathbf{R}$.

10. $f_Z(z) = \begin{cases} \dfrac{1}{2}(\ln 2 - \ln z), & 0<z<2, \\ 0, & \text{其他}. \end{cases}$

11. $f_Y(y) = \begin{cases} \dfrac{1}{6}y^3 e^{-y}, & y>0, \\ 0, & \text{其他}. \end{cases}$

12. $f_Z(z) = 0.3 \cdot f_Y(z-1) + 0.7 \cdot f_Y(z-2)$.

测试题三

1. $\dfrac{1}{9}$.

2. （1）$k=6$；

（2）$f_X(x)=\begin{cases}6x(1-x), & 0<x<1,\\ 0, & \text{其他},\end{cases}$ $f_Y(y)=\begin{cases}6(\sqrt{y}-y), & 0<y<1,\\ 0, & \text{其他};\end{cases}$

（3）$P(X\geqslant0.5)=\dfrac{1}{2}$，$P(Y<0.5)=\sqrt{2}-\dfrac{3}{4}\approx0.664$.

3. $f_Z(z)=\begin{cases}\dfrac{1}{2}-\dfrac{1}{2}\mathrm{e}^{-z}, & 0<z<2,\\[2mm]\dfrac{1}{2}(\mathrm{e}^2-1)\mathrm{e}^{-z}, & z>2,\\[2mm]0, & \text{其他}.\end{cases}$

4. （1）$F_X(x)=\begin{cases}1-\mathrm{e}^{-2x}, & x\geqslant0,\\ 0, & x<0,\end{cases}$ $f_X(x)=\begin{cases}2\mathrm{e}^{-2x}, & x>0,\\ 0, & \text{其他},\end{cases}$

$F_Y(y)=\begin{cases}1-\mathrm{e}^{-y}, & y\geqslant0,\\ 0, & y<0,\end{cases}$ $f_Y(y)=\begin{cases}\mathrm{e}^{-y}, & y>0,\\ 0, & \text{其他};\end{cases}$

（2）$P(X+Y<1)=(1-\mathrm{e}^{-1})^2$.

5. （1）$f_X(x)=\begin{cases}2|x-x^3|, & 0<|x|<1,\\ 0, & \text{其他},\end{cases}$ $f_Y(y)=\begin{cases}2\left|\sqrt[3]{y}-y\right|, & 0<|y|<1,\\ 0, & \text{其他};\end{cases}$

（2）当$0<x<1$时，$f_{Y|X}(y\,|\,x)=\begin{cases}\dfrac{1}{x-x^3}, & x^3<y<x,\\[2mm]0, & \text{其他},\end{cases}$

当$-1<x<0$时，$f_{Y|X}(y\,|\,x)=\begin{cases}\dfrac{1}{x^3-x}, & x<y<x^3,\\[2mm]0, & \text{其他};\end{cases}$

（3）不相互独立.

6. （1）$f_X(x)=\begin{cases}x\mathrm{e}^{-x}, & x>0,\\ 0, & \text{其他},\end{cases}$ $f_Y(y)=\begin{cases}\mathrm{e}^{-y}, & y>0,\\ 0, & \text{其他},\end{cases}$

当$x>0$时，$f_{Y|X}(y\,|\,x)=\begin{cases}\dfrac{1}{x}, & 0<y<x,\\[2mm]0, & \text{其他};\end{cases}$

（2）$P(X\leqslant1\,|\,Y\leqslant1)=\dfrac{1-2\mathrm{e}^{-1}}{1-\mathrm{e}^{-1}}=\dfrac{\mathrm{e}-2}{\mathrm{e}-1}$.

7. $1-3\cdot\left(\dfrac{5}{6}\right)^{10}$. （提示：10个点中落入区域$D_1$中的点的个数服从二项分布.）

8. $\left[F(z)\right]^2$.

9. （1）$F_Z(z)=\begin{cases}\dfrac{1}{2}\Phi(z), & z<0,\\[2mm]\dfrac{1}{2}+\dfrac{1}{2}\Phi(z), & z\geqslant0;\end{cases}$ （2）1.

10. $\dfrac{1}{2\pi}\left[\Phi\left(\dfrac{z+\pi-\mu}{\sigma}\right)-\Phi\left(\dfrac{z-\pi-\mu}{\sigma}\right)\right]$.

11. （1）$f_X(x)=\begin{cases}2x, & 0<x<1, \\ 0, & 其他,\end{cases}$ $f_Y(y)=\begin{cases}1-\dfrac{y}{2}, & 0<y<2, \\ 0, & 其他;\end{cases}$

　　（2）$f_Z(z)=\begin{cases}1-\dfrac{z}{2}, & 0<z<2, \\ 0, & 其他.\end{cases}$

12. （1）$f_Y(y)=\begin{cases}\dfrac{3}{8\sqrt{y}}, & 0<y<1, \\[2mm] \dfrac{1}{8\sqrt{y}}, & 1<y<4, \\[2mm] 0, & 其他;\end{cases}$ （2）$\dfrac{1}{4}$.

13. （1）$\dfrac{1}{2}$；（2）$f_Z(z)=\begin{cases}\dfrac{1}{3}, & -1<z<2, \\ 0, & 其他.\end{cases}$

14. $A=\dfrac{1}{\pi}$，$f_{Y\mid X}(y\mid x)=\dfrac{1}{\sqrt{\pi}}\mathrm{e}^{-(y-x)^2}$.

第 四 章

习题 4-1

1. $E(X)=-0.1$，$E(X^2)=1.7$，$E(3X^2+5)=10.1$.

2. -3.5.

3. 79.8.

4. $E(X)=\dfrac{3}{2}$，$E(X^2)=\dfrac{12}{5}$，$E\left(\dfrac{1}{X^2}\right)=\dfrac{3}{4}$.

5. （1）$\pi-2$；（2）2.

6. 1 750 台.

7. 21 单位.

8. （1）0.35，0.95；（2）0.35，1.65；（3）1.1.

9. （1）$\dfrac{2}{3}$，$\dfrac{2}{3}$；（2）$\dfrac{1}{2}$，$\dfrac{2}{3}$，$\dfrac{1}{2}$；（3）$\dfrac{1}{2}$.

10. $11-\dfrac{1}{2}\ln\dfrac{25}{21}\approx10.9(\mathrm{mm})$.

习题 4-2

1. （1）$\dfrac{14}{9}$，$\dfrac{5}{2}$；（2）$\dfrac{13}{162}$，$\dfrac{26}{81}$.

2. λ^2.

3. e^{-1}.

4. $E(X) = 1$, $\mathrm{Var}(X) = \dfrac{1}{2}$.

5. $E(|X|) = \sqrt{\dfrac{2}{\pi}}\sigma$, $\mathrm{Var}(|X|) = \left(1 - \dfrac{2}{\pi}\right)\sigma^2$.

6. (1) $\dfrac{1}{4}$, $-\dfrac{1}{6}$; (2) $\dfrac{11}{16}$, $\dfrac{41}{36}$; (3) $\dfrac{41}{9}$.

7. 11.

习题 4-3

1. (1) $\dfrac{5}{12}$, $\dfrac{5}{12}$; (2) $\dfrac{11}{24}$, $\dfrac{491}{144}$; (3) $\sqrt{\dfrac{11}{41}}$.

2. (1) $\dfrac{1}{18}$, $\dfrac{2}{9}$; (2) $\dfrac{1}{18}$; (3) $\dfrac{1}{2}$.

3. (1) $E(X) = E(Y) = \dfrac{5}{12}$, $\mathrm{Var}(X) = \mathrm{Var}(Y) = \dfrac{11}{144}$;

   (2) $\mathrm{Cov}(X,Y) = -\dfrac{1}{144}$, $\rho(X,Y) = -\dfrac{1}{11}$.

4. (1) $\dfrac{4}{5}$, $\dfrac{32}{75}$; (2) $\dfrac{2}{75}$, $\dfrac{39}{625}$; (3) $\dfrac{16}{1\,125}$; (4) $\dfrac{8}{117}\sqrt{26}$.

5. (1) 略; (2) $\alpha = \dfrac{1}{4}$, $\beta = \dfrac{1}{8}$, 或 $\alpha = \dfrac{1}{8}$, $\beta = \dfrac{1}{4}$;

   (3) 当 $\alpha = \dfrac{1}{4}$, $\beta = \dfrac{1}{8}$ 时 X 与 Y 不相互独立, 当 $\alpha = \dfrac{1}{8}$, $\beta = \dfrac{1}{4}$ 时 X 与 Y 相互独立.

6. 略.

7. -1, 10, 11.

8. (1) $\dfrac{1}{n}mp(1-p)$; (2) $\dfrac{n-1}{n}mp(1-p)$; (3) $-\dfrac{1}{n}mp(1-p)$, $-\dfrac{1}{n-1}$.

9. 略.

习题 4-4

1. $u_{1-\frac{\alpha}{2}}$.

2. $\dfrac{2}{n}$.

3. $\dfrac{2}{3}\sqrt{3}$, 0.

4. 略.

5. 8 505.

测试题四

1. (1) $f_Y(y)=\begin{cases}\dfrac{1}{\sqrt{2\pi y}}e^{-\frac{y}{2}}, & y>0,\\[2mm] 0, & \text{其他};\end{cases}$ (2) $E(Y)=1$, $\mathrm{Var}(Y)=2$; (3) $E(e^X)=e^{0.5}$.

2. (1)

X＼Y	0	1
0	0.2	0.2
1	0.3	0.3

(2)

X	0	1
概率	0.4	0.6

Y	0	1
概率	0.5	0.5

(3)

Z	0	1	2
概率	0.2	0.5	0.3

$\mathrm{Cov}(X,Z)=0.24$.

3. (1)

X₁＼X₂	−1	1
−1	$\dfrac{1}{6}$	$\dfrac{1}{3}$
1	$\dfrac{1}{3}$	$\dfrac{1}{6}$

(2) $\dfrac{2}{3}$; (3) $-\dfrac{1}{3}$, $-\dfrac{1}{3}$.

4. (1) $f_X(x)=\begin{cases}e^{-x}, & x>0,\\ 0, & \text{其他},\end{cases}$ $f_Y(y)=\begin{cases}ye^{-y}, & y>0,\\ 0, & \text{其他};\end{cases}$

(2) 不独立, 因为 $f\left(\dfrac{1}{4},\dfrac{1}{2}\right)=e^{-\frac{1}{2}}\neq f_X\left(\dfrac{1}{4}\right)f_Y\left(\dfrac{1}{2}\right)=\dfrac{1}{2}e^{-\frac{3}{4}}$;

(3) 当 $x>0$ 时, $f_{Y|X}(y|x)=\begin{cases}e^{-(y-x)}, & y>x,\\ 0, & \text{其他};\end{cases}$

(4) 1, 2, 1.

5. −2, 2.5.

6. 48, 0.

7. (1) 0.5, 1; (2) 1.

8. (1) $f_{Y_1}(y_1)=\dfrac{1}{2\sqrt{\pi}}e^{-\frac{y_1^2}{4}}(-\infty<y_1<+\infty)$, $f_{Y_2}(y_2)=\dfrac{1}{2\sqrt{\pi}}e^{-\frac{y_2^2}{4}}(-\infty<y_2<+\infty)$;

(2) 0;

(3) $f(y_1, y_2) = \dfrac{1}{4\pi} e^{-\frac{y_1^2 + y_2^2}{4}} \ (-\infty < y_1, \ y_2 < +\infty)$;

(4) $[2\Phi(1) - 1]^2$.

第 五 章

习题 5-1

1. (1) $\dfrac{1}{\lambda}$, $\dfrac{1}{n\lambda^2}$, $\dfrac{n}{\lambda}$, $\dfrac{n}{\lambda^2}$; (2) μ, $\dfrac{\sigma^2}{n}$, $n\mu$, $n\sigma^2$; (3) λ, $\dfrac{\lambda}{n}$, $n\lambda$, $n\lambda$;

(4) $\dfrac{a+b}{2}$, $\dfrac{(b-a)^2}{12n}$, $\dfrac{a+b}{2}n$, $\dfrac{(b-a)^2}{12}n$; (5) mp, $\dfrac{mp(1-p)}{n}$, mnp, $mnp(1-p)$.

2. 略.

3. (1) $1 - e^{-7} \approx 0.999\,1$; (2) $\dfrac{35}{36} \approx 0.972\,2$.

4. $\dfrac{1}{12}$.

5. (1) $\dfrac{a+b}{2}$, $\dfrac{a^2 + ab + b^2}{3}$, $E(X_i^k)$; (2) λ, $\lambda + \lambda^2$, $E(X_i^k)$.

*6. 略.

习题 5-2

1. 0.477 2.

2. 0.961 6.

3. 0.226 6.

4. (1) 最多 10 人; (2) 0.843 8.

5. 0, 0.682 6.

6. 0.682 6.

7. (1) $\dfrac{e^{-n} n^k}{k!}$, $k = 0, \ 1, 2, \cdots$; *(2) 0.5. $\left[\text{提示: 原式} = \lim_{n \to \infty} P\left(\dfrac{\sum\limits_{i=1}^{n} X_i - n}{\sqrt{n}} \leqslant 0\right) = \Phi(0).\right]$

测试题五

1. $\dfrac{1}{9}$.

2. $\dfrac{1}{2}$.

3. (1) $f(x) = \begin{cases} \dfrac{2x}{\theta} e^{-\frac{x^2}{\theta}}, & x > 0, \\ 0, & \text{其他}; \end{cases}$ (2) $\dfrac{1}{2}\sqrt{\pi\theta}$, θ; (3) θ.

4. 略.

5. 0. 125 7, 0. 993 8.

6. 0. 998 7.

7. 0. 022 8

8. 11.

9. (1) 9 604；(2) 提示：$p(1-p) \leqslant \frac{1}{4}[p+(1-p)]^2 = \frac{1}{4}$.

10. C.

第　六　章

习题 6-1

1. 总体是所有观看该节目的观众，个体是每一个观看该节目的观众，样本是被调查的那些观众.

2. 总体是该地区上一保险会计年度的所有车辆理赔记录，样本是 1 000 份被抽取到的车辆理赔记录.

3. 总体是该品牌所有高钙牛奶，样本是随机抽取的 10 盒牛奶.

4. (1) $P(X_1=x_1, X_2=x_2, \cdots, X_n=x_n) = p^n(1-p)^{\sum\limits_{i=1}^{n} x_i - n}$, $x_i=1,2,\cdots; i=1,\cdots,n.$

(2) $f(x_1, x_2, \cdots, x_n; \lambda) = \left(\frac{\theta}{2}\right)^{\sum\limits_{i=1}^{n} |x_i|} (1-\theta)^{n-\sum\limits_{i=1}^{n} |x_i|}$, $x_i=-1,0,1; i=1,2,\cdots,n.$

(3) $f(x_1, x_2, \cdots, x_n; \lambda) = \left(\frac{\lambda}{2}\right)^n e^{-\lambda(|x_1|+|x_2|+\cdots+|x_n|)}$, $-\infty < x_i < +\infty; i=1,2,\cdots,n.$

习题 6-2

1. (1) $\frac{1}{p}$, $\frac{1-p}{np^2}$, $\frac{1-p}{p^2}$；(2) μ, $\frac{\sigma^2}{n}$, σ^2.

2. (1) $E\left[\sum\limits_{i=1}^{n}(X_i-1)^2\right] = n\sigma^2$, $D\left[\sum\limits_{i=1}^{n}(X_i-1)^2\right] = 2n\sigma^4$；

(2) $E\left[\left(\sum\limits_{i=1}^{n}X_i-n\right)^2\right] = n\sigma^2$, $D\left[\left(\sum\limits_{i=1}^{n}X_i-n\right)^2\right] = 2n^2\sigma^4$.

3. $\frac{2}{5n}$.

4. (1) $P(38 \leqslant \overline{X} \leqslant 43) = 0.991\ 6$；(2) 96.

5. $U \sim N\left(\mu \sum\limits_{i=1}^{n} c_i, \sigma^2 \sum\limits_{i=1}^{n} c_i^2\right)$.

*6. (1) $\frac{n-1}{n}$；(2) $-\frac{1}{n}$.

7.

$X_{(1)}$	-1	0	1	$X_{(3)}$	-1	0	1
概率	$\frac{19}{27}$	$\frac{7}{27}$	$\frac{1}{27}$	概率	$\frac{1}{27}$	$\frac{7}{27}$	$\frac{19}{27}$

8. (1) $F(x) = \begin{cases} 0, & x < \theta, \\ 1-e^{-(x-\theta)}, & x \geqslant \theta; \end{cases}$ (2) $E[X_{(1)}] = \theta + \dfrac{1}{n}$, $\mathrm{Var}[X_{(1)}] = \dfrac{1}{n^2}$.

习题 6-3

1. 18.307 0, 3.940 3, 2.306 0, -2.306 0, 4.35, 0.112 5.

2. (1) 2.732 6, 15.507 3; (2) 2.015 0; (3) 0.244 0, 3.373 8.

3. (1) $t(2)$, $k = \dfrac{1}{\sqrt{2}}$; (2) $F(2,1)$, $c = 1$.

4. (1) $a = \dfrac{1}{4}$, $\chi^2(2)$; (2) $b = \dfrac{1}{8}$, $\chi^2(1)$; (3) $c = 1$, $F(3,2)$; (4) $d = 1$, $F(1,1)$.

5. $E(\overline{X}) = n$, $\mathrm{Var}(\overline{X}) = 2$.

6. $t(1)$, $\dfrac{\sqrt{6}}{2}$.

习题 6-4

1. $\chi^2(n)$.

2. (1) $\dfrac{2}{n^2}$; (2) $\dfrac{2}{n-1}$.

3. (1) $\chi^2(3)$; (2) $t(3)$; (3) $F(1,n-1)$.

4. 略.

5. (1) $\chi^2(10)$; (2) $t(6)$; (3) $F(4,6)$.

6. 略.

7. $F(1,n-1)$.

测试题六

1. $Y \sim \chi^2(2)$, $c_1 = \dfrac{1}{20}$, $c_2 = \dfrac{1}{56}$.

2. $P\left[\displaystyle\sum_{i=1}^{10}(X_i - \mu)^2 \geqslant 4\right] = 0.1$, $P\left[\displaystyle\sum_{i=1}^{10}(X_i - \overline{X})^2 \geqslant 2.85\right] = 0.25$.

3. $t(3)$, $c = 1$.

4. $t(1)$.

5. $P\{Y > c^2\} = P\{X^2 > c^2\} = P\{X > c\} + P\{X < -c\} = 2a$.

6. $c = \dfrac{1}{1 + F_{0.05}(1,1)} = \dfrac{1}{1 + \dfrac{1}{F_{0.95}(1,1)}} = \dfrac{1}{1 + \dfrac{1}{161}} = \dfrac{161}{162}$.

7. $k = -0.281\ 6$.

8. $\alpha_1 = 4\chi_{0.9}^2(8) = 53.446\ 4$, $\beta_1 = \dfrac{2}{3}u_{0.95} = 1.096\ 7$, $\beta_2 = \dfrac{1}{4\sqrt{15}}t_{0.95}(15) = 0.113\ 2$,

$\gamma_1 = \dfrac{15}{8}F_{0.05}(15,8) = 0.71$, $\gamma_2 = \dfrac{15}{8}F_{0.95}(15,8) = 6.034\ 5$.

9. $E[X_{(n)}] = \dfrac{2n}{2n+1}\theta$, $\mathrm{Var}[X_{(n)}] = \dfrac{n\theta^2}{(n+1)(2n+1)^2}$.

第 七 章

习题 7-1

1. $\dfrac{\bar{X}}{1-\bar{X}}$.

2. （1）λ 的矩估计量与极大似然估计量都是 $\bar{X}$；（2）1.

3. θ 的矩估计量为 $\dfrac{\bar{X}}{\bar{X}-1}$，极大似然估计量为 $\dfrac{n}{\sum\limits_{i=1}^{n}\ln(X_i)}$.

4. θ 的矩估计量为 $\dfrac{\bar{X}}{\bar{X}-c}$，极大似然估计量为 $\dfrac{n}{\sum\limits_{i=1}^{n}\ln(X_i)-n\ln c}$.

5. $\dfrac{2}{\pi}\bar{X}^2$, $\dfrac{\sum\limits_{i=1}^{n}X_i^2}{2n}$.

6. $\dfrac{1}{\bar{X}}$.

7. θ 的矩估计量为 $\dfrac{\sum\limits_{i=1}^{n}X_i^2}{n}$，极大似然估计量为 $\dfrac{\sum\limits_{i=1}^{n}|X_i|}{n}$.

8. $\hat{\theta}=X_{(1)}$, $\hat{\lambda}=\bar{X}-X_{(1)}$.

9. θ 的矩估计量为 $2\bar{X}-1$，极大似然估计量为 $X_{(1)}$.

10. θ 的矩估计量为 $\sqrt[3]{\dfrac{\dfrac{1}{n}\sum\limits_{i=1}^{n}X_i^2}{6}}$，极大似然估计量为 $\dfrac{\sum\limits_{i=1}^{n}|X_i|}{n}$.

11. $X_{(1)}$.

12. $\dfrac{N}{n}$.

习题 7-2

1. 略.

2. （1）不是，修正为 $X_{(1)}-\dfrac{1}{n}$；（2）是，是.

3. 略.

4. $\dfrac{1}{2(n-1)}$.

5. $\hat{\theta}_1$ 和 $\hat{\theta}_2$ 均是 θ 的无偏估计.

6. $k=-1$.

7. $a_1=0$，$a_2=\dfrac{1}{n}$，$a_3=\dfrac{1}{n}$，$\dfrac{\theta(1-\theta)}{n}$.

8. 略.

9. 略.

10. 略.

习题 7-4

1. $[63.427,72.573]$.

2. μ：$[5.5140,5.8860]$. σ^2：$[0.0464,0.2635]$.

3. μ：$[39\,971.35,42\,028.65]$. σ：$[944.26,2\,521.25]$.

4. μ：$[5.6466,10.3534]$. σ：$[1.2392,5.8404]$.

5. $n\geqslant\left(\dfrac{2\sigma u_{1-\frac{\alpha}{2}}}{l}\right)^2$.

习题 7-5

1. $[0.0117,5.9883]$.

2. $(1)[0.2702,2.2937]$；$(2)[-4.7239,-1.2761]$.

3. $(1)[0.7836,17.2164]$；$(2)[0.0851,17.9149]$；$(3)[0.2430,7.7398]$.

测试题七

1. (1) 略.

(2) 提示：$E[X_{(1)}]=\dfrac{1}{n\lambda}+\theta$.

(3) 提示：$D\left[X_{(1)}-\dfrac{1}{n\lambda}\right]=\dfrac{1}{(n\lambda)^2}$.

2. (1) 矩估计为 $\hat{\theta}_1=\dfrac{k+1}{k}\overline{X}$.

(2) 极大似然估计为 $\hat{\theta}_2=X_{(n)}$，是有偏估计.

(3) $c=\dfrac{k+2}{kn}$.

(4) 矩估计为 $\left(\dfrac{k+1}{k}\overline{X}\right)^{-\frac{k}{2}}$；

$$n=1 \text{ 时 }\overline{X}=X_1,\ E\left[\left(\dfrac{k+1}{k}X_1\right)^{-\frac{k}{2}}\right]\neq\theta^{-\frac{k}{2}}.$$

3. (1) $Z\sim N(0,3\sigma^2)$，$f(z,\sigma^2)=\dfrac{1}{\sqrt{6\pi\sigma^2}}e^{-\frac{z^2}{6\sigma^2}},z\in\mathbf{R}$.

(2) 极大似然估计量 $\hat{\sigma}^2=\dfrac{1}{3n}\sum\limits_{i=1}^{n}Z_i^2$.

(3) 略.

4. (1) $\hat{\mu} = \frac{1}{n}\sum_{i=1}^{n}\ln X_i$, $\hat{\sigma}^2 = \frac{1}{n}\sum_{i=1}^{n}(\ln X_i - \hat{\mu})^2$.

(2) $E(\hat{\mu}) = \mu$, 是无偏估计.

5. $E(T) = E(\overline{X}^2) - \frac{1}{n}E(S^2) = \text{Var}(\overline{X}) + [E(\overline{X})]^2 - \frac{1}{n}E(S^2) = \frac{1}{n}\sigma^2 + \mu^2 - \frac{1}{n}\sigma^2 = \mu^2$ 对一切

μ, σ 成立, 故 T 是 μ^2 的无偏估计量.

6. (1) $[-0.575\,6, -0.516\,4]$; (2) $[-0.566\,9, -0.525\,1]$, $[0.000\,9, 0.003\,1]$.

7. (1) $b = e^{\frac{1+2\mu}{2}}$; (2) $[-0.98, 0.98]$; (3) $[e^{\frac{1}{2}-0.98}, e^{\frac{1}{2}+0.98}] = [0.618\,8, 4.392\,9]$.

8. $n \geqslant 35$.

9. $[8.2, 10.8]$

第 八 章

习题 8-1

1. 第一类错误.

2. (1) 犯第一类错误的概率为 0.025, 犯第二类错误的概率为 0.484 0;

(2) 样本容量最少取 6;

(3) $1 - \Phi\left(\frac{1}{2}\sum_{i=1}^{4}X_i\right)$.

3. 第一类错误概率 $\leqslant$ 显著性水平.

4. p 值是在 H_0 成立条件下, 检验统计量出现给定观测值或者比之更极端值的概率. 若 p 值小于等于显著性水平 α, 则拒绝 H_0; 反之, 则不拒绝 H_0.

5. 略.

6. 第二类错误概率为 $P(\sum_{i=1}^{n}X_i \leqslant \sqrt{n}\mu_{1-\alpha} \mid \mu = \mu_1)$.

习题 8-2

1. $W = \left\{\sum_{i=1}^{n}x_i > 1.282\sqrt{n}\right\}$.

2. 不能.

3. (1) 不能拒绝原假设; (2) 0.627 8.

4. 该厂商所说的不合理.

5. (1) 可以认为考生的平均成绩 $\mu = 70$; (2) 不能拒绝原假设.

6. 合格.

*7. (1) $H_0 : \mu \geqslant 6 \leftrightarrow H_1 : \mu < 6$, 不能拒绝原假设, 即认为这种培育是有效的.

(2) $H_0 : \mu \leqslant 6 \leftrightarrow H_1 : \mu > 6$, 不能拒绝原假设, 即认为这种培育是无效的.

8. 拒绝原假设, 认为 $\mu_1 > \mu_2 + 1$.

9. 不能拒绝原假设, 即认为 $\sigma_1^2 = \sigma_2^2$.

习题 8-3

1. 有显著改变.

2. 不能拒绝原假设, 即可以认为孟德尔遗传定律成立.

3. 不能认为维修次数服从二项分布.

4. 可以认为灯泡寿命服从指数分布.

测试题八

1. (1) $\sqrt{n}\dfrac{\bar{x}-\mu_0}{\sigma} > u_{1-\alpha}$; (2) $\sqrt{n}\dfrac{\bar{x}-\mu_0}{s} > t_{1-\alpha}(n-1)$.

2. 不能拒绝 H_0, 即可以认为学生的平均成绩为 70 分.

3. 可以认为方案乙比甲有显著提高.

4. $P_{\mathrm{I}} = \dfrac{1}{3}$, $P_{\mathrm{II}} = \dfrac{4}{9}$.

5. (1) $W = \left\{ \displaystyle\sum_{i=1}^{n} x_i < B_\alpha(n, p_0) \right\}$; (2) 否.